果蔬栽培与设施农业建设

周永红　王学军　著

吉林科学技术出版社

图书在版编目（CIP）数据

果蔬栽培与设施农业建设 / 周永红，王学军著 .
长春：吉林科学技术出版社 , 2024.6. -- ISBN 978-7
-5744-1529-4

Ⅰ . S6

中国国家版本馆 CIP 数据核字第 2024GY5888 号

果蔬栽培与设施农业建设

著	周永红　王学军
出 版 人	宛　霞
责任编辑	潘竞翔
封面设计	青　青
制　　版	长春美印图文设计有限公司
幅面尺寸	185mm×260mm
开　　本	16
字　　数	313千字
印　　张	21.5
印　　数	1~1500 册
版　　次	2024 年6月第1 版
印　　次	2024年10月第1次印刷

出　　版	吉林科学技术出版社
发　　行	吉林科学技术出版社
地　　址	长春市南关区福祉大路5788号出版大厦A座
邮　　编	130118

发行部电话/传真　　0431-81629529 81629530 81629531
　　　　　　　　　　　81629532 81629533 81629534
储运部电话　　0431-86059116
编辑部电话　　0431-81629510
印　　刷　　廊坊市印艺阁数字科技有限公司

书　　号　　ISBN 978-7-5744-1529-4
定　　价　　98.00元

版权所有　翻印必究　举报电话：0431-81629508

序 言

　　大同市辖 6 县 4 区，总人口 290 多万，耕地约 580 万亩，土壤大都显碱性，pH 值平均为 8 以上，生态脆弱，土地贫瘠，传统农业低投入、低产出、低效益，只能解决吃饭问题，难以解决农业增效、农民增收问题，必须以发展设施农业为载体，走从传统农业向现代农业转变、低效农业向高效农业转变之路。

　　大同地区是温带大陆性季风气候，昼夜温差大，冷凉和光照资源充沛，年平均气温 6.5 ℃以上，年日照时数 3000 h 以上，年降水量平均 360 mm 以上，无霜期 120 天以上，十年九旱，四季分明，属黄土高原向内蒙古高原过渡地带，平均海拔 900 m 以上，设施农业较好地克服了自然灾害，提高了单位产量和农产品质量，能够满足春季提早生产和秋季延迟上市的需求，效益良好，故而大力发展现代设施农业，据不完全统计，温室和冷棚种植蔬菜水果达到 13 万亩，设施水果主要有葡萄、无花果、冬枣、樱桃、油桃、甜瓜、西瓜、草莓等，设施蔬菜主要有番茄、豆角、贝贝南瓜、黄瓜、菠菜等。

樱桃种植示范图

设施冬枣

设施油桃

设施无花果

草莓种植示范图

贝贝南瓜种植示范图

葡萄种植示范图

番茄种植示范图

蔬菜组培育苗

蔬菜穴盘育苗

前　言

随着我国农业的发展，果蔬栽培引来越来越多的人关注。由于现在人们的健康意识逐渐提高，绿色果蔬得到了人们的认同。因为绿色果蔬有了广阔的市场和前景，所以越来越多的人开始投身于园艺业。果蔬栽培不仅仅可以为人们提供新鲜的果蔬，而且能够满足人们日常的生活需求。但是果蔬栽培存在一定的风险，如低温冻害和病虫灾害等。为了让果蔬作物能够健康成长，相关的工作人员要采取有效的措施，引进先进的技术。这样不仅仅可以保证果蔬作物的质量和产量，也可以减少果蔬栽培的经济损失。

设施农业是农业现代化的重要组成部分，发展设施农业能够显著提高农业生产资料的利用率。通过引进先进设备，消化吸收设施农业发达国家的先进技术和自主研发相结合的方式，我国的设施农业取得了可喜的成绩。特别是近年来，随着农村土地流转政策的实施，农村经济形态和农业经营模式正朝着规模化、集约化、现代化的方向发展，越来越多的农户与农村经济组织获得了土地经营使用权，设施农业得到快速发展，设施农业的新方法和新技术已从广东、福建、山东、浙江、江苏等沿海地区逐步向内地辐射。

本书由周永红、王学军所著，具体分工如下：周永红（大同市果蔬药茶发展中心）负责第一章、第四章、第五章、第六章、第七章、第八章内容撰写，计15.68万字；王学军（山西省农业广播电视学校大同市分校）负责第二章、第三章、第九章、第十章、第十一章内容撰写，计15.68万字。

本书对果蔬栽培概述、蔬菜植物生长做了详细介绍：先概述果蔬栽培，让读者对果蔬栽培基础有初步认知；再对蔬菜育苗、果蔬贮藏、果蔬加工、果树病虫害防治技术与蔬菜病虫害防治技术等内容进行了深入的分析，让读者对果蔬栽培与防治技术有进一步了解；最后着重强调了设施农业技术，以理论与实践相结合的方式呈现。全书力求概念准确、层次清楚、语言简明、详略得当、重点突出。笔者希望通过本书能够给从事相关行业的工作者们带来一些有益的参考和借鉴。

目 录

第一章 果蔬栽培概述 ·· **1**
 第一节 果树栽培基础理论 ··· 1
 第二节 蔬菜栽培技术理论 ··· 21

第二章 蔬菜植物生长 ·· **34**
 第一节 蔬菜的生产基础 ··· 34
 第二节 蔬菜施肥 ··· 47
 第三节 蔬菜植物生长的相关性与应用 ·· 55

第三章 蔬菜育苗 ·· **58**
 第一节 蔬菜育苗技术概述 ··· 58
 第二节 蔬菜育苗基础知识 ··· 61
 第三节 蔬菜播种育苗 ··· 77

第四章 果蔬贮藏 ·· **95**
 第一节 果蔬贮藏方式 ··· 95
 第二节 果蔬贮藏技术 ··· 113

第五章 果蔬加工 ·· **129**
 第一节 果蔬加工基础知识 ··· 129
 第二节 果蔬加工技术 ··· 136

第六章 果树病虫害防治技术 ··· **152**
 第一节 梨树与桃树病虫害识别与防治 ······································· 152
 第二节 葡萄与杨梅病虫害识别与防治 ······································· 164
 第三节 柑橘与蓝莓病虫害识别与防治 ······································· 172

第七章　蔬菜病虫害防治技术 ············· 180
第一节　蔬菜病虫害防治基础知识 ············· 180
第二节　设施蔬菜病虫害综合防控措施 ············· 187
第三节　农药安全使用基础知识 ············· 190

第八章　设施农业技术 ············· 202
第一节　基质栽培技术 ············· 202
第二节　水培技术 ············· 207
第三节　气雾栽培 ············· 215
第四节　灌溉技术 ············· 219

第九章　蔬菜保护地栽培设施 ············· 225
第一节　保护地栽培设施种类及建造 ············· 225
第二节　保护地栽培覆盖材料 ············· 235
第三节　增温及降温设备 ············· 240

第十章　保护地设施性能与环境调控 ············· 244
第一节　保护地设施内光照条件与调控 ············· 244
第二节　保护地设施内温度条件与调控 ············· 251
第三节　保护地设施内水分条件与调控 ············· 265
第四节　保护地内设施空气条件与调控 ············· 269
第五节　保护地设施内土壤环境与调控 ············· 274

第十一章　设施栽培土壤生态优化 ············· 290
第一节　设施栽培土壤生态优化原理 ············· 290
第二节　设施栽培蔬菜土壤生态优化技术 ············· 310
第三节　设施栽培果茶树土壤生态优化技术 ············· 316

参考文献 ············· 323

附　录 ············· 325

第一章　果蔬栽培概述

第一节　果树栽培基础理论

一、果树栽培概述

（一）果树栽培的含义

果树栽培是果树学的一个分支，通常包括果树种类和品种以及从育苗、建园直至产品采收各个生产环节的基本理论、知识和技术，是一门应用技术科学。

（二）果树栽培的特点

1. 果树种类和品种繁多

果树栽培已有数千年的发展历史，现在果树生产上应用的种类和品种有很多。在乔本、藤本和草本中均有果树种类的栽培。根据不同果树对环境条件要求、栽培技术差异以及各地区对果树产品的不同需求，产生了很多相应的不同的果树品种。注意依据园艺学方法进行分类，草莓、葡萄等均属于果树。

2. 生长、生产周期长

与粮食作物生产相比，果树一般栽植当年不结果，需要 3~5 年才能进入结果期，5~7 年进入盛果期。生产周期长达几十年，甚至上百年。所以，要做好市场调研，结合当地优势，经过认真研究，才能确定树种、品种和规模。

3. 集约化经营

果树产品和加工品是高值农产品，其生产和加工需投入较多的人力、物力，加工企业对劳动力素质的要求较高，管理精细，经济收益较大。

4. 产品以鲜食为主、加工为辅

经济发展水平越低的地方，鲜食的比例越大。

（三）我国果树栽培发展趋势和前景

随着人们生活水平的不断提高，消费者对于质优量多的果品的需求增强。市场对我国果树栽培提出了更高、更严格的要求。我国果树事业发展的趋势和前景主要体现在以下几个方面：

1. 树种品种区域化发展

我国幅员辽阔、气候多样，自然条件丰富。各省市、县及乡应根据本地区的气候、市场前景及当地文化等特点，充分发挥各环节的优势，发展最适宜的果树种类和品种，形成地方特色，实施品牌战略，实现果品生产的区域化。在选择果树品种时应注重优良品种（丰产、适应性强、抗病虫害、果大整齐、色艳质优，经济价值高等），以及早、中、晚熟品种的搭配。

2. 矮密化

为了使果树达到结果早、单位面积产量高、品质好、管理便利和周期快等目标，矮密化已经成为果农栽植果树的一大趋势。

3. 与高新科学技术密切结合

科学技术的发展使新兴和边缘学科不断增加，它们中的一部分也促进了果树事业的发展。建造温室大棚和日光温室等工程设施，通过科学的栽培管理使果实提前或延后收获，以获得较高的经济收益；利用计算机先进的信息技术和适宜的机械化操作等，对果园进行精细化管理；从果树栽植前的准备工作到果实成熟采收以及销售环节等都可以系统化管理，以达到企业化生产、减轻体力劳动强度、降低成本、提高工作效率的目的，进而取得最佳的效益。

4. 改良灌溉条件

通过喷灌、滴灌和渗灌等节水保水措施逐步代替传统的漫灌和沟灌，缓解水资源紧张，实现科学用水。

5. 绿色果品受宠

随着自然环境的污染及人们对健康的重视，无公害果品、绿色果品和有机果品已逐渐被人们所认可。在选择果树品种时尽量选择抗病虫害和适应性强的品种，以减少化学农药和化肥的使用，甚至不用。

6. 果品生产社会化

果树生产的机械化和自动化是提高其生产效率的基础。同时，银行、工业、交通、生产保险和各种为果农朋友服务的第三产业（如技术培训和推广、科研、管理和信息的分享等服务体系）的完备也重要。果品生产社会化也要建立在农户生产专业化、果树分布区域化、生产供销一体化的基础上。

二、果树栽培技术

（一）品种选择

果苗是建立果园、发展果树生产的物质基础，要如期完成建园计划适时投产、提高产量和品质必须有品种纯正、数量足够、质量优良、适应当地自然条件栽培的良种苗木。

1. 合理配植果树树种

苹果、柑橘、梨是我国的主要栽培树种，应该适当调整，缩减一些鲜食品种，增加一些加工品种。樱桃、李、杏、葡萄等果树的栽培面积可以适当扩大，并特别注意发展各地的名、优、特产品。另外，在配植果树树种时，还要考虑病虫害发生的问题，如在松柏等植物附近栽种苹果、梨等蔷薇科植物，极易导致锈病的发生；而在桑葚、枸杞等植物周围栽种苹果，极易遭致蛀干害虫天牛的危害。

2. 加速实现实生繁殖果树的良种化

种子繁殖、实生苗栽培，后代在品质等性状上有严重分离，影响果品的销售，因此应该加速实行良种化，使其品质优良。

3. 加强良种引种工作

苗木的来源有两种途径：一是直接从国内引种；二是从国外引种。但是引种存在一定的风险，如品种纯度、质量等，运输不当会影响成活率，造成经济损失，还有携带病虫害的可能性。再加上各地的气候、土壤条件有很大的差异，所以引种时要特别注意：为确保引种成功，必须采用科学的引种方法。

4. 发展名、优、特乡土树种

我国是一个果品资源丰富的国家，世界许多名优产品都起源于中国。但是长期以来，许多国家的果树产量超过了我国。毋庸置疑，我国必须重视名、优、特乡土品种，充分利用丰富的果树资源基因库，采用高新生物技术，进一步开展研究，对原有的乡土树种加以改造和提高，选育新的品种，满足本国及世界的需求。

（二）苗木培育

良种壮苗是果树早产、丰产、优质果品的前提，为了培育根系发达、生长健壮的优良果苗，必须采用科学的育苗知识。

1. 实生苗的培育

凡是用种子繁殖的果树苗木称为实生苗。果树育苗，除核桃、板栗常用实生苗繁殖外，一般多培育砧木实生苗，然后嫁接。实生苗种子来源多，方法简便易行，便于大量繁殖，因此生产上普遍采用砧木实生苗来发展果苗。

（1）砧木种子的采集与储藏

采集良种，培育壮苗，必须做好以下几项工作：

①选择对环境条件适应性强、生长健壮、无病虫危害的母树。

②有些果树种子形态成熟之后，隔一定时期才能达到生理成熟；还有的树种，种子形态成熟的时候，种胚还没有成熟，需在采收后经过一段后熟期，种子才有发芽能力。过早采收，种子未成熟，种胚发育不全，储藏养分不足，生活力弱，发芽率低。采种用的果实必须在充分成熟时才能采收，一般根据种子和果实的外部形态进行判断。一般果实颜色转变为成熟色泽，果实变软，种皮颜色变深而具有光泽，种子含水量减少。

③剥除果肉多用堆积软化法，即果实采收后，放入缸内或堆积起来，使果肉软化。堆积期间要经常翻动，切忌发酵过度，温度过高，影响种子发芽率。果肉软化后取种，用清水冲洗干净，然后铺在背阴通风处晾干，不要在阳光下暴晒。

板栗、樱桃等种子，一般在干燥后发芽率降低，取种后应立即沙藏或播种。

④在储藏前必须清除果肉、果皮碎屑、空粒、破碎种子和其他杂物。储藏过程中，经常注意储藏场所的温度、湿度和通风状况，发现种子发热霉烂应及时处理。另外，还要做到防鼠、防虫等工作。

种子后熟处理：形态成熟的种子，不能随时发芽的现象叫作休眠。而后熟只是休眠的一种表现。休眠期的长短因树种而异。层积处理是目前生产上最常用且最可靠的一种人工促进种子后熟的重要手段。

层积处理：以河沙做基质与种子分层放置，又名沙藏处理，多在秋、冬进行。如桃、梨、梅、李、杏等果树种子必须经过层积处理后才能发芽，故一般采收后层积至秋冬播种，或沙藏过冬后春播。沙藏的方法有室外露地沙藏和室内沙藏。沙藏时把种子与洁净河沙分层堆积或混合堆放，沙的用量为种子的3~4倍，沙的干湿度以"用手捏成团，摊开后有大裂痕"为宜。沙藏时堆放高度一般不超过50 cm，堆放后可覆盖塑料薄膜，以后每隔15 d检查1次，根据沙的干湿度进行喷水或吹风晾干，以保证种子既不干枯又不霉烂。

播种：播种前必须经过种子质量的检验和发芽试验。

（2）测定种子的生活力可用的方法

①目测法：直接观察种子的外部形态。凡种粒饱满，粒种、种皮有光泽，剥皮后胚及子叶呈乳白色，不透明有弹性，为有活力的种子；若种子皮皱发暗，有霉味，剥皮后胚呈透明状甚至变为褐色，是失去活力的种子。

②染色法：将种子放在水中浸泡12~24 h，剥去种皮，放入浓度为5%的红墨水稀释液中，染色2~4 h，将种子取出，用清水冲洗。凡是胚和子叶完全着色的为无活力的种子，胚和子叶部分着色的为生活力差的种子，胚和子叶无着色的为有生活力的种子。然后调查统计具有生活力种子的百分率，以此作为确定播种量和育苗量的参考。

③播种分为春播和秋播：春播一般适应于冬季寒冷、干旱、风沙大的地区。在土壤解冻后进行，并且春播的种子必须经过层积处理或其他处理。秋播一般适应于冬季较短且不

甚寒冷的地区，一般在土壤封冻之前进行。但柑橘类的梗，以及枇杷、杨梅、枣、柿等可随采随播。播种方法一般采用条播、撒播、点播三种。播种后要立即覆土、镇压。覆土厚度应根据种子大小、苗地的土壤及气候等条件来决定。一般覆土厚度为种子大小的2~3倍，干燥地区比湿润地区播种应深些，秋冬播比春夏播要深些，沙土、沙壤土比黏土要深些。春季干旱，蒸发量大的地区，面上应覆草或覆盖地膜保湿。

④播后管理：播种后应保持土壤湿润，出苗前切忌漫灌。土壤过干可洒水增湿。种子出土以后，一般在幼苗长出2~3片真叶时，开始第一次间苗，过晚影响幼苗生长。要做到早间苗、晚定苗，及时进行移植补苗，使苗木分布均匀，生长良好。间苗应在幼苗长出2~3片真叶后或灌水后，结合中耕除草，分2~3次进行。定苗时的保留株数可稍大于产苗量。当幼苗受到某种灾害时，定苗时间要适当推迟。定苗后及时浇定根水、保持湿度。苗床还要经常中耕除草、追肥，同时要注意防治病虫害。

2. 嫁接苗的培育

嫁接育苗，就是将优良品种的枝或芽，接到另一植株的适当部位上，从而形成一棵新株的育苗方法。接上去的枝或芽叫作接穗或接芽，与接穗或接芽相接的植株叫砧木。当前，嫁接育苗是培养果树苗木的主要手段。嫁接苗能保持母体的优良性状、变异性小；早结果、早投产、早丰产；可以增加抗性，提高适应性；育苗量大。

（1）砧木的选择

砧木的选择应满足下列条件：与接穗的亲和力强；对接穗的生长结果影响良好；对栽培地区条件适应性强；易于大量繁殖；具有特殊需要的性状。

（2）接穗的准备

选择品种纯正、生长健壮、丰产优质的盛果期果树，采集枝条应为充实饱满、芽饱满、不带病虫害的一年生发育枝或结果枝，以枝条中段为宜。接穗分为休眠期不带叶的接穗和生长期带叶的接穗，所以应该采取不同的储藏方法。前者结合冬剪收集健壮的一年生枝条，进行沙藏，春季使用；后者做好随采随用，采下后立即将其叶片剪掉，只留部分叶柄，放在阴凉处保湿备用。

（3）嫁接

嫁接分为枝接和芽接。一般枝接宜在果树萌发前的早春进行，因为此时砧木和接穗组织充实，温度、湿度等也有利于形成层的旺盛分裂，加快伤口愈合。而芽接应选择在生长缓慢期进行，以今年嫁接成活，明年春天发芽成苗为好。

①枝接的方法：用枝条做接穗进行嫁接叫枝接。枝接的方法较多，常用的有：操作简便、成活率高、适用于直径在1 cm以上的砧木的切接法；适用于较粗砧木或大树高接的劈接法；适用于较粗、皮层较厚的砧木的皮下接法和腹接法等。

a. 切接：将砧木在离地约5 cm处剪断，从砧木横切面1/5~1/4处纵切一刀，深度约3

cm，再把接穗削成一个长约 4 cm 的大斜面，在背面削一个马蹄形的长 1~2 cm 的小斜面，削面上部剪留 2~4 个芽，然后将长削面向里垂直插入砧木切口，使砧穗形成层对齐，最后用塑料条绑扎。

b.劈接：将砧木在树皮通直无节疤处锯断，削平伤口。用劈接刀从断面中间劈开，深 3 cm 以上，接穗留 2~4 个芽，在它的下部左右各削一刀成楔形，然后用铁钎子或螺丝刀将砧木劈口撬开，把接穗的形成层对准砧木的形成层插入，使接穗削面上部露白 0.5 cm 以利于伤口愈合，再用塑料条包扎。常采用劈接的树种有杨树、核桃、板栗、楸树、枣、柿等。

c.插皮接（皮下接）：在砧木上选光滑无痕处锯断，纵切皮层，切口长 2.5 cm 左右，再将接穗削一个 4~5 cm 长的斜面，切削时先将刀横切入木质部约 1/2 处，而后向前斜削到先端，再在接穗的背面削一个小斜面，并把下端削尖。这时将砧木层向两边微撬，然后将削好的接穗大削面对着木质部插入砧木皮内，用塑料条绑紧、绑严。

②芽接的方法：以芽片做接穗进行嫁接叫芽接。

a."T"字形芽接：方法简单，容易掌握，速度快，成活率高，从 5 月中旬到 9 月下旬均可进行。具体方法：在选定的叶芽上方 0.5 cm 处横切一刀，长约 0.8 cm，再在叶芽下方 1 cm 处横切一刀，然后用刀自下端横切处紧贴枝条的木质部向上削去，一直削到上端横切处，削成一个上宽下窄的盾形芽片——接穗。

选取砧木主干基部距地面 8~15 cm 处的光滑面，先横割 1 刀，伤口宽约 1 cm，再在横切口中央向下竖划 1 刀，长约 2 cm，切成"T"形，深度均以切透皮层为限，用芽接刀柄上的骨片，将切口的皮层向两边挑开，将接穗插入切口中。使芽片横切口的皮层和砧木横切口的皮层对齐靠紧，然后用塑料薄膜条自下而上将切口全部包扎严密。秋季嫁接的仅露叶柄不露芽，桃类在 5—6 月嫁接的应露芽包扎。生产上常先切砧木，再取芽片，然后插入芽的顺序进行，减少芽片的暴露时间，提高成活率。

b.嵌芽接：在砧、穗均难以离皮时采用嵌芽接，特别是对于枣、栗等枝梢具有棱角或沟纹的树种使用更多。削取接芽时倒持接穗，先从芽的上方向下斜削一刀，长 2 cm 左右，随后在芽的下方稍斜切入木质部，长约 0.6 cm，取下芽片。砧木切口的方法与削接芽相似，但比削接芽稍长，插入芽片后应注意芽片上端必须露出一线宽窄的砧木皮层，然后绑扎。

③嫁接后管理：

a.检查成活率。大多数果树芽接后 10~15 d，切接后 20~30 d，即可检查成活率。如接穗芽眼鲜绿，叶柄一触即落，说明已成活；接穗枯萎变色，说明没有成活，应及时用同一品种补接。

b.除膜和剪砧。春季切（腹）接的苗，应在第一次梢停止生长且木质化时，及时除掉薄膜。秋季芽接或腹接的苗，应在次年春季气温回升较稳定时，在离芽上方 3~5 cm 处剪断砧木，待春梢生长停止时进行第二次剪砧，至 4 月下旬进行除膜。

c. 抹芽摘心。嫁接苗砧木上抽生的萌蘖应及时抹除，一般每隔 15~20 d 抹除 1 次。对接芽抽发的新梢，只能选留 1 个健壮的枝梢，作为主干进行培养，其余应及早摘除。柑橘等常绿果树的苗木，当苗木长到 30 cm 时，应进行摘心定干，并在主干上选留 3 个分枝进行培养，以形成一干三分枝的苗木骨架；葡萄、猕猴桃的扦插苗长到 1 m 长时，无花果、石榴的扦插苗长到 30~50 cm 时应进行摘心，促其分枝。

d. 加强水肥管理。因嫁接后的植株生长旺盛、喜肥喜水，所以除进行正常的中耕除草、灌水外，还要在 5 月下旬和 7 月下旬各施一次稀薄的人畜粪尿。

e. 防治病虫害。由于多数害虫喜欢蛀食幼叶，所以要加强病虫害的防治。

嫁接在果树生产上除用以保持品种优良特性外，也用于提早结果、克服有些种类不易繁殖的困难、抗病免疫、预防虫害；此外还可利用砧木的风土适应性扩大栽培区域、提高产量和品质，以及使果树矮化或乔化等。在观赏植物的生产上，常用接根法来恢复树势，保存古树名木；用桥接法来挽救树干被害的大树；用高接法来改换大树原有的劣种，弥补树冠残缺等；利用高接换种还可以解决自花授粉不结实或雌雄异株果树的授粉问题。

3. 自根苗的培育

自根苗即采用扦插、压苗、分株等无性繁殖的方法获得的苗木，又名无性生殖苗或营养繁殖苗。其没有主根，也没有真正的根茎。变异小，能保持母株的优良特性，进入结果期较早，繁殖方法简单，但其适应性、抗逆性、繁殖系数较低。

扦插繁殖：利用果树的枝条或根进行扦插，使其生根或萌芽抽枝，长成新的植株。凡是枝、根、叶容易形成不定根的树种，都可采用扦插繁殖。果树中葡萄、无花果、石榴、草莓等常用扦插繁殖育苗，猕猴桃、山楂、樱桃、银杏及柑橘砧木有时也采用扦插育苗。

扦插按所用材料不同，分枝插、根插和叶插。果树扦插繁殖用枝插为多，但山楂、樱桃等树种用根插较易成活，叶插在果树上极少应用。

枝插：果树扦插可分为硬枝插和绿枝插两种。前者处于休眠期，利用已完全木质化的 1 年生枝条进行扦插；后者则是在生长季节利用当年抽生的未木质化或半木质化带叶枝条进行扦插，并需要遮阴保湿。绿枝扦插由于技术要求较高，成活率很低。因此，目前生产上应用最广的是硬枝扦插。方法是：一般将枝条剪成长 10~15 cm，具有 1~3 个芽的枝段，上端剪口在芽上 2~3 cm 处剪成平口，下端在节下斜剪成马耳形，然后扦插，插后要灌水覆土使土壤与插条密接。

根插：即用根作插穗的扦插方法。一般容易发生根蘖的果树常用根插，如苹果、梨、枣。时间一般在秋季或早春。根条宜稍粗大，长 10~15 cm 根段，上端剪平口，深埋于地面以下即可。

压条繁殖：枝条不与母株分离的状态下压入土中，使压入部分抽枝生根，然后剪离母株成为独立新植株的繁殖方法。

直立压条：冬季或早春萌发前在离地面 20 cm 处剪断，促使发生多数新梢，待新梢长到 20 cm 以上，将基部环剥或刻伤并培土使其生根。培土高度约为新梢高度的一半，当新梢长到 40 cm 左右时进行第二次培土。秋末扒开土堆，从新根下剪离母株即成为新的植株。如繁殖石榴、无花果、苹果等。

水平压条：将母株枝蔓压入 10 cm 左右的浅沟内，用枝杈固定，顶梢露出地面。等各节上长出新梢后，再从基部培土使新梢基部生根，然后切离母株。如繁殖葡萄、苹果矮化砧苗等。

曲枝压条：多于早春将母株枝条易于接近地面的部分刻伤，弯曲埋入土内，深 10 cm 左右，等到生根抽枝后切离母株。如繁殖葡萄、苹果、梨等。

空中压条：用于枝条不易弯曲到地面的高大树木。其方法是，春季 3—4 月选 1~2 年生枝条，在需要生根的部位适当刻伤，用湿润苔藓或肥沃土壤包裹，外面再用塑料薄膜或对开竹筒包住。注意保持湿润，待生根后与母株分离，继续培育。可用于较难生根的苹果、梨等。

分株繁殖：利用匍匐茎、母株根蘖等营养器官，在自然状态下生根后分离栽植的方法。

匍匐茎分株法：主要用于草莓。草莓地下茎上的腋芽在形成时就能萌发成为匍匐茎，在其节上发生叶簇和芽，下部生根长成一幼株，夏末秋初将幼苗挖出即可栽植。

根蘖分株法：在休眠期或萌发前将母株树冠外围部分骨干根切断或刻伤，生长期加强肥水管理，促使生长和发根，秋季或翌年春挖出分离栽植。如山楂、山荆子、枣等。

（三）苗木出圃

苗木出圃是育种工作的最后一个环节，出圃工作的好坏直接影响到苗木的质量和栽培成活率及栽培后的生长状况。

1. 出圃前的准备

在挖苗前 2 天，若圃地土壤较干的话，要浇一次透水，以免伤根。起苗地不宜选择沙土或砾质土，要选择土层深厚、石砾少、肥力较好的壤土和中壤，以土壤持水量 45%~55% 为宜，保证所起苗木的土坨完整。

2. 出苗方法

为保留 20 cm 的侧根，起苗时要离根茎 25 cm 处挖土，主根深度可于 25 cm 以下切断，严防损伤枝茎和芽眼。

落叶树种可不带土，尽量减少根系的损伤，但是常绿树种应尽量带土，并保持根系完整。

3. 出苗木规格

刚出的苗木必须符合以下几个条件：品种纯正，无病虫害；根系好，主侧根数目在 4 条以上，长 20 cm 以上；苗木长势较好，高 80 cm 以上，粗 0.8 cm 以上，整形带内有 8 个左右饱满的芽；嫁接口愈合正常，亲和良好，砧穗生长平衡。

4. 苗木的检疫与消毒

苗木出圃应严格开展检疫工作。苗木包装前应经检疫机关检验，发给检疫证书，才能承运或寄送。带有"检疫对象"的苗木，一般不能出圃；病虫害严重的苗木应烧毁；即使属非检疫对象的病虫也应防止传播。因此苗木出圃前，需进行严格的消毒，以控制病虫害的蔓延传播。常用的苗木消毒方法有：

（1）石硫合剂消毒

用 3~5 波美度石灰硫黄合剂浸苗木 10~20 min，再用清水冲洗根部。

（2）波尔多液消毒

用 1：1：100 波尔多液浸苗木 10~20 min，再用清水冲洗根部。对李属植物要慎重应用，尤其是早春萌芽季节，以防药害。

（3）硫酸铜水消毒

用 0.1%~1.0% 硫酸铜溶液，处理 5 min，然后将其浸在清水中洗净。此药主要用于休眠期苗木根系的消毒，不宜用作全株苗木消毒。

5. 遮阴保湿

将售出苗按 50~100 株一捆，挂上写有品种名称、级别和数量的标签，内填泡湿的水草，以草帘外包，可保湿一周。在运输中要做好遮阴保湿工作，若短途运输，成捆装车以后，要用篷布盖严，若长途运输，更要做好遮阴保湿工作。

6. 苗木储藏

起苗后清除病株分级后需要储藏，储藏又名假植，分为临时性假植和越冬性假植两种方式。

临时性假植可选择灌溉条件好的地块，挖假植沟，一般宽为 100 cm、深为 50 cm，长度视假植数量而定，将苗木一排排放在沟内，用细土盖至根茎以上 15 cm 左右处，用脚适度踏实，浇透水，再盖草席遮阴。

越冬性假植应选择背风向阳、无积水的地方，假植沟的大小同临时性假植，将苗木一排排放在沟内，用细土盖至苗高的 1/2 左右处，土壤与苗木根系紧密接触，不留空隙，浇透水。

7. 包装和运输

长途调运的苗木必须进行包装，植株大的按 50 株 1 捆，小的按 100 株 1 捆进行包扎。常绿果树如果是裸根起苗的，捆前必须用泥浆蘸根。落叶果树苗虽不一定要用泥浆蘸根，但同样需要注意根部保湿，一般用湿稻草、锯末或苔藓等填充根系，外面用塑料薄膜、纤维编织袋、草袋或蒲包等物包裹，至少包到苗高的一半，最好仅留顶部，捆扎牢固。

包装物内外均须挂标签，写明品种品系、砧木、等级、数量、接穗来源、起苗日期和育苗单位等。如同时出圃 2 个以上品种的，应分别包装，做出明显的标记。

（四）建园定植

果树是多年生植物，经济寿命长，一经栽植，多年收益。因此，品种配植和栽植方式是否科学、合理将对果园的经济效益产生长远的影响。

1. 现代果园的标准

机械化管理：目前我国是一家一户的小规模的统一建园方式，严重影响劳动效率的提高。而用机械操作来完成果园管理的大部分工作，不仅提高了劳动效率，还可以降低成本。因此为实现果园管理的机械化，必须以大面积、高标准的统一建园为前提。

集约化种植：矮化密植有利于简化树形，方便管理和机械操作，同时可以使果品优质率和经济效益提高。

优质化生产：采用先进的生产技术有助于果品在市场中占有利地位，如增施有机肥、少用化肥、采用生物防治等。

名牌化销售：要实现果品的名牌化，首先要保证果品质量，然后进行包装、大力宣传、注册商标等。走品牌道路，创名优效益。

2. 园址的选择

选择合适的园地：选择果园不得占用农田耕地、高产田地，应当选择地势较为平坦的平地；土层深厚、肥沃的丘陵；山地、退耕还林地等。

适地适树：要充分考虑当地的气候、土壤、雨量、自然条件、市场需求等。做到因地制宜、适地适树，发挥当地的自然优势和品种的优良性状。

避开灾害频繁区：冻害、晚霜、干旱、洪涝等自然灾害频繁的地区，严重影响果树的生长发育、丰产和稳产，不宜建园；工厂废渣、废水、废气污染严重的地方，亦避开。

水利、交通条件：建园地要水源充足，以利于灌溉；交通方便，以利于运输。

3. 果园规划

道路：道路由主路、支路、小路组成。主路要直而宽，一般为5~7 m，要求位置适中，贯穿全园，通常设置在栽植大区之间，主、副林带一侧；支路是通往各小区的运输通道，一般宽为4~5 m，常设置在大区之内，小区之间，与主路垂直；小路即人们日常管理果园行走的路，一般宽为1~1.5 m。

果园小区规划：果园作业区（小区）为果园的基本生产单位，是为管理上的方便而设置的。若果园面积较小，也可不用设置作业区。作业区的面积、形状、方位都应与当地的地形、土壤条件及气候特点相适应，并要与果园的道路系统、排管系统以及水土保持工程的规划设计相互配合。划分小区应满足：同一小区内气候条件及土壤条件应当基本一致，以保证同一小区内管理技术和效果一致性；在山地、丘陵地，有利于防止果园水土流失，有利于防止果树的风害，有利于果园的运输和机械化管理。果园小区面积因立地条件而定，一般平地或气候、土壤条件较为一致的园地，面积为50亩；山地为30亩。

辅助设施的规划：果树辅助建筑物包括办公室、财务室、车辆库、工具室、肥料农药库、包装场、配药场、果品储藏库、加工厂、绿肥和饲料基地等。

4. 树种和品种的选择

建园时选择适宜的树种、品种是实现果园目的的一项重要决策。在选择树种和品种时应该注意以下条件。

（1）优良品种、有独特的经济性状

优良品种具有生长健壮、抗逆性强、丰产、质优等较好的综合性状。此外，还应该注意其独特的经济性状，如美观的果型、诱人的颜色、熟期早等。

（2）适应当地气候和土壤条件，优质丰产

优良品种必须在适应的环境条件下才能表现优良性状，才能够优质丰产，以此选择树种时一定要结合当地气候、土壤等条件，并且尽量保证丰产和优质的统一。

5. 授粉品种的选择和配植

由于许多果树如苹果、梨、桃品种有自花不实的现象，结果率很低，只有配植其他品种作为授粉树进行异花授粉才能正常结果。而雌雄异株的银杏、猕猴桃等，种植单一的雌株更无法形成产量。即使是能够自花结实的柿子、枣等，在果树建园时也必须配植好授粉树种。授粉树与主栽品种的距离，依传粉媒介而异。

（1）授粉树种应该具备的条件

①与主栽品种能相互授粉，坐果率高。

②与主栽品种同时进入结果期，且年年开花，经济结果、寿命长短相近。

③能产生大量有活力的花粉，大小年现象不明显。

④与主栽品种授粉亲和力强，能生产经济价值高的果实。

⑤当授粉品种有效地为主栽品种授粉，而主栽品种却不能为授粉品种授粉，又无其他品种取代时，必须按照上述条件另选第二品种作为授粉品种的授粉树，但主栽品种或第一授粉品种也必须作为第二授粉品种的授粉树。

（2）授粉树在果园的配植方式

①中心式：一株授粉品种在中心，周围栽 8 株主栽品种。小型果园中，果树作正方形栽植时，常用中心式配植。

②行列式：沿小区长边，按树行的方向成行栽植。梯田坡地果园按等高梯田行向成行配植。两行授粉树间隔行数因品种不同而异，果类多为 4~8 行，核果类多为 3~7 行。大中型果园中配植授粉树常用行列式配植。

授粉树在果园中占的比例，应视授粉品种与主栽品种相互授粉的亲和状况及授粉品种的经济价值而定。授粉品种与主栽品种经济价值相同，且授粉结果率都高，授粉品种与主栽品种可以等量配植；若授粉品种经济价值较低，可在保证充分授粉的前提下低量配植。

6. 果树栽植

果树栽植方式有长方形栽植、正方形栽植、三角形栽植，以长方形栽植较为常见，因为行距大、株距小，便于管理和间作。一般落叶果树于落叶后至立春萌芽前栽植，常绿树种一般为秋季栽植。

定点挖穴：无论是平地还是山地，均应按规划首先测出定植点，然后以定植点为中心挖穴。穴的大小以一米见方为宜，挖穴时间比定植时间适当提前。

选用壮苗：种植果树既要选择优良品种，还要选用优质壮苗。所谓壮苗即苗高适宜、枝干充实、芽体饱满、根系发育良好、须根多而长等。

肥料准备：为促进定植后幼苗的前期生长，可提前准备一些肥料。每棵树 15~20 kg 有机肥，50~100 g 化肥，部分过磷酸钙。

定植：定植时将果苗的主根垂直于穴中央扶正，舒展根系，用熟土埋根并稍向上提苗，然后踩实，根茎部露在外面。定植结束时修树盘，浇定根水，覆一平方米地膜，四周用土埋实。

（五）果园土肥水管理

1. 土壤管理

（1）果园土壤耕翻

对园土进行深翻，结合有机肥施用，改良土壤，特别是深层土壤的有效措施和果园低产变高产的有效途径。耕翻多在秋季或春季进行。深度以稍深于果树主要根系分布层为度，一般要求有 80~100 cm。深翻改土的方法有：

①深翻扩穴：幼树定植后，逐年向外深翻扩大栽植穴，直至株间全部翻遍为止，适合劳力较少的果园。但每次深翻范围小，需 3~4 次才能完成全园深翻。隔行深翻即隔一行翻一行。

②全园深翻：将定植穴以外的土壤一次深翻完毕，这种方法需要劳力、肥料较多，但翻耕后便于平整土地，有利于果园耕作，最好在建园定植前进行。不论何种方式深翻一定要结合增施有机质肥料、石灰等。

（2）中耕除草

中耕和除草是两项措施，但相辅进行。中耕的主要目的在于消除杂草，以减少水分、养分的消耗。中耕次数应根据当地气候特点、杂草多少而定。中耕深度一般为 6~10 cm，过深伤根，对果树生长不利，过浅起不到中耕的作用。在生长季节，每月对果园进行中耕除草一次，除尽杂草，减少水分和养分的消耗，改善土壤的通透性。

（3）树盘覆盖

树盘覆盖可以起到增加土壤有机质、稳定土温、保墒、防止水土流失、健壮树势的作用。

树盘覆草从夏季7月上旬始至翌年2月下旬止，其覆盖材料就地取材，如绿肥、山青草、稻草、麦草等；覆盖面以离树干10 cm始至树冠滴水线外30 cm止，厚度20 cm左右，待覆盖结束后将覆盖物翻入土中。在冬季应用地膜覆盖能起到防寒保温的作用。在11月上旬开始，结合树盘覆草，在草上面再盖一层地膜，直到翌年2月上、中旬结束。

（4）间种绿肥作物

在幼龄果园及宽行种植的果园，可以种植绿肥作物，在适当的时期，把绿肥作物翻压到土中，作为果树的有机肥。间作物要在树盘之外一定距离（50~80 cm）。绿肥作物大多数具有强大而深的根系，生长迅速，可以吸取土壤较深层的养分，起到集中产发的作用。残留在土壤中的根系腐烂后，有利于改善土壤结构和增加土壤有机质。豆科绿肥有根瘤菌，可以吸收固定空气中的氮素。绿肥经过翻耕后可以增加土壤中的氮、磷、钾、钙、镁等营养成分和有机质。常用的绿肥作物有：豆科绿肥作物大豆、绿豆、花生、豌豆、苕子等；药用植物白菊、甘草、党参、红花、芍药等；块根、块茎作物马铃薯、萝卜等；蔬菜类作物叶菜、根菜等。

2. 水分管理

水分管理包括合理灌溉和及时排水两个方面。正确的水分管理，既满足果树正常生长发育需要，又不影响果树的花芽分化，是实现果树丰产、优质和高效益栽培的最根本保证。水分管理应根据降雨、土壤缺水情况及果树需水规律而定，坚持"随旱随灌，随涝随排"的原则。

（1）果园灌水

①果园灌水的关键时期。

a. 前芽水。在春天土壤解冻后，果树发芽前浇一次透水，有利于促进根系对肥料的吸收，利于开花、坐果和新梢、果实的生长。

b. 花后水。盛花期后幼果将形成时，浇一次透水，能减少落花落果，提高坐果率，促进果实膨大。

c. 催果水。在果实迅速膨大期浇一次透水，满足果实、新梢生长发育的需要。

d. 封冻水。采果后到封冻前结合施基肥浇一次透水，有利于树体吸收有机肥料，促进花芽分化质量，提高抗旱性能，达到安全越冬的效果。

②常用的灌水方法。

a. 沟灌。利用自然水源（水库等）或水泵提水，开沟引水灌溉。

b. 浇灌。在水源不足或幼龄果园和零星栽植的果树，可以挑水浇灌。浇灌方法简便，但费时费工，劳动强度大。为防止蒸发，浇灌宜在早、晚进行，浇后覆土或覆草更好。

c. 滴灌，又称滴水灌溉，是将一种有压力的水，通过水泵、过滤器、管径不同的管道和毛管滴头，将水一滴一滴地滴入果树根系范围土层，使土层保持根系适宜生长的湿润状态。滴灌的优点是节水、不使土壤板结并且不破坏土壤结构。可结合施加化肥,省工。使用滴灌增产幅度有 20%~25%。

d. 喷灌,又称人工降雨。是利用机械动力设备将水射至空中,形成细小水滴来灌溉果园的技术措施。喷灌的优点:一是省水;二是省土,可减少土、肥的流失,避免渍水,有利于保护土壤结构;三是调节果园小气候;四是经济利用土地,节省劳力。

e. 低头雾状喷灌,与喷灌相似,只是喷头低,水以雾状喷出,缓慢均匀地湿润根系。雾状喷头有安装在树盘周围的,也有捆绑在植株枝干上的。

(2)果园排水

排水是将果园中过多的水分排出。排水不仅减少养分损失,而且能改善土壤通透状况,有利于植株的生长。目前的排水系统主要有:

①明沟排水,在地表间隔一定距离,顺行向挖一定深宽的沟,进行排水。排水系统的走向根据地貌和地势而定。山地排水系统由拦水沟、蓄水坑和总排水沟等组成;平地果园的排水系统,由小区内行间集水沟、小区间支沟和果园干沟组成。

②暗管排水,在果园安设地下管道,通常由干管、支管和排水管组成,只适用于透水性较好的土壤。特点是方便地面耕作和机械操作,但建设成本较高。

3. 果园施肥

施肥是为果树提供生长发育所需要的营养元素和改善土壤的理化性状。因此,施肥既要保证当年丰产,也要为连年丰产做好准备。施肥还要与果园其他管理如土壤耕作、间作、排灌水等相配合,注意节约肥料和劳力,降低生产成本,提高效益。

果树正常生长发育需要多种营养元素。其中,一些元素需要量较大,如碳、氢、氧、氮、磷、钾、钙、镁、硫等,称为大量元素;另一些元素,如硼、铁、锌、锰、铜、钼等,需要量小,在树体中含量仅占十万分之一至百万分之一,称为微量元素。不论大量元素和微量元素,都是果树正常生长发育所不可缺少的营养元素。

此外,土壤 ph 不同,影响各种营养元素的有效性,施肥前应先了解土壤中元素情况及其相互关系,制定出合理的施肥制度。

(1)施肥时期

①基肥:较长时期供给果树多种养分的基础肥料。主要特点是肥效期长、分解慢,可陆续供果树吸收利用;施肥量大,占全年施肥量的 50% 左右;以有机肥为主,可适当增加一些速效化肥。基肥的施用量视土壤肥瘦、植株大小、树势强弱、树龄老幼而定,一般株施农家肥 20~100 kg,混加磷酸二氢钾 1~2 kg。施基肥的时间一般是采果后,结合深翻果园进行最好,但不能施用过早,以免发生二次生长,降低抗性。

②追肥:又叫补肥,基肥发挥肥效平稳缓慢,在果树需肥急迫时期必须及时补充肥料,

才能满足果树生长发育的需要。追加高产、优质的肥料，既可达到当年壮树效果又给来年生长结果打下基础，是果树生产中不可缺少的施肥环节。

追肥次数和时期与气候、土质、树龄等有关。高温多雨地区肥料易流失，追肥宜少量多次；反之，追肥次数可适当减少。幼树追肥次数宜少，随树龄增长结果量增多，长势减缓，追肥次数也应增多，以调节生长和结果的矛盾。目前生产上对成年结果树一般每年追肥2~4次，但需根据果园具体情况，酌情增减。施用时期主要有以下四个：

a.花前肥：又叫萌芽肥，在花芽开始萌发时追施，以满足开花坐果和发芽抽梢所需肥料，在生产上被认为是一次十分重要的追肥，施用量比较大，占追肥量（50%左右）的30%左右，以氮为主，结合磷钾肥。一般每株追施尿素100~150 g。

b.花后肥：又叫稳果肥，在花谢后追施，以满足幼果和新梢生长所需肥料。此时除幼果迅速长大外，新梢生长也较快，同化作用加强，都需要氮素营养供给。落叶果树注意控制新梢及时停止生长，转入花芽分化，所以氮肥用量要控制好，适当增加磷、钾肥，提高着果率。一般每株追施尿素100~200 g或按1∶5施人畜粪尿30 kg左右。

c.壮果肥：又叫夏肥，在幼果停止脱落即核硬化前进行，主要满足果实膨大和秋梢生长的需要，应将氮、磷、钾配合施用，氮肥促进果实增大，磷、钾促进果实发育和提高品质。一般每株施人畜粪尿15~30 kg，过磷酸钙0.5~1 kg。

d.采前肥：主要针对晚熟品种，用肥种类和数量与"壮果肥"相同；针对早熟品种，在采果后施基肥为好。

幼龄树主要培养树冠，应勤施薄施，初结果树前期梢果矛盾突出，要控制氮肥，以防徒长，造成大量落果。

同一肥料元素因施用时期不同而效果不一样。易流失挥发的速效肥或施后易被土壤固定的肥料，如碳酸氢铵、过磷酸钙等宜在果树需肥期稍前施入；迟效性肥料如有机肥料，因腐烂分解后才能被果树吸收利用，故应提前施入。

肥效的发挥与土壤水分含量密切相关。土壤水分亏缺时施肥有害无利，由于肥分浓度过高，果树不能吸收利用而遭毒害。积水或多雨地区肥分易淋洗流失，降低肥料利用率。因此，根据当地土壤水分变化规律或结合排灌进行施肥，才能达到预期的目的。

（2）施肥方式

果树根系分布的深浅和范围大小依果树种类、砧木、树龄、土壤、管理方式、地下水位等不同而不同。一般幼树的根系分布范围小，施肥可施在树干周边；成年树的根系是从树干周边扩展到树冠外，成同心圆状，因此施肥部位应在树冠投影沿线或树冠下骨干根之间。基肥宜深施，追肥宜浅施。

①土壤施肥：在根系集中分布区施用肥料，主要有：

a.环状（轮状）施肥：环状沟应开于树冠外缘投影下，施肥量大时沟可挖宽挖深一些。

施肥后及时覆土。适于幼树和初结果树，太密植的树不宜用。

b.放射沟（辐射状）施肥：由树冠下向外开沟，里面一端起自树冠外缘投影下稍内，外面一端延伸到树冠外缘投影以外。沟的条数为4~8条，宽与深由肥料多少而定。施肥后覆土。这种施肥方法伤根少，能促进根系吸收，适于成年树，太密植的树也不宜用。第二年施肥时，沟的位置呈错开。

c.全园施肥：先把肥料全园铺撒开，用搂耙与土混合或翻入土中。生草条件下，把肥撒在草上即可。全园施肥后配合灌溉，效率更高。这种方法施肥面积大，利于根系吸收，适于成年树、密植树。

d.猪槽式施肥：在树冠滴水线外围挖2~4个环沟，挖沟地点隔次轮换。

e.条沟施肥：对成行树和矮密果园，沿行间的树冠外围挖沟施肥。此法具有整体性，且适于机械操作。

f.灌溉式施肥：在灌溉水中加入合适浓度的肥料一起注入土壤。此法适合在具有喷滴设施的果园采用，具有肥料利用率高、肥效快、分布均匀、不伤根、节省劳力等优点。

②叶面喷肥：又称根外追肥，简单易行，省肥省工，见效快，且不受养分分配中心的影响，可及时满足果树的需要，并可避免某些元素在土壤中产生化学或生物的固定作用。其方法是：把肥料溶解在水里，配成所需要的浓度，用喷雾器喷在花、叶、枝、果上，迅速满足其对养料的需要。叶面喷肥常用的肥料和浓度是：尿素0.2%~0.3%，碳铵0.4%~0.5%，硼砂0.3%~0.4%，磷酸二氢钾0.2%~0.3%，复合肥0.2%~0.3%。

叶面喷肥在解决急需养分需求的方面最为有效。如：在花期和幼果期喷施氮可提高其坐果率；在果实着色期喷施过磷酸钙可促进着色；在成花期喷施磷酸钾可促进花芽分化；等等。叶面喷肥在防治缺素症方面也具有独特的效果，特别是硼、镁、锌、铜、锰等元素的叶面喷肥效果最明显。

③果园绿肥：凡是用作肥料的植物绿色体均被称为绿肥，是一种重要的有机肥源。果园绿肥的主要用法有以下几种：

a.翻压（成龄果园）：将种植的绿肥在初花期至花荚期直接翻入土中，使其腐烂作肥。

b.刈割沟埋（幼龄或行距较大的果园）：在树冠外围挖沟，将刈割的绿肥与土分层埋入沟中，覆土后灌1次水。

c.覆盖树盘：利用刈割的鲜料覆盖树盘或放在树行间做肥料。

d.沤制：将刈割的鲜料集中于坑中堆沤，然后施入果园。

（六）整形修剪

整形是指根据树体的生物学特性以及当地的自然条件、栽培制度和管理技术，在一定的空间范围内形成较大的光合面积并能担负较高产量、便于管理的合理的树体构型。

修剪是指根据生长与结果的需要，用以改善光照条件、调节营养分配、转化枝类组成、促进或控制生长发育的手段。一般来说修剪也包括整形。

整形修剪在果树生产中具有十分重要的意义和作用：一方面，能平衡营养生长和生殖生长，使果树生产达到丰产、优质、低耗、高效的栽培目的；另一方面，使幼树形成空间合理的树体骨架，改善树体的通风透光条件，提高负载能力。

1. 果树整形的依据

树种、品种特性：主要根据成枝力与萌发力的强弱、枝条开张角度和枝条的软硬等来整形。干性强的果树应保留领导干，维持从属关系；蔓性果树必须搭架支撑；灌木状果树，一般采用丛状整形。

树龄、树势：幼龄树主要以培养树形为主，成年树则主要维持生长与结果的平衡；树势强的需缓和树势，树势弱的需增强生长势。

环境条件：土壤、地势、气候等不同，整形不同。如环境条件不利于果树生长，应该采用小冠树形；光照少、多雨、高湿地区，则应采用开心树形；在寒冷地区的果树，应采用匍匐树形，便于埋土防寒；在大风区或山地风口处的果树，则应采用盘状树形，以增强抗风能力。

栽培方式：密植时应采用人工树形（枝条级次低、竹架小、树冠小的树形），控制其营养生长，抑制树冠过大，促进花芽形成，以发挥其早结果和早期丰产的潜力；一般栽培采用自然树形，整形时则需适当增加枝条的级次以及枝条的总数量，以便迅速扩大树冠成花结果。

2. 整形的原则

因势利导，随树作形：要根据树种和品种的不同特性，选用适宜树形。在整形过程中，要坚持"有形不死，无形不乱，随树作形"的整形原则。

少主多侧：在能确保树体骨架的基础上，应尽量少留主枝，多留侧枝及辅养枝，以利于早果丰产。

平衡树势，从属分明：正确处理局部和整体的关系，生长和结果的平衡，主枝和侧枝的从属，以及枝条的着生位置和空间利用等。保持果园内各单株之间的群体长势近于一致。

修剪要轻，冬夏结合：在整形阶段，仅对那些影响骨干枝或层间、层内距的枝，扰乱树形结构的枝实行疏除或重剪，对其他枝条一般采用轻剪或不剪，以增加枝条的级次以及枝条的总数量，便于迅速扩大树冠成花结果。

3. 整形修剪的时间

一般分为冬季修剪和夏季修剪。

冬季修剪：又叫休眠期修剪，简称冬剪，在果树落叶后的冬季至次春萌动前进行。但不同的树种、树龄、树势应区别对待，成树、弱树不宜过早或过晚，一般在严寒过后至来年树液流动前进行，以免消耗养分和削弱树势。冬季修剪的任务是培养骨架，平衡树势，改善通风透光条件，培养结果枝组，调整花、叶、芽比例，借以减小大小年幅度，稳定树势和产量。

夏季修剪：又叫生长期修剪和绿枝修剪，简称夏剪，包括春、夏、秋三季，但以夏季调节作用最大。夏剪的任务是开张主枝角度，疏除过密枝、竞争枝，缓和辅养枝，控制强旺枝，改善光照条件，提高光合效能，从而调节营养生长和生殖生长的矛盾，减少无效消耗，促进花芽分化。它具有损伤小、效果好、主动性强、缓势作用明显等特点。

4. 整形修剪的方法

果树修剪的基本方法包括短截、缩剪、疏剪，另外有长放、曲枝、除萌、疏梢、摘心、剪梢、扭梢、环剥等多种方法。了解不同修剪方法及作用特点，是正确采用修剪技术的前提。

短截：又叫短剪，就是剪去一年生枝的一段，根据短截程度的长短又分为轻短截、中短截、重短截。短剪的主要作用是促进营养生长。促进程度与短剪程度成正相关。因此短剪的运用主要取决于品种、树龄、树势及环境条件和管理等。

缩剪：又叫回缩，即在多年生枝上有分枝的地方短截，能起到复壮后部、调节光照的作用。

疏剪：又叫疏枝，就是将枝条从基部连根剪除，不能留橛的修剪方法，是一种削弱、减少枝量的修剪方法。

长放：又叫缓放、甩放。就是对一年生枝条不疏不截，多用于长势中庸的枝条。长放可使枝条生长势缓和下来，枝上萌发若干中、短枝，极易形成花芽而结果。

曲枝：又叫弯枝，用弯曲方法改变枝条的生长方向和姿态，使之合理利用空间和抑制顶端优势，促其形成花芽，以利结果。

除萌和疏梢：芽萌发后抹除或剪去嫩芽为除萌或抹芽；疏除过密新梢为疏梢。其作用是选优去劣，除密留稀，节约养分，改善光照条件，提高留用枝梢质量。如柑橘等类果树的芽具有早熟性，一年内能发生几次梢，可采用除萌疏梢的方法培养健壮整齐的结果母枝。葡萄可通过抹除夏芽副梢，逼冬芽萌发而一年内多次开花结果。

摘心和剪梢：在新梢尚未木质化之前，摘除幼嫩的梢尖即摘心；剪梢是在新梢已木质化后，剪去新梢的一部分。摘心和剪梢可以削弱顶端生长，萌发二次枝，增加分枝数；促进枝组与花芽形成。如苹果幼树时对长到15~20 cm的直立枝、竞争枝摘心，以后连续摘2~3次，从而能提高分枝级数，促进花芽形成，有利于提早结果，提高坐果率。葡萄花前或花期摘心，可显著提高坐果率，促进枝芽充实。秋季对将要停长的新梢摘心，可促进枝芽充实，有利于越冬。

扭梢：在新梢基部处于半木质化时，从新梢基部扭转180°，使木质部和韧皮部受伤而不折断，新梢呈扭曲状态。扭梢后枝梢淀粉积累增加，全氮含量减少，有促进花芽形成的作用。

环剥（环割）：一般在花芽生理分化期进行，有助于抑制营养生长、促进花芽分化、提高坐果率。环剥的宽度一般为被剥枝干直径的1/10~1/8。

（七）花果管理

花果管理，是指直接对花和果实进行管理的技术措施。其内容包括生长期中的花、果管理技术和果实采收及采后处理技术。采用适宜的花果管理措施，是果树连年丰产、稳产、优质的保证。

1. 保花保果

坐果率是产量构成的重要因子。提高坐果率，尤其在花量少的年份提高坐果率，使有限的花得到充分的利用，在保证果树丰产、稳产上具有极其重要的意义。提高坐果率的措施主要包括：

搞好果园管理，多留花芽：营养是果树生长的物质基础，储藏养分可以提高花芽质量，促进花器和幼果的正常发育，提高坐果率。对花芽少的"小年"树和强旺树，要尽量保留花芽、花朵和幼芽果，使其多结果、多稳果、结大果，以提高产量。

花期环剥、喷肥和使用调节剂：在初花期进行环剥可提高坐果率，提高果实品质，在盛花期对花朵喷一次200~250倍液的硼砂加蜂蜜或糖水（硼是果树不可缺少的微量元素），能提高坐果率。幼果期喷"2，4-d"、赤霉素、硼酸、钼酸钠等药剂，可改善花和幼果营养状况，提高坐果率。

预防花期冻害：在花期和幼果期要预防"倒春寒"和晚霜冻害，以减轻灾害。

防止幼果脱落，控制新梢生长：由于新梢的旺长期和幼果的膨大期几乎处于同一时期，因此在新梢长到一定长度时要摘心，防止幼果脱落。

防止采前落果：采果前生长素缺乏会导致果实脱落，应在果面和果柄上喷生长促进剂防止其脱落。

2. 疏花疏果

疏花疏果指人为地去掉过多的花或果实，使树体保持合理负载量的栽培技术措施。疏花疏果具有提高坐果率、克服大小年、提高品质、保持树体健壮等作用。从理论上讲，疏花疏果进行得越早，节约储存养分就越多，对树体及果实生长也越有利。但在实际生产中，应根据花量、气候、树种、品种及疏除方法等具体情况来确定疏除时期，以保证足够的坐果为原则，适时进行疏花疏果。通常生产上疏花疏果可进行3~4次，最终实现保留合适的树体负载量。结合冬剪及春季花前复剪，疏除一部分花序，开花时疏花，坐果后进行1~2次疏果可减轻树体负载量。

疏花疏果分为人工疏花疏果和化学疏花疏果两种。人工疏花疏果是目前生产上常用的方法。优点是能够准确掌握疏除程度，选择性强，留果均匀，可调整果实分布。化学疏花疏果是在花期或幼果期喷洒化学疏除剂，使一部分花或幼果不能结实而脱落的方法。进而可分为化学疏花和化学疏果。化学疏花是在花期喷洒化学疏除剂，使一部分花不能结实而脱落的方法，常用药剂有二硝基邻甲苯酚及其盐类、石硫合剂等。化学疏果是在幼果期喷洒疏果剂，使一部分幼果脱落的疏果方法。化学疏果省时省工，成本低，但药效影响因素较多，难以达到稳定的疏除效果，一般配合人工疏果，常用药剂有西维因、萘乙酸、萘乙酰胺、敌百虫、乙烯利等。

3. 果形调控与果穗整形

果实的形状和大小是重要的外观品质，它直接影响果实的商品价值。不同品种，有其特殊的形状，如鸭梨在果梗处有"鸭头状凸起"。有些果树如葡萄、枇杷等，其果穗的大小、形状、果粒大小、整齐度等也各有不同。果形除取决于品种自身的遗传性外，还受砧木、气候、果实着生位置和树体营养状况等因素影响。相同的品种，嫁接在生长势强的砧木上，比在生长势弱的砧木上所结的果实果形指数大。春末夏初冷凉气候条件有利于果形指数的增加。鸭梨花序基部序位的果实，具有典型鸭梨果形的果实比例较高，随着序位的增加，其比例降低。因此，在疏花疏果时，鸭梨应尽量保留下垂果。凡是能够增加树体营养的措施，特别是增加储藏养分水平的措施，都有利于果实果形指数的提高。果穗整形是一项较费劳动时间的管理措施。但针对目前中国农户果园面积小、劳力充足、劳动力费用较低的具体情况来说，它对于增加果品生产的经济收益，效果非常明显。巨峰葡萄系大粒品种的果穗整形主要通过疏序（或疏穗）、整穗和疏粒三个步骤来完成。

4. 改善果实色泽

果实的着色程度，是外观品质的又一重要指标，它关系到果实的商品价值。果实着色状况受多种因素的影响，如品种、光照、温度、施肥状况、树体营养状况等。在生产实际中，要根据具体情况，对果实色素发育加以调控。

改善树体光照条件：光是影响果实红色发育的重要因素。要改善果实的着色状况，首先要有一个合理的树体结构，保证树冠内部分的充足光照。

果实套袋：套袋除可防止果实病虫害外，在成熟前摘袋，还可促进果实的着色。

摘叶和转果：目的是使果实全面着色。摘叶一般分几次进行，套袋果在除外袋的同时进行第一次摘叶，非套袋果在采收前30~40天开始，此次摘叶主要是摘掉贴在果实上或紧靠果实的叶片，数天后再进行第二次摘叶。第二次主要是摘除遮挡果实着光的叶片。转果在果实成熟过程中应进行数次，以实现果实全面均匀着色。方法是轻轻转动果实，使原来的阴面转向阳面，转动时动作要轻，以免果实脱落。为防止果实回转，可将果实依靠在枝杈处。对于无处可依又极易回转的果实，可用橡皮筋拉在小枝之间，然后把果实靠在橡皮筋上，也可用透明胶带固定。

树下铺反光膜：可显著地改善树冠内部和果实下部的光照条件，生产全红果实。铺反光膜一定要和摘叶结合使用，在果实进入着色期开始铺膜。

5. 提高果面洁净度

除果实着色状况外，果面的洁净度也是影响果实外观品质的重要指标。在生产中，因农药、气候、降雨、病虫危害、机械伤等原因，常造成果面出现裂口、锈斑、煤烟黑、果皮粗糙等现象，在以上因素多发的年份会严重影响果实的商品价值，造成经济效益下降。目前在生产上能够提高果面洁净度的措施主要有果实套袋、合理使用农药、防止果面病虫害及使用植物生长调节剂等。

6. 果实采收及采后处理

采收是果园生产的最后工作，同时是果品储藏的开始，因此采收起到承上启下的作用，是果树生产的重要环节。采收期的早晚对果实的产量、品质及耐储性都有很大影响。采收过早，果实个小，着色差，可溶性固体含量低，储藏过程中易发生皱皮萎缩；采收过晚，果实硬度下降，储藏性能降低，树体养分损失大。采收期的确定除要考虑果实的成熟度外，更重要的是要根据果实的具体用途和市场情况来确定。如不耐储运的鲜食果应适当早采，在当地销售的果实要等到接近食用成熟度时再采收。如果市场价格高、经济效益好，应及时采收应市。相反，以食用种子为主的干果及酿造用果，应适当晚采，使果实充分成熟。

果实的采后处理主要包括：

清洗消毒：即清洗果面上的尘土、残留农药、病虫污垢等。常用的清洗剂有稀盐酸、高锰酸钾、氯化钠、硼酸等水溶液，有时可在无机清洗剂中加入少量的肥皂液或石油。清洗剂应满足以下条件：可溶于水，具有广谱性，对果实无药害且不影响果实风味，对人体无害并在果实中无残留，对环境无污染，价格低廉。

涂蜡：可增加果实的光泽，减少在储运过程中果实的水分损失，防止病害的侵入。主要成分是天然或合成的树脂类物质，并在其中加入一些杀菌剂和植物生长调节剂。

分级：果实在包装前要根据国家规定的销售分级标准或市场要求进行挑选和分级。同时，在分级时应剔除病虫果和机械伤果，减少在储运中病菌的传播和果实的损失。

包装：包装可减少果实在运输、储藏、销售中由于摩擦、挤压、碰撞等造成的果实伤害，使果实易搬运、码放。我国过去的包装材料主要采用筐篓，目前主要为纸箱、木箱、塑料箱等。

第二节 蔬菜栽培技术理论

一、蔬菜栽培技术要点

随着我国经济的不断发展，人们的物质生活水平不断提高，目前，我国大棚蔬菜栽培面积也在不断增加。绿色蔬菜深受人们的喜爱，蔬菜已经成了日常餐桌上必不可少的食物，人们对蔬菜的质量要求也越来越高。基于此，结合实际情况，针对如何通过改善蔬菜栽培要点来提高蔬菜质量的问题进行分析。

随着我国经济实力的不断增长，蔬菜栽培技术水平也在不断提升，将现代科学技术与蔬菜栽培技术相结合，促进现代农产业的发展，以提高蔬菜的质量和产量为目标，尽可能满足消费者的需求。

（一）影响农业蔬菜栽培的主要因素

1. 地域因素的影响

地域不同，气候环境就会存在差异，蔬菜的生长状态就会受到影响。由于我国的国土面积较大，这种差异性导致不同的地域只能生长出相应的蔬菜种类，从而满足不同植物的生长需要。因此，农业生产人员在进行蔬菜栽培时，需要重视不同地域的生长环境，做到因地制宜。

2. 生长周期因素的影响

蔬菜的生长周期在很大程度上会受到季节性因素、地域因素以及人为控制的影响。目前，人们为了追求经济效益、改善产量，形成了蔬菜的固定生长周期，相邻两种生长周期的蔬菜在很大程度上会形成相互制约的关系。因此、农业生产人员需要充分重视这种生产规律，合理规划全面的生产情况、充分利用土地的同时，还应该利用相应的技术改善作物产量。

3. 土地因素的影响

尽管无土栽培技术已经问世，但这种技术对环境设备有较高的要求，因此在短期内无法做到大面积推广。在这种情况下，我国的蔬菜栽培大多采用的是土壤栽培。土壤作为蔬菜的重要载体，其相关因素对于蔬菜的生长具有重要影响。因此，要提高对土地开发的重视程度，从而改善蔬菜的生长情况。

4. 栽培系统的影响

蔬菜生长还会受到其他因素的影响，如作物自身的品质、环境因素以及人为因素等等。因此，需要统筹考虑多种因素，通过研究不同因素之间的关系，为农业发展提供助力。

（二）现代农业蔬菜培植技术

1. 做好育苗工作

育苗工作一般会选择在室内的中央地区，首先要将土壤充分消毒，然后整理苗床。将消毒过的土壤和适量的锯末混合，再铺设好电热线，在土壤上放置若干营养钵。在播种前做好灌溉工作，让土壤保持适当的湿度，再将种子播种到每一个营养钵中，完成后覆盖上地膜。

2. 选取优质幼苗

在蔬菜种植过程中，有的蔬菜的幼苗可以直接播种，而有的需要进行育苗栽植。在挑选幼苗时，应以高产量、高效率为目的，尽可能选取菜根和菜茎较为粗短、菜叶较大、菜叶颜色较绿、没有被病虫侵袭过、完好无损的健康幼苗。挑选健康的蔬菜幼苗有助于提高蔬菜的成活率，提高蔬菜种植的产量。

3. 加强幼苗的管理

在蔬菜苗生长过程中，温度是最重要的影响因素。一般情况下，白天温度尽可能控制在 30℃，夜间温度尽量控制在 20℃，这有利于蔬菜苗的生长。随着蔬菜苗的生长，温度也要适当地变化，当有 1/2 的幼苗出苗后就可以去掉地膜，当幼苗全部出土以后，白天的温度可以控制在 25℃，夜间温度一般控制在 15℃。根据蔬菜的生长时期调整温度，可以让蔬菜幼苗在适当的温度下生长，有利于保证蔬菜的质量。

4. 完善病虫害防治

物理防治、化学防治是蔬菜病虫害防治中两种主要的防治方法。物理防治，是通过人工调节的方式将大棚中的温度和湿度控制在合适的范围内，从而减少病虫害的发生。化学防治是使用毒性较低以及残留较低的化学农药喷洒在蔬菜幼苗上，降低病虫侵害幼苗的可能性。通常情况下，将物理防治和化学防治方式相结合，有利于提高防治工作的质量和效率。

（三）现代农业蔬菜的栽培要点

1. 大棚棚膜的选取

随着我国大棚技术的日益完善，大多数农作物可以在大棚中进行种植和培育。在大棚建设过程中，如何选择正确的棚膜是至关重要的一点。选择棚膜材质时，首先要考虑有利于蔬菜的生长，因此棚膜应选择透光性较强、无毒以及保温、增产效果较好的棚膜。目前，无滴膜在我国被广泛使用，因为这种棚膜具有防老化、高保温的特点。利用合适的棚膜，可以人工为蔬菜提供一个良好的生长环境，提高蔬菜的质量。

2. 科学挑选蔬菜种类

科学挑选蔬菜的品种十分重要，蔬菜品种挑选过程中应该将不同种类的种植面积以及外部环境等因素相结合。比如，番茄、黄瓜的育苗时间应该在 2—3 月；在冬季选择能耐低温的蔬菜种类，有利于蔬菜栽培的存活率。此外，在种植面积上还需进行科学合理的安排，避免在同一个区域连续种植同一种蔬菜，否则不仅会增加病虫害的发生率，而且不利于蔬菜的生长。

3. 合理调节光照强度

任何植物都需要进行光合作用，光照对于蔬菜的正常生长是一个非常重要的影响因素，光照强度能够对蔬菜的最终产量和质量产生直接性的影响。在蔬菜的实际栽植过程中，大棚栽种普遍采用多层覆盖技术，由于春季和冬季会受到环境的影响，光照比较柔和能够进入大棚内的光照只有 50% 左右，如果下雨就会更少。充足的阳光是保证蔬菜正常健康生长的关键，因此，在这种情况下就需要进行人工补光，通常为了保持大棚中的温度适宜会使用交错覆盖的模式，同时会在棚膜表面添加一些其他物质，以保证水分子能够更好地从棚膜留下，渗入土壤。

此外，还需对棚内进行定期清理，保证清洁度，增强膜面的透光度，尤其是在冬天，农户要及时清理覆盖在大棚上的积雪，以免积雪挡住了光照，从而影响蔬菜的正常生长。在大棚中，反光幕设置也十分重要，它是大棚种植过程中经常用到的工具，将反光幕设置在可以将阳光反射到蔬菜的位置上为最佳，一般都会放置在大棚后方的柱子上，可以给大棚内部的蔬菜增加35%左右的光照，促进蔬菜的生长。

4. 完善通风系统

蔬菜在生长过程中，需要采取适当的通风措施。蔬菜的正常生长对环境的要求很高，如果外部温度过低，光照不够，可以进行人工补光，但是夏季光照过强，那么就需要给大棚通风来降温以保证大棚的正常温度。适当的通风不仅能够降低大棚中的温度，还能保持大棚内部空气流畅，同时排出有害气体。值得注意的是，在通风过程中要不断变换通风口的方位，良好的通风可以有效控制大棚内部温度，为蔬菜生长营造一个良好的空间。

5. 适当使用肥料

适当使用肥料，有利于及时补充蔬菜所需的微量元素，提升蔬菜的质量。在施肥过程中，应结合土壤的特质和蔬菜的种类进行科学合理的施肥，遵循有机化肥为主、化肥为辅的原则，促进蔬菜的健康生长。不仅如此，一定要保证蔬菜种植区域内土壤的透气性，在肥料中可以加入一些微量元素，确保蔬菜中的微量元素保持平衡的状态。

随着社会的进步，现代化农业蔬菜栽培技术的不断发展，人们对蔬菜的需求以及对蔬菜质量的要求越来越高。在生态环境污染现象日益严重下，促使现代化农业蔬菜栽培技术不断向技术化和科学化的方向发展。现代化农业蔬菜培植技术提高了蔬菜的产量和质量，同时促进了国家现代化农业的发展。

二、蔬菜栽培五项实用技术

（一）水后快速定植技术

1. 技术操作规程

定植前，先在定植沟内浇足水，待水渗完后，左手提上穴盘苗，右手拇指、食指和中指轻轻抓住茎秆，把苗带基质坨完整拔出，然后右手的拇指、食指和中指捏住基质坨，沿水渗后留下的水位线，根据株行距把苗的基质坨按进泥中，使基质坨的四周与泥土紧密接触，同时将基质坨上表面露出。

2. 主要优点

一是提高劳动效率，减去了挖穴、散苗、培土等工序，比传统的定植技术提高5倍以上工效。二是解决了深浅不一的问题，定植的深度容易掌握，不会出现定植过深或过浅的问题。三是解决了因地不平整，同一行苗浇水量不均的问题。传统定植技术的操作流程是先栽苗后浇水，栽苗时，没法掌握把同一行苗栽到同一水平线上，所以，常常出现个别苗浇不到水，或浇水少的问题。四是根系生长快，定植后，因基质坨上表面露出，根系的透气性好，阳光照射可使幼苗根系周围的温度比传统定植技术的温度高，发根速度快。五是减轻土传病害的发生，定植后，因基质坨上表面露出，茎基部不接触土壤，可大大减轻茎基腐病、根腐病和疫病的发生。

3. 注意问题

如果操作不当，容易把基质坨捏散，操作时要严格按照技术规程进行。该技术适宜于穴盘苗。

（二）温室蔬菜深翻松土技术

1. 技术操作规程

在前茬蔬菜收获后，土壤适墒时，采用人工翻地，拖拉机深松或犁深松，深松深度40 cm，打破犁底层。

2. 主要优点

一是打破犁底层，日光温室不能使用大型机械耕作，只能使用旋耕机，长期以来，耕层不到20 cm，下面就形成不透水的犁底层，浇水时，多余水不能下渗，造成大量死苗现象，通过40 cm的深松，可以打破犁底层。二是减轻土壤盐渍化程度，打破犁底层后，通过浇水，可使耕层的部分盐分下渗到土壤深层，从而减轻土壤盐渍化程度。三是提高产量，打破犁底层后，土壤耕层增厚，利于形成大的根系，有助于提高蔬菜产量。四是减少土传病害的发生。打破犁底层后，土壤的透气性增加，有利于土壤微生物活动，达到减少蔬菜病害的发生。

3. 注意问题

犁底层打破后，如果浇水量过大时，肥水会下渗到土壤深层，造成水肥的浪费和地下水的污染。

（三）番茄授粉器高效无公害授粉技术

1. 技术操作规程

番茄授粉器是由电瓶、高频振动棒和连接线组成。电瓶充电8 h，使用前，把电瓶和高频振动棒用连接线连接好。授粉时，把电瓶盒的背带挎到肩上，右手握住高频振动杆的手柄开关处，打开开关，高频振动杆开始震动，振动杆的尖端放到已开花的花序的总柄上，震动0.5 s即可起到授粉效果，一般4~5 d震动授粉1次（不怕重复授粉），应选择晴天的上午10时后进行。

2. 主要优点

一是提高劳动效率，采用授粉器授粉，比使用激素授粉提高工效7倍以上。二是提高食品安全，采用授粉器授粉，杜绝了使用激素授粉，果实中没有激素残留，从而提高番茄食用的安全性。三是减轻畸形果发生，使用激素授粉，是番茄畸形果形成的主要因素。采用授粉器授粉，因不使用激素，畸形果率减少了47%以上。四是减轻病害发生，番茄使用激素授粉，由于激素的强烈作用，番茄的花瓣肥大，夹在萼片和果实的柄部不能脱落。花瓣干死后，在潮湿环境中，残留的花瓣容易被病菌感染，发生灰霉病和早疫病。因此，采用授粉器授粉技术，可大大减轻灰霉病和早疫病的发生。五是提高果实品质，番茄采用授粉器授粉，属于花粉授粉，果实内种子多、果汁多、口味好、产量高。

3. 注意问题

1—2月设施内温度低、湿度大，花粉不好形成，采用该技术效果较差。

（四）黑色地膜覆盖保温降湿技术

1. 技术操作规程

定植后覆盖黑色地膜：在蔬菜浇过缓苗水适墒后，深锄栽培行，然后覆盖黑色地膜，把苗及时掏出，压好膜侧。

直播田覆盖黑地膜有两种方法：第一种方法，首先把黑色地膜覆盖到种植行，然后根据株行距的要求进行播种。第二种方法，适宜大粒种子（嫌光性种子）。把种子播种后，用黑色地膜覆盖上，使地膜紧贴地面。出苗时，每天上午10时前及时到田间仔细观察，发现出苗（苗顶膜）及时打孔放出。

2. 主要优点

除有白色地膜的提温保湿作用外，还有很好的除草作用。

3. 注意事项

在高温季节覆盖黑色地膜，掏苗后不要使叶片和茎秆接触黑膜，防止高温灼伤。

（五）冬季黄瓜疏瓜护根保秧技术

1. 技术操作规程

日光温室越冬茬黄瓜进入冬季低温寡照阶段，光合作用降低，叶片制造的碳水化合物少，不能满足黄瓜的正常生长要求，首先，表现为生长点新出叶片变小，茎蔓变细，弯瓜增多，叶面展平。其次，生长点逐步高出新出的叶片，严重时生长点形成很多雌花，出现顶端开花。进入低温寡照阶段，发现叶片有变小的趋势，开始疏瓜，一般2~3片叶留1个瓜。生长点超出叶片高度时，3~4片叶留1个瓜。出现瓜打顶时，不留瓜，并要把生长点能看到的雌花及时全部摘除，促其恢复营养生长和根系生长。一般到春节前，不管黄瓜秧蔓好坏，都要把植株上的雌花全部摘除，使植株和根系好好恢复，为夺取春季高产打好基础。

2. 主要优点

一是保护根系，疏瓜可使根系得到充足的营养供给，保证根系正常生长。二是防止瓜打顶。疏瓜人为地控制生殖生长，促进营养生长，可以使黄瓜的生长点和叶片正常生长，培育健壮的植株，从而防止瓜打顶现象的出现。三是提高春季产量，通过疏瓜措施，可使黄瓜植株安全越冬，保持根系正常生长，为春季气温回升取得高产打好基础。

3.注意问题

黄瓜生长点碰伤后难以恢复，出现瓜打顶时，摘除生长点上幼瓜时，操作不当容易伤到生长点。

三、农业蔬菜栽培技术探讨

近些年，随着经济水平的提高，人们的物质生活水平也在持续提升，人们对蔬菜的需求量日益攀升。为更好地满足广大人民群众对蔬菜的需求，蔬菜种植业发展如火如荼。温室大棚蔬菜栽培技术是现代化农业栽培技术中的常用技术，能够为蔬菜提供良好的生长发育环境，有助于保障蔬菜产量和品质。政府各职能部门、研究机构、农业院校也在持续加大资金投入，以完善温室大棚蔬菜栽培技术。随着国内农业科技水平的持续提高，企业或农户在建造温室大棚时，逐渐不再依赖进口设备。随着全国范围内城镇化、工业化速度的逐渐加快，越来越多的农民离开农村进城务工，增加了农村闲置土地面积。部分企业或农户采用承包的模式发展蔬菜生产，充分利用农村闲置土地，实现农业生产规模化，既能保障蔬菜产量，提高蔬菜种植品质，又能丰富蔬菜品种。基于此，对现代农业蔬菜栽培技术的探究有重要意义。

（一）选取适宜的蔬菜品种

在现代化蔬菜栽培活动中，首先要进行蔬菜品种的选择。一是要因地制宜，充分考虑区域的蔬菜种植历史、气候条件、地理特征等因素。如冬季温度较低，光照不充足，应倾向于选择更适合在低温环境下生长发育的蔬菜品种。二是要确保选择的蔬菜品种是经过国家职能部门的科学认定的。同时，为尽可能保留蔬菜品种的原始特点，可以优选杂交类蔬菜品种，保障蔬菜种植质量。三是应充分了解区域内的气候环境，确保科学、合理、有效地选择蔬菜品种，优选早熟品种，增强其抗病毒能力，进一步保障蔬菜产量与质量。四是采取种子处理技术，提高种子发芽率。同时，种植人员应科学调整种植温度、种植时间，对种子定期进行翻动，以提高种子存活率，保证蔬菜质量。

（二）选用无害无毒的棚膜

在现代化蔬菜栽培技术的背景下，栽培现代化的实现主要借助棚膜，其主要作用在于防止蔬菜在种植过程中被外部有害、有毒因素污染。基于现代蔬菜栽培技术的此类特性，种植人员应确保棚膜材质无害、无毒，尽可能选取具有较强抗磨能力的棚膜，以抵抗外部恶劣气候条件对蔬菜的危害。调查显示，现阶段国内大部分地区在蔬菜种植过程中主要选用防老化无滴棚膜。该种材质的特点是质量较好，在使用过程中能够为蔬菜提供适宜的湿度、温度，有助于提高蔬菜的产量、质量。

(三)确保棚内空气流通

良好的通风有助于发挥光合作用优势,促进大棚蔬菜快速生长。各岗位的工作人员应高度重视通风作业,确保棚内空气的新鲜性、畅通性,进而调节大棚内部的湿度、温度,及时排出大棚内部的有毒、有害气体,有效预防各类病虫害。一般情况下,大棚的通风口设置在避风处,并在蔬菜种植作业过程中不断调动通风口位置,确保蔬菜大棚的通风口始终能向棚内输送充足的通风量,避免通风口在正常运行过程中出现关闭等问题。

(四)科学施加无污染肥料

在现代化蔬菜种植作业过程中,种植人员主要借助施肥作业增强蔬菜的抵抗能力,尤其是抗病虫害的能力。施肥作业同样是推动蔬菜绿色生长、健康发育的重要条件。现阶段,国内各地区政府职能部门正在大力倡导先进的农业种植理念,促进种植户及企业实现农业种植的绿色生态。基于此,应尽可能使用无毒、无害肥料,避免有毒、有害肥料对土地和农作物造成不良影响;在施肥作业前,蔬菜种植人员应充分考虑蔬菜生长发育过程中所需的肥料与土壤特点,从而科学选取相应的肥料。由于区域内的气候环境有极大的差异,蔬菜种植人员应根据种植区域的实际情况,确保肥料品种选择的科学性、合理性、有效性。优选能够增强蔬菜抗病能力的肥料,进一步保障蔬菜种植的产量与质量。种植人员还应采取预处理技术,在施肥作业前对肥料进行处理,提高肥料的针对性;在实际施肥作业过程中,种植人员应科学安排施肥温度、施肥时间,定期翻动种植土壤,提高施肥作业效率,提高蔬菜种植质量、效率。

此外,蔬菜种植人员还应科学合理地调节施肥作业过程中的微量元素含量,确保肥料中所含微量元素的比例能够满足作物生长需求。在实际的蔬菜栽培作业进程中,我国各相关部门正在大力推动有机肥料的应用,在有机肥料施肥前,蔬菜种植人员应对土壤、肥料、蔬菜进行系统性的杀菌消毒工作,避免土壤被病虫害侵蚀出现不同程度的损坏。同时,蔬菜种植人员还应合理控制施肥量,避免因施肥过多而出现烧苗问题。

(五)合理把控棚内温度

农作物与植物的健康生长无法脱离光照条件,蔬菜种植人员需要通过调节阳光强度来促进蔬菜生长。为尽可能满足不同的温度、气候、季节条件下蔬菜种植栽培对光照的需求,蔬菜种植人员应从以下几个方面着手:一是优选具有较高透光度的棚膜作为光照调节的基础设施,并及时清理棚膜上的各类杂物,确保棚膜在蔬菜种植过程中始终保持整洁。二是优选具有较强保温作用的棚膜作为大棚的主体材料,借助棚膜逐步将水分子滴入土壤,达到补充土壤水分的目的;在对大棚温度进行控制的过程中,蔬菜种植人员可以借助反光膜逐渐增高室内温度,推动蔬菜健康生长。三是蔬菜种植人员应科学合理地使用棚膜多层覆盖法,确保棚内保温适中;但应注意确保大棚薄膜严丝合缝,避免大风、暴雨、暴雪等破坏薄膜，进而影响棚内蔬菜正常生长。

综上所述，农业蔬菜栽培的现代化发展需要依靠科研人员的积极探索与不断实践。通过科学合理地选取蔬菜品种，使用无害、无毒的棚膜，科学设置通风口，保持棚内空气流通，选取无污染肥料，合理把控棚内温度等提升蔬菜的栽培效率与栽培质量。

四、设施蔬菜栽培连作障碍

蔬菜是现阶段我国人均消费量最大的食品，为了使蔬菜的生产跟上实际需求，近年来我国蔬菜种植对设施栽培的应用变得越来越广泛，但是随着设施应用的不断深入，连作障碍问题也逐渐凸显出来，对蔬菜种植的质量以及产量都带来了较大影响。下面主要对现阶段设施蔬菜栽培过程中存在的连作障碍进行详细分析，结合具体情况制定相应的发展对策。

蔬菜的正常供给对社会的稳定发展有重要的作用和意义，为了使蔬菜稳定供给以及供给质量得到保障，必须在蔬菜栽培的过程中给予足够的重视。现阶段蔬菜栽培工作开展的过程中主要采用的是设施栽培技术，该技术通过人为控制来实现对蔬菜生长的把控。设施栽培技术在实际应用的过程中具有一定的优势，通过对设施栽培技术的合理利用，能够有效降低自然环境对蔬菜生长带来的影响，对蔬菜种植产量的提高有一定的帮助。但是当前设施栽培发展状态并不理想，尤其是连作障碍的存在，对蔬菜种植的质量和产量都带来了较大影响。

（一）设施蔬菜栽培连作障碍出现的原因

1. 土壤养分不均匀

在现阶段蔬菜设施栽培技术运用的过程中，土壤养分不均匀是导致连作障碍产生的主要原因之一。通常情况下，在蔬菜栽培的过程中，由于蔬菜品种的选择有一定的局限性，一般都是长期选择一种或者几种蔬菜进行种植，这些品种单一的蔬菜在日常生长的过程中，往往只会汲取土壤中某些特定的养分，因此单一品种种植时间较长，可能导致土壤中某些特定养分的大量缺失，使土壤整体表现出养分不均匀的状态。除此之外，蔬菜种植户在对蔬菜进行日常施肥时，大多数农户都会选择一些常见的氮肥、磷肥以及钾肥，而忽略向土壤中补充一些有机肥以及微量元素，时间一长会导致土壤内部氮、磷、钾的含量超标，有机元素分布不均衡。

病虫害也是导致设施蔬菜栽培过程中出现连作障碍的一大因素。在大多数蔬菜种植的过程中，一般是对单一蔬菜品种进行种植，导致土壤内部的养分无法均匀分布，土壤内部一些有益微生物的生长也会受到阻碍，从而无法对土壤内的肥料进行科学的分解，于是便会引发病虫害，常见的蔬菜病虫害就是蚜虫以及枯萎病。一旦出现病虫害需立即对其控制，否则这些病虫就会在蔬菜根部大量繁衍，严重影响蔬菜的正常生长。

2. 土壤出现酸化现象

土壤酸化是现阶段造成连作障碍出现的主要因素之一，而土壤酸化出现的原因主要有两个方面：一方面是由于酸性肥料的长期使用，导致土壤内部酸根离子的数量大大增加，从而出现土壤酸化问题；另一方面是铵态氮肥的大量施加，使得土壤内部的酸化程度加深。通常情况下，蔬菜生长的适合ph为5~6.5：如果土壤内的ph下降到5以下的话，则表示已经出现了酸化问题；如果土壤内的ph下降到4以下，则表面土壤已经出现了严重酸化问题，禁止在此土壤上进行设施蔬菜栽培，同时要立即采取措施对土壤进行治理。

在利用设施栽培技术进行蔬菜种植的过程中，如果向土壤内添加过多的肥料，使土壤完全被肥料所覆盖，一旦遇到暴雨天气，雨水无法对土壤进行全面的冲刷，导致土壤变质，土壤内部会出现水分的失衡，从而不利于后期蔬菜的栽培。对于土壤的底层而言，由于存在盐分以及某些养分的蒸发现象，导致土壤的底层出现一层盐霜，使得土壤发生次生盐渍化。土壤的次生盐渍化是非常严重的一种土壤问题，意味着土壤内的含盐量超标，对土壤的渗透能力也会带来较大影响，如果在这样的土壤中进行蔬菜栽培，会导致蔬菜无法正常地汲取水分，将会使蔬菜的健康成长受到影响。

（二）设施蔬菜栽培连作障碍治理对策

1. 采用轮作模式种植蔬菜

导致土壤养分失衡的主要原因之一就是蔬菜种植结构单一，为了解决土壤养分失衡的问题，需要对蔬菜种植结构进行科学的调整。在设施蔬菜栽培过程中采用轮作模式，常见的轮作模式有粮菜轮作模式，可以在土壤上种植一季的大蒜之后再种植一季的夏玉米，不仅能够实现土壤内养分的平衡，还能够有效控制土壤内部病虫害的发生，对蔬菜栽培质量以及产量的提高都有着较大作用。总而言之，针对土壤养分失衡的问题，最好的方法就是采用轮作模式来进行蔬菜种植，这是现阶段防止设施蔬菜栽培连作障碍的有效措施之一。

2. 科学合理地施用肥料

土壤的酸化以及土壤的盐渍化问题都是由于肥料的不合理施用所导致的，因此合理施肥也是现阶段防止连作障碍出现的重要措施之一。在日常施肥的过程中，除需要对蔬菜添加氮肥、磷肥、钾肥等肥料外，还需要结合实际需求，合理添加一些有机肥以及钙、镁等一些蔬菜成长过程中需要的微量元素。在整个施肥的过程中要对肥料的使用量进行严格的把控，不能过多添加，能够满足蔬菜正常的生长需求即可，避免土壤出现盐渍化问题。为了对土壤酸化问题进行把控，还需要加强对酸性肥料的控制，可以使用其他类型的氮肥来代替铵态氮肥。在蔬菜的生长过程中需要对土壤养分含量以及酸碱度情况进行实时的监测，定期开展全面检测，并结合检测结果对缺失的养分进行合理的添加。

3. 合理灌溉蔬菜

在设施蔬菜栽培的过程中进行合理的灌溉也是防止连作障碍的重要举措之一。对蔬菜进行合理的灌溉，不仅能够有效满足蔬菜对水分的需求，还能够对土壤内盐分以及酸碱的含量进行稀释，从而达到处理土壤盐渍和酸化问题的目的，能够有效防止土壤盐渍化以及土壤酸化问题的出现。通常情况下，在蔬菜收获后的换茬期间，可以在蔬菜大棚附近或者蔬菜大棚内设置相应的灌水系统以及排水系统，不仅能够将棚内的雨水排除，还能够对土壤内的盐分起到一定的稀释作用。

总而言之，设施蔬菜种植是现阶段较成熟的一种蔬菜种植技术，通过对该技术的合理运用，对蔬菜种植质量和产量的提高都有着积极的作用。除此之外，通过对设施蔬菜种植技术的合理运用，不仅能够对蔬菜的生长进行有效控制，还能够降低自然环境因素对蔬菜生长带来的影响，能够推进蔬菜种植行业的快速、稳定发展。

五、温室蔬菜栽培的环境条件

随着社会经济的不断发展，人们的生活质量逐步提升，人们对于蔬菜的需求量和需求标准也不断提升，促进我国蔬菜种植行业的发展。温室蔬菜栽培技术是当今常用的蔬菜种植技术。在蔬菜的温室栽培中，环境条件的有效控制是保障蔬菜产量与质量的关键。基于此，对温室蔬菜栽培环境条件的控制策略进行研究，以期能够有效种植温室蔬菜。

近年来，随着我国蔬菜种植行业不断发展，温室蔬菜种植技术水平也不断提高。在温室蔬菜的栽培过程中，温度、湿度、光照、二氧化碳以及其他各种环境因素的相互作用都会对温室蔬菜栽培造成很大的影响。因此，要想有效保障温室蔬菜的质量与产量，在进行温室栽培过程中，就应该有效控制环境条件。

（一）温室蔬菜栽培中对环境条件的控制方法

对温度条件的有效控制：在对室内温度进行控制的过程中，通常采用加热或通风来实现。在夏季温度较高时，可以应用相应设备来降低室内温度，比如遮阴网、喷雾器以及排风机等设备，也可采用卷边膜或开启天窗的方式来降温，此外，增加灌溉量也能够达到降温的效果。在冬季，可以采用盖膜以及装设加热系统设备的方式对温室进行合理加热。对于比较先进的温室，可以采用计算机来控制相关设备的温度，根据光照条件、室内温度、室外温度、风向以及风速等对加热管道的温度和天窗开启的程度进行合理计算，使室内温度得到合理控制。

对湿度条件的有效控制：在对室内湿度进行控制的过程中，通常采用加热或通风的方法来实现。如果室外的湿度较低，应控制加热温度在短时间内高于通气温度，在加热过程中开窗，以实现水蒸气的置换，进而有效提高温室内的湿度。如果室外湿度适宜，但是光照条件较弱，或者室外湿度较高，可以采用最低管道湿度的设定来降低植物周围的湿度，也可以通过设定最小开窗度来保持持续通风，进而实现湿度的有效降低，或采用排风扇进行强制通风，同样可以有效降低室内湿度。如果想要增加室内湿度，还可以采用喷雾或盖遮阴网的方法来实现对室内湿度的控制。

对光照条件的有效控制：在夏季光照较强时，应采用遮阴网来减少室内光照，保护蔬菜植株。在其他季节，温室蔬菜的光照控制都以补光为主。在给温室蔬菜补光时，可以采用降低温室遮光、保持覆盖物清洁、应用乳白色的地膜或黑白双色膜铺地的方法进行有效补光。如果所种植蔬菜具有耐弱光的性质，通常情况下不需要进行人工补光。

二氧化碳的补充：补充二氧化碳通常是在温室关闭的状态下进行。给温室蔬菜补充二氧化碳的方法有很多，如燃烧沼气、天然气的方法产生二氧化碳，也可利用化学方法产生二氧化碳，即在温室内放置专用容器，在容器中装入稀硫酸，然后将碳铵投入其中，即可产生二氧化碳。应用碳铵时，应用塑料袋将碳铵包好，然后在塑料袋上扎小孔，让碳铵慢慢释放出来。此外，还可以直接应用灌装二氧化碳进行施放，或用二氧化碳发生器释放二氧化碳。通过这样的方式，可以给温室蔬菜补充足够的二氧化碳，以保证温室蔬菜的生长。

（二）温室蔬菜培育环境条件的综合控制

温室环境的综合控制就是对生产者环境条件的设定值、修订值进行控制，以得出环境因子的计算值。调整温室环境主要是利用生理控制技术、物理控制技术以及各种环境条件之间互相作用的关系。通常情况下，光照属于一项限制条件，可以根据光照情况对室内温度、通风湿度以及二氧化碳浓度等进行调整。另外，由于室外的气候情况对室内环境的控制也有很大程度的影响，因此，在对温室环境条件进行综合控制时，相关设定值也应该根据室外的环境条件来确定。

（三）节能技术在温室环境控制中的应用

节能技术的应用就当今各地的现代化温室运行情况而言，在对环境条件进行控制的过程中，对温室种植发展有着最大制约作用的就是高能消耗。因此，在温室栽培中，节能技术应得到合理的应用。应该有效提升温室的保温性，可以应用遮阴和保湿两用的透明薄膜、移动幕以及加铝薄膜等材料来起到保温、保湿效果，能够有 20%~60% 的节能效果。冬季应在边墙的通风口加设一层薄膜以达到密封保温效果。塑料温室通风口较大，温室的保温性难以获得有效保障，因此冬季可以封闭边窗，仅开启天窗。提升温室的加温效果。在此过程中，可以正常使用加热系统，有效减少热浪费情况。由于加温的过程比较难控制，尤其在作物的需求以及锅炉的正确供热配合方面，如果做不到有效协调，就很容易出现供热过量或供热不足的情况。如果供热过量，就会造成能源浪费，如果供热不足，将会严重影响蔬菜的质量和产量。

应用控制技术实现节能效果在温室蔬菜培育过程中，可以应用计算机对环境条件进行控制，进而有效节约能源。当前，很多城市都已经开发出一系列节能控制技术以及节能软件。①积温控制：在白天对高温进行控制，而在夜间尽可能对低温情况进行控制，使温室中 24 h 的平均温度能够保持在适宜状态。在室外温度较低、大风等不易加温的条件下，降低设定的温度，在其他时间补足积温。在有着充足光照的条件下，这一技术的应用可以有 30% 左右的节能效果。②光照相关温度的控制：与恒定的温度控制相比，这一技术的应用可以达到31%的节能效果。③温度幕的动态控制：通过应用计算机对使用保温幕的节能效果以及产量损失之间的经济差异进行合理分析，有效确定是否使用幕布以及保温幕布的开启和闭合速度。利用专家系统对作物生长进行实时动态控制。这一系统可以与温室蔬菜的生长紧密联系，以蔬菜的净光合速率为依据进行环境条件控制。

随着蔬菜种植行业的不断发展，环境条件控制越来越受到人们的重视。因此，在温室蔬菜的培育过程中，应该通过温度、湿度、光照以及二氧化碳对室内环境条件进行控制。同时，应该对综合控制策略以及当今先进的节能技术与节能软件进行合理应用，从而才能有效控制温室蔬菜的环境条件，保障温室蔬菜的产量和质量，达到良好的节能效果。

第二章　蔬菜植物生长

第一节　蔬菜的生产基础

一、蔬菜作物的生长发育

（一）蔬菜的生长发育特性

生长和发育是蔬菜作物生命活动中重要的生理过程，是个体生活周期中两种不同的现象。生长是植物直接产生与其相似器官的现象。生长是细胞的分裂与长大，生长的结果是引起体积和重量的不可逆增加。如整个植株长大，茎的伸长加粗，果实体积增大等。发育是植物体通过一系列质变后，产生与其相似个体的现象。发育的结果是产生新的器官——生殖器官（花、果实及种子）。

对于蔬菜个体的生长，不论是整个植株的增重，还是部分器官的增长，一般的生长过程是初期生长较缓，中期生长逐渐加快，当速度达到高峰以后，又逐渐缓慢下来，到最后生长停止。这个过程就是所谓的"s"曲线。

在蔬菜生长过程中，每段生长时期的长短及其速度，一方面受外界环境的影响，另一方面又受该器官生理机能的控制。比如，植株的生长速度，既受环境影响还受种子的发育及种子量的影响。利用这些关系，可以通过栽培措施来调节环境与蔬菜生理状态来控制产品器官——叶球、块茎、果实等的生长速度及生长量，达到优质高产的目的。

对许多二年生蔬菜来讲，春化作用及光周期的作用是植物生长发育的主要影响因素，而且是不可替代的。二年生蔬菜需要经过第一年的低温春化作用才能花芽分化，并在翌年春天长日照条件下抽薹开花，如根菜类、白菜类蔬菜。很多一年生蔬菜则是要求短日照才能开花结实，故有春华秋实之说。另外，像茄果类的发育，则受营养水平的影响更大，若氮、磷、钾充足，植株生长快，其花芽分化也就早，而且碳氮比率高也有利于蔬菜生殖生长。

生长和发育这两种生活现象对环境条件的要求往往不一样。对于叶菜类、根菜类及薯芋类，在栽培时，并不要求很快地满足发育条件。对于果菜类，则要在生长足够的茎叶以后，及时地满足温度及光照条件，使之开花结果。因此，生产上必须根据不同蔬菜的要求，适当促控蔬菜的生长与发育，才能形成高产、优质的产品。

（二）蔬菜生长发育周期

1. 蔬菜的生长发育周期（简称生育周期）

蔬菜作物由播种材料（如种子、块茎、块根等）播种到重新获得新播种材料的过程，称为蔬菜的生育周期，也叫个体发育过程。

2. 按照蔬菜完成一个生育周期所经历的时间分类

（1）一年生蔬菜

即播种的当年形成产品器官，并开花结实完成生育周期。这类蔬菜多喜温耐热，不耐霜冻，不能露地越冬。如茄果类、豆类（除蚕豆、豌豆等）、瓜类以及绿叶菜中的喜温菜（如空心菜、苋荬、木耳菜等）。

（2）二年生蔬菜

即播种当年为营养生长，越冬后翌年春夏抽薹、开花、结实。这类蔬菜多耐寒或半耐寒，营养生长过渡到生殖生长需要一段低温过程，通过低温春化阶段和较长的日照而抽薹、开花。如白菜类、甘蓝类、根菜类、豆类中的豌豆、蚕豆以及绿叶菜中的喜冷凉蔬菜（如菠菜、茼蒿等）。

（3）多年生蔬菜

即播种（或移植）后可多年采收。这类蔬菜一般地下部耐寒，根较肥大，贮藏养分越冬，而地上部较耐热。如黄花菜、石刁柏等。

（4）无性繁殖蔬菜

马铃薯、山药、姜、大蒜等在生产上是用营养器官（块茎、块根或鳞茎等）进行繁殖。这些蔬菜的繁殖系数低，但遗传性比较稳定，产品器官形成后，往往要经过一段休眠期。无性繁殖的蔬菜一般也能开花，但除少数种类外，很少能正常结实。即使有的蔬菜作物也可以用种子繁殖，但不如用无性器官繁殖生长速度快、产量高，因此，除作为育种手段外，一般都采用无性器官来繁殖。

必须注意的是一年生和二年生之间，有时是不易截然分开的，如菠菜、白菜、萝卜，如果是秋季播种，当年形成叶丛、叶球和肉质根。越冬以后，第二年春天抽薹开花，表现为典型的二年生蔬菜。但是这些二年生蔬菜于春季气温尚低时播种，当年也可开花结实。由此可见，各种蔬菜的生长发育过程与环境条件是密切相关的。要在生产中获得丰产，就必须掌握其生长发育的特点与环境条件的关系。

3. 根据蔬菜不同时期的生育特点分类

从个体而言，由种子发芽到重新获得种子，可以分为三个大的生长时期。每一时期又可分为几个生长期,每期都有其特点,栽培上也各有其特殊的要求。

（1）种子时期

从母体卵细胞受精到种子萌动发芽为种子时期。可分为：

①胚胎发育期：从卵细胞受精到种子成熟为止。

②种子休眠期：种子成熟后即进入休眠期。此期应降低种子的含水量（≤10%），并贮存在低温干燥的环境条件下（代谢水平低）以保存种子的生命力。

（2）营养生长时期

从种子萌动发芽到花芽分化时结束。具体又划分为以下四个分期：

①发芽时期：从种子萌动开始，到子叶展开真叶露出时结束。此期所需的能量，主要来自种子本身贮藏的营养。因此，此期应尽量缩短时间减少营养消耗；采用质量好的种子；创造适宜的发芽环境，来确保芽齐、芽壮。

②幼苗期：子叶展开真叶露出后即进入幼苗期。幼苗期为自养阶段，由光合作用所制造的营养物质提供能量，除呼吸消耗外，全部用于新的根、茎、叶生长，很少积累。其结束的标志因作物不同而不同，多数蔬菜一般为长出第一叶环（如包菜、白菜、萝卜等），茄果类一般为出现花蕾，豆类为出现三出复叶。

幼苗期的植株绝对生长量很小，但生长迅速；对土壤水分和养分吸收的绝对量虽然不多，但要求严格；对环境的适应能力比较弱，但可塑性较强，在经过一段时间的定向锻炼后，能够增强对某些不良环境的适应能力。生产中，常利用此特点对幼苗进行耐寒、耐旱以及抗风等方面的锻炼，以提高幼苗定植后的存活率，并缩短缓苗时间；对子叶出土的蔬菜，要保持子叶的完整，幼苗的生长和子叶完整度有很大的关系（尤其是瓜类蔬菜）；培育壮苗是确保丰产的关键。

③营养生长旺盛期：幼苗期结束后，蔬菜进入营养生长旺盛期。此期管理有两大关键，即培育强大的根系和培育强大的同化器官，为下一阶段的养分积累奠定基础。栽培上也应尽量把此期安排在最适宜的季节。

④产品器官形成期：对于以营养贮藏器官为产品的蔬菜，营养生长旺盛期结束后，开始进入养分积累期，这是形成产品器官的重要时期。养分积累期对环境条件的要求比较严格，要把这一时期安排在最适宜养分积累的环境条件中。

⑤营养器官休眠期：对于二年生及多年生蔬菜，在贮藏器官形成以后，有一个休眠期。休眠有生理休眠和被迫休眠两种形式。生理休眠由遗传决定，受环境影响小，必须经过一定时间后，才能自行解除（如马铃薯块茎要经过一段时间的休眠，芽眼才能萌发，其休眠不受环境的影响），被迫休眠是由于环境不良而导致的休眠，通过改善环境能够解除（如大白菜、萝卜由于恶劣的环境引起的被动反应）。

（3）生殖生长时期

①花芽分化期：指从花芽开始分化至开花前的一段时间。花芽分化是叶菜类蔬菜由营养生长过渡到生殖生长的标志。在栽培条件下，二年生蔬菜一般在产品器官形成，并通过春化阶段和光周期后开始花芽分化；果菜类蔬菜一般在苗期便开始花芽分化，其营养生长与生殖生长同时进行。

②开花期：从现蕾开花到授粉、受精，是生殖生长的一个重要时期。此期，对外界环境的抗性较弱，对温度、光照、水分等变化的反应比较敏感。光照不足、温度过高或过低、水分过多或过少，都会妨碍授粉及受精，引起落蕾、落花。

③结果期：授粉、受精后，子房开始膨大，进入结果期。结果期是果菜类蔬菜形成产量的主要时期。根、茎、叶菜类结实后不再有新的枝叶生长，而是将茎、叶中的营养物质输入果实和种子中。

上述是种子繁殖蔬菜的一般生长发育规律，对于以营养体为繁殖材料的蔬菜，如大多数薯芋类蔬菜以及部分葱蒜类和水生蔬菜，栽培上则不经过种子时期。

（三）蔬菜植物的生长相关性与产品器官的形成

1. 蔬菜植物的生长相关性

蔬菜生长相关性指同一蔬菜植株的一部分（或一个器官）和另一部分（或另一个器官）在生长过程中的相互关系。蔬菜生长相关若是平衡，经济产量就高；生长相关若不平衡，经济产量就低。在生产上可以通过肥料及水分的管理，温度、光照的控制，以及植株调整来调节这种相关关系。

（1）地上部与地下部的生长相关

地上部茎叶只有在根系供给充足的养分与水分时，才能生长良好；而根系的生长又依赖于地上部供给的光合有机物质。所以，一般来说，根冠比大致是平衡的，根深叶茂就是这个道理。但是，茎叶与根系生长所要求的环境条件不完全一致，对环境条件变化的反应也不相同，因而当外界环境变化时，就有可能破坏原有的平衡关系，使根冠比发生变化。另外，在一棵植株的净生产量一定的情况下，由于不同生长时期的生长中心不同或由于生长中心转移的影响，也会使地上部与地下部的比例发生改变。同时，一些栽培措施如摘叶及采果等也会影响根冠比的变化。例如，把花或果实摘除，可以使根的营养供给更为充裕从而增加其生长量；如果把叶摘除一部分，会减少根的生长量，因为减少了同化物质对根的供给。施肥及灌溉也会大大影响地上部与地下部的比例。如果氮肥及水分充足，则地上部的枝叶生长旺盛，消耗大量的碳水化合物，相对来说，根系的比例有所下降。反之，如土壤水分较少时，根会优先利用水分，所受的影响较小，而地上部分的生长则受影响较大，根冠比便有所增大。蹲苗就是通过适当控制土壤水分以使蔬菜作物根系扩展，同时控制地上茎叶徒长的一种有效措施。

在蔬菜栽培中，培育健壮的根系是蔬菜植株抗病、丰产的基础，然而，健壮根系的形成也离不开地上茎叶的作用，二者是相辅相成的关系。因此，根冠比的平衡是很重要的，但是不能把根冠比作为一个单一指标来衡量植株的生长好坏及其丰产性，因为根冠比相同的两个植株，有可能产生完全不同的栽培结果。

（2）营养生长与生殖生长的相关

对于果菜类蔬菜来说，营养生长与生殖生长相关性研究比叶菜类更为重要，因为除花芽分化前很短的基本营养生长阶段外，几乎整个生长周期中二者都是在同步进行的。从栽培的角度来看，如何调节好二者的关系至关重要。

①营养生长对生殖生长的影响：营养生长旺盛、根深叶茂，果实才有可能发育得好、产量高，否则会引起花发育不全、花数少、落花、果实发育迟缓等生殖生长障碍。但是，如果营养生长过于旺盛，则将使大部分营养物质消耗在新的枝叶生长上，也不能获得果实的高产。营养生长对生殖生长的影响，因作物种类或品种不同而有较大的差异。如番茄，有限生长型营养生长对生殖生长制约作用较小，而无限生长型制约作用较强。生产上无限生长型番茄坐果前肥水过多，容易徒长，但生殖生长对营养生长的抑制作用较小，这种差异主要是与结果期间有关，特别是结果初期二者的营养生长基础大小不同有关。

②生殖生长对营养生长的影响：生殖生长对营养生长的影响表现在两个方面：其一由于植株开花结果，同化作用的产物和无机营养同时要输入营养体和生殖器官，从而生长受到一定抑制。因此，过早地进入生殖生长，就会抑制营养生长；受抑制的营养生长，反过来又制约生殖生长。生产上适时地摘除花蕾、花、幼果，可促进植株营养生长，对平衡营养生长与生殖生长的关系具有重要作用。其二由于蕾、花及幼果等生殖器官处于不同的发育阶段，对营养生长的反应也不同。授粉、授精不仅对子房的膨大有促进作用，而且对营养生长也有刺激作用。

2. 生长发育与产品器官形成

植物在不同的生长期，其生长中心不同。当生长中心转移到产品器官的形成期，是形成产量的主要时期。由于蔬菜作物的种类不同，所以形成产品器官的类型也不同：

（1）以果实及种子为产品的一年生蔬菜

如茄果类、瓜类、豆类等蔬菜的产品器官的形成，需要较为强大的制造养分的器官以供给同化产物、水分和矿质元素，但若蔬菜营养器官徒长，以致更多同化产物都运转到新生的营养器官中，那也难以获得果实和种子的高产。

（2）以地下贮藏器官为产品的蔬菜

如根菜类、薯芋类及鳞茎类蔬菜等，在营养生长到一定的阶段时才会形成地下贮藏器官。若地上营养器官生长量不足，那么地下产品器官生长会因营养供应不足而生长受阻。若地上部分营养器官生长过旺，也会适得其反。因此，应当采取措施对地上部生长进行必要的控制，以保证产品器官的形成。

（3）以地上部茎叶为产品器官的蔬菜

如甘蓝、白菜、茎用芥菜、绿叶蔬菜等，其产品器官为叶球、叶丛、球茎或一部分变态的短缩茎。对于不结球的叶菜类蔬菜，在营养生长不久以后，便开始形成产品器官；而对于结球的叶菜类蔬菜，其营养生长要到一定程度以后，产品器官才能形成。不论是果实、叶球，还是块茎、鳞茎，都要生长出大量的同化器官，没有旺盛的同化器官的生长，就不可能有贮藏器官的高产。

二、蔬菜生长的环境

蔬菜的生长发育及产品器官的形成，很大程度上受环境条件的制约，各种蔬菜及不同生长发育期对外界条件的要求不同。因此，只有正确掌握蔬菜与环境条件的关系，创造适宜的环境条件，才能促进蔬菜的生长发育，达到高产、优质的目的。蔬菜生长发育所需要的外界环境条件主要包括温度、光照、水分、气体及土壤等。这些外界环境条件相互影响、相互作用，共同构成了蔬菜生长的环境。

（一）蔬菜对温度的要求

温度对蔬菜的生长发育及产量形成有着重要作用，决定着露地蔬菜的栽培期和栽培季节，决定着同一季节不同气候带的蔬菜种类分布。温度会以气温、地温以及积温来影响蔬菜的生理及生长发育，还会以最适温、最高温、最低温、温周期（昼温/夜温）、低温春化等方式来影响蔬菜的生长发育。

1.蔬菜不同种类对温度的要求

根据蔬菜种类对温度的要求状况，可分为五类。

（1）耐寒多年生宿根蔬菜

如黄花菜、韭菜等。地上部分能耐高温，但到冬季地上部分枯死，而以地下宿根越冬。能耐 –15~–10℃低温。

（2）耐寒蔬菜

如菠菜、大蒜等。能耐 –2~–1℃低温，短期内可以忍耐 –10~–5℃低温。

（3）半耐寒蔬菜

如萝卜、芹菜、豌豆、甘蓝类、白菜等。这类菜抗霜，但不能长期忍耐 –2~–1℃低温，在 17~20℃时光合作用最强、生长最快；超过 20℃，光合作用减弱，超过 30℃，光合产物全为呼吸所消耗。

（4）喜温蔬菜

如黄瓜、番茄、菜豆、茄子、辣椒等，最适温度为 20~30℃，超过 40℃，生长几乎停止。

温度在 10~15℃时，授粉不良，引起落花。

（5）耐热蔬菜

如冬瓜、南瓜、丝瓜、苦瓜、西瓜、刀豆、豇豆等。它们在 30℃ 左右光合作用最强，生长最快，其中西瓜、甜瓜及豇豆在 40℃ 的高温下仍能生长。

2. 蔬菜不同生育期对温度的要求

（1）种子发芽期

要求较高的温度。喜温、耐热性蔬菜的发芽适温为 20~30℃，耐寒、半耐寒、耐寒而适应性广的蔬菜为 15~20℃。但此期内的幼苗出土至第一片真叶展出期间，下胚轴生长迅速，容易旺长形成高脚苗，应保持低温。

（2）幼苗期

幼苗期的适应温度范围相对较宽。如经过低温锻炼的番茄苗可忍耐 0~3℃ 的短期低温，白菜苗可忍耐 30℃ 以上的高温等。根据这一特点，生产上多将幼苗期安排在月均温比适宜温度范围较高或较低的月份，留出更多的适宜温度时间用于营养生长期旺盛和产品器官生长，延长生产期，提高产量。

（3）产品器官形成期

此期的适应温度范围较窄，对温度的适应能力弱。果菜类的适宜温度一般为 20~30℃，根、茎、叶菜类的一般为 17~20℃。栽培上，应尽可能将这个时期安排在温度适宜且有一定昼夜温差的季节，保证产品的优质高产。

（4）营养器官休眠期

要求降低温度，降低呼吸消耗，延长贮存时间。

（5）生殖生长期

生殖生长期间，不论是喜温性蔬菜，还是耐寒性蔬菜，均要求较高的温度。

开花期对温度的要求比较严格，温度过高或过低都会影响花粉的萌发和授粉。结果期和种子成熟期，要求较高的温度。

3. 温周期作用

自然环境的温度有季节的变化及昼夜的变化。一天中白天温度高，晚上温度低，植物生长适应了这种昼温夜凉的环境。白天有阳光，光合作用旺盛，夜间无光合作用，但仍然有呼吸作用。如夜间温度低些，可以减少呼吸作用对能量的消耗。因此一天中，有周期性的变化，即昼热夜凉，对作物的生长发育有利。这种周期性的变化，也称昼夜温差，热带植物要求 3~6℃ 的昼夜温差；温带植物为 5~7℃，而沙漠植物要求相差 10℃ 以上。这种现象即温周期现象。

4. 低温春化与蔬菜生产

低温春化因作物种类、品种不同有很大差异。一年生的茄果类、瓜类、豆类等蔬菜，没有明显的低温春化，而二年生的白菜类、根菜类、叶菜类等蔬菜具有明显的低温春化。

二年生蔬菜（如大白菜、包菜、芹菜、菠菜、萝卜等），在抽薹开花前都要求一定的低温条件，这种需要经过一段时间的低温期才能抽薹开花的生理过程被称为"春化现象"或"春化阶段"。通过春化阶段后在长日照和较高的温度下抽薹开花。二年生蔬菜通过春化阶段时所要求的条件因蔬菜种类不同而异，按春化作用进行的时期和部位不同，春化作用类型可分为两大类。

（1）种子春化型蔬菜

自种子萌动起的任何一个时期内，只要有一定时期的适宜低温，就能通过春化的蔬菜，如白菜、萝卜、芥菜、菠菜等。不同蔬菜种类或品种其通过春化的条件不同，如春白菜中的品种，冬性强，一般在5~10℃下20~30 d可通过春化；而夏白菜中的品种，冬性弱，一般在15~20℃下5~10 d可通过春化。

（2）绿体（幼苗）春化型蔬菜

幼苗长到一定大小后，才能感应低温的影响而通过春化阶段的蔬菜。如包菜、洋葱、芹菜等。低温对这些蔬菜的萌动种子和过小的幼苗基本上不起作用。

一定的植株大小常用叶数或茎粗等指标来表示。如包菜早熟品种幼苗直径大于0.6 cm，三片叶以上，在10℃以下，30~40 d通过春化；中晚熟品种幼苗直径大于0.8 cm，六片叶以上，在10℃以下，中熟品种40~60 d通过春化；晚熟品种60~90 d通过春化。

先期抽薹（也称未熟抽薹）是由于品种选择不当或播种期安排不当，比较容易在产品器官形成前或形成过程中就抽薹开花称为先期抽薹。以营养器官为产品的蔬菜（如大白菜、结球甘蓝、萝卜等）在生产上要注意防止先期抽薹的现象发生。

5. 地温

（1）土温对蔬菜生长的影响

土温对蔬菜生长的影响主要通过影响根系（根毛）的生长和吸收。一般在一定的范围内，土温增高、生长加快。各类蔬菜根系吸收的最适温不同。如喜温性蔬菜根系生长要求较高的土壤温度，根系伸长与穿透土壤的适宜温度为18~20℃。

（2）地温比气温稳定得多

根部对温度变化的适应能力弱于地上部，高温或低温危害也往往先出现在根部。地温较为稳定，所以地温过高或过低后的恢复也很缓慢。

（3）蔬菜生产上如何控制好地温

①冬春季节应提高地温：控制浇水，通过中耕松土或覆盖地膜等措施提高地温和保墒。

②夏季应降低地温：采用小水勤浇、培土和畦面覆盖办法降低地温，保护根系。此外，在生长旺盛的夏季中午不可突然浇水，根际温度骤然下降而使植株萎蔫，甚至死亡。

6. 高、低温伤害

限制蔬菜分布地区和栽培季节的主要因素是温度。因此，过低或过高的温度都会对蔬菜产生危害。

(1) 高温危害

①土壤高温首先影响根系生长，进而影响整株的正常生长发育，一般土壤高温会造成根系木栓化速度加快，根系有效吸收面积大幅度降低，根系正常代谢活动减缓，甚至停止。

②高温引起蒸腾作用加强，水分平衡失调，发生萎蔫或永久萎蔫。

③蔬菜作物光合作用下降而呼吸作用增强，同化物积累减少。

④气温过高常导致果实发生"日伤"现象，如冬瓜、南瓜、西瓜、番茄、甜椒等；也会使番茄等果实着色不良，果肉松绵，提前成熟，贮藏性能降低。

⑤高温妨碍了花粉的发芽与花粉管的伸长，常导致落花落果。如在高温下菜豆、茄果类易落花落果，萝卜肉质根瘦小、纤维增多，甘蓝结球不紧、叶片粗硬，严重影响蔬菜作物的产量和品质。

⑥高温也给病害的蔓延提供了有利条件，致使病害加重。

(2) 低温危害

与高温危害不同，低温对蔬菜作物的影响有冷害与冻害之分。冷害是指植物在0℃以上的低温下受到伤害。起源于热带的喜温蔬菜作物，如黄瓜、番茄等在10℃以下温度时，就会受到冷害。近年来，各地相继发展的日光温室，在北方冬春连续阴雨或阴雪天气的夜间，最低温度常为6~8℃，导致黄瓜、番茄等喜温蔬菜作物大幅度减产，甚至绝收，这成为设施栽培中亟待解决的问题。

冻害则是温度下降到0℃以下后，植物体内水分结冰产生的伤害。症状为立即枯萎，或根部停止生长，或受精不良而落花落果，或形成僵果，或品质粗糙、有苦味，或停止生理活性，甚至死亡。

不同蔬菜作物，甚至同种蔬菜作物在不同的生长季节及栽培条件下，对低温的适应性不同，因而抗寒性也不同。一般处于休眠期的植物抗寒性较强。如石刁柏、金针菜等宿根越冬植物，地下根可忍受-10℃低温。但若正常生长季节遇到0~5℃低温时，就会发生低温伤害。此外，利用自然低温或人工方法进行抗寒锻炼可有效地提高植物的抗寒性。如生产上将喜温蔬菜作物刚萌动露白的种子置于稍高于0℃的低温下处理，可大大提高其抗寒性。

番茄、黄瓜、甜椒等苗木定植前，逐渐降低苗床温度，使其适应定植后的环境，即育苗期间加强抗寒锻炼，提高幼苗抗寒性，促进定植后缓苗，是生产上常用的方法，也是最经济有效的技术措施。

(二) 蔬菜对光照的要求

光照是蔬菜植物进行光合作用的必需条件，不论是光的强度、光的组成还是光照时间的长短，对于生长发育都是重要的。光照对蔬菜的影响主要表现在光照强度、光照长短、光质三个方面。

1. 光照强度（简称光强）

光照强度指太阳光在花卉叶片表面的辐射强度，光饱和点是光合作用的最大值，到达光饱和点后，光强增加不会导致光合作用增加。大多数蔬菜的光饱和点为 50000 lx 左右，如西瓜为 7000~8000 lx，包粟、豌豆为 40000 lx。超过光饱和点，光合作用不再增加并且伴随高温，往往造成蔬菜生长不良，因此在夏季早秋高温的季节，应选择不同规格的遮阳网覆盖措施降低光照强度和环境温度，以促进蔬菜的生长。

光补偿点即光照下降到光合作用的产物为呼吸消耗所抵消时的光照强度，大多数蔬菜光饱和点为 1500~2000 lx。按照不同蔬菜对光照强度的要求可分为以下四类：

（1）强光蔬菜

如西瓜、甜瓜、黄瓜、南瓜、番茄、茄子、辣椒、芋头、豆薯及水生蔬菜中大部分种类。这类蔬菜遇到阴雨天气，产量降低、品质变差。

（2）中等光强蔬菜

如白菜、包菜、萝卜、胡萝卜、葱蒜类等，它们不需要很强的光照，但光照太弱时生长不良。因此，这类蔬菜于夏季及早秋栽培时应覆盖遮阳网，同时早晚应揭去遮阴网。

（3）较耐弱光蔬菜

如莴苣、芹菜、菠菜、生姜等。

（4）弱光性蔬菜

主要是一些菌类蔬菜。

2. 光照长短（光周期）

光周期现象是蔬菜作物生长和发育（花芽分化，抽薹开花）对昼夜相对长度的反应。每天的光照时数与植株的发育和产量形成有关。

蔬菜作物按照生长发育和开花对日照长度的要求可分为：

（1）长日性蔬菜

较长的日照（一般在 12~14 h 以上），促进植株开花，短日照延长开花或不开花。长日性蔬菜有白菜、包菜、芥菜、萝卜、胡萝卜、芹菜、菠菜、莴苣、蚕豆、豌豆、大葱、洋葱等。

（2）短日性蔬菜

较短的日照（一般在 12~14 h 以下）促进植株开花，在长日照下不开花或延长开花。短日性蔬菜有豇豆、扁豆、菠菜、丝瓜、空心菜、木耳菜以及晚熟大豆等。

（3）中光性蔬菜

在较长或较短的日照条件下都能开花。中光性蔬菜有黄瓜、番茄、菜豆、早熟大豆等。这类蔬菜对光照时间要求不严，只要温度适宜，春季或秋季都能开花结果。

光照长度与一些蔬菜的产品形成有关，如马铃薯块茎的形成要求较短的日照，洋葱、大蒜形成鳞茎要求较长时间的日照。

3. 光质

光质也称光的组成，光质对蔬菜的生长发育也有一定作用。

红光和橙黄色的长波光能促进长日照蔬菜植物的发育；而蓝紫光能促进短日照蔬菜植物的发育，并促进蛋白质和有机酸的合成。

日光中被叶绿素吸收最多的红光对植物同化作用的效率最大，黄光次之，蓝紫光最弱。如红黄光对植物的茎部伸长有促进作用，而蓝紫光起抑制作用。

光质也影响蔬菜的品质。强红光有利许多水溶性的色素的形成；紫外光有利于维生素C的合成，设施栽培的蔬菜由于中短光波透过量较少，故易缺乏维生素C和发生徒长现象。

（三）蔬菜对水分的要求

蔬菜产品含水量在90%以上，水是蔬菜植株体内的重要成分，又是体内新陈代谢的溶剂，没有水，一切生命活动都将停止。

蔬菜对水的要求依不同种类、不同生育期而异。

1. 蔬菜不同种类对水分的要求

（1）土壤湿度

蔬菜对土壤湿度的需求，主要取决于植株地下部根系的吸水能力和地上部叶面的水分蒸腾量，通常可分为以下五种类型：

①水生蔬菜类：水生蔬菜类包括茭白、荸荠、慈菇、藕、菱等。此类蔬菜植株的蒸腾作用旺盛，耗水很多，但根系不发达，吸收能力很弱，只能生长在水中或沼泽地带。

②湿润性蔬菜类：湿润性蔬菜类包括黄瓜、大白菜和多数的绿叶蔬菜等。此类蔬菜植株叶面积大，组织柔软，蒸腾消耗水分多，但根系入土不深，吸收能力弱，要求土壤湿度高，主要生长阶段需要勤灌溉，保持土壤湿润。

③半湿润性蔬菜类：半湿润性蔬菜类主要是葱蒜类蔬菜。此类蔬菜植株的叶面较小、叶面有蜡粉，蒸腾耗水量小，但根系不发达，入土浅并且根毛较少，吸水能力较弱。该类蔬菜不耐干旱，也怕涝，对土壤湿度的要求比较严格，主要生长阶段要求经常保持地面湿润。

④半耐旱性蔬菜类：半耐旱性蔬菜类包括茄果类、根菜类、豆类等。此类蔬菜植株的叶面积相对较小，并且组织较硬，叶面常有茸毛保护，耗水量不大；根系发达，入土深，吸收能力强，对土壤的透气性要求也较高。该类蔬菜在半干半湿的地块上生长较好，不耐高湿，主要栽培期间应定期浇水，经常保持土壤半湿润状态。

⑤耐旱性蔬菜类：耐旱性蔬菜类包括西瓜、甜瓜、南瓜、胡萝卜等。此类蔬菜植株叶上有裂刻及茸毛，能减少水分的蒸腾，耗水较少；有强大的根系，能吸收土壤深层的水分，

抗旱能力强；对土壤的透气性要求比较严格，耐湿性差。主要栽培期间应适量浇水，防止水涝。

（2）空气湿度

蔬菜对空气相对湿度的要求可分为以下四类：

①潮湿性蔬菜：主要包括水生蔬菜以及以嫩茎、嫩叶为产品的绿叶菜类，其组织幼嫩，不耐干燥。适宜的空气相对湿度为85%~90%。

②喜湿性蔬菜：主要包括白菜类、茎菜类、根菜类（胡萝卜除外）、蚕豆、豌豆、黄瓜等，其茎叶粗硬，有一定的耐干燥能力，在中等以上空气湿度的环境中生长较好。适宜的空气相对湿度为70%~80%。

③喜干燥性蔬菜：主要包括茄果类、豆类（蚕豆、豌豆除外）等，其单叶面积小，叶面上有茸毛或厚角质等，较耐干燥，中等空气湿度环境有利于栽培生产。适宜的空气相对湿度为55%~65%。

④耐干燥性蔬菜：主要包括甜瓜、西瓜、南瓜、胡萝卜以及葱蒜类等，其叶片深裂或呈管状，表面布满厚厚的蜡粉或茸毛，失水少，极耐干燥，不耐潮湿。在空气相对湿度为45%~55%的环境中生长良好。

土壤湿度和空气湿度是相互影响的。在少雨情况下应适时灌溉，在多雨季节应加强排水。

2.蔬菜不同生长发育期对水分的要求

（1）发芽期

对土壤湿度要求比较严格，要求有一定的湿度，防止过干或过湿。湿度不足则影响发芽率，导致推迟出苗或苗长不齐；湿度过大则易造成烂种，特别在低温的季节里，如豆类种子易在低温过湿环境下烂种。

（2）幼苗期

幼苗根系少、分布浅，吸水力弱，不耐干旱。但植株叶面积小、蒸腾量少，需水量并不多，要求保持一定的土壤湿度。要防过干不利生长，但也不能过湿，过湿易导致发生猝倒病等苗期高湿性病害，特别是喜温菜（茄果类、豆类）在低温期（早春季节），再加高湿则易导致"烂根倒苗"现象严重。

（3）营养生长旺盛期和养分积累期

此期是根、茎、叶菜类蔬菜一生中需水量最多的时期，但在养分贮藏器官形成前，水分却不宜过多，防止茎、叶徒长。进入产品器官生长旺盛期以后，应勤浇水，经常保持地面湿润，促进产品器官生长。

（4）开花结果期

开花期对水分要求严格，过多过少均易引起落花落果，特别是果菜类均需控水蹲苗，防止水多造成徒长，从而导致落花落果，豆类有"浇荚不浇花"的说法就是这个道理。结果期则随着结果量增大，供水量也同样要加大。

（5）种子成熟期

要求干燥的气候，如果气候多雨潮湿，有的种子会在植株上发芽，对采种带来困难。

（四）蔬菜对气体条件的要求

1. 对氧气和二氧化碳的要求

蔬菜植物进行呼吸作用必须有氧的参与。大气中的氧完全能够满足植株地上部的要求，但土壤中的氧依土壤结构状况、土壤含水量多少而发生变化，进而影响植株地下部（根系）的生长发育。大部分蔬菜根系好氧，需氧量大，如生长在通气良好的土壤中，则根系较长，色浅且根毛多；在通气不良的土壤中，则表现为根多且短，根色暗，根毛少。若土壤渍水板结、氧气不足，会导致种子霉烂或烂根死苗。因此，在栽培上应及时中耕、培土、排水防涝，以改善土壤中氧气的状况。不同蔬菜对土壤中含氧量的敏感程度和要求不同。需氧量大的蔬菜有萝卜、包菜、番茄、黄瓜、西瓜、菜豆、辣椒等。

二氧化碳是植物光合作用的主要原料之一。植物地上部的干重中有45%是碳素，这些碳素都是通过光合作用从大气中取得的。大气中二氧化碳的含量为0.03%左右，这个浓度远不能满足光合作用的最大要求。上午9—10时，光合作用大量消耗二氧化碳，使作物冠丛内的二氧化碳浓度发生亏损，导致光合源不足，影响光合作用效率的提高。因此，在生产上要想方设法增加作物群体内二氧化碳的浓度来增加光合作用强度，以便提高产量。在蔬菜生产中主要采用通风，施用二氧化碳气肥（采用二氧化碳发生器）或施有机肥分解产生二氧化碳。

2. 有毒气体对蔬菜的危害

在保护地栽培中要注意有害气体危害蔬菜的生长。有害气体包括 SO_2、Cl_2、C_2H_4、NH_3 等。

（1）二氧化硫（SO_2）

二氧化硫由工厂的燃料燃烧产生，空气中二氧化硫的浓度达到 2 mg/kg 时，几天后就能使植株受害。二氧化硫从叶的气孔及水孔侵入，与植物体内的水化合成硫酸（H_2SO_4）毒害细胞。对二氧化硫敏感的蔬菜有番茄、茄子、萝卜、菠菜等。

（2）氯气（Cl_2）

有些工厂排放的废气中含有氯气，它的毒性比二氧化硫大 2~4 倍，会导致叶绿素分解，叶片黄化。白萝卜、白菜接触到 1 mg/kg 浓度的氯气 2 h 后即出现症状。

（3）乙烯（C_2H_4）

空气中乙烯浓度达到 1 mg/kg，就会对蔬菜产生毒害，危害症状与氯气相似，会造成植株叶片均匀变黄。

（4）氨（NH3）

在保护地栽培时施用肥料（特别是氮肥）过量或施用较多未腐熟有机肥，且施肥后又没有及时覆土、通风则造成氨过量，使保护地蔬菜受害。

第二节　蔬菜施肥

一、有机肥的施用及注意事项

有机肥是农村可利用的各种有机物质，就地取材、就地积制的自然肥料的总称。习惯上，有机肥料也叫农家肥料。包括人畜粪尿、植物秸秆、残枝落叶、绿肥等。

（一）有机肥料的重要作用

①有机肥能提供各种无机和有机养分，可提高蔬菜的产量和品质。

②改良土壤、培肥地力、改良盐碱地。

③提高难溶性磷酸盐的可吸收度及微量元素养分有效性。

④提高土壤的生物活性，刺激作物生长发育。

⑤提高土壤自身解毒效果，净化土壤环境。

⑥降低施肥成本。

（二）有机肥料的施用注意事项

1. 有机肥施用注意事项

①禁止在蔬菜上使用没有经过腐熟的人粪尿。尤其是可生食的蔬菜上。

②不要把人粪尿和草木灰、石灰等碱性物质混合沤制或施用，以防氮素损失。

③不要把人粪尿晒成粪干，既损失氮又不卫生，直接晒成的粪干属未腐熟肥料。

④不宜在瓜果蔬菜上过量施用有机肥，以防过量的氯离子造成蔬菜品质下降；油菜、豌豆等需磷钾较多的作物，施用人粪尿时，应配合磷钾肥料。

⑤人粪尿中含有1%的氯化钠，在干旱地区及排水不良或盐碱地以及保护地蔬菜，一次施入量不能太多，以免产生盐害。

⑥腐熟人粪尿中有机质极少，且含有较多的铵离子和钠离子，长期单独使用会破坏土壤团粒结构。因此，在沙质土壤或黏质土壤等缺乏有机质的土壤上施用有机肥，应配合其他肥料。

2. 家畜粪尿施用注意事项

①必须经充分腐熟后施用。

②用土做垫料时，粪土比以1∶3为宜。

③提倡圈内积肥与圈外积肥相结合，勤起勤垫，既有利于家畜的健康，又有利于养分的腐解。

④草木灰属碱性肥料，不要倒入圈内，否则引起氨的挥发损失。

3. 家禽粪尿施用注意事项

①鸡粪的积存应以干燥存放为宜，存放时加适量土、秸秆或过磷酸钙，可起到保肥的作用。

②直接施用鸡粪易招地下害虫，同时其含有的尿素态氮也不易被作物直接吸收，因此，施用前应先进行沤制腐熟。

③鸡粪中含有较多的尿酸，容易毒害幼苗，施用时要注意做到种肥隔离和控制施用量。

④禽粪要适量施用，长期过量施用鸡粪容易造成土壤速效性磷、钾养分积累，引起土壤次生盐渍化等病害。

⑤目前一些大型养鸡场，把鸡粪烘干后制成颗粒销售，但要注意把鸡粪发酵后再使用。

4. 堆肥施用注意事项

堆肥最好采用高温堆肥的方法，有利于杀灭病菌、虫卵及杂草种子。有些病菌（如枯萎病病菌）在普通堆肥条件下不易杀灭，因此患病严重的秸秆不宜堆肥，可点燃或深埋。堆肥时加入适量的酵素菌有助于植株防病。

5. 沼肥施用注意事项

①不要出池后立即施用。沼肥出池后，一般先在贮粪池中存放 5~7 d 后施用；若与磷肥按 10∶1 的比例混合堆返 5~7 d 后施用，则效果更佳。也可和农家肥、田土、土杂肥等混合堆制后施用。

②做追肥要兑水。沼肥做追肥时，要先兑水，一般兑水量为沼液的一半。

③不要在表土撒施，以免养分损失。沼肥施于旱地作物宜采用穴施、沟施，然后盖土。

④不要过量施用。施用沼肥的量不能太多，一般要少于普通猪粪肥。

⑤不要与草木灰、石灰等碱性肥料混施。否则会造成氮肥的损失，降低肥效。

⑥沼液对水可进行叶面喷施，提高蔬菜抗病能力。

6. 饼粕肥施用及注意事项

可以做基肥和追肥。做基肥施用一般粉碎后即可使用，粉碎程度越高，腐烂分解和产生肥效越快。定植前将粉碎的饼粕撒于地面，翻入土中，或施入定植沟内与土充分拌匀；做追肥时必须经过腐熟，才有利于作物根系的尽快吸收利用。发酵方法一般采用与堆肥混合堆制，或将饼粕粉碎，用水浸泡数天后，即可施用。可在植株旁开沟条施或穴施，用量一般每公顷 1000~1500 kg。

二、化学肥料的施用及注意事项

化学肥料是由物理或化学方法制成，含有一种或两种以上营养元素的肥料，也称无机肥。它们的特点是：养分含量高，但养分单一；肥效快，但不持久；不含有机质，应与有机肥配合使用。

按照作物必需的十六种营养元素分类，化肥可分为大量元素肥料、中量元素肥料、微量元素肥料、有益元素肥料。氮肥、磷肥、钾肥等属于大量元素肥料；钙肥、镁肥、硫肥等属于中量元素肥料；硼肥、锰肥、铜肥、钼肥、铁肥、锌肥、钛肥等属于微量元素肥料；硅肥、硒肥等属于有益元素肥料。

（一）大量元素肥料的种类及施用注意事项

蔬菜对氮、磷、钾等需求量较大，而土壤供应量不能满足需求，通常要人工增施氮、磷、钾肥等。

1. 氮肥

（1）常用氮肥种类

常用氮肥主要有铵态氮肥、硝态氮肥和酰胺态氮肥。铵态氮肥有硫酸铵、碳酸氢铵、氯化铵等，硝态氮肥有硝酸铵等，酰胺态氮肥有尿素等。

（2）氮肥施用注意事项

①铵态氮肥不宜与碱性肥料混用。因为混施后会产生氨气挥发、降低肥料效果。

②硝态氮肥不宜长期过量施用，以免造成蔬菜中硝酸盐的大量积累而危害人体健康。同时，硝态氮肥易污染土壤、水质与环境，破坏农业生态平衡。

③尿素不宜浇施。因为施入土壤后，尿素经过土壤微生物的作用，会水解成碳酸氢铵，然后分解出氨而挥发。

④尿素做根外追肥浓度不宜过高。用作叶面肥，尿素效果确实好，但盲目加大用量会适得其反。设施栽培中，做根外追肥时，其缩二脲的含量不能高于0.5%。蔬菜作物浓度要低些，一般用0.5%~1.0%。尿素做追肥施用时，一次用量不宜过大，每亩（1亩＝666.67 m²）一次用量为10 kg左右。尿素一般不做种肥。

⑤保护地蔬菜一般不用碳酸氢铵，碳酸氢铵不稳定，易造成氮素损失，分解出的氨气能灼伤种子、幼根及茎叶。一般不用于设施蔬菜生产。

⑥硫酸铵、氯化铵不宜长期施用。二者属于生理酸性肥料，长期施用会增加土壤酸性，破坏土壤结构。硫酸铵施用在石灰性土壤上，硫酸根离子会与钙离子结合使土壤板结，因此，要与其他氮肥交替施用。氯化铵施入土壤后铵离子被作物吸收，氯离子留在土壤中，它的致盐、致酸程度都较硫酸铵强，不利于蔬菜生长。一般蔬菜作物不主张用含氯化肥的肥料。

⑦氯化铵不宜施在忌氯作物上。施用在甘蔗、甜菜、马铃薯、莴苣、柑橘、葡萄、烟草等忌氯作物上会产生副作用，使作物生理机能遭到破坏，甚至死亡，而且使收获物质量下降。

2. 磷肥

（1）常用磷肥种类

常用磷肥种类主要有钙镁磷肥、磷酸二氢钾、磷酸铵、过磷酸钙和重过磷酸钙等。

（2）磷肥施用注意事项

①因土施用：磷肥要重点分配在有机质含量低和缺磷的土壤上，以充分发挥肥效。另外，在磷肥品种的选用上，也要考虑土壤条件。在中性和石灰质的碱性土壤上，宜选用呈弱酸性的水溶性磷肥过磷酸钙；在酸性土壤上，宜选用呈弱碱性的钙镁磷肥。

②磷肥易做基肥不宜做追肥：磷肥与有机肥混合沤制做基肥，可以减少土壤对磷的吸附和固定，促使难溶性磷释放，有利于提高磷肥肥效。需追施磷肥时，可进行叶面喷施，磷酸二氢钾和磷酸铵可配成0.2%~0.3%的溶液，也可在100 kg水中加2~3 kg过磷酸钙，浸泡一昼夜，用布滤去滓，即喷施溶液。

③因作物施用：不同作物对磷的需求和吸收利用能力不同。实践证明，豆类、油菜、小麦、棉花、薯类、瓜类及果树等都属于喜磷作物，施用磷肥有较好的肥效。尤其是豆科作物，对磷反应敏感，施用磷肥能显著提高产量和固氮量，起到"以磷增氮"的作用。

④集中施用：磷容易被土壤中的铁、铝、钙等固定而失效，当季利用率只有10%~25%，特别是在各种黏质土壤上当季利用率较低，如果撒施磷肥，则不能充分发挥肥效。而采取穴施、条施、拌种和蘸秧根等集中施用方法，将磷肥施于根系密集土层中，则可缩小磷肥与土壤的接触面，减少土壤对磷的固定，提高利用率。

⑤配施微肥：在合理施磷的同时，在蔬菜上配施锌、硼等微量元素肥料。

⑥适量施用：磷肥当季利用率虽低，但其后效很长，一般基施一次可管2~3茬。因此，当磷肥一次施用较多时，不必每茬作物都施磷肥，一般1~2年基施一次即可。

⑦不要与碱性肥料混施：草木灰、石灰均为碱性物质，若混合施用，会使磷肥的有效性显著降低。一般应错开7~10 d施用。

⑧磷酸二铵不宜做追肥：磷酸二铵含氮18%、五氧化二磷46%，而蔬菜需要大量的氮和钾，需磷较少，此肥不含钾，而且土壤中速效磷过多会抑制蔬菜对钾的吸收，进而影响蔬菜的生长。

3. 钾肥

（1）钾肥特点

钾是管物质转化的，施钾能提高薯块儿淀粉含量、糖料作物和果实的糖含量；钾又是壮茎秆的，施钾也能提高各种作物的抗干旱、抗寒冷、抗病虫害的能力。作物缺少钾肥，就会得"软骨病"，易伏倒，常被病菌害虫困扰；钾在植物体内易移动，缺钾首先表现在下部老叶上。

（2）钾肥施用注意事项

①钾肥应优先用于缺钾土壤，优先施用在对钾反应敏感的喜钾蔬菜上，如甜菜、西瓜、

马铃薯、萝卜、豆类蔬菜、花椰菜、甘蓝、番茄等。

②要施于高产的田块上。作物产量提高后，每次的收获要从土壤中带走大量的钾，造成土壤缺钾，如果不及时补足，就会明显影响产量，钾在一定程度上成为作物高产的制约因素。因此，钾肥应重点施在高产田块上，以充分发挥其增产作用。

③硫酸钾除可做基肥、追肥以外，还适于做种肥和根外追肥。做基肥时，要注意集中施和深施，施用量为每亩7.5~15.0 kg；做种肥用量为每亩1.5~2.5 kg；在植株需钾较大的时期，如黄瓜膨果期、番茄盛果期和大白菜结球期，可进行叶面喷施补钾，如施用0.3%~0.5%的硝酸钾或硫酸钾溶液。

④硫酸钾适用于各种作物，对十字花科等需硫作物特别有利。长期施用硫酸钾要配合施用有机肥和石灰，以免土壤酸性增强。硫酸钾不宜在水生蔬菜中施用。

⑤氯化钾不宜在忌氯作物上施用。氯化物对甘薯、马铃薯、甘蔗、甜菜、柑橘等的产量和品质均有不良影响，故不宜多用。同时，氯离子致盐能力、致酸能力较强，不宜在设施内长期施用。

⑥草木灰是一种速效性钾肥，其中含钙、钾较多，磷次之。可做基肥和追肥，但不能和铵态氮肥混合贮存及使用，也不能和人畜粪尿、圈肥混合使用，以免造成氮素挥发损失。

（二）中量元素肥料的种类及施用注意事项

中量元素肥料主要是指钙、镁、硫肥等，这些元素在土壤中贮存较多，一般情况下可满足作物的需求。但随着高浓度氮磷钾肥的大量施用以及有机肥施用量的减少，一些土壤表现出作物缺乏中量元素的现象，因此要有针对性地施用和补充中量元素肥料。

1. 钙肥

（1）生产上常用的钙肥

主要有石灰、硝酸钙和氯化钙等。钢渣、粉煤灰、钙镁磷和草木灰等也都含有一定数量的钙，在酸性土壤施用也能够调节土壤酸度。

（2）钙肥施用及注意事项

①石灰可以做基肥和追肥，但不宜做种肥。做基肥，整地时将石灰和农家肥一起施入，也可以结合绿肥压青进行。萝卜、白菜等十字花科蔬菜，在幼苗移栽时用石灰和有机肥混匀穴施，还可有效防止根肿病。

②石灰不宜施用过量。石灰呈强碱性，应施用均匀，采用沟施、穴施时应避免与种子或根系接触。施用石灰必须配合施用有机肥和氮、磷、钾肥，但不能将石灰和人畜粪尿、铵态氮肥混合贮存或施用，也不要与过磷酸钙混合贮存和施用。石灰有2~3年残效，一次施用量较多时，第二、三年的施用量可逐渐减少，然后停施两年再重新施用。

③绝大多数蔬菜是喜钙作物，在设施番茄、辣椒、甘蓝等出现缺钙症状前，及时喷施0.5%的氯化钙或0.1%的硝酸钙溶液，具有一定的防治效果。

④不要盲目补钙。蔬菜缺钙有时是氮肥施用过多造成的，应控制氮肥用量，如大白菜干烧心病的发生率随氮肥用量的增加而提高。

2. 镁肥

蔬菜是需镁较多的作物。镁可以提高光合作用，促进脂肪和蛋白质的合成，还可以提高油料作物的含油量。

（1）常用的镁肥

主要有硫酸镁、氯化镁、硝酸镁等，可溶于水，易被作物吸收。此外，有机肥中含有镁，其中以饼肥含镁最高。在设施蔬菜生产中，只要每茬都坚持施用农家肥，一般不会出现缺镁现象。

（2）镁肥的施用及注意事项

①对土壤供镁不足造成的缺镁，可施镁肥补充，依照土壤的酸碱度不同选择相应的镁肥。酸性土壤最好施用钙镁磷肥，碱性土壤施用氯化镁或硫酸镁。

②镁肥可做基肥、追肥或叶面喷施。每亩施用 1.0~1.5 kg 镁肥（钙镁磷肥含镁 8%~20%，硫酸镁含镁 10%，氯化镁含镁 25%）。水溶性镁肥宜做追肥，微水溶性镁肥宜做基肥施用。叶面喷施可用 1%~2% 浓度的硫酸镁。

③镁肥主要施用在缺镁的土壤和需镁较多的蔬菜作物上。如在沙质土、沼泽土、酸性土、高度淋溶性土壤上的肥效较好，在豆科作物上施用的肥效好。

④在大量施用钾肥、钙肥、铵态氮肥的条件下，易造成作物缺镁，故镁肥宜配合施用。

3. 硫肥

硫能改善产品品质（如增加油料作物含油量），增强作物抗旱、抗虫、抗寒能力，促进作物提前成熟。不同蔬菜需硫量不同，十字花科蔬菜需硫量较高，豆科作物其次。近年来，有些地方由于长期施用高浓度不含硫化肥（如尿素、磷酸铵、氯化钾等），导致一些需硫较多的作物（如十字花科、大豆、葱、蒜等）生长发育不良。

（1）常用硫肥品种

石膏、过磷酸钙（含硫约 12%）、硫基复合肥（含硫约 11%）、硫酸钾（含硫约 17%）、硫酸铵（含硫约 24%）。

（2）硫肥的施用

对于大多数作物而言，土壤有效硫临界值为 10~12 mg/kg，有效硫含量少于临界值则土壤缺硫，此时施用硫肥有明显的效果，亩施用量为 1.5~2.0 kg。

（三）微量元素肥料的种类及施用注意事项

微量元素包括硼、锌、钼、铁、锰、铜、钛等营养元素。虽然植物对微量元素的需求量很少，但在植物生长发育中微量元素与大量元素同等重要。当某种微量元素缺乏时，作物生长发育会受到明显的影响，产量降低、品质下降。另外，微量元素过多会使作物中毒，轻则影响产量和品质，严重时甚至危及人畜健康。随着作物产量的不断提高和化肥的大量施用，正确施用微量元素肥料是蔬菜生产中的一项重要内容。

1. 常用微量元素肥料种类

通常以铁、锰、锌、铜的硫酸、硼酸、钼酸盐及其一价盐应用较多。铁肥有硫酸亚铁、硫酸亚铁铵、整合态铁；硼肥有硼砂、硼酸、硼泥；锌肥有硫酸锌、氯化锌、氧化锌和整合态锌；锰肥有硫酸锰、氯化锰和碳酸锰；铜肥有五水硫酸铜、一水硫酸铜、螯合态铜；钼肥有钼酸铵、钼酸钠和含钼矿渣。

2. 施用微量元素肥料应注意的事项

微量元素肥料施用有其特殊性，如果施用不当，不仅不能增产，甚至会使作物受到严重伤害。为提高肥效，减少伤害，施用时应注意如下事项：

（1）控制用量、浓度，力求施用均匀

作物需要的微量元素很少，许多微量元素从缺乏到适量的浓度范围很窄，因此，施用微量元素肥料要严格控制用量，防止浓度过大，施用必须注意均匀。

（2）针对土壤中微量元素状况而施用

在不同类型、不同质地的土壤中，微量元素的有效性及含量不同，施用微量元素肥料的效果也不一样。一般来说，北方的石灰性土壤中铁、锌、锰、铜、硼的有效性低，易出现缺乏；而南方的酸性土壤中钼的有效性低。因此，施用微肥时应针对土壤中微量元素状况的合理施用。

（3）注意各种作物对微量元素的反应

不同的作物对不同的微量元素有不同的反应，其敏感程度、需求量不同，施用效果有明显差异。如玉米施锌肥效果较好，油菜对硼敏感，禾本科作物对锰敏感，豆科作物对钼、硼敏感。所以，要针对不同作物对不同微量元素的敏感程度和肥效，合理选择和施用。

（4）注意改善土壤环境

土壤微量元素供应不足，往往是由于土壤环境条件的影响。土壤的酸碱性是影响微量元素有效性的首要因素，其次还有土壤质地、土壤水分、土壤氧化还原状况等因素。为彻底解决微量元素缺乏问题，在补充微量元素养分的同时，要注意改善土壤环境条件。如酸性土壤可通过施用有机肥料或施用适量石灰等措施调节土壤酸碱性，改善土壤微量元素营养状况。

（5）注意与大量元素肥料、有机肥料配合施用

只有在满足植物对大量元素氮、磷、钾等需要的前提下，微量元素肥料才能表现出明显的增产效果。有机肥料含有多种微量元素，作为维持土壤微量元素肥力的一个重要养分补给源，不可忽视。施用有机肥料，可调节土壤环境条件，达到提高微量元素有效性的目的。有机肥料与无机微肥配合施用，应是今后农业生产中土壤微量元素养分管理的重要措施。

（6）微量元素采用根外喷施的方法效果好，不宜在基肥中掺入施用

根外喷施是微量元素肥料施用中经济有效的施用方法。常用浓度为0.02%~0.10%。以叶片的正反两面都被溶液黏湿为宜。铁、锌、硼、锰等微量元素易被土壤固定，采用根外喷施的施用效果较好。

三、生物肥料的施用及注意事项

（一）生物肥料简介

生物肥料亦称生物肥、菌肥、细菌肥料或接种剂等，但大多数人习惯叫菌肥。确切地说，生物肥料是菌而不是肥，因为它本身并不含有植物生长发育需要的营养元素，而只是含有大量的微生物，在土壤中通过微生物的生命活动，改善作物的营养条件。现有生物肥都是以有机质为基础，然后配以菌剂和无机肥混合而成的。

目前，市场上的各种生物肥料，实际上是含有大量微生物的培养物。有的是粉剂或颗粒剂，也有的是液体状态。施到土壤后，微生物在适宜的条件下进一步生长、繁殖。一方面可将土壤中某些难于被植物吸收的营养物质转换成易于吸收的形式；另一方面也可以通过自身的一系列生命活动，分泌一些有利于植物生长的代谢产物，刺激植物生长。含固氮菌的菌肥还可以固定空气中的氮素，直接提供植物养分。

（二）常用生物肥料种类

目前市场上的品种主要有：固氮菌类肥料、根瘤菌类肥料、微生物肥料、硅酸盐细菌肥料、光合细菌肥料、芽孢杆菌制剂、分解作物秸秆制剂、微生物生长调节剂类、复合微生物肥料类、抗生菌5406肥料等。

（三）生物肥料施用注意事项

生物菌肥是从自然界中采集固氮活性菌种，经科学配方、组合加工研制而成的一种无公害新型复合生物肥。要发挥其最佳效能，应注意以下问题：

1. 注意施用土壤

含硫高的土壤不宜施用生物菌肥，因为硫能杀死生物菌。

2. 注意施用温度和湿度

施用菌肥的最佳温度是25~37℃，低于5℃，高于45℃，施用效果较差。对高温、低温、干旱条件下的蔬菜田块不宜施用。同时应掌握固氮菌最适土壤的含水量是60%~70%。

3. 不要随便混合施用

生物肥料不能与杀菌剂、杀虫剂、除草剂和含硫的化肥（如硫酸钾等）、稻草灰以及未腐熟的农家肥混合使用，因为这些农药、肥料容易杀死生物菌。在施用时，若施用菌肥与防病虫、除草相矛盾，要先施菌肥，隔48 h后，再打药除草。

4. 避免与未腐熟的农家肥混用

这类肥料与未腐熟的有机肥堆沤或混用，会因高温杀死微生物，影响微生物肥料的发

挥。同时要注意避免与过酸过碱的肥料混合使用。

5. 避免开袋后长期不用

肥料买回后尽快施到地里，开袋后尽量一次用完。

6. 生物肥料不能取代化肥

生物肥料与化学肥料应相互配合、相互补充。生物肥料从土壤中分离出来的磷、钾等营养元素的量不能满足蔬菜生长发育的需要。

7. 要注意施用时间

生物菌肥不是速效肥，所以在作物的营养临界期和大量吸收期前 7~10 d 施用效果最佳。

第三节　蔬菜植物生长的相关性与应用

蔬菜植物的根与地上部、主茎与分枝、营养生长与生殖生长都存在一定的关系，掌握相关的知识在生产中就能够做到心中有数，把握好植物的生长节奏，减少不必要的生产损失。

一、根和地上部的相关性及应用

（一）根和地上部相互促进

根的生长有赖于叶子的同化物质，尤其是碳水化合物的供给；而地上部的生长，有赖于根所吸收的水分及矿物质营养的供给。

一株植物总的净同化量，由于生长发育的时期不同及生长中心的转移，地上部与地下部的比例相差很大。在生长过程中，这种比例不断变动，而变动的程度也由于栽培上的植株调整、摘叶及果实采收等而不同。

例如，把花或果实摘除，可以增加根的生长量，因为积累到果实中的有机物质，可以转运到根的组织中，促进根的生长。

在生产上，当幼苗移栽时，如果进行摘叶或子叶受到损害，就会减少根的生长量，延迟缓苗。为平稳度过缓苗期，促进刚定植幼苗扩大根系范围，一些植物如番茄会采取晚打杈的方法。晚打杈即在第一侧枝长约 10 cm 时打杈。

（二）根和地上部相互抑制

土壤水分不足，根系抑制地上部生长；反之，土壤水分多，土壤通气减少而根系活动受限；地上部水分供应充足生长过旺。

生产中经常采取的蹲苗措施，主要是创造根系生长的有利条件，促使根系向深处扎，使地上部的生长受到抑制。育苗中为了控制幼苗生长速度，还可采取地下部断根办法，减缓地上部茎叶的生长速度，如春甘蓝育苗过程中，为了防止"先期抽薹"，控制秧苗的大小，常采用这种断根控秧的方法。

（三）施肥对根和地上部的影响

据研究，氮肥及水分充足，地上部茎叶生长比根的生长迅速得多。缺氮时促进根系生长，反之，则有利于地上部生长（发棵）。

在生产上，果菜类蔬菜生育前期，应注意施用氮肥（发棵肥），同时保持土壤水分充足；后期氮肥减少，地上部分生长缓慢，此时应增施磷、钾肥（磷使糖分向根系运输，钾使淀粉积累），促进果实生长，提高产量与品质。

二、主茎和分枝的相关性及应用

蔬菜植物的主茎生长与侧枝生长，有极密切的相关性，当主茎快速生长时，侧枝往往生长缓慢或不能萌发。这种主茎的顶芽生长而抑制侧芽生长的现象，叫顶端优势。

生产上，对利用主蔓结果的瓜类、番茄、豆类等蔬菜，常摘除侧枝保持主茎生长的优势。对利用侧枝结果的甜瓜、瓠瓜等则需要抑制或打破顶端优势（摘心），使其提早形成侧枝，从而达到提早结实的目的。

另外，主根与侧根的生长也有类似的相关现象，如主根切断后，能促使大量侧根发生。故生产上对于较耐移栽的蔬菜，如番茄常采取育苗移栽的措施，使秧苗移栽后总根数增加，密集在主根四周，根系分布比较集中，这样在每一个秧苗的土坨中，包含有更多根系，对定植后的成活、缓苗有一定的良好作用。

三、营养生长和生殖生长的相关性及应用

（一）营养生长对生殖生长的影响

没有生长就没有发育。营养生长旺盛、叶面积大，在不徒长的情况下，果实才能发育得好，产量高。如营养生长不良、叶面积小，则会引起花发育不健全，开花数目减少并易落花，果实发育迟缓。营养生长过旺，消耗较多养分，抑制生殖生长，会出现空秧的后果。所以生产上既要注意前期发棵，又要通过中耕蹲苗、整枝、摘心、移植等措施，控制营养生长过旺。

对于果菜类蔬菜栽培，一定要注意肥水管理促控的节奏。果菜类有"浇果不浇花"之说，即在开花初期，直到初始坐住，生产上应采取"中耕蹲苗"措施，使营养生长与生殖生长相协调。蹲苗还必须根据品种、植株长势、土壤等具体情况灵活掌握。如番茄中晚熟品种，在结果前应以控为主，进行中耕蹲苗，促进根系向纵深发展，并可控制地上部分的营养生长，防止徒长。对这类品种控制浇水的时期一般比较长，待第一穗果长到核桃大时结束蹲苗，进行浇水；反之，对一些有限生长类型的早熟品种，由于结果早，果实对植株生长的抑制作用较大，如蹲苗不当容易引起坠秧，影响早熟和产量。对于这一类品种只宜进行短期的蹲苗。对于大苗龄定植的苗，蹲苗期不宜过长；反之，苗龄短的，定植后营养生长期

长，要强调蹲苗。从土质看，沙质土蹲苗期宜短，保水性好的黏土，蹲苗时间应适当延长。

（二）生殖生长对营养生长的影响

生殖器官的生长，要消耗较多的碳水化合物和含氮物质，对营养生长和新的花朵形成及幼果的生长起到抑制作用。在生产上，常以果实采收的早晚平衡营养生长和生殖生长。果菜类蔬菜从开始采收到结束，时间达2~3个月或更久。在同一植株上，基部的果实已经成熟，而植株先端仍在开花。这样，一个果实在成熟过程中，不仅影响到全株的营养生长，而且影响到后期果实的生长。据研究，采收成熟果对营养生长的抑制作用及营养物质的独占程度的影响远远大于采收嫩果，所以在生产上应及时采收成熟果，防止前期果实坠秧，影响全株总产量。

另外，果菜类蔬菜结实数量的多少，也直接影响着营养生长。如前期番茄留果过多，果实会向根部争夺养分，而影响根系的生长，从而抑制茎叶的生长，会导致植株卷叶、早衰。所以合理疏花疏果，处理好前期留果和后期产量的关系，能够保证整个生育期的高产优质。

第三章 蔬菜育苗

第一节 蔬菜育苗技术概述

一、蔬菜育苗的特点

（一）育苗设施现代化

现代蔬菜育苗主要使用现代化温室等设施，可根据蔬菜品种、气候条件、基质类型等参数对育苗环境进行智能控制，为蔬菜种苗提供一个良好的生态环境，满足蔬菜幼苗生长所需的温度、湿度、光照、通风、水肥等环境条件，使蔬菜幼苗的数量和质量得到保证。近年来，现代化设备在蔬菜育苗过程中的应用越来越普遍，主要有：蔬菜自动播种生产线、环境可控的智能发芽室、播种机、自行走式喷灌系统、基质搅拌机、灌溉与施肥系统、温控系统（湿帘—风机、喷雾、环流风机、热风炉等）、补光设备、环境自动监控系统等。这些设备的利用降低了人工成本，提高了工作效率。

（二）育苗技术标准化

生产技术的标准化是现代蔬菜育苗的主要趋势，所有的操作技术都是建立在对种苗生长发育规律和生理生态的研究基础之上的。发达国家已在育苗、施肥、基质等多方面提供了全面标准化的参考数据和依据，随着蔬菜产业分工越来越细，种苗生产已单独发展成为一个行业，只有专业生产某一个种类或品种的种苗时，才能真正掌握和充分应用其专业和独特的技术。

（三）育苗数量规模化

现代园艺设施设备的应用、产业链分工的细化以及生产的系统化，使蔬菜育苗规模化得以实现。蔬菜集约化或工厂化培育的幼苗可以在可控的环境下，科学地进行农事操作，如统一打药、施肥、温控等，在大量培育高质量种苗的同时降低了生产成本。实践证明，传统的一家一户蔬菜幼苗培育环境调控能力差，劳动力成本高，秧苗质量无法保障，难以适应现代蔬菜产业的需要。

（四）育苗工艺流程化

根据不同蔬菜的幼苗期生物学特性及幼苗生长所需环境条件，各育苗企业或育苗场均制定了不同种苗的生产工艺流程，各个生产环节均严格按照工艺流程有序进行，结合发芽室和温室环境智能控制系统、自行走式喷灌系统、自动喷雾系统等设施设备的应用，实现了蔬菜育苗生产的系统化、流程化，如根据各地蔬菜定植时期确定具体的播种时间，根据环境条件确定适宜的灌水时间和灌溉量，根据幼苗生长情况确定施肥喷药的适宜时期，根据培育的蔬菜品种确定各项环境调控的措施。

（五）种苗质量优质化

各项生产操作的严格标准都有具体严格的规定、对环境条件的智能控制、育苗基质的专业化、肥水管理的精量化等为蔬菜幼苗生长提供了最优良的条件，确保生产的种苗达到优质壮苗标准且适宜远距离运输，为各地设施蔬菜和露地蔬菜生产奠定优质种苗基础。

（六）成本合理化

现代设施与蔬菜育苗技术相结合大大缩短了育苗时间，降低了低温、高温等不良自然环境对幼苗的伤害；穴盘等育苗容器的循环使用减少了对育苗场地面积的占用，育苗设备的应用减少了人力资源消耗，实现了蔬菜育苗的规模化、标准化生产，大大降低了蔬菜育苗生产成本，促进了蔬菜育苗企业的壮大和发展，推动了蔬菜育苗行业的健康、可持续发展。

二、蔬菜育苗的意义

（一）有利于推动蔬菜产业的发展

蔬菜新品种、新技术的应用，促进了设施蔬菜产业快速发展，其中蔬菜种苗技术贡献份额占50%以上，因此，可通过商品形式将蔬菜种苗培育技术转交给专业生产者，通过提高秧苗质量而促进蔬菜产量和品质的提升。但是，我国蔬菜种苗市场很大，不是几个育苗工厂能够消化的。

（二）有利于推动蔬菜生产的标准化

蔬菜育苗是推广新品种和普及新技术的重要途径，通过严格的环境调控和科学的施肥管理，能够实现幼苗的标准化生产，确保种苗纯正、健壮，减轻了农民购买伪劣种苗的风险，有利于蔬菜优良新品种的示范推广，提高优种覆盖率。嫁接育苗、无土育苗、组培育苗等新技术的推广应用，可以提高蔬菜抗病抗逆能力，使幼苗移栽后根系不易受伤、具有较高的成活率，且植株长势整齐一致，产量和品质显著提高。因此，蔬菜育苗通过"良种良法"配套技术的推广应用，对推动蔬菜生产标准化、规范化具有重要作用。

（三）有利于节省蔬菜生产成本

蔬菜育苗是在温室内集中育苗，温室育苗便于管理，且湿度、温度和通风情况等易于人工控制，因此便于进行集约化管理及批量生产。现代化和智能化的育苗设施，大大提高了工作效率，降低了育苗成本。设施蔬菜新品种具备优质、抗病、高产、特色、专用、耐储运等特点，每粒种子成本在0.1~2.0元。采用传统的直播式播种，出苗率、成苗率和壮苗率均无法保证，导致用种量增加、种子成本增加、育苗风险增大。现代蔬菜育苗技术多采用穴盘育苗，可以实现精量播种，播种效率为70~1000盘/小时，不仅节约蔬菜种子和用工，而且可以提高育苗效率。采用规模化集中育苗，降低了育苗成本和能源消耗，育苗场每年可培育5~6茬蔬菜种苗。从底土填充到播种覆土再到浇水，工厂化育苗流水线生产作业均由穴盘播种育苗机自动化控制，1台播种机工作1 h的工作量相当于1个人工作16 h，大大降低了劳动成本、减轻了劳动强度、提高了生产效率。

（四）有利于提高蔬菜生产经济效益

蔬菜育苗产业是一项资金、技术密集型的高度集约化产业，1亩设施面积30~50 d可以生产出15万~20万株蔬菜秧苗，按1株秧苗0.1元最低利润计算，一茬生产就可达到或超过一般温室种植蔬菜全年生产的较高利润水平；而且健壮秧苗根系发育好，定植后缓苗快且成活率高，大大提高前期产量，效益明显增加；蔬菜育苗缩短了幼苗生长时间，可使蔬菜提早成熟，解决了蔬菜收获期与种植期交汇的问题，提高土地利用率和单位面积产量，且蔬菜价格具有相对优势，显著增加了单位面积的生产效益。

（五）有利于提高蔬菜生产的抗风险能力

传统的育苗条件和育苗方法无法满足蔬菜种苗正常生长的需要，长时间的低温、高湿、弱光可导致蔬菜种苗生长缓慢、病害严重、成苗率极低；使用各种生长促进剂和农药，易造成各种生理障碍和药害，导致秧苗质量差。现代蔬菜育苗设施相对集中，棚架等设施更新快，管理技术高，遭遇重大灾害性天气后可尽快恢复生产、及时补充秧苗以满足生产需要，也可以通过环境调控设备有效降低异常天气危害的风险，也大大降低了因技术失误造成的风险。

（六）减少病虫危害，提高蔬菜品质

无土育苗基质的使用，避免了土传病害的侵染，能够确保苗齐、苗壮、无病弱苗；设施条件的改善，可以根据幼苗生长进行环境调控，提高了幼苗质量，减少了病虫害发病率，增强了幼苗对不良环境的抵抗能力，为提高蔬菜产量、提升蔬菜质量奠定了基础。

（七）幼苗适合长距离运输

现代育苗技术采用草炭、蛭石等基质，质量轻且不易散苗，便于长距离运输，而且机

械设备的应用，推动了蔬菜种苗大批量生产，有利于按照国内外市场需要周年供应优质种苗，也可按照生产者的要求专门加工特殊的蔬菜种苗，为拓宽国内外的种苗市场提供了更多可能性。

第二节　蔬菜育苗基础知识

一、蔬菜种子及其特点

（一）蔬菜种子的含义

在植物学上，种子是指由胚珠发育成的繁殖器官。在农业生产上，种子是最基本的生产资料，其含义要比植物学上的种子广泛得多。凡是农业生产上作为播种材料的植物器官统称为种子。为了与植物学上的种子相区别，把后者称为农业种子更为恰当，为了简便起见，我们将其统称为种子。蔬菜种类繁多，播种材料也多种多样，概括起来主要包括以下五大类：

1. 真种子

即植物学中所指的种子，如豆类蔬菜的豇豆、刀豆、菜豆、大豆，瓜类的黄瓜、西瓜，茄果类的番茄、茄子、辣椒，白菜类的大白菜、甘蓝等的种子。

2. 果实种子

由胚珠和子房共同发育而成。作为播种材料的果实是类似种子的干果。某些作物的干果，成熟后开裂，可以直接用果实作为播种材料。如菊科的茼蒿、莴苣，伞形科的香菜、胡萝卜、芹菜，藜科的菠菜、叶甜菜。其中，菊科和伞形科的果实在外形上和真种子很类似。

3. 营养器官

有些蔬菜用鳞茎（如大蒜、百合）、球茎（芋头、荸荠）、根茎（生姜、莲藕）、块茎（马铃薯、山药）作为播种材料。一般在进行杂交育种等少数情况时，才用种子作为播种材料。

4. 菌丝体

香菇、平菇等食用菌通过组织分离或孢子分离获得纯的菌丝作为繁殖材料进行扩大繁殖，然后用于生产栽培。

5. 人工种子

又称人造种子，这是细胞工程中最年轻的一项新兴技术。从外表看与普通种子相似，它也有胚、胚乳和种皮，播下去能发芽出苗，但它与普通种子有本质的不同。人工种子是无性种子，它的主体是通过组织培养技术得到的无性胚，再采用特殊的技术和材料给这些无性胚穿上合适的衣服，配上合适的营养，即包上胚乳和种皮，就成了人工种子。在人工种子制备中若与基因工程相结合，即在制备过程中按照需要导入外源基因，就能培育出抗虫、抗干旱的植物新品种。一旦人工种子的生产实现机械化，就可以在工厂中快速生产出大量优良品种。

（二）蔬菜种子的形态和结构

种子形态结构是鉴别蔬菜种类和品种的重要依据。种子的大小、整齐度和饱满度与播种品质有一定关系，可以根据蔬菜作物种子的千粒重推算田间播种量。因此掌握各种蔬菜种子形态特征的基本知识，有重要的现实意义。

1. 种子的形态

种子形态指种子的外形、大小、颜色、表面光洁度、种子表面特点（如沟、棱、毛刺、网纹、蜡质、突起物等）。种子形态是鉴别蔬菜种类、判断种子质量的重要依据。如茄果类的种子都是肾形的，番茄种皮附有白色绒毛，茄子种皮光滑，辣椒种皮薄厚不均。白菜和甘蓝种子形状、大小、色泽相近，都是褐色球形小粒种子，但从白菜种子球面的单沟进行鉴别，就可以与具双沟的甘蓝种子区分开来。成熟种子色泽较深，具蜡质；欠成熟的种子色泽浅，皱瘪。新种子色泽鲜艳光洁，具香味；陈种子色泽灰暗，具霉味。

2. 种子的结构

蔬菜种子结构包括种皮、胚，有的蔬菜种子还有胚乳，有的果实型种子还有果皮。根据成熟种子中胚乳的有无，可将种子分为：有胚乳种子，如番茄、菠菜、芹菜、韭菜的种子；无胚乳种子，如瓜类、豆类、白菜类的种子。

（三）种子寿命和使用年限

种子的寿命又叫发芽年限，指种子保持发芽能力的年数。种子寿命和种子在生产上的使用年限不同。生产上通常以能保持60%~80%发芽率的最长储藏年限为使用年限。在一般储藏条件下，蔬菜种子的寿命不过1~6年，使用年限只有1~3年。蔬菜种子按其使用年限的长短，分为短命种子与长命种子两大类。

短命种子，一般将使用年限1年左右的种子称为短命种子，如洋葱、芹菜、胡萝卜、菜豆等的种子。

长命种子，将使用年限在两年或两年以上的种子称为长命种子，如西瓜、黄瓜、茄子、番茄等的种子。

种子在以下储藏条件下使用年限较长：一是种子在充分成熟后收获，收获后要及时进行干燥处理；二是种子必须保持在低温、干燥的储藏环境，该环境应常年气温变化较小；三是种子储藏时，一定要达到安全水分；四是最好使用密封的储藏容器，内加一定量的干燥剂。

（四）蔬菜种子的萌发特性

1. 种子萌发的过程

蔬菜种子的萌发需经历吸水、萌动和出苗的过程。有生活力的种子，随着对周围水分的吸收，酶的活动能力加强，储藏的营养物质开始被转化和运输；胚部细胞开始分裂、伸长。胚根首先从发芽孔伸出，这就是种子的萌动，俗称"露白"或"破嘴"，其胚根、胚茎、胚芽和子叶加快生长，当胚根的长度与种子长度相等时称之为发芽。

蔬菜种子发芽后，根据幼苗的子叶是否出土，分为子叶出土和不出土两种类型。

子叶出土类型：包括茄科，十字花科，葫芦科的黄瓜、西瓜、冬瓜、南瓜和豆科中的大豆、四季豆等。这类种子发芽时，下胚轴会伸长、弯曲呈弧状，拱出土面后逐渐伸直，最后将子叶带出土面，子叶脱离种皮并很快展开，子叶见光后变为绿色，可进行光合作用。这类种子播种不宜过深，以免子叶不能出土或使子叶受损，不能进行光合作用，使以后的生长发育受到影响。

子叶不出土类型：大部分单子叶植物和一部分双子叶植物，如芦笋、蚕豆、豌豆等属于子叶不出土类型。种子发芽时，其上胚轴伸长露出土面，长出真叶，而子叶残留在土中，与种皮不脱离，直到子叶储存的养分全部耗尽，这种类型的种子发芽时顶土的能力很强，可适当深播。

种子能够顺利地萌发、整齐一致地出苗是蔬菜秧苗培育的基础，特别是在环境不利于种子萌发的情况下，其更是育苗成败的首要关键。为了使蔬菜种子正常发芽和出苗，必须了解它们的发芽特性及其在发芽过程中与环境条件的关系，以便采用适当的措施，保证育苗第一步成功。

2.种子萌发的条件

水分、温度、氧气是种子萌发的三个基本条件。另外，有的种子对光照有特殊要求。

（1）水分

种子吸水萌动是植物栽培中生长周期的起点，没有足够的水分供给，种子就不能正常发芽。水分是种子萌发的重要条件，种子萌发的第一步就是吸水。一般蔬菜种子浸种 12 h 即可完成吸水过程，适当提高水温（40~60℃）可使种子吸水加快。种子吸水过程与土壤溶液渗透压及水中气体含量有密切关系。土壤溶液浓度高、水中氧气不足或 CO_2 含量增加，可使种子吸水受抑制。种皮的结构也会影响种子的吸水，例如，十字花科种皮薄，浸种 4~5 h 可吸足水分，黄瓜则需 4~6 h，葱、韭菜需 12 h。

（2）温度

蔬菜种子发芽对温度有一定要求，不同蔬菜种子发芽要求的温度不同。每一种蔬菜的发芽，都有发芽的最适、最低和最高温度。这和不同蔬菜的适温习性有关，大凡喜温性蔬菜，如茄果类、瓜类和部分喜温性豆类，其种子发芽的适宜温度高，最低温度15℃，最高温度可达 35~40℃；而耐寒性的十字花科蔬菜、葱蒜类及耐寒的绿叶菜类蔬菜，其种子发芽适宜的温度范围则较低，一般为 15~25℃，最低可以到 19℃以下，甚至低到 4℃仍能发芽。蔬菜种子在适宜温度范围内发芽迅速、发芽率高，随着温度在一定范围内增高，发芽的速度亦增快，但发芽率会降低。温度过高或过低都会使发芽速度减缓、发芽率降低。

芹菜、莴苣等耐寒性蔬菜种子，经低温处理会促进发芽。莴苣种子在5~10℃低温下处理1~2 d，播种后能迅速发芽。在我国南方地区秋季栽培正值7—8月高温季节，将莴苣种子经0~1℃低温处理，可以促进种子发芽。而在25℃以上时不易发芽，不论发芽势或发芽率都不如低温条件下高。芹菜在15℃条件下发芽率比高温时高。低温条件有利于种子发芽的主要原因是由于低温能促进种子内酶的活动和营养物质的转化。

变温处理也能促进蔬菜种子的发芽，其原因是变温处理促进了种子的气体交换，从而促进了种子的发芽。另外，变温处理对花芽分化及生长发育和产品器官的形成都会产生影响，因而有使蔬菜提早成熟、增加产量等作用。因此，在生产中常应用变温处理来促进发芽。

（3）气体

气体尤其是氧气对蔬菜种子的发芽有很大影响。温度适合、水分充足，但氧气供应不足或缺氧时，种子不能发芽，甚至会造成烂种。这是因为氧气是种子发芽所需的重要条件之一。种子储藏期间，呼吸微弱，需氧量极少，但种子一旦吸水萌动，则对氧气的需要急剧增加。在生产上播种时，如覆土过深、氧气缺乏，就会妨碍正常的发芽，如果土壤排水不良，或播种后遇大雨，土壤中缺乏氧气，种子也不易发芽，甚至会在土中腐烂。

不同种类的蔬菜，其种子发芽对氧的需求不同。一般蔬菜种子发芽，需要氧的浓度在10%以上，最少不低于5%。含油脂或蛋白质多的蔬菜种子，如豆类蔬菜种子，发芽要求的氧气要多；而黄瓜、菜瓜和葱等，其种子发芽所要求的氧气浓度则较低；茄子种子发芽过程中对氧气反应敏感，在氧浓度10%时，发芽不良，氧浓度20%时，发芽率显著提高，未完全成熟的种子在高氧情况下亦有一定发芽率；芹菜和萝卜种子，当氧气浓度在5%条件下，几乎不能发芽，表明这类蔬菜种子发芽对氧气的浓度要求亦高。

二氧化碳对种子发芽有抑制作用。当氧气浓度为15%时，二氧化碳浓度需在40%以上，才对种子发芽有抑制作用。但当氧气浓度降低到5%时，氧气越少，发芽率降低越显著。二氧化碳对葱和白菜的种子发芽抑制作用较强，而对胡萝卜和南瓜则较弱。

（4）光

种子发芽时，必须有一定的温度、水分与氧的供给，这是普遍的现象。但对于某些蔬菜，种子发芽还要有一定的光照条件。不是所有蔬菜种子的发芽都需要光，有些蔬菜，在有光的条件下，发芽反而会被抑制。根据种子发芽对光的要求，可将蔬菜种子分为三类。

①需光种子：这类种子的发芽具有须光特性，在有光的条件下发芽好，而在黑暗无光的条件下不能发芽或发芽不良，如莴苣、紫苏、芹菜、胡萝卜等属于此类。

②嫌光种子：此类种子发芽无须有光，即在有光条件下发芽不良，而在黑暗无光的条件中容易发芽。如葱、韭菜及其他一些百合科的种子。此外，茄果类及瓜类如番茄、茄子、南瓜等基本上也属于此类。

③中光种子：大多数蔬菜种子为中光种子，这类蔬菜种子发芽对光的有无要求不严格，对光线不敏感，在有光或黑暗条件下均能发芽。菠菜及许多豆类如菜豆、豌豆、蚕豆及禾本科种子发芽具有此种特性。

（五）蔬菜种子的质量检验

广义的蔬菜种子质量即种子品质，包括种子的品种品质和播种品质两个方面。从栽培角度，首先要注意种子的品种品质。笔者所说的种子质量是指种子的播种品质。蔬菜种子的播种品质，最终反映在播种后的发芽率、发芽速度、整齐度和秧苗健壮程度等方面。种子量的标准，应在播种前确定，以便做到播种、育苗准确可靠。种子质量的检验内容包括种子净度、品种纯度、千粒重、发芽势和发芽率等。

1. 种子净度

蔬菜种子的净度是指检验样本中完整良好的供检验品种的种子占样本总重量的百分率。其他植物种子、种子中夹杂的细落、泥土、小碎石、种株的小茎干、果皮、虫卵及杂草种子等，都会影响种子净度。

种子的净度是种子播种品质的重要指标之一，是种子分组的依据。净重分析的目的，首先是要了解一批种子的真实重量，为计算种子用价（种子用价 = 净度 × 发芽率）提供一项指标；其次是了解一批种子中其他植物种子及无生命杂质的种类和含量，以便采取适当的清理方法，提高种子的播种品质。分析时，将试验样品分成三种成分：净种子、其他植物种子和杂质，并分别测定各成分的重量百分率。

2. 千粒重

千粒重是度量蔬菜种子饱满度的指标，用来表示自然干燥状态的 1000 粒种子的质量（g），被称作种子的"千粒重"或"绝对重量"。同一品种的蔬菜种子，千粒重越大，种子越饱满充实，播种质量越高。

3. 发芽率

种子的发芽率是指样本种子中发芽种子的百分数。生产上要选用发芽率高的种子做播种种子，以获壮苗、全苗，降低生产成本。在需长期保存优良品种的种子时，储藏期间也要定期检测种子发芽率，以便及时改进储藏方法，或更新储藏的种子。

各种蔬菜种子的发芽率可分甲、乙两级，前者要求发芽率 90%~98%，后者要求 85% 左右。个别蔬菜种子的发芽率要求也有例外。如伞形科蔬菜种子为双悬果，在一个果实中所含的两粒种子不一定都能正常发芽，发芽率的标准可有所降低；又如甜菜种子为聚合果，俗称"种球"，其中包含多粒种子，发芽率的标准应有所提高。

4. 发芽势

发芽势是反映种子发芽速度和发芽整齐度的指标，指种子发芽初期（如瓜类、白菜类、甘蓝类、根菜类、莴苣等定为 3~4 d，葱、韭菜、菠菜、胡萝卜、芹菜、茄果类定为 6~7 d）

正常发芽种子数占供试种子的百分率。种子发芽势高，则表示种子活力强、发芽整齐、出苗一致，增产潜力大。

二、蔬菜幼苗的发育与环境条件

蔬菜幼苗是指种子播种后在适宜条件下萌发，经过一定时间的生长发育，形成适宜于定植大田的幼小植株。

（一）蔬菜幼苗的发育阶段

蔬菜幼苗的生长发育过程具有明确的生物学阶段，即发芽期与幼苗期两个时期，而"秧苗"是属于生产范畴的概念，是用于生产栽培的生产资料，其苗龄大小依生产需要而异。从这个角度看，又没有明确的生物学时期的界限。所以，应该认清幼苗与秧苗的概念并不等同，后者是指用于生产的繁殖材料，前者是指处于一定生物学阶段的幼小植株。但在培育较大秧苗的条件下，二者在生育期上又大致吻合。不同种类蔬菜生长发育各阶段的特点不同，叶、茎、根菜育苗只经历营养生长期，在种植时应控制影响阶段发育的条件；喜温果菜育苗则经历发芽期、基本营养生长期、营养生长期与生殖生长并进期。蔬菜秧苗的发育大致可分为三个阶段：籽苗期（种子发芽至第一片真叶露心）、小苗期（第一片真叶露心至第一至第二片叶展开）、成苗期（第一至第二片叶展开至定植）。

这种人为的阶段划分的主要意义在于方便对秧苗进行分段管理。籽苗期是由靠种子养分生长向独立生活转变的过渡阶段，在管理上应着重于营养的积累，尽量减少消耗；小苗期一般多指分苗前原苗阶段，秧苗相对生长速度较快，而绝对生长量不大，应创造条件培养好小苗根系，为生长打好基础；成苗期是指分苗后秧苗长成的阶段，相对生长速度有所下降，但绝对生长量不断增长，是秧苗素质的决定时期，应为其创造良好的综合条件，特别是要改善营养条件、培育壮苗。这种划分一般只适用于育苗期较长、苗龄较大的育苗蔬菜，如果在小苗时即定植的情况下，小苗与成苗即混在一起，无法分开。另外，小苗与成苗之间也很难划出绝对的临界生态标准。因此，这种划分方法并不太严谨，但却适用于生产。如果将生产标准与生物学标准相结合，就可以在一定程度上克服上述弊病。

种子萌发出苗及前期主要依靠种子中储存养分的供应，不久即可进行光合作用，并从土壤中吸收养分和水分进行自营生活。幼苗的绝对增长量很小，而生长速度很快。从种子发芽出土至幼苗地上部和地下部根系的生长时，要求其生长速度既不能过快，避免形成徒长苗；又不能迟缓或停滞生长成为僵苗。此时既应注意调整地上部分和地下部分之间的生长相对速度，又要注意协调营养生长与生殖生长之间的关系。要在掌握不同种类蔬菜幼苗生长发育特点和对环境条件要求的基础上，科学地进行苗期管理，控制幼苗地上部和地下部的生长速度，调节营养生长和生殖生长的速度，培育适龄壮苗，为早熟增产打下基础。

下面以番茄为例，介绍各生育阶段的主要生育特点。

1. 发芽期

从种子萌动至第一片真叶露心为发芽期。此阶段时间不长，主要为异养阶段。出苗前完全依靠种子内养分、种子干重逐渐降低；出苗后幼苗干重逐渐上升，直到第一片真叶露心时干重大致恢复到种子原来的干重水平，发芽期又可划分为两个阶段，即发芽出土期和籽苗期。前者为异养阶段，后者为从异养到自养的过渡阶段，蔬菜幼苗的子叶展开后，即可进行有限的光合作用，表明种子内储存的养分已经耗尽，此时幼苗已开始转向通过叶片的光合作用来获取养分。但豆类蔬菜作物的子叶，仅仅能供给幼苗最初阶段生长所需营养，其子叶本身不能进行光合作用。由于子叶是幼苗早期生长的主要营养来源，除豆类外的其他蔬菜作物的子叶，此时还能进行适当的光合作用。因此，子叶对幼苗的早期生长十分重要，籽苗期是蔬菜幼苗生长发育的重要阶段。子叶的生长好坏直接影响到幼苗的生长，故应采取有效的育苗管理措施，保护好幼苗的子叶，对培育壮苗意义很大。

在育苗过程中，出土前应保持适宜的温湿度，促进幼苗出土；出土后适当降温，保持合适的昼夜温差，有利于白天的光合作用，减少夜间呼吸消耗，可以有效防止幼苗徒长。尤其是有幼苗出土后子叶未展开时，高夜温极易导致胚轴伸长即"拔脖"，降低秧苗素质。

2. 基本营养生长期

基本营养生长期时间不长，这一时期进行着根、茎、叶等营养器官的生长，为花分化奠定营养基础。

在这阶段，地上部生长量不大，根系重量逐渐增长，影响根系生长的生态因子，特别是土温的作用，明显地反映在根重上。真叶展开后，茎高生长速度不大，茎粗生长开始加快，茎粗茎高比值有所增高，绝对生长量小、相对生长量高，是这一阶段的突出特点，幼苗干重呈现指数增长，番茄生长两三片真叶，茄子和辣椒约生长 4 片真叶。随着真叶的陆续展开与叶片的生长，叶面积不断大。只有当叶面积发展到一定程度时，花芽才有可能分化。

果菜蔬菜一生中，只有这一段时间纯属营养生长时期，但也还在一定程度上受着即将发生的"质"的转变——生殖发育的控制或影响。这一阶段的长短，一方面取决于蔬菜的种类、品种，如早熟品种花芽分化早，基本营养生长期较短；另一方面受育苗环境的影响。在品种一定的条件下，花芽开始分化期的早晚决定于花芽分化节位及满足一定积温数所需的天数即日均温度的高低。保证良好的营养长基础是获得分化较早而质优早期花芽的基础。

3. 幼苗迅速生长发育期

在此阶段幼苗生长量逐渐增大，无论是生长量或生长速度，都处于一直上升的状态，90%~95% 的幼苗重量是在这一时期形成的。

幼苗叶面积增长具有一定的规律性。番茄在第三片真叶展开前，叶位越高，叶面积越小，在这时期，子叶大小仍起着一定的作用；三叶展开后，随着叶片数的增加，最重叶位上移，在茄果类蔬菜的幼苗培育中，应特别重视三、四叶位叶片的作用；幼苗生长越旺盛，各叶位之间的叶面积相差越大，最重叶位越突出，即最大叶位所占的比重越大。

花芽分化及发育是这一生长阶段果菜幼苗的重要发育特征。对于果菜幼苗，花芽的分化及发育情况关系重大，对早期结果数、开花结果期有决定性意义，从而也影响到早熟性及丰产性。番茄幼苗一般从3叶展开时开始花芽分化，每2~3 d分化1个花芽。如果培育的大苗已有8～9片真叶现蕾，则第四花穗的花芽已经开始分化。茄子与辣椒的花芽分化规律基本与番茄相似。

影响番茄花芽分化的因素如下：①品种：一般早熟品种长出6~7片叶后出现第一花序，中晚熟品种在长出7~8片叶后出现第一花序。②温度：高温能加快花芽分化，但花芽数目会减少。温度越低花芽分化期越长，但花芽数目会增多。当夜温低于7℃时易出现畸形花。③水分：缺水时花芽分化及生长发育均不良，所以育苗期应注意控温不控水。④土壤营养：肥沃疏松的床土使得幼苗营养状况好，有利于花芽分化及生长。⑤光照：与日照时数、光照强度密切相关。光照充足花芽分化早、节位低、花芽大，促进开花及早熟。

保证幼苗健壮生长是花芽分化及提高花芽质量的基础，幼苗如老化或徒长，将影响花芽的数量，并且其质量也不高，容易落花或形成畸形果。

（二）蔬菜幼苗生育与环境条件

培育壮苗的关键是创造良好的育苗环境，特别是在保护地育苗中，环境条件的调控就显得更加重要。主要育苗蔬菜可分为两大类：一类是叶、茎菜类，如芹菜、甘蓝、莴苣等；另一类是果菜类，如番茄、辣椒、黄瓜等。前者对育苗环境的要求比较宽泛，在育期间不形成或要阻止其花芽分化，育苗技术相对简单；而果菜类蔬菜的青苗对环境条件的要求较严格，育苗技术也较难掌握，下面分别阐述这两类蔬菜幼苗发育与环境的关系。

1.果菜类幼苗生育与环境条件

果菜蔬菜是以植物的果实或种子作为主要食用部位的蔬菜，主要包括瓜类、茄果类和豆类三种，这类蔬菜在苗期就已经开始花芽分化，当植株处于幼龄早期时，营养生长与生殖发育即齐头并进，环境因子幼苗的影响不仅作用于营养器官，同时会影响生殖器官的数量、质量，从而影响到以后成熟期蔬菜产量。因此，无论从栽培或生理、生态等角度，研究环境因子对果菜幼苗的影响都是很有意义的。

（1）温度

温度对幼苗的生长发育影响最为突出，不仅会影响到幼苗的生长速度及素质，而且能左右幼苗的生育进程。不同种类蔬菜幼苗的生长发育对温度的要求，都有一定的适宜范围。

作为生长的动力因素，如果在一定范围降低日均温，则幼苗形态为矮壮苗，生长较缓慢，消耗不太多，积累也较少，温度过低，幼苗生长缓慢或停滞，容易形成僵化苗（俗称小老苗）；

提高日均温,光合作用会加强,可加速生长或增加一定期间的生长量,从而在一定程度上提前生育,起到了相当于延长生育期的效果。温度升高达到一定程度后再继续提高,虽然生长量仍会增大,但幼苗质量下降,表现为叶增大、茎高/茎粗增大,表现出徒长的现象。因此,蔬菜幼苗生长最快的温度往往不是培育优质幼苗所需要的适宜温度。

幼苗生育的适温范围不同,喜温的果菜类为20~25℃,耐寒、半耐寒性蔬菜是13~20℃。蔬菜幼苗籽苗期,容易徒长,这个时期应该相应降低温度,后续阶段为了加快幼苗生长发育可以相应地升高温度。晴天可以提高温度,促进光合作用,积累更多的光合产物,阴天光合作用弱,为了降低物质损耗,应该相应地降低温度。

除气温外,地温对优质秧苗的形成也有影响。幼苗生长基础在于发达的根系,地温直接影响到幼苗根系的生长和根毛的发生,以及幼苗对水分和矿质营养的吸收。通常,果菜类根系生长的最低温度为10~12℃,而根毛发生的最低温度还要高2℃,适宜生长的地温是20~24℃。在实际生产过程中气温和根系温度的配合是很重要的,在春季保护地育苗,白天气温容易提高,地温上升比较困难,因此一般注重地温的提高;但是如果气温不够,单纯依靠提高地温也难培育壮苗。

昼夜温差对蔬菜幼苗生育的影响也很明显。在白天光照较强的情况下,较高的温度有利于光合作用的进行,而夜间前期,较高的温度有利于光合产物的转移,后期较低的温度有利于减少呼吸损耗,有利于营养物质的积累。一般来说,昼夜温差在10℃左右比较合适,过大的昼夜温差虽然可以提高幼苗的适宜性,但是由于幼苗的生长受到抑制,影响了幼苗的正常发育,不利于壮苗培育。

在一定范围内提高温度可使花芽分化提前,花芽数增多,达到一定积温所需的天数减少,开花期提前。但是,适当降低温度,特别是降低夜温有利于花芽素质量的提高,如较低的夜温有利于降低番茄第一花序的节位。对番茄来说,要降低第一花序的着花节位,提高花芽素质,在子叶展开后至少要进行两周的低夜温处理。夜温越高,花芽分化越晚,第一花序着花节位越高,花数也越少,而且花芽的素质较差。与番茄不同,辣椒在低夜温下第一花着生节位有所提高,开花结果期延迟。茄子在高夜温下短柱花的比例增加,落花率增高,降低产量。

(2)光照

光照对幼苗的影响主要包括两个方面:一方面影响光合作用强度与干物质的积累,同时还会改变幼苗的植株形态,包括叶片大小与厚度、节间长短以及茎的粗细等。这些都与幼苗的素质有关,会影响到壮苗的培养、植株的生长以及产量。如植物在强光下生长时,幼苗粗壮,节间短,叶大且厚,叶色浓绿;而弱光下幼苗生长细弱,节间长,叶小且薄,叶色淡绿。另外,光强与果菜类蔬菜花芽分化和花器质量密切相关。强光有利于花的发育。番茄在强光下发育快,花芽分化早,着花节位下降,从花芽开始分化到开花的时间缩短,花器官大、心室多，在弱光下的表现正好相反。茄子幼苗在强光下花的发育加快，花器发育好，花大而且长柱花增多、短柱花减少。辣椒花芽形成的时间及着生节位对光强的反应不如番茄、茄子，当然，如光照过弱，同化量会下降，引起营养条件恶化，也会明显影响花芽的质量。光强的影响还与温度有关。高温下的强光影响不如低温下的影响显著。低温强光下着花数急剧增加。反之，低温弱光下，着花数显著减少。

果菜类蔬菜属中性植物，花芽形成对光周期的反应不敏感，4~24 h的光照时间内都能形成花芽，如果从第一花序着生节位对日照长度的反应来看，番茄和茄子在自然强光下延长日照，能有效地提早形成花芽分化的生理条件。辣椒则不同，较短的日照反而对开花结实有促进作用。

在冬春季育苗的时候光比较弱，可以通过选用透光性能好的材料，并及时清扫，保持透明覆盖材料表面洁净，增加光照强度；加强保温覆盖的管理，处理好保温和改善光照的关系，尽量早揭晚盖外覆盖物，延长光照时间，另外还可以利用人工补光，来改善育苗环境的光照条件。在夏季高温季节育苗，为了避免强光照射、降低温度，可以采用遮光处理。

（3）营养

蔬菜的苗期生长总量虽不多，但生长速度很快；尤其是幼苗出土后，3~4叶时期开始要完成幼苗总量95%的生长，而且会进行叶片和花芽的分化与发育。绝大多数蔬菜幼苗，除发芽后很短时间内仍依靠种子内储存的养分供应外，大部分生长所需养分则依赖于根系从土壤中吸收，并通过叶面的光合作用，制造光合产物。因此，苗期的养分供应尤为重要。它直接影响到幼苗营养生长和花芽分化，进而影响到壮苗的培育和早熟性以及产量。

蔬菜的幼苗营养主要来源是育苗床的床土或基质，影响营养供给的因素有两个：一是育苗床的营养面积；二是育苗基质的营养状况。

营养面积对幼苗发育的影响很大，这种影响在小苗时差异不大，随着幼苗的生长，影响逐渐加大。育苗床的播种量大，单位面积上的幼苗多、密度大，单株营养面积小；当幼苗在生长后期，生长量大、生长速度快，不仅需要从床土中获取较多的营养，同时亦需要一定的空间，以利于地下部和地上部的生长。如幼苗过度密集、单株营养面积小，这时叶片生长迟缓，叶面积增加受到抑制，茎叶鲜重和干重显著减少；同时影响花芽分化，但第一花序受到的影响不大，第二、三花序分化期差异大，且显著推迟，花芽质量也差，落花率也高。因此苗期的营养供应，既应保证根际营养的供应，又应保证幼苗生长足够的空间（营养面积）。故掌握适当的播种量及时间苗、分苗，保证适当的营养，很重要。

幼苗的营养供应，主要依靠床土和苗期追肥。因此，对床土的选择和肥料的配制十分重要。在一定范围内，各种植物必需的矿质元素供应越足，越能促进幼苗生长，花芽分化提前，花芽着生节位降低，花数增加、花器增大，花的素质提高。因此，要根据幼苗的需肥特点配制好床土，床土一定要疏松肥沃，氮、磷、钾三要素全面。

在各种矿质元素中，氮和磷对幼苗的影响最大，不仅影响着幼苗的营养生长，而且对果菜类蔬菜花芽发育的影响也很大。如缺氮会使番茄的花芽分化期延迟，对着花节位、花数和花质也有不良影响。磷肥供应水平高时，幼苗生长旺盛，花芽分化早且多，第一花序的节位降低，有利于早熟。钾的含量只能在一定范围内使植株生长旺盛，花芽分化提早，但超过一定范围时，钾对番茄幼苗生长和花芽分化反而有抑制作用，会使生长停滞、花芽分化减少，这表明氮肥和磷肥对幼苗的生长和花芽分化的影响大于钾肥。故在床土的肥料配制中，一定要重施氮、磷肥，适量使用钾肥。幼苗期对微量元素的需求也很重要，如缺乏或吸收不良，亦会出现缺素症状。如缺铁时，心叶发黄，缺钙时叶缘发黄似"金镶边"，缺锌与缺镁时叶片出现淡绿斑块，缺钙时生长点坏死或无生长点等。

（4）水分

水分是蔬菜幼苗生长发育必不可少的重要条件。

水是构建植株的主要成分，幼苗中一般含水量达90%。土壤中水分的多少，会影响土壤通气状况、土壤温度以及空气湿度等。水分过多，根系的通气性就会受到影响；水分不足时，根系也容易因干旱而受害。同时，苗床含水量的高低还与温度有直接的关系，苗床含水过多，空气含量减少，温度下降，根系活力降低，此时如再配合较高的气温和较弱的光照，幼苗极易徒长，如配合较低的温度和较弱的光照，则易发生病害，或导致沤根。基质水分少，幼苗生长受到抑制，长时间缺水，形成"僵苗"。基质的含水量和空气的相对湿度相互影响，空气相对湿度过高，幼苗的蒸腾作用减小，抑制幼苗的正常发育，且容易发生病害；空气相对湿度过低，幼苗蒸腾旺盛，叶片容易过度失水而萎蔫。

不同种类的蔬菜幼苗，对水分的需求不同。在适宜的苗期灌水可使蔬菜秧苗发育及花芽分化良好，在实际生产条件下，苗期灌水较多时容易徒长，特别是番茄、黄瓜等生长较快的蔬菜更容易徒长而降低幼苗质量。幼苗徒长的直接原因并不是灌水，而是高夜温、弱光照。如果幼苗密度过大，高夜温，光照也不好，这时候多浇水很容易徒长。适当降低夜间温度，控制灌水也是有必要的，但不应长期严格控水，甚至是"干旱蹲苗"，这也是形成老化苗的原因之一。

（5）二氧化碳

土壤二氧化碳气体的浓度，对幼苗生长发育也有很大影响。幼苗根系发育需要良好的土壤通气条件；幼苗生长过程中，适度从大气中补充二氧化碳，可促进幼苗生长。但不良气体如氨气、二氧化氮、二氧化硫、一氧化碳和氯气等也会混入其中，会使幼苗中毒受害。

育苗期间增施二氧化碳，可以增加幼苗的鲜重、干重、叶面积，以及叶重。由于增施二氧化碳，促进了幼苗发育，有利于培育壮苗，适时定植，显著地增加了早期产量，实生苗早期产量增加18%，嫁接苗早期产量增加23%。

2. 叶、茎菜类幼苗生育与环境条件

对叶、茎菜类蔬菜主要是采收茎叶食用，幼苗生长阶段一般只有叶片分化及生长，而无生殖发育现象，防止由营养生长向生殖生长转变是叶、茎菜育苗中必须注意的问题。这类蔬菜幼苗的培育，虽不像果菜类那样复杂，但如果不掌握它们的生长规律及与环境因子的关系，也很难培育壮苗。

育苗环境因子主要影响幼苗的营养生长量及生长速度，同时也对有些蔬菜幼苗的花芽形成有一定的促进或抑制作用，因此，对于需要育苗的茎叶菜如芹菜、甘蓝、莴苣等，应根据其不同需要，控制育苗的环境条件，育好苗、育壮苗，为获得高产优质打下基础。

叶片在植株生长点部位分化，然后逐渐发育、长大。其生长特性可分为"向基性生长"和"向顶性生长"两类，向基性生长的植物如芹菜、洋葱、韭菜、葱等的叶片首先从叶尖向基部分化并开始生长。因此，叶的先端停止生长早，而基部却不断伸长。向基性生长的植物，其先端组织老化而基部组织仍是幼嫩状态。甘蓝、莴苣等蔬菜则不同，叶片是由基部向先端生长，具有"向顶性生长"的特性。不论哪种生长特性，在育苗期间，叶片的分化及生长速度都比较缓慢。

二年生的茎、叶类蔬菜如甘蓝、白菜等，由营养生长转变为生殖生长都要经过春化诱导。按照通过春化诱导的时期和特点，可分为种子低温春化型和绿体植物低温春化型。

种子春化型：萌动的种子就可通过春化，如白菜、萝卜、芥菜、菠菜等。

绿体春化型：在种子萌动阶段不能感受低温，须待植株长大时才能对低温有感应通过春化，如甘蓝、洋葱、大葱、大蒜、芹菜等。

通过春化的形态标志是花芽分化。花芽分化之后，大量养分向生殖器官运输，对以茎、叶为产品的茎、叶类蔬菜来说，无疑是有害的。如甘蓝秋季早播种或早春温床育苗定植越冬，遇到低温感应后，开始花芽分化，即停止营养生长，先期抽薹，不能形成叶球。所以在育苗时，如何通过对环境条件的调控，避免秧苗通过春化作用，也是一个关键问题。育苗过程中能否通过春化，主要决定于一定低温（10℃以下）影响。此外，光照和营养与此也有关系。

温度、光照、水分与养分等环境条件对蔬菜幼苗的生长发育有重要影响。不同种类的蔬菜幼苗，对环境条件的要求不同。因此，了解环境条件对不同种类蔬菜幼苗生长发育的影响，以及掌握相应的苗期管理技术，可以为不同种类蔬菜幼苗创造适宜的环境条件，对培育适龄壮苗、早熟丰产有重要意义。

（1）温度

一般来说，育苗的叶、茎菜类蔬菜都是喜冷凉的作物，育苗时白天的温度可中等偏高，夜晚温度应中等偏低，而地温以较低为好，尽量避免高夜温、高地温及过高的昼温。温度过高，幼苗生长过快，营养供应不上，幼苗生长瘦弱，会造成徒长；若温度低幼苗生长缓慢或停滞，则会导致僵苗。温度高低也会影响幼苗的光合作用。温度高、光照强，幼苗的光合作用旺盛，幼苗生长粗壮，叶色则浓绿；如温度高、光照弱时，由于弱光照对光合作用不利，而高温使幼苗的呼吸作用增强，结果会导致幼苗细弱。温度的高低，直接影响到幼苗的生长速度和幼苗的品质。

温度对蔬菜幼苗的花芽分化有重要影响。从幼苗开始感受低温通过春化，从而开始花芽分化，不同蔬菜，甚至同一蔬菜的不同品种要求也不同。一般品种的甘蓝在9℃低温条件下，茎粗6 mm以上，经过一段时间就开始花芽分化，但有的品种需达8 mm才能感应低温。花芽分化，导致未熟抽薹。因此，必须掌握好营养生长与花芽分化的关系，既育出大苗、壮苗，又避免花芽分化。

（2）光照

叶、茎类蔬菜对光照强度的要求虽不像果菜类那样严格，但较强的光照条件下对幼苗的充实生长及壮苗的培育有利。

另外，光强对叶菜株型还有一定影响，例如，强光促进芹菜的纵向生长，株型趋向直立性，开展度小，光强弱则芹菜转而横向扩展，株型趋向横展性，开展度大。

光照对一些蔬菜的花芽分化也有影响。如芹菜在感受低温后必须在长日照下才开始花芽分化，少于8 h的短日照则对花芽分化有抑制作用。除控制播种期外，育苗时采用适当遮阴或短日照处理，也可使用生长抑制剂等，以推迟花芽形成，控制抽薹。

（3）水及营养

不同蔬菜对水分的需求不同。喜湿蔬菜如芹菜在一定范围内，土壤湿度大，生长越旺盛，叶数越多，叶面积越大，分蘖数也有增多的趋势；而洋葱则与芹菜差异很大，在幼苗期，土壤水分对营养生长的影响不像芹菜那样明显。

蔬菜育壮苗需要有良好的营养条件，氮磷浓度对叶、茎类蔬菜苗的培育都是很重要的。氮素不足会影响叶片分化，且叶面积会减小，幼苗生长量不足。磷素不足也会影响叶片的分化。而钾素，只要不缺乏，浓度变化的影响不会太大。

三、壮苗的标准及其培育

幼苗质量直接影响蔬菜的早熟丰产，蔬菜育苗的目标就是培育适龄壮苗。为此，育苗工作者必须首先明确：什么是壮苗？如何判断壮苗从而才能采取有效措施培育出高质量的秧苗？

（一）壮苗概念及苗龄

蔬菜生产上习惯所称"壮苗"，实质上是指生长整齐、形态健壮、适应强、生产潜力大的高品质秧苗。秧苗品质的好坏，不仅要从外观长相、长势来判断，还要根据定植后的发根情况，生长潜势来判断，果菜类还要求花芽分化和发育良好等。

苗龄与秧苗素质有密切关系，苗龄可分为日历苗龄和生理苗龄。

日历苗龄，指从播种出苗到成苗所用的天数，也叫育苗期。

生理苗龄，指幼苗生长发育达到什么程度，因此它是形态解剖上的差异。如大棚黄瓜定植时的苗龄，应达到5片真叶且现蕾。

日历苗龄（育苗期）与生理苗龄虽然在一定程度上都反映育苗期的长短，但育苗期的长短与苗龄的大小并不是在任何情况下都是统一的。如大棚黄瓜定植时的苗龄，应达到5片真叶且现蕾。一般温室育苗需要50~55 d的日历苗龄，但如果在温室内用土壤电热线加温，只需要30~35 d就能达到要求。由此可见，幼苗的大小用日历苗龄来表示是不确切的，容易在生产上造成失误。只有在一定地区内，育苗条件才会基本相同，用日历苗龄来表示幼苗的大小才较适宜。所以，幼苗的大小应以生理苗龄来表示才比较恰当。

蔬菜育苗的目标就是培育壮苗。但苗期管理不当会出现徒长苗或老化苗，甚至病弱苗。

徒长苗的特征是茎细长，节间长，叶片大且薄，叶色呈淡绿或黄色，叶柄细长，子叶甚至基部的叶片黄化或脱落，花芽分化差，根系发育差，须根少，吸水吸肥能力差，光合能力下降，干物质积累少，抗病力差及抗逆性差，容易得病和受冻。定植后成活率低，缓苗时间长，并且容易落花落果，熟性晚，产量低。

徒长苗产生的主要原因是光照不足和夜间温度过高，同时氮肥过多和土壤中水分过高也有直接关系。播种时密度过大生长出的苗拥挤，叶片互相遮阴，致使光照不足而使苗徒长。生产中，有时播种期掌握不准使育苗期过长不能及时定植，也容易徒长。预防幼苗徒长的措施主要是创造利于幼苗生长发育的良好环境条件。如适量播种，避免小苗拥挤；灵活控制苗床的温度和湿度，及时通风；增加育苗设施内的光照时间和光照长度；避免氮肥施用过量，最好将氮、磷、钾配合使用；及时分苗和定植等。

老化苗又称"僵苗""小老苗"，是日历苗龄（天数）与生理苗龄（大小）不符的苗。其特征是秧苗生长缓慢、植株小；茎节间短；叶色呈暗绿色、无光泽，叶的生长不舒展、展叶慢；定植后缓苗慢、长势弱、开花结果晚、落花落果严重、结果期短、产量低、易早衰。

当蔬菜受到外界不良环境的影响，就会造成老化苗的出现。如土壤长期干燥，抑制了根系生长发育，地上部分生长也受影响；防病时药剂量过大，造成药害而停止生长；蹲苗时间过长，或天气条件影响，幼苗迟迟不能定植等。应对老化苗重点在一个"促"字，打破各种限制营养生长的环境条件，尽快恢复植株的营养生长。采取的预防措施有：选择疏松、通透性好的肥沃土壤配制营养土，使用腐熟有机肥，提高地温；苗期喷施叶面肥，适时适量浇水，以免降低苗床温度和地湿；苗龄不宜过大，在育苗后期要适当加强通风，原则上控温不控水，定植前注意炼苗。

（二）壮苗的标准

既然培育壮苗是蔬菜育苗的核心问题，如何判断幼苗质量就必然为育苗者所关注。

由于蔬菜种类、栽培方式、栽培目的及栽培季节的不同,壮苗的标准也不尽相同。如以果实为产品的果菜类蔬菜,主要对幼苗的花芽分化、开花早晚有特殊要求,尤其是早春早熟栽培所需的幼苗,要求苗龄较大,定植时带蕾。而白菜、甘蓝等叶、茎类蔬菜,以营养器官为主要产品,不要求其花芽早分化,否则早春会出现先期抽薹的情况。这类蔬菜的幼苗,主要要求其营养体生长旺盛,根系发育健全,不宜用大苗。

同一种蔬菜,不同季节栽培,其幼苗的标准也不相同。如春番茄要大龄壮苗;而秋番茄是在高温季节育苗,苗龄不能长、幼苗不能大。所以要根据不同种类蔬菜、不同栽培方式与目的,以及不同的栽培季节制定壮苗标准,不能一概而论。

根据生产实际需要,评价幼苗是否健壮,主要从幼苗的外部形态指标和生理生化指标结合起来,综合衡量与评价。目前各地都在参照葛晓光先生研究提出的外部形态指标即简单指标、相对指标、复合指标,结合生理生化指标进行综合评价的方法,确定壮苗标准,并在实践中加以应用。

外部形态指标包括简单指标、相对指标和复合指标。

简单指标,这是常用的单项性状指标,经验丰富的生产者,一般都能掌握和运用。依照其对果菜类前期产量的预测,又可分稳定性指标和参考性指标,稳定性指标包括全株干重、叶面积、根重、茎粗等,反映出幼苗生育的进程或同化产物的累积量,且很稳定,作为壮苗指标比较可靠;参考性指标是指叶色、叶片数、第一花序分化节位和茎高等,这些指标表现不稳定,它们对生态环境的变化十分敏感,且指标量的变化和幼苗生长发育条件适宜程度不一致,故只能作为参考性指标,和稳定性指标结合,可以反映一定的壮苗素质。

相对指标,是指两项单项指标的比值,如茎粗/茎高、根重/冠重、叶面积/根体积等。这些指标可以从比较的角度、整体的角度,反映壮苗的素质。但在有些条件下,比较的数值相等但幼苗的素质却相差很远。因此,以单项指标和相对指标相结合,对幼苗素质进行评价较为确切。

复合指标,指从上述指标中,选择两个以上代表性指标组成一个整体的复合指标来评价,如(茎粗/茎高+根重/冠重)×全株干重,或(茎粗/茎高)×全株干重,或茎粗/茎高×全株干重×叶片数,等等,这类指标对早期产量有较高的预测。

壮苗的生理生化指标,包括光合能力、根系活性和碳氮比等,可反映出幼苗生理生化指标等内在素质状况。如壮苗的光合能力强,则干物质积累多;叶绿素含量高,则光合作用潜能大;根系活性大,则吸收水分与养分的能力就强;碳氮比值大,一般开花早,有利于早熟。将生理生化指标和形态指标相结合,对幼苗的素质进行综合评价,则会更科学、更全面、更准确。

(三)培育壮苗的技术要点

培育适龄壮苗是一项复杂而系统的工作,是蔬菜育苗者的根本任务。在育苗的过程中,由于育苗设施与条件的限制、育苗环境的变化、幼苗管理不当等原因，会出现各种问题，如不出苗或出苗不齐，幼苗"戴帽出土"、烂种；苗龄过长或太短，若出现徒长苗或老化苗；花芽分化过早，导致果菜类幼苗过早出现花蕾，甘蓝、白菜等会先期抽薹等问题，从而影响到幼苗的正常生长与发育，最终影响种植，导致减产。培育壮苗，要做好以下几个方面的工作：

1. 根据生产或市场需要制订育苗期计划

市场需要是制订计划的主要依据，因此，一般应该依据市场或生产需要确定幼苗生产的季节、数量、品种及幼苗类型，为保证按计划供苗无误，应有10%~15%的安全系数，在实际生产中应将计划落到育苗地段，即确定各级育苗程序的苗床面积、育苗批数及每批的数量，并确定播种期及分苗时期，从而保证计划的实现。如播种的选择，应根据不同地区、不同种类的蔬菜与品种特性，不同栽培季节，不同的定植期对苗龄大小的要求具体确定，如茄果、瓜、豆类蔬菜，属于喜温性蔬菜，露地播种或育苗定植要求在春季断霜前后，故天津、北京等华北地区，宜在谷雨前后；而东北与西北寒冷地区宜在夏前后。

2. 物资准备

主要包括设施与设备的准备、优良品种的选择及种子的准备、配制优良床土原料的准备等。物资准备必须保质保量，以保证育苗生产的稳定。例如，为保证幼苗在计划的育苗期内达到确定的壮苗标准，育苗基质及肥料的质量与规格必须保证稳定，否则，容易出现育苗质量的各种问题。

3. 温、光、水、肥的管理

温度光照、水分及肥料是影响蔬菜种子发芽、出苗和幼苗生长发育的必要条件，育苗期间通过科学调控温、光、水、肥，可以控制幼苗的生长发育，有利于培育壮苗。

要根据不同种类蔬菜幼苗的不同生育阶段对温、光、水、肥的要求，根据植物的生长发育状况、外界环境条件的变化，采取相应的调节措施。如茄果类蔬菜秋季栽培育苗，正值高温季节，幼苗在高温、强光下生长快，植株易徒长，故在管理上应以降温、遮光和保证水分供应为主，育苗床应用芦帘、遮阳网等材料遮阳降温，同时应注意浇水，早晚多见光，以防徒长。

4. 及时分苗和间苗，扩大营养面积

间苗和分苗可以扩大幼苗的营养面积，防止秧苗拥挤、减少徒长苗、改善营养状况、光照和通风等条件，促进幼苗的生长，促进果菜类蔬菜幼苗的花芽分化。

间苗应趁早，可在真叶展开和2~3叶期分别间苗一次。分苗也应趁早，可在真叶展平及3~4叶期分别分苗一次，分苗时要注意培土和浇水，并做好保温保湿工作。分苗次数不宜过多，以免根系损伤太大，延缓生育进程。分苗时，可以分苗到分苗床，也可直接移入营养钵。移入营养钵的幼苗，长大时，也应拉大钵间距离，扩大营养面积，改善生长环境，防止徒长。

5.秧苗锻炼

设施条件下育苗，幼苗定植前应进行适度的锻炼，这是因为设施内较高的温度、湿度和弱光照，容易出现徒长苗，通过适当的低温锻炼和见光，可以有效地防止徒长，同时定植前进行适当锻炼后，可以增强幼苗对外界低温条件的适应能力，定植后缓苗快，快速生长，以利于早熟和增产。大棚春季早熟栽培，常应用该种方法炼苗。低温锻炼时，白天温度可降到20℃左右；夜间在保证秧苗不受冻的原则下，应尽量降低温度，一般可降到10℃左右。苗床温度的降低要逐步进行，不可突然降低过多，以免秧苗受伤害。一般情况下，在定植前7~10 d，白天逐步加大通风量，定植前3~5 d夜间可不用覆盖草苫等保温材料，使幼苗所处温度条件与定植环境一致。

第三节 蔬菜播种育苗

一、营养土的配制

进行蔬菜育苗时，最好使用比较肥沃的大田土壤做床土。土质以沙壤为好并且要注意选择13~17 cm的表层土壤，忌用园土。营养土是指用大田土、腐熟的有机肥、疏松物质（可选用草炭、细沙、细炉渣、炭化稻壳等）、化学肥料等按一定比例配制而成的育苗专用土壤，也叫苗床土、床土。

（一）育苗时对床土的要求

①具有高度的持水性和良好的通透性。容重一般为0.6~1.0 t/m³。②富含矿物质和有机质，一般要求有机质的含量不低于5%，以改善土壤的通气透水能力。③有良好的化学性质，具备幼苗生长必需的营养元素，如氮、磷、钾、钙等。ph在6~7，以利于根系的吸收活动。有机肥充分腐熟，不含有毒有害化学物质，残留农药、重金属等含量在限量标准以下。④具有良好的生物性，富含有益微生物，不带病原菌和害虫。

（二）营养土的种类

根据用途不同，营养土可分为播种床土和分苗床土。

1.播种床土

播种床土要求特别疏松、通透，以利于幼苗出土和分苗起苗时不伤根，对肥沃程度要求不高。配制体积比：大田土4份、草炭（或马粪）5份、优质粪肥1份；大田土3份、细炉渣（用清水淘洗几次）3份，腐熟的马粪或有机肥4份。每立方米加化肥0.5~1.0 kg。播种床土厚度6~8 cm。

2.分苗床土

分苗床土也叫移植床土。为保证幼苗期有充足的营养和定植时不散坨，分苗营养土应加大田土和优质粪肥的比例，配制体积比：大田土 5~7 份，草炭、马粪等有机物 2~3 份，优质粪肥 2~3 份，每立方米加化肥 1.0~1.5 kg。分苗床土厚度 10~12 cm。

（三）营养土消毒

营养土的消毒是营养土配制过程中的重要环节。为了防止土壤带菌传病，可对床土进行消毒处理，其消毒处理的方法很多，分为物理消毒法和化学消毒法。

1. 物理消毒法

包括蒸气消毒、太阳能消毒等。

（1）蒸汽消毒

蒸汽消毒简便易行、经济实用、效果良好、安全可靠、成本低廉。方法是将营养土装入柜内或箱内（体积 1~2 m³），用通气管通入蒸汽进行密闭消毒，一般在 70~90℃条件下持续 15~30 min 即可。如营养土量大，可堆积成 20 cm 高的土堆，长度根据条件而定，则应覆上防水耐高温的布，导入蒸汽，在 70~90℃下消毒 1 h。

（2）太阳能消毒

在营养土的消毒中，蒸汽消毒比较安全，但成本较高；药剂消毒成本较低，但安全性较差，并且会污染周围环境。太阳能消毒是一种安全、廉价、简单、实用的基质消毒方法，同样也适用于目前我国日光温室的消毒。具体方法是在夏季温室或大棚休闲季节，将营养土堆成 10~15 cm 高的土堆，长度视情况而定；在堆放营养土的同时，用水将营养土喷湿，使其中含水量超过 80%，然后用塑料布覆盖起来；密闭温室或大棚，让其接受阳光的蒸烤，使室内营养土温度达到 60℃，持续 10~15 d，可消灭营养土中的猝倒病、立枯病、黄萎病等大部分疾病的病原体，效果较好。

2. 化学消毒法

（1）药土消毒

即将药剂先与少量土壤充分混匀，然后与所计划的土量进一步拌匀成药土。播种时，2/3 药土铺底，1/3 药土覆盖，使种子四周都有药土，可以有效地控制苗期病害。常用药剂有多菌灵和甲基托布津，每平方米苗床用量 8~10 g。

（2）熏蒸消毒

一般用 0.5% 的福尔马林喷洒床土，拌匀后堆置，用薄膜密封 5~7 d，然后揭开薄膜待药味挥发后再使用。

（3）喷洒消毒

①威百亩：威百亩是一种水溶性熏蒸剂，对线虫、杂草和某些真菌有杀伤作用。施用时 1 L 威百亩应加入 10~15 L 水稀释，然后喷洒在 10 m³ 营养土表面，施药后将营养土密封，半个月后方可使用。

②代森锌或多菌灵：用代森锌或多菌灵 200~400 倍液消毒，每平方米床面用 10 g 原药，

配成 2~4 kg 药液喷洒即可。

③溴甲烷：溴甲烷是相当有效的药剂，能有效地杀死大多数线虫等害虫、杂草种子和一些真菌。溴甲烷有毒害作用，并且是强致癌物质，施用时要严格遵守操作规程，使用时须向溴甲烷中加入 2% 的氯化苦以检验是否对周围环境有泄漏。施用时将营养土堆起，然后用塑料管将药液混匀喷注到营养土上。用量一般为每立方米营养土 100~150 g。混匀后用薄膜覆盖密封 5~7 d，使用前要晾晒 7~10 d。

（4）注入消毒

氯化苦（硝基三氯甲烷）为液体，能有效地防治线虫等害虫、一些杂草种子和具有抗药性的真菌等，用注射器施用。一般先将营养土整齐堆放至 30 cm 厚，然后每隔 20~30 cm 向基质内 10~15 cm 深处注入氯化苦药液 3~5 mL，并立即将注射孔堵塞。一层营养土放完药后，再在其上铺同样厚度的一层营养土打孔放药，如此反复，共铺 2~3 层。也可每立方米营养土中施用 150 mL 药液，最后覆盖塑料薄膜，使营养土在 15~20℃ 条件下熏蒸 7~10 d。营养土使用前要有 7~8 d 的风干时间，以防止直接使用时危害作物。氯化苦对活的植物组织和人体有毒害作用，施用时务必注意安全。

二、蔬菜种子

蔬菜种子泛指所有的播种材料。农业生产中，因蔬菜植株的种类不同和播种材料的形态不同，其种子可分为以下五类：

第一类是真正的种子，是由胚珠直接发育而成的种子，又称真种子，如白菜种子、番茄种子、辣椒种子等。

第二类种子属于果实，是由子房发育而成的繁殖器官。作为播种材料的果实是类似种子的干果。某些作物的干果，成熟后开裂，可以直接用果实作为播种材料。如胡萝卜果实、芹菜果实和菠菜果实等。

第三类种子属于营养器官。由植株营养体的部分作为播种材料，如马铃薯、洋葱、大蒜的鳞茎、藕等。这些蔬菜作物有的虽也能开花结实，但在生产上一般均利用其营养器官进行繁殖，以发挥其特殊的优越性。一般在进行杂交育种等少数情况时，才用种子作为播种材料。

第四类为真菌的菌丝组织。如蘑菇等食用菌通过组织分离或孢子分离获得纯的菌丝体作为繁殖材料进行扩大繁殖，然后用于生产栽培。

第五类为人工种子，又称人造种子，是细胞工程中一项新兴技术。人工种子就是把用植物组织培养出来的胚状体或芽，包在含有营养物质并有保护功能的凝胶胶囊中，使其保持种子的机能，直接用于播种后，在适宜条件下能与自然种子一样出苗。人工种子主要包括胚状体、人工胚乳和人工种皮。胚状体是人工种子的繁殖体（活体部分），相当于天然种子的胚，因此它是人工种子的核心构件，可分为体细胞胚和非体细胞胚两大类。非体细胞胚包括不定芽、腋芽、茎芽段、原球茎、发根及愈伤组织等。

（一）蔬菜种子的形态与结构

1. 种子的形态

因蔬菜种类、品种不同，其种子的形态也不尽相同。

由胚珠或子房发育而成的种子的外部形态特征是鉴别蔬菜种类、判断种子品质和种子新陈的重要依据。种子的形态特征包括种子的外形、大小、色泽、斑纹、表面光洁度、毛刺、蜡质、沟棱、突起物等。一般不同种类的蔬菜之间形态特征差异较大，如甘蓝类、茄果类、瓜类、豆类、葱蒜类等，不论是在种子形状，还是色泽、大小、斑纹等方面都有很大的差异。某些蔬菜种类内的种或亚种之间的形态特征差异较小，如甘蓝类中的白菜和甘蓝的种子，其形状大小、色泽均相近，但白菜种子球面具有单沟，甘蓝种子球面具有双沟。成熟的种子饱满，色泽较深，具有蜡质；幼嫩的种子则色泽浅、皱瘪。新种子色泽鲜艳，具有香味；陈年种子则色泽灰暗，具有霉味。种子的形状、颜色、斑纹、沟棱等在遗传上是相当稳定的性状，而种子的大小很容易变化。种子的大小可用千粒重或1 g种子的粒数来表示。种子的大小与营养物质的含量有关，对胚的发育也有重要作用。种子的大小还关系到播种技术、播种质量、播种后出苗的难易，以及幼苗生长发育的速度。只有饱满的新种子，在适宜的条件下，才能发芽且生长良好。

2. 种子的结构

种子是由受精胚珠发育而成的，一般由种皮、胚和胚乳三部分组成。

种皮是把种子内部组织与外界隔离开来的保护结构。真种子的种皮是由珠被形成的；属于果实的种子，"种皮"主要是由子房壁所形成的果皮，而真正的种皮在发育过程中成为薄膜，或受挤压而破碎，黏附于果皮的内壁而与果皮混成一体。种皮的细胞组成和结构，不仅是鉴别蔬菜种与变种的重要特征之一，也决定了育苗过程中种子吸水的速度。种皮透水容易的有十字花科、豆科蔬菜及番茄、黄瓜等蔬菜的种子；透水较困难的有伞形科蔬菜、茄子、辣椒、西瓜、冬瓜、苦瓜、葱、菠菜等蔬菜的种子。

胚由胚芽、胚轴、胚根和子叶组成。胚芽又称上胚轴，位于胚轴的上端，是地上部分叶和茎的原始体；胚轴连接胚芽和胚根，位于子叶的着生点以下，又称下胚轴；胚根是地下部分初生根的原始体；子叶是种胚的幼叶，能储存营养物质，双子叶植物的子叶还起着保护胚芽的作用（根据子叶的数量将植物分为单子叶植物、双子叶植物和裸子植物三大类）。

胚乳可分为外胚乳和内胚乳。绝大多数有胚乳种子如番茄种子、菠菜种子、芹菜种子的内胚乳是由受精卵发育而来的；有些种子在发育的过程中胚乳被吸收后，成为无胚乳种子，营养物质储藏在子叶中，如瓜类、豆类种子。

（二）蔬菜种子质量及鉴定

在粮食和蔬菜生产中，主要是利用播种种子进行繁育，因此种子质量的好坏直接关系到种植的成败。过去对种子质量的认识只停留在"好种出好苗，好苗产量高"的阶段。随着对种子研究的深入，对种子质量的认识也随之加深。现在人们已经认识到质量优和活力强的种子，不仅出苗整齐、抗逆性强、幼苗健壮，而且增产潜力大，是达到丰产和优质目的的保证。尤其是机械化、自动化作业，对种子质量的要求更高，种子质量的问题尤显重要。

种子质量广义上是种子品质，包括种子的品种品质和播种品质。品种品质是指与遗传性状有关的品质，也就是种子的纯度和真实性等；播种品质是指种子播种后与田间出苗有关的品质，也就是种子的饱满度和发芽特性。蔬菜种子质量通常用以下指标鉴定：

1. 种子的纯净度

种子纯净度是指样品中目标品种种子重量占供试种子样品总重量的百分数。种子纯净度的高低表示可利用的目标品种的种子数量的多少。纯净度越高，其利用价值也越高。

2. 饱满度

通常用"千粒重"来表示，是衡量种子大小及饱满程度的指标。同一种种子，千粒重越大，种子就越饱满充实。千粒重也是估算种量的重要依据。根据千粒重测定的结果，可以选取饱满粒大的种子，以保证幼苗生育健壮。

3. 发芽率

发芽率是指在一定数量的纯净种子中，发芽的种子占样品种子总量的百分数。测定发芽率可在垫纸的培养皿中进行，或者在沙盘、苗床进行，使发芽更接近大田条件而具有代表性。

4. 发芽势

发芽势是指在规定的天数内供试样本种子中发芽种子数量占样品种植总量的百分数。它反映的是种子发芽的快慢和整齐度。规定的天数，瓜类、豆类、甘蓝类、根菜类为3~4 d，葱、韭菜、菠菜、胡萝卜、芹菜、茄果类等为6~7 d。

（三）种子寿命和储藏

1. 种子寿命

种子寿命又叫发芽年限，指在一定环境条件下种子保持发芽能力的年限。而农业种子寿命指的是种子生活力，即在一定条件下能保持90%以上发芽率的期限。种子寿命受遗传基因决定，同时与种子成熟度、种子收获及储藏条件等有密切关系，因此种子的寿命是相对的。掌握影响种子寿命长短的关键因素，创造适宜的环境，控制种子自身状态，使种子的新陈代谢处于最微弱的程度，可延长种子寿命；反之可缩短种子寿命。根据种子生活力的长短，可将种子分为短命种子、中命种子和长命种子。

（1）长命种子

寿命在15年以上的，有蚕豆、绿豆、紫云英、豇豆、小豆、甜菜、丝瓜、南瓜、西瓜、茄子、白菜、萝卜等蔬菜的种子。

（2）中命种子

寿命在3~15年的，有油菜、大豆、豌豆、菜豆、菠菜等蔬菜的种子。

（3）短命种子

寿命在3年以下的，有大葱、洋葱、韭菜、胡萝卜、芹菜、鸭儿芹等蔬菜的种子。

2. 种子的储藏

种子收获后一般都不会立即播种，特别是商品种子往往需要储藏一段时间，因此在储藏期间保证种子的生活力是保证农业生产的必要措施。在储藏过程中，影响种子生活力的因素有很多方面。一般情况下，种子应该储藏在干燥、低温、密闭的条件下，抑制酶的活动及种子内营养物质的分解，以维持其生活力，延长种子寿命和使用年限。如若种子处于高温、高湿和有氧的条件下，其呼吸作用旺盛，将加速储藏的营养的分解消耗以及产生大量的热，从而造成种子变质霉烂。如果种子处于高温、高湿和缺氧的条件下，种子被迫进行较强的无氧呼吸，造成有毒物质的积累，从而导致种子中毒以及失去发芽力。种子储藏要求种子本身成熟度好、颗粒饱满、种皮完好。含水量在8%~12%时，应保持一定的低温（10℃以下），如在室温的条件下则要求干燥。此外，种子收获、脱粒、干燥、加工和运输过程中，如果处理不当，以及储藏过程中的病虫害，也都会对储藏种子的生活力造成一定的影响。种子储藏方法如下：

（1）大量种子储藏

大量蔬菜种子储藏可用编织袋包装，根据品种的分类分别堆垛，数量不可超过6袋，细小的种子不可超过3袋。为了通风方便，一般可在堆下放置垫板，并且需要及时倒包翻动，以免底层种子被压扁压伤。若有条件，可采用低温库储藏，有利于保持种子的生活力。

（2）少量种子储藏

①低温防潮储藏：可将已经清洗过且含水量低于一般储藏水分含量的蔬菜种子放入密闭容器或铝箔袋、塑胶袋中低温干燥储藏。若是少量种子散装储藏，可将其晒干冷凉后装入纸袋内，并放入干燥剂，再一并放入提前准备好的罐中，在维持温度8℃、水分含量8%的条件下即可储藏较长时间。

②干燥器储藏：少量价格昂贵的种子，可将其放入纸袋后于干燥器内储藏。一般干燥器可使用玻璃瓶、塑料瓶、铝罐等，在底部放置干燥剂如生石灰、干燥的草木灰或木炭等。放入种子后密封，存放在阴凉干燥处，即可安全储藏较长时间，但是每年需要晒种1次，并更换干燥剂。

③整株或带荚储藏：有一些成熟后不自行开裂的短角果如萝卜、辣椒等蔬菜的种子，可整株拔起风干挂藏；一些长荚果如豇豆，可连荚采下，捆扎挂于阴凉通风处风干。但此种方法易受病虫害的影响，并且保存时间短。

（3）包衣种子储藏

种子经包衣处理后，可防止病虫害侵害，应注意防止吸湿回潮。

（4）种子的预浸处理

种子的预浸处理是指将种子浸泡在低水势的溶液中，使其完成发芽前的吸收过程。可以用渗透调节物质将水势调整至某个水平，使种子内的水分达到平衡，种子既不能继续吸水，也不能发芽。经过处理后的种子，在常温下被干燥回原来的含水量再进行储藏。经预处理的种子播种后发芽明显比未处理得快。

总之，在良好的条件下，蔬菜种子一般可储存十余年而不影响其发芽率，但在一般储存条件下，种子的寿命一般在1~5年，使用适期不超过3年。为了防止种子退化，可对干燥种子进行低温或超低温处理后储藏，利用化学干燥剂亦可延长种子寿命和使用年限。在种子干燥前进行5 min或18~24 h的预浸处理可防止种子退化，在储藏期间对种子进行预浸处理可延长其寿命，并使其在之后的储藏中维持更高的活力。

（四）蔬菜种子的发芽特性

1.种子发芽过程

种子发芽过程是指在适宜的温度、水分和氧气条件下，种子内的胚器官利用所储藏的营养进行生长的过程。

种子发芽过程分为吸胀、萌动和发芽三个阶段。

种子吸胀阶段又分为两个阶段：第一，初始阶段，依靠种皮、珠孔等结构机械吸水，吸收的水分主要存于胚的外围组织，即营养储藏组织，而吸收的水量只及发芽所需的1/2~2/3；第二，完成阶段，依靠种子胚的生理活动吸水，吸收的水分主要供给胚的活动。应当指出，死的种子也能借种皮的吸胀作用而机械吸收水分，但因胚已死亡，胚部不能吸水。在吸水初始阶段，影响吸水的主要因素是温度；在吸水完成阶段，除温度外，氧气也是其主要影响因素。

种子吸胀后，原生质由凝胶状态变为溶胶状态，酶开始活动，种子开始萌动。在一系列复杂的生理、生化变化后，胚细胞开始分裂，伸长生长，进而胚根伸出发芽孔，俗称"露白"或"破嘴"。

萌动后种子开始发芽。蔬菜幼芽的出土有两种情况：一是子叶出土，如甘蓝类、瓜类、根菜类、绿叶菜类、茄果类、豆类中的豇豆和菜豆等蔬菜的种子，其萌发穿土力较弱；二是子叶不出土，如蚕豆、豌豆等蔬菜的种子，其萌发穿土力较强。

2.种子发芽的条件

（1）充足的水分

水是种子发芽所需要的重要条件。发芽时首先发生的过程是吸收水分，水是种子幼胚发芽时所需要的一切营养物质（包括酶类和植物激素）的活化基础，以及传送它们的媒介或载体。在吸收水分的同时，发生着强烈的呼吸作用，吸收氧气，释放二氧化碳及热量。

（2）适宜的温度

不同蔬菜种子的发芽适温不同，各自都有其发芽的最低、最高及最适温度。蔬菜种子在适宜温度范围内发芽迅速，发芽率高。随温度增高，发芽的速度亦增快，但发芽率会降低。发芽温度过高或过低都会使发芽速度减缓，发芽率降低。

蔬菜种子在开始出土后的 1~2 d 出苗率有 70%~80%，土温越适宜，集中出土时间越短。

（3）足够的氧气

休眠状态的种子，呼吸作用微弱，需氧很少。氧气是种子发芽所需重要条件。通过氧化作用，大分子化合物转化为小分子化合物，可提供种子生长发育所需的能量。

当种子在一定温度下吸水膨胀后，需氧量急剧增加。种子萌发期间，如果氧气不足，则新陈代谢失调，就会产生和积累乙醇等有毒物质，造成种子麻痹。缺氧是造成烂籽的主要原因。种子发芽对氧要求与温度有关，温度低，则氧气含量可较低；温度高，则氧气含量应高些。

（4）光照

虽然蔬菜种子播种后，在满足温度、水分和氧气的条件下，一般可出芽，但是不同的蔬菜种子发芽对光照的反应是有差异的。

①需光种子：这类种子在黑暗条件下才能不能发芽或发芽不良，正常情况下发芽需要一定的光照，如莴苣、芹菜、胡萝卜等蔬菜的种子。

②嫌光种子：这类种子要求在黑暗条件下发芽，如茄果类、瓜类、葱蒜类蔬菜的种子。

③中光型种子：这类种子有无光照均能发芽，如蒿科和豆科的部分菜和萝卜等蔬菜的种子。

一些学药品处理可代替光的作用。如用 0.2% 的硝酸钾溶液处理，可少一些需光种子对光的需求；100 mg/L 的赤霉素处理可起到代替红光的作用。

三、播种前种子的处理

蔬菜种子播前处理是为了去除种子表面的病菌。很多蔬菜病害是由于种子感染了病原菌而导致苗期或定植后发病。播种前进行种子消毒，同时应用其他物理及化学的方法进行种子处理，可以确保蔬菜种子迅速发芽、出苗整齐、幼苗生长健壮，从而提高播种质量，促进早熟。

（一）种子的休眠和打破办法

休眠：种子在温、水、气、光条件适宜下，还存在发芽受阻碍的现象。常见的有马铃薯、菠菜、黄瓜和胡萝卜等蔬菜的种子。

一些种子或果实中含有抑制类物质，如氢氰酸、氨、乙烯、芥子油、有机酸等，主要存在于种皮或果皮中。这些物质可抑制种子的发芽。可通过加热、加温来加快有毒物质的分解；进行化学物质（如赤霉素）处理去除有害物质。一些种子的种皮、果皮坚硬，或有蜡质，不透气，引起休眠，可通过摩擦破碎或开水烫种，水温可达100℃。一些种子的胚未完全成熟，需待其成熟。一些种子硬实（铁豆子），过于干燥，蛋白质含量高，蛋白质硬化，这种情况多数是不可逆的，只能放弃。

（二）种子的浸种催芽

浸种催芽是蔬菜生产中经常应用的种子处理方法。浸种催芽能够缩短蔬菜出苗期，确保出苗整齐，为培育健壮的秧苗打下基础。但如不能熟练掌握浸种催芽技术，会出现烫坏种子、烤芽、霉烂、出芽不齐等问题，从而贻误适宜播期，影响出苗率与秧苗的整齐度。

1. 浸种

浸种是指在适宜水温和充足水量的前提下，促使种子在短期内充分吸胀的措施。浸种水量一般为种子量的4~5倍，浸种时间因蔬菜的种类及种子质量和浸种方法不同而有所差异。一般瓜类中的黄瓜、西葫芦、南瓜等蔬菜的种子浸种时间较短，冬瓜、西瓜、丝瓜、苦瓜等蔬菜的种子浸种时间较长；茄果类中番茄种子浸种时间较短，茄子和辣椒种子浸种时间较长；芹菜、胡萝卜、菠菜的种子浸种适宜时间为24 h以上；莴苣种子浸种时间为7~8 h；十字花科蔬菜的种子浸种时间在4~5 h；豆类蔬菜的种子浸种时间在4 h以内，现一般浸种1~2 h。浸种时间过长，种子内养分消耗多，影响种子出苗。浸种时间超过8 h，应每隔5~8 h换水1次。

浸种根据水温可分为一般浸种、温汤浸种和热水烫种。

（1）一般浸种

一般浸种是指用常温水浸种，只有使种子吸胀的作用。一般浸种的水温为30℃左右，适于种皮薄、吸水快的种子，如白菜、甘蓝、豆类等蔬菜的种子。

（2）温汤浸种

温汤浸种具有消毒、增加种皮透性和加速种子吸胀的作用。温汤浸种分为以下两步。

①温烫：所用水温为大多数病菌致死温度50~55℃，即用两杯开水兑一杯凉水进行烫种，保持恒温10~15 min，用水量为种子的5~6倍，其间不断进行搅拌，可杀死种子表面的病菌，防治病害传播。

②浸种：当水温降至室温即20~25℃时进行一般浸种，吸胀浸泡的时间因蔬菜种类不同而有所差异。

（3）热水烫种

热水烫种有着与温汤浸种相似的作用。

水温为70~85℃，即用三杯开水兑一杯凉水浇烫种子，并用两个容器反复倾倒使水温快速降至55℃，改为温汤浸种；温烫7~8 min，再进行一般浸种。热水烫种可迅速软化种皮，用于种皮厚、吸水难的种子，如西瓜、冬瓜、苦瓜、茄子等蔬菜的种子。此外，此法具有较强的杀菌力，可起到消毒作用。浸种时间根据蔬菜种类确定，一般甘蓝类蔬菜种子为 2~4 h，瓜类中的黄瓜、西葫芦、南瓜的种子为 8~12 h；苦瓜、瓠瓜、蛇瓜、冬瓜的种子为 24 h，菜豆种子为 2~4 h；芹菜、辣椒、茄子的种子为 14~16 h。

2. 催芽

催芽就是将吸水膨胀的种子置于适宜条件下，促使种子迅速而整齐地一致萌发的过程。

催芽的一般方法：将浸泡好的种子甩去多余的水分，呈薄层状摊开放在铺有一两层潮湿清洁纱布或毛巾的种盘上，上面再盖潮湿布或毛巾，然后将种盘放置于适宜温度的恒温培养箱中催芽，直至种子露白。在催芽期间，每天应用清水淘洗种子一两次，目的是除去黏液、呼吸热、补充水分；并将种子上下翻倒，以保证种子萌动期间有充足的氧气供给，以便发芽整齐一致。

蔬菜种子还可进行层积催芽，指将吸足水的种子与沙子按 1∶1 混拌进行催芽。沙子的湿润程度以湿沙"捏之成团，落地即散"为宜。

（三）种子的物理处理

物理处理的主要作用是通过温度处理提高发芽势及出苗率、增强抗逆性等。

1. 变温处理

变温处理是指把萌动期的种子（连布包），先置于室温为 −1~5℃ 的环境中经 12~18 h（喜温菜温度应取高限），再置于室温为 18~22℃ 的环境中经 6~12 h。如此经过 1~10 d 或更长的时间。低温用以控制幼芽伸长，节约养分消耗和使原生质的胶体性质发生变化；高温会促进养分分解和保持种子的活力。处理过程中应保持种子湿润，防止种子脱水干燥。处理天数，黄瓜 1~4 d，茄果类、喜凉菜类 1~10 d。变温处理可提高种胚的耐寒性。

2. 干热处理

在高寒地区，蔬菜种子特别是喜温蔬菜种子不易达到完全成熟，经过暖晒处理，有助于促进后熟作用。黄瓜和甜瓜种子经 4 h（其中间隔 1 h）50~60℃ 的干热处理，增产分别为 39% 和 23%；番茄种子经短时间干热处理提高发芽率 12%。

3. 机械处理

有些种子因种皮太厚，需要播前进行机械处理才能正常发芽，如对胡萝卜、香菜、菠菜等种子播前应搓去刺毛，磨薄果皮；苦瓜、舌瓜种子催芽前嗑开种喙。这些措施均有利于种子的萌发和迅速出苗。

4. 抗旱处理

抗旱处理是指在播种前在一定条件下进行浸种，然后晾干使种子含水量恢复至最初水平，再让其吸水萌发。此种处理可提高作物的抗旱能力，如番茄种子的处理，以种子和水分之比为 1∶2，种子吸水量为风干种子重的 63%~65%，处理 36~48 h 为宜。

（四）种子的化学处理

化学处理具有打破休眠、促进发芽、增强抗性和种子消毒等作用。

1. 打破休眠

双氧水、硫脲、硝酸钾和赤霉素可打破种子休眠。如黄瓜种子用 0.3%~10% 的双氧水浸泡 24 h，可显著提高刚采收的种子发芽率和发芽势。0.5~1 mg/L 赤霉素处理马铃薯可打破休眠，在生产中应用广泛。用硫脲或赤霉素处理可以打破芹菜、莴苣的热休眠。用双氧水处理后再进行变温处理，可以打破茄子种子的休眠。

2. 促进发芽

25% 聚乙二醇处理甜椒、辣椒、茄子、冬瓜等发芽困难的蔬菜种子，可使种子在较低温度下出土提前，出土百分率提高，而且幼苗健壮。用 0.02%~0.1% 硼酸、钼酸铵、硫酸铜、硫酸锰等浸种，可促进种子发芽及出土。

3. 种子消毒

用种子消毒的方法有很多种，如高温灭菌、药粉拌种、种子包衣和丸粒化、药水浸种、微量元素处理等。

（1）高温灭菌

结合浸种共同使用，利用 55℃ 以上的热水进行烫种，杀死种子表面和内部的病菌；或将干燥（含水量低于 2.5%）的种子置于 60~80℃ 的高温下处理几小时至几天，以杀死种子内外的病原菌和病毒。

（2）药粉拌种

将药粉和种子拌在一起，种子表面附着均匀的药粉，以达到杀死种子表面的病原菌和防止土壤中病菌侵入的目的。拌种的种子和药粉都必须是干燥的，否则会引起药害和影响种子着药的均匀度，用药量一般为种子质量的 0.2%~0.3%，药粉需精确称量。操作时先把种子放入罐内或瓶内，加入药粉，加盖后摇动 5 min，可使药粉充分且均匀地粘在种子表面。常用的杀菌剂有五氯硝基苯、克菌丹、70% 敌克松、50% 福美双、多菌灵等；杀虫剂有 90% 敌百虫粉等。

（3）种子包衣和丸粒化

种子包衣是指利用黏着剂或成膜剂，将杀菌剂、杀虫剂、除草剂、微肥、植物生长调节剂、着色剂等非种子材料包裹在种子外面，使种子基本保持原有形状。种子包衣后在土壤中遇水只能吸胀而几乎不被溶解，可控制药剂和营养物质的释放速度，从而延长持效期，同时可提高植物的抗逆性、抗病性，加快发芽，促进成苗，增加产量，提高质量。

种子丸粒化与种子包衣相类似，只是种子包衣后成圆球形。丸粒化有利于机械精量播种。制成的丸粒化种子具有一定的强度，不易破碎，而且播种后有利于种子吸水萌动，提高对环境的抗逆性。

（4）药水浸种

采用药水浸种要严格掌握药水浓度和消毒时间。一般先把种子在清水中浸泡 5~6 h，然后浸入药水中，按规定时间消毒。捞出后，立即用清水冲洗种子，然后即可播种或催芽后播种。药水浸种的常用药剂及方法如下：①福尔马林（40% 甲醛），先用其 100 倍水溶液浸种子 15~20 min，然后捞出种子，密闭熏蒸 2~3 h，最后用清水冲洗。此方法适合黄瓜、茄子、菜豆等，能防治瓜类枯萎病、茄子黄萎病及菜豆炭疽病。② 1% 硫酸铜水溶液浸种子 5 min 后捞出，用清水冲洗，可防治番茄的黑斑病等。③ 10% 磷酸三钠或 2% 氢氧化钠的水溶液，浸种 15 min 后捞出洗净，有钝化番茄花叶病毒的效果。④多菌灵浸种。用 50% 多菌灵 500 倍液浸白菜、番茄、瓜类种子 1~2 h 后捞出，清水洗净催芽播种，可防治白菜白斑病、黑斑病、番茄早（晚）疫病、瓜类白粉病。⑤高锰酸钾溶液浸种。用高锰酸钾液浸种 10~30 min，可减轻和控制茄果类蔬菜病毒病、早疫病。

（5）微量元素处理

微量元素是蔬菜正常发育的必要成分。微量元素是酶的组成部分，参与酶的活化作用。播前用微量元素溶液浸泡种子，可使胚的细胞质内在发生变化，使之长成健壮、生命力强、产量较高的植株。目前生产上应用的有 0.02% 的硼酸溶液浸泡番茄、茄子、辣椒种子 5~6 h；0.02% 硫酸铜、0.02% 硫酸锌、0.02% 硫酸锰溶液浸泡瓜类、茄果类种子，有促进早熟、增加产量的作用。

四、播种

（一）播种时间的确定

播种期的确定一般是从定植时间按某种蔬菜的日历苗龄向前推算，即播种期。理论日历苗龄取决于蔬菜种类、栽培方式、育苗设施的性能、育苗方法和要求达到的苗龄等诸多因素。实际的日历苗龄除理论日历苗龄外，还应考虑分苗次数和定植前秧苗锻炼的天数等。分苗会对幼苗有一定的损伤，分苗后还有一定的缓苗期。缓苗期的长短主要取决于分苗方式和育苗设施性能，一般需要 3~5 d；设施性能差及处于天气多变的季节日历苗龄应增加 3~5 d；定植前秧苗锻炼处于环境胁迫下，幼苗生长缓慢的，一般需加 3~5 d 的苗龄时间。因此选择适宜播期是培育适龄壮苗的一项重要措施。播种过早，苗龄太长，易形成老化苗；播种过晚，苗龄小，影响早熟和高产。耐寒的蔬菜（如甘蓝等）应当早育苗，而喜温的果菜类（如黄瓜、番茄等）可以晚育苗。同样都是喜温的果菜类，瓜类和番茄适于定植的苗龄比茄子、辣椒短。在育苗时，必须综合考虑蔬菜种类、适宜苗龄、栽培方式、育苗设施性能及育苗方法等影响因素，合理确定播种期，才能达到早熟、高产、优质、高效的栽培目的。

（二）播种量的确定

播种量是影响秧苗质量和育苗效率的重要因素。

播种时要正确掌握苗床播种量。播种量太大，会造成幼苗拥挤、细弱徒长，浪费种子和劳力；播种量太少，苗床利用率低，育苗成本高。一般发芽率在95%以上的种子，每亩（1亩=666.67 m²）苗床的适宜播种量：茄子为35~40 g、番茄为20~30 g、辣椒为80~110 g、甘蓝为25~40 g、芹菜为40 g、黄瓜为150~200 g、西葫芦为30 g。如果种子发芽率低，应适当增加播种量。苗床单位面积播种量应根据蔬菜种类及播种方式而定。中小粒种子类蔬菜如茄果类、甘蓝类等，一般采用撒播法，可按每10 cm²播种3~4粒种子。大粒种子蔬菜如豆类、瓜类，多采用容器点播，容器直径8~12 cm，每容器点播1~3粒种子。播种量确定原则：既要充分利用播种床，又要防止播种过密造成幼苗徒长。种子质量高、分苗晚，可适当稀播；反之应适当密播。

（三）播种技术

苗床播种要根据天气预报来确定具体的播种日期，争取播后有3~5 d的晴天。播前应先浇透底水，以湿透床土7~10 cm为宜，浇水后薄薄撒一层细土，添平床面凹处。小粒种子多撒播，为保证种子均匀撒播在苗床上，可掺一些沙子或细土。瓜类、豆类种子多点播。瓜类种子应平放，不要立插种子，以防子叶带帽出土。播后覆土，一般小粒种子覆土厚度为0.5~1 cm，瓜类、豆类大粒种子覆土厚度为1~2 cm。盖土太薄，床土易干，出苗时容易发生带帽出土；盖土过厚出苗推迟。若盖药土，应先撒药土，后盖床土。播后立即覆盖地膜进行保温保湿。蔬菜育苗的播种技术可分为撒播、点播和条播。

1. 撒播

一般生长期短、营养面积小的速生菜类（如小白菜、油菜、菠菜、小萝卜等）以及番茄、茄子、辣椒、结球甘蓝、花椰菜、莴苣、芹菜等小粒种子菜类进行撒播播种育苗。撒种要均匀，不可过密，撒播后用耙轻耙土壤或用细土（或细沙）覆盖，厚度以盖住种子为度。此种方法较省工，但出苗量多、出苗不均匀、管理麻烦、苗生长细弱。

2. 点播

点播也叫穴播。一般用于生长期的大型蔬菜（黄瓜、西葫芦、冬瓜大白菜等）以及需要丛植的蔬菜（韭菜、豆类等）。穴播的优势在于能够满足局部发芽所需的水、温、气条件，有利于在不良条件下播种而保证苗全苗旺。如在干旱炎热时，可以按穴浇水点播，再加厚覆土保墒防热，待要出苗时再扒去部分覆土，以证全苗。穴播用种量小，也便于机械化操作。育苗时，划方格切块播种和用纸筒等营养钵播种均属于穴播。

3. 条播

一般用于生长期较长和营养面积较大的蔬菜（韭菜、萝卜等）以及要深耕培土的蔬菜

（马铃薯、生姜、芋头等）。速生菜（香菜、茼蒿等）通过缩小株距和宽幅多行，也可进行条播。这种方式机械化的耕作管理，灌溉用水量少。一般开5~10 cm深的沟，沟底弄平，沟内播种，覆土填平。条播要求带墒播种或先浇水后播种盖土。

五、苗期管理

秧苗的好坏，与播种后的管理有很大关系。播种后的管理是培育壮苗的关键。适宜的温度、水分、光照、养分及氧气更有利于幼苗的生长。

（一）环境条件的管理

（1）温度

提高苗床温度的目的在于使种子尽快生根出土，免得由于苗床温度低，迟迟不能出苗而导致烂种。为此，播完种之后，需覆地膜不使热量散失。如是温室，塑料薄膜要干净，让阳光充分透过薄膜，提高温度。晚上必要时要加盖草苫，一直到第二天上午气温上升时揭开。出苗前要求有较高的床温，一般控制在25~30℃，有利于出苗。但由于子叶出土到真叶出现的这段时间，组织幼嫩，向光性强，最易徒长。因此，一旦出苗，可采用放小风的办法，使苗床温度下降，防止徒长。有些作物如茄果类蔬菜，苗期要移植，为了促进幼苗移植后早生根、早缓苗，要求在移植后密封温室提高床温。缓苗之后，还要通风，降低床温，以免幼苗徒长。

定植前的5~7 d，要采用大通风的办法，降低温度，锻炼秧苗，让苗周围环境尽量接近自然环境，增强幼苗的抗寒能力，提高幼苗的适应性和定植后的成活率。

（2）光照

整个苗期期间，都要创造良好的光照条件，以满足幼苗生长的需要。特别是在温床育苗时，每天揭帘之后，要使塑料薄膜保持干净，这样既能提高床温，又能使秧苗得到充足的光照，使幼苗健康生长。幼苗出齐或缓苗后，随着天气逐渐转暖，草帘应早揭晚盖，增加光照时间。

（3）水分

苗期水分管理有控制和促进生长、调节长势的作用，可以看成调幼苗质量的手段，是苗期管理的一项重要内容。苗期时植物的耗水量小，特别是幼苗生长在苗床里，不能像露地那样漫灌，只能喷壶洒水。浇水要根据苗的生长状况和天气状况进行。一般选晴天上午浇水，阴天或温度低时不浇水，这样可以保证有充足的时间恢复床温、蒸发掉叶面上的水滴、降低湿度，减少苗期病害。每次浇水要浇透，防止床土出现夹干层，有时由于床面干湿不匀，根据不同情况区别对待。通常床北沿由于温度高蒸发量大，易干燥，可多浇水，床南沿则可少浇水。一般床土干燥，幼苗出现打蔫现象，或虽未出现萎蔫现象，但苗色老干（黑绿），长势不旺，便可以浇水。苗期浇水次数不宜过多。幼苗出土和缓后，要降低温度，除非特殊干旱，不宜任意浇水。浇水一般多育苗后期进行。除普遍浇水外，后期发现个别地方苗小、缺水，可适当补点水，少通风，催苗生长；大苗的地方不浇水，多通风，控制苗生长。促控结合，可使幼苗整齐一致。有条件的地方，可结合浇水，在清水中放入0.1%的化肥（如硝酸铵、过磷酸钙等），结合根外追肥，一并进行。浇水后要注意加大通风，排除湿气。

（4）通风换气

通风换气通常指苗床管理期间放风降温。通过放风，使床内的热气散失，降低床温，控制苗的徒长，从而培育出苗壮的幼苗。放风时间的早晚、长短，要根据天气和苗的大小而定。一般晴天可早放风、大放风、长时间放风，阴天则小放风、短时间放风。苗大，可大放风；苗小，要小放风，时间也缩短。前期放风量要小，后期放风量可大些。风大小放，风小可大放。放风口要顺风开，北风开南风口，西风开东风口等。

温室放风可用开天窗、地窗的办法进行放风。定植前5~7 d，可通过开温室北侧的小窗形成过堂风，锻炼幼苗。

一天之中，也应随着温度的变化适当通风。正常时，早晨应在温度达到4℃以上时揭除覆盖物（如草帘子等）。上午9~10点开始放风。中午前后若外温达到20℃以上，可完全揭除覆盖物。下午2点以后，要随温度下降把放风口由大变小，5点左右可盖上草帘。若夜间外温在10℃以上，可不必盖草帘子，在15℃以上则可整夜放风。

用塑料小拱棚育苗时，其温度变化剧烈。用小拱棚育苗，注意天气和棚内温度的高低变化，随时揭开塑料薄膜进行通风。否则稍有疏忽，就会出现烤苗的现象。

（5）追肥与松土

蔬菜苗期的营养，主要由床土供应。为了弥补养分的不足，往往要在苗期进行追肥。尽管苗期需肥量较小，但苗期追肥仍然是很必要的。由于苗期幼苗的根量较少，一般不采用根际追肥，而用叶面追肥。追肥可分2次进行，第一次在幼苗第二片真叶展开时，第二次在定植前5~7 d进行。追肥可结合浇水同时进行。苗期追肥多追施磷肥，即追施过磷酸钙，也可追施硝酸铵，其浓度一般控制在0.1%以下。选晴天的上午，均匀地洒在苗上。浓度较大时，可在喷完肥料水之后，再立刻喷洒1次清水冲洗叶面，防止出现伤害。

育苗期间，如发现床土过分板结或湿度过大，可以松土，加速水分蒸发提高地温，促进根系发育。苗期松土深度较浅，一般1~2 cm。松土和拔除苗床内杂草可以同时进行。松土后，可再在床面上覆0.5~1 cm的土，之后浇水，使之与床土结合，促进侧根发育。

（二）分苗

分苗是育苗过程中的移植，也称倒苗。分苗是为了加大幼苗的株行距，扩大营养面积，防止幼苗拥挤，改善株间通透条件，防止苗间相互争夺水分、养分、光照，导致徒长苗。分苗时通过切断部分幼根会促使更多的新根发生，这样就可以减少定植时伤根过多，有利于缓苗。

1. 分苗技术

（1）分苗技术概述

分苗前3~4 d通风降温和控水锻炼，提高其适应能力。分苗前1 d浇透水，以利于起苗。分苗宜在晴天。分苗深度一般以子叶节与地面平齐为度，若出现子叶脱落苗和徒长苗可适当深播。辣椒苗、茄子苗应栽浅一些；西红柿苗、黄瓜苗以及徒长苗可适当栽深一些。茄果类、瓜类也可直接分苗于口径8~10 cm的营养袋内，效果更好。注意分苗多带土，少伤根，保护好茎叶，有利于缓苗。一般甘蓝类在3片真叶期进行分苗，莴苣类3~4片叶、茄子1~2片叶、辣椒3片叶、番茄2片叶，瓜类在子叶展开时分苗效果好。

（2）分苗方法

分苗的方法有开沟分苗、切块分苗、容器分苗。

开沟分苗：分苗床开浅沟（5~8 cm）—沟内浇足水—充足渗水后摆苗—覆土并扶直幼苗。此法分苗速度快、缓苗效果好、护根效果差。

切块分苗：苗床内装床土—浇透水—充足渗水后用刀切成方块—中间用木棒或粗竹竿打孔—栽苗—覆土。

容器分苗：容器装土—浇透水—中间用木棒或粗竹竿打孔—栽苗—覆土。

（3）分苗原则

早分苗，少分苗。一次点播，营养面积足够的可不分苗。分苗虽可刺激侧根的发生，但对幼苗有创伤，苗越大，分苗伤害就越大。瓜类一般不分苗，即使分苗，也应在子叶期分苗。茄果类最晚在花芽分化前完成。分苗时所需的营养面积大小取决于成苗大小、单叶面积大小

和叶开张度等因素。一般分苗时的距离：甘蓝类6~8 cm、茄果类8~10 cm、瓜类10~12 cm。

2. 分苗后的管理

缓苗期：一般为3~5 d，原则是高温、高湿和弱光照。也就是分苗后苗床密闭保温，创造一个高温高湿的环境来促进缓苗。缓苗前不通风，如中午高温秧苗萎蔫，可适当遮阴。4~7 d后，幼苗叶色变淡，心叶展开，根系大量发生，标志着缓苗。

成苗期：分苗缓苗后到定植前为成苗期。此期生长量占苗期总量的95%，其生长中心仍在根、茎、叶，同时果菜类有花器形成和大量的花芽分化。此期要求有较高的日温，较低的夜温，强光和适当肥水，避免幼苗徒长，促进果菜类花芽分化，防止温度过低造成叶菜类未熟抽薹。

（1）温度管理

喜温蔬菜的适温指标为白天温度25~30 ℃、夜温15~20 ℃，喜凉蔬菜白天温度20~22 ℃，夜温12~15 ℃。应保持10 ℃左右的昼夜温差，即所谓的"大温差育苗"。要特

别注意控制夜温，夜温过高时呼吸消耗大，幼苗细弱徒长。可根据天气调节温度，晴天光合作用强，温度可高些；阴天为减少呼吸消耗，温度可低些。地温高低对秧苗作用大于气温。严寒冬季，只要地温适宜，即使气温偏低秧苗也能正常生长。因此，成苗期适宜地温为15~18℃。定植前7~10 d，逐渐加大通风以降低苗床温度，对幼苗进行低温锻炼，使之能迅速适应定植后的生长环境。

（2）水分管理

成苗期秧苗根系发达，生长量大，必须有充足的水分供应，才能促进幼苗的生长发育。水分管理应注意增大浇水量，减少浇水次数，使土壤见干见湿。浇水宜选择晴天的上午进行，冬季保证浇水后有2~3 d连续晴天。否则，温度低，湿度大，幼苗易发病。

（3）光照管理

可通过倒坨把小苗调至温光条件较好的中间部位。苗子长大后将营养体分散摆放，扩大受光面积，防止相互遮阴。每次倒坨后必然损伤部分须根，故应浇水防萎蔫。冬季弱光季节育苗可在苗床北部张挂反光幕增加光照。

（4）其他管理

定植前趁幼苗集中，追施1次速效氮肥，喷施1次广谱性杀菌剂。

（三）定植前的秧苗锻炼

春季定植的蔬菜秧苗多是在保护地培育的。保护地的环境条件与露地相比，温度高，湿度较大，光照较弱，风小，露地则相反。在这种环境条件下生长的秧苗定植后就要适应露地环境，如果定植后气候不正常，将严重抑制生长，延迟采收期，降低产量。因此，想要秧苗定植后适应露地条件或比较适应不良条件，就要在定植前进行秧苗锻炼，简称炼苗。

对秧苗的锻炼主要是低温和控水，其次是囤苗。幼苗的低温锻炼，可提高幼苗的生活力和对外界不良环境的抵抗力。要特别重视定植前的低温锻炼。定植前7~10 d对幼苗进行低温锻炼，让幼苗尽快适应大田的气候条件。主要措施是降温控水、加强通风和光照。在此期间应逐渐加大通风量，降温排湿，控制浇水，以不萎蔫为度，加大昼夜温差。露地栽培时，定植前2~3 d要去掉所有覆盖物。保护地栽培时，可根据栽培设施的气候条件进行锻炼。

喜温性果菜所在地区温度最低可达7~8℃，黄瓜、番茄可达5~6℃；喜凉蔬菜可降到1~2℃，短时间可到0℃。如番茄苗、西葫芦苗白天15~18℃，晚上5~8℃；茄子苗、辣椒苗、黄瓜苗白天18~20℃，晚上8~10℃；甘蓝类蔬菜的幼苗白天12~15℃，晚上3~4℃。

低温炼苗切忌过度，防止出现老化苗和花打顶。同时应防止夜间冷害发生。

炼苗会使幼苗生长速度减慢，光合产物积累增加，茎叶中纤维素含量、蛋白质和含糖量增加，尤其是还原糖含量增加，淀粉含量降低，亲水性胶体含量增加，可结冰水含量降低，则耐寒性、抗逆性增强，缓苗快，提早成熟。

秧苗锻炼后叶色转深，叶表皮增厚，苗茎粗壮，根系发育好，为定植后生长创造良好条件。

如外界天气不适合定植则进行囤苗。对于分苗于苗床的幼苗，在定植前 2~3 d，先在苗床上洒些水，使土壤比较湿润，然后按幼苗的株行距用手铲等工具对土壤进行切块，深度为 10 cm 左右，将带块的幼苗在苗床内重新排列 1 次，块与块之间撒些潮湿的细土。

用营养袋（钵）进行育苗的，后期根系已经穿过营养袋伸入土内，定植前 2~3 d 应将营养袋挪动重新排列 1 次，以切断伸入土中的根系，有利于定植后的缓苗。

第四章　果蔬贮藏

第一节　果蔬贮藏方式

果蔬采收以后，仍进行着以呼吸作用为主要形式的生命活动。果蔬贮藏的原理就是根据果蔬生物学特性，创造适宜的低温、低氧、高二氧化碳、高湿度的贮藏环境条件，以维持果蔬正常的、最低的生命活动，把一切生理生化变化降到最低水平，从而延长果蔬贮藏时间，达到长期贮藏保鲜的目的。

人们在长期生产实践中，根据各种果蔬的特性，结合各地的自然经济特点，积累了丰富的贮藏经验，也创造了各种有效控制贮藏环境的贮藏方式。贮藏方式有很多，例如，可按温度条件分为自然温度贮藏，如堆藏、埋藏、窖藏等简易贮藏和通风库贮藏等；人工冷却贮藏，如机械冷却贮藏、气调贮藏。若按贮藏场所的结构和控温、控湿、通风调气等设施设备的不同，可分为简易贮藏、机械冷藏、气调贮藏等。在具体操作时，应根据当地的气候特点及其变化规律，以及地势、地形、土壤等自然环境和经济情况，结合各种果蔬的贮藏特性，选择适宜的贮藏方式及采取相应的管理措施。

一、自然温度贮藏

主要包括简易贮藏和通风库贮藏。

（一）简易贮藏

简易贮藏方式包括堆藏、沟藏和窖藏三种基本形式，以及由此而延伸的冻藏和假植贮藏。

简易贮藏是利用较低的气温和土温降低果蔬贮藏场所的温度；利用土壤、稻草以及其他覆盖物的蓄冷、隔热、隔气、保湿性能保持贮藏环境低而稳定的温度、低的氧气和高的二氧化碳浓度、高的相对湿度，从而达到保鲜果蔬的目的。

简易贮藏的主要特点是结构、设备简单，建造方便，可就地取材，经济实用，投资少，费用低。但产品贮藏寿命不太长。然而对于某些种类的果蔬，有其特殊的应用价值。

1. 堆藏

（1）特点

堆藏是将采后的果品和蔬菜直接堆放在果园、田间、空地或浅沟中，根据气温的变化，用麦秸、席子、草帘等对其进行增减覆盖，以维持贮藏环境适宜的温度、湿度，从而达到贮藏目的的一种方法。

堆藏是将果蔬直接堆积在地上，因此受气温的影响较大，受地温的影响较小。当气温过高时，覆盖有隔热的作用；当气温过低时，覆盖有保温防冻的作用，从而缓解了不适气温对贮藏果蔬的影响。

堆藏一般只适用于北方秋季果蔬的贮前短贮和果蔬采收后入库前的预贮。堆藏适合大白菜、洋葱、大蒜、马铃薯、苹果、梨、冬瓜、柑橘等果蔬的短期存放。另外，由于堆藏产品内部散热慢，容易使内部发热，所以叶菜类产品不宜采用堆藏形式。

（2）结构与管理

①结构：堆藏果蔬的宽度和高度没有一定的规格和模式，一般宽 1.5~2 m，高 0.5~2 m，长度不限，视贮藏的种类及用途而定。宽度过大，易造成通风散热不良，导致腐烂；堆码过高，则易倒塌，造成大量的机械损伤。覆盖时间和厚度依气候变化情况而定，对不同地区、不同季节以及不同的果蔬种类，应采用不同的覆盖措施。

②管理：在果蔬采收前，选择通风良好、阴凉干燥、水位低的地势，由于南方与北方的自然条件差异很大，因此堆藏形式也不尽相同，如堆藏大白菜时，南方多采用架堆式，北方则采用堆积式。堆的形状以长条形为好，在冬季不十分寒冷的地区，室外堆藏的堆向可向东西延长，以利于维持堆内低温。在冬季非常寒冷的地区，南北延长的堆向为好，以减小西北风的吹袭面。马铃薯、洋葱等可堆积 1.5~2 m 高、1.5 m 宽。苹果、梨等的预贮堆放，宽度 1.2~1.5 m，高度 4~5 层果。

果蔬采收后，应先选果，在通风阴凉处预贮，散发田间热，霜降后贮藏。贮藏时先对畦面喷清水，将果蔬逐层轻放，以免碰压果蔬。堆顶部摆成小圆弧形，中堆顶垂直高 70~80 cm，摆好后，随即用纸或塑料薄膜盖严封好，再横盖一层草帘。为了加强内部的通风，每隔 3 m 长竖一通气筒。当外界温度高于 0℃时，应在白天覆盖遮阴，夜间取掉覆盖物，进行通风散热；当外界温度低于 0℃时，应在果蔬堆上再盖一层草帘或其他覆盖物防寒。

2. 沟藏

（1）特点

沟藏也叫作埋藏，是将果蔬堆放在挖好的沟内，堆积到一定的厚度，在上面进行覆盖，来进行贮藏的一种方法。

沟藏主要是利用晚秋和早春夜间低的气温来降低沟和果蔬的温度，利用土壤的蓄冷和隔热性能保持沟内适宜、稳定的低温；土壤具有的一定的隔气性使果蔬处于低氧、高二氧化碳的气调环境，从而降低了果蔬的呼吸代谢。土壤的保湿作用使贮藏的果蔬更加新鲜。

因此，沟藏的果蔬失重率很低。但是由于果蔬一直处于高湿环境，果实的腐烂率高。沟藏要使用田间或空地上的临时场所，应用时修建，贮藏时填平。沟藏的保温性能比堆藏好，在北方，多用来贮藏萝卜、胡萝卜、白菜、苹果、板栗、山楂等果蔬。

（2）结构与管理

①结构：贮藏沟应选在地势干燥、土质黏重、排水良好、地下水位较低之处，沟底部与地下水位的距离应在 1 m 以上。寒冷地区，沟的方向以南北延长为宜，可减少冬季寒风的直接袭击面；较温暖的地区，沟的方向则以东西延长为宜，可增大迎风面，增强贮藏前期的降温效果。沟深宜在冻土层深度以下，但是不同地区冻土层的深度不同，徐州、开封一带沟深为 0.6 m，北京地区为 1~1.2 m，辽宁省为 1.5 m。一般沟宽以 1~1.5 m 为宜。沟的长度对沟温影响不大，视贮藏量而定。沟的断面设一条通风沟，沟自一端壁中央直下，贯穿沟底，从另一端通出地面。在积雪较厚和雨水较多的地方，贮藏沟的两侧应开排水沟，以防沟内积水。

②管理：果蔬入沟前的准备工作：果蔬入沟前，沟内先铺垫玉米秸、麦草或干净的湿沙。对沟进行预冷的方法：白天用草帘遮盖地沟，夜间打开，利用夜间的低温对沟进行降温。

果蔬的挑选、预贮：果蔬采收后，会带有大量的田间热和本身高的呼吸热，因此，应先挑选无病、无机械损伤的果蔬装入筐或塑料袋，或直接堆放通风阴凉处预贮，当沟温降到 5℃时入沟。

果蔬的贮藏：贮藏后的果蔬可直接整齐地堆放在沟内，也可装入筐或塑料袋内摆放在沟内。为了防止贮藏过程中果蔬温度过高和气体伤害，在果堆中每隔 7~8 m 插一把玉米秸扎成的捆把，白天覆盖，夜间揭开通风降温，以充分利用夜间低温使沟内快速降温，当沟温降至 0~2℃时封沟。冬季根据气温增减覆盖物。在比较寒冷的地区，常在贮藏沟的北侧设置风障，以防止温度过低。在冬季较为温暖的地区，常在沟的南侧设置前障，以减少阳光的照射，有利于降温。最好在有代表性的部位放一支温度计经常观察，保持沟内的温度在 0~3℃的范围内。早春气温和土温开始回升，这时可采用晚秋的温度管理方法。

沟藏果蔬一经开封取用，沟、坑中适宜的温度、湿度、气体含量均被破坏，沟、坑内剩余的果蔬不宜继续久贮，应及时处理，以免品质变劣。

3. 窖藏

（1）特点

窖藏在性能上与沟藏相似，主要是利用地下温度、湿度受外界环境影响较小的原理，创造一个温度、湿度、气体含量都比较稳定的贮藏环境。

（2）结构

根据窖的结构不同，可分为棚窖、井窖和窑窖。

①棚窖：棚窖的结构多为地下式或半地下式。寒冷的东北多建地下式窖，即在地面挖一个长方形的窖身，入土深度一般为2.5~3 m，长度一般为20~50 m，宽度有的为2.5~3 m，称为"条窖"；有的为4~6 m，称为"方窖"。

棚窖建造的方法是先挖窖身，再夯垒土墙或架设棚顶，棚顶的架设用竹、木梁，下立支柱，梁架上用捆扎成把的秸秆铺设，然后覆土踏实，也可用秸秆与泥土相间覆盖。覆盖层的厚度依地区而不同，华北地区不少于25 cm，东北地区要加厚至40~50 cm，棚顶要留天窗，用于通风散热或工作人员及货物进出的通道。天窗数量和大小因气候条件而异，一般天窗为50~70 cm见方，天窗与天窗间的距离为3~4 m。较大型的棚窖在窖的一端或两端设有窖门，以便产品入贮初期的通风散热，当气温下降后，将窖门严密封堵，然后改从天窗出入。

②井窖：井窖多建于地下水位低、土质黏重坚实的地区，如四川、重庆、湖南、山西等地。井窖的形式多种多样，坚固耐用，一次建成后可连续使用多年。井窖的窖身全部在地下，只有窖口露于地面。窖口可设在室内，也可设在室外。挖掘时，先由地面垂直向下挖一井筒，达到一定深度后，再向一侧或四周扩展挖出窖身，窖身可以是一个，也可几个连在一起。南方的井窖深度较浅，约为1.5 m；北方的井窖较深，为3~4 m。井窖的窖口要高出地面，并用砖石砌牢，周围封土，井口要安设井盖，井盖用厚3~5 cm的石板或水泥板做成。井窖有较好的密封和保温性能，果蔬腐烂率低，只要注意加强管理，一窖挖成后，可多年连续使用。但井窖容量较小，入窖操作和产品出入也不方便。

③窑窖：窑窖通常是建在土质坚实的山坡或土丘上，是目前我国北部地区主要的果蔬贮藏场所。南方窑窖较小，用于贮藏山药、山芋、芋头等地下根茎类蔬菜。西北地区窑窖一般都较大，用于贮藏苹果、梨和蔬菜。

在一般山坡地，小型窑窖进深6~8 m、宽1~2 m、高2~2.5 m，窖顶呈拱形。窖门较窖身矮小，窖门上常开设小窗，大小约30 cm，窖顶开一穿顶通气孔直通窖外。果蔬入贮初期，小窗和气孔都可打开，便于通气散热。

黄土高原土层深厚，地下水位低，可建造大型直窑型的砖窖，同时配备机械排气装置，可贮藏数万千克果蔬。窖址选择坡地或平地。进口高2 m、宽1~1.4 m，进洞口由长4 m、宽1.5 m的坡道作为缓冲地带，洞口内设栏栅门为第一道门，紧靠栏栅门设第二道门，第二道门要能关严，坡道末端与窖室交接处设第三道棉门帘。窖室长30 m、高3~3.2 m、宽2.6~3.2 m，窖室内顶呈拱形或人字形，窖顶土层厚度不少于5 m。窖室末端向窖顶开设排气筒，贯穿窖顶土层直达窖外，筒下口内径1~1.2 m，上口内径0.8~1 m，排气筒的口径和高度与窖室长度有关，一般排气筒的高度为窖室长度的1/3~1/2（从窖室内顶部量起），如果排气筒不便加大加高，应装配机械排气设备。

（3）管理

窖藏是依靠地温、土壤的隔热保温性能以及土壤的密闭性，保持适宜而稳定的温度、湿度和气体环境的贮藏方式。当果蔬入贮后，由于气温的变化，特别是呼吸作用使窖内温度上升，加之二氧化碳和乙烯浓度增大等不利于贮藏的因素产生，而窖藏本身只能通过窖内外空气的交换来进行调节控制，因此，抓好窖藏的科学管理就显得特别重要。

贮藏窖的消毒：由于窖的温、湿度较高，利于微生物的生长和繁殖，因此，在果蔬入窖之前首先要对贮藏窖进行消毒。通常在果蔬入窖前 3~5 d，用 20 g/m³ 硫黄熏蒸 24 h，或用漂白粉或高效库房消毒剂及其他的消毒剂进行消毒。

入窖贮藏：果蔬先进行预贮，待窖温降到 0℃后再入窖贮藏。在此期间，应白天关闭气口，晚间或寒冷的白天打开进气口，迅速降低窖内的温度。当外界气温降到更低时，立即用多层牛皮纸盖严进气口，以防发生冻害，且起到保温的作用。此时贮藏窖的温度应保持在 –1~0℃。当外界温度为 0℃时，打开进气口进行通风换气，有利于降低窖内的湿度和排除窖内果实放出的有害气体。翌年的 4 月应夜间打开进气口进行通风换气。

4. 冻藏和假植贮藏

冻藏和假植贮藏是沟藏和窖藏的特殊形式。如东北地区菠菜、苹果、梨、柿子的冻藏及山东、辽宁、北京、天津地区菜花、芹菜的假植贮藏等，其贮藏时间长、贮藏量大，是某些地区仍然采用的贮藏方法。

（1）冻藏

冻藏是在入冬上冻时将收获的果品蔬菜放在背阴处的浅沟内，稍加覆盖，利用自然低温，使果品蔬菜入沟后能迅速冻结，并且在整个贮藏过程中处于冻结状态。这种方法只适合于能忍耐低温冻结的果蔬，如柿子、苹果、香菜、菠菜、芹菜等。由于 0℃以下的低温可以有效抑制果品蔬菜的新陈代谢和微生物的活动，但是果品蔬菜仍然保持生命活动，因此果蔬经解冻后能恢复新鲜状态，并且保持原有的品质。但是在贮藏过程及解冻时，要小心搬动，以防损伤果蔬的组织，解冻应在 4℃下缓慢进行。

（2）假植贮藏

假植贮藏是把蔬菜密集假植于沟内或窖内，使蔬菜处于微弱的生长过程，所以假植贮藏实质上是一种抑制生长贮藏法。该贮藏方法适用于在结构和生理上较特殊、易于脱水萎蔫的蔬菜，如芹菜、油菜、花椰菜、莴苣、水萝卜等。用一般方法贮藏时，这类蔬菜容易脱水萎蔫，代谢失常，从而使耐贮性、抗病性急速下降。而假植贮藏可使蔬菜继续从土壤中吸收一些水分，有的还能进行微弱的光合作用或使叶片中的营养向食用部分转移，从而保持正常的生理状态，从而使贮藏期得以延长，甚至改善贮藏产品品质。假植时，蔬菜带根贮藏，可单株或成簇，株行间应留适当通风空隙，菜面可进行稀疏的覆盖，以利于透入部分散射光，土壤干燥时也可适当灌水。

(二)通风库贮藏

1. 贮藏原理

通风库是棚窖的发展,棚窖为临时性的贮藏场所,而通风库为永久性建筑。通风库造价比棚窖高,但贮藏量大。通风库是指具有完善的隔热层和防潮层的永久性建筑物,是通过通风系统将果蔬产生的呼吸热以及乙醇、乙醛、乙烯等有害物质排除库外,使外界温度较低的新鲜空气进入库内,从而降低库内的温度,并通过隔热系统的作用保持果蔬处于相对稳定的贮藏环境,由此延长了果蔬的贮藏寿命。

2. 通风库的类型及特点

目前所用的通风库主要有三种类型:地上式通风库、半地下式通风库、地下式通风库。

(1)地上式通风库

地上式通风库的库体建于地面上,受气温影响大,通风效果好,降温速度快,保温性能差。适用于温暖地区及地下水位较高地区。

(2)半地下式通风库

半地下式通风库的库体一半建在地上,一半建在地下,既受气温的影响,又受土温的影响,通风性能较好。适用于华北地区。

(3)地下式通风库

地下式通风库的库体全部在地面之下,受气温影响小,通风换气效果差,保温效果好。适用于北方寒冷地区。

3. 通风库设计

(1)地址选择与库形设计

库房应选择地势高、通风好、交通方便、宽敞的地方。在寒冷的北方地区,通风库应以南北走向为佳,以减小冬季寒风的直接吹袭面,防止冬季库房温度过低;在温暖地区,通风库以东西走向为佳,以减小阳光东晒和西晒的照射面,加大迎风面,以避免库温过高。

库形一般为长方形,在我国多为长 30~50 m、宽 9~12 m,以长宽比为 3∶1 最佳。面积为 250~600 m²,高度为 3.5~4.5 m,贮藏量为 10~20 kg。

根据贮藏量的大小,可建单库或库群。库群是由多个库体组成的,中间设缓冲间。根据排列方式不同,库群可分为分列式、连接式、单列连接式。

分列式是每个库房都自成独立的一个贮藏单位,互不相连。库房之间有一定的距离。其优点是每个库房都可以在两侧的库墙上开窗作为通风口,以提高通风效果。但其缺点是每个库房都须有两道侧墙,建筑费用较大,也增加了占地面积。

连接式是相邻库房之间共用一道侧墙,一排库房侧墙的总数是分列式的 1/2 再多一道。这样建造库房时可大大节约建筑费用,也可以缩小占地面积。然而,连接式的每个库房不能在侧墙上开通风口,须采用其他通风形式来保证适宜的通风量。

单列连接式是小型库群的一种结构，是各库房的一头都设一条共用走廊，或把中间的一个库房兼作进出通道，在其侧墙上开门通入各库房。

（2）隔热系统

通风库主要利用通风来降低库内和果蔬的贮藏温度，但是为了防止库外过高或过低的温度通过屋顶或墙壁影响库内温度，贮藏库的6面需设隔热层，从而保持库内比较稳定而适宜的贮藏条件。

隔热系统隔热性能的好坏与隔热材料的隔热性能及隔热层的厚度有关。

①隔热材料：用作通风库的隔热材料应因地制宜、就地取材，要选择具有较好隔热性能的隔热材料。良好的隔热材料要求具有导热性能差、不易吸水霉烂、不易燃烧、无臭味和取材容易等特点。材料的隔热性能一般用热阻值（或导热系数）来表示。导热系数是用来说明材料传导热量能力大小的物理指标，指在稳定传热条件下，1 m 厚的材料，两侧表面的温差为1℃，在1 h 内，通过 1 m² 面积传递的热量，单位为 kJ/(m·h·℃)。

②隔热层的厚度：因为各种隔热材料的导热性能不同，所以为了达到相同的隔热效果，当选用不同的隔热材料时，必须通过厚度进行调节。在实践中，建造通风贮藏库常用夹层墙，即在两层墙之间充填锯末、矿渣、稻壳等隔热材料。

在华北和华中地区，外墙和内墙空间用稻壳或矿渣填充，已能满足果蔬通风贮藏库隔热的基本要求。在北京地区，一般通风贮藏库墙壁隔热材料有相当于7.6 cm 厚的软木的隔热性能，折合成热阻值为1.52。也就是说，墙体各材料的总热阻值达到1.52，即可满足通风库的隔热要求。

（3）库顶

因受阳光照射时间长、照射面积大，故库顶的热阻值应比库墙增加25%。隔热材料的厚度不但与隔热材料的热阻值有关，而且与库内外的温差有关，特别与当地的气候有关。

（4）库门

库门的建造一般是在两层木板间充填锯屑、稻壳、沸石、聚苯乙烯泡沫塑料板或软木板等，使库门同库墙一样，具有良好的隔热效能。库门的大小应根据库形结构、库房大小以及操作方便等方面的情况综合考虑。

（5）通风系统

通风系统是通风贮藏库的重要组成部分，通风系统的好坏直接影响通风库贮藏前期库内的降温速度及库温的均匀性，通风库的降温主要根据冷空气下沉、热空气上升形成对流的原理进行通风换气。将库内的热空气通过排气窗或排气筒排出库外，新鲜的冷空气则通过导气窗或导气筒进入库内，从而维持一定的贮温。

4. 通风库的管理

（1）温度管理

秋季：产品带入很高的田间热，又由于呼吸强度高，产生大量的呼吸热，因此，应利用一切可利用的外界低温，于夜晚和凌晨日出前进行通风降温，使冷空气导入库内，热空气排出库外。

冬季：这是全年温度最低的时节，因此，应注意对果蔬进行防冻保温，减少通风次数。

春、夏季：外界气温开始回升，当外温高于库温时，应紧闭库门、进气窗、导气筒，减少库内蓄冷流失；当外温低于库温时，一定要抓住时机通风，一则降温，二则可以排除库内的有害气体。

（2）湿度管理

通风库贮藏中，最容易出现的问题就是湿度过低导致的萎蔫。可通过在地面洒水、墙壁上喷水、房间里挂湿草帘或放盛水的容器以增湿。

（3）消毒

应在产品出库后或入库前对库房、工具和设施进行消毒。

可在库内燃烧硫黄：每 100 m^3 体积用硫黄粉 1.0~1.5 kg，燃烧后密闭 2~3 d，通风后即可入贮。也可用 2% 的福尔马林或 4% 的漂白粉进行喷雾消毒。

二、机械冷藏

机械冷藏是目前国内外应用最广的一种新鲜果蔬的贮藏方式。机械冷藏是利用制冷剂的相变特性，通过制冷机械的循环运动使制冷剂产生冷量并将其导入有良好隔热效能的库房中，根据不同贮藏商品的要求，将库房内的温度、湿度条件控制在合理的水平，并适当加以通风换气的一种贮藏方式。

机械冷藏采用坚固耐用的贮藏冷库，且库房设置有隔热层和防潮层，以满足人工控制温度和湿度等贮藏条件的要求，适用果蔬产品和使用地域广泛，库房可以周年使用且贮藏效果好。机械冷库根据制冷要求不同，可分为高温库（0℃左右）和低温库（低于 –18℃）两类，用于贮藏新鲜果蔬产品的冷库为前者。

（一）机械冷库的设计与构建

机械冷库建好后应具有良好的隔热性、防潮性和牢固性。其设计与构建主要由库房结构和机械制冷系统及辅助性建筑等组成。有些大型冷库可分出控制系统、电源动力和仪表系统。小型冷库和一些现代化的新型冷库（如挂机自动冷库）无辅助性建筑。

机械冷库围护结构是冷库的主体结构之一，以提供一个结构牢固、温湿度稳定的贮藏空间。围护结构主要由支撑系统、隔热保温系统和防潮系统构成。

1. 支撑系统

支撑系统是冷库的骨架，是保温系统和防潮系统赖以敷设的主体。目前，围护支撑系统主要有三种基本形式，即土建式、装配式及土建装配复合式。土建式冷库的围护结构采用夹层保温形式（早期的冷库多是这种形式）。装配式冷库的围护结构由各种复合保温板现场装配而成，可拆卸后异地重装，又称活动式冷库。土建装配复合式冷库的围护结构中，承重和支撑结构为土建形式，而保温结构则是各种保温材料的内装配形式，如常用的保温材料有聚苯乙烯泡沫板多层复合贴敷或聚氨酯现场喷涂发泡。目前，现代冷库结构正向着组装式发展，其库体由金属构架和预制成（包括防潮层和隔热层）的彩镀夹心板拼装而成，虽然施工方便、快速，但造价较高。

2. 隔热保温系统

冷库的隔热性要求比通风库更高，库体的六个面都要隔热，以便在高温季节也能很好地保持库内的低温环境，尽可能降低能源的消耗。隔热层的厚度、材料选择、施工技术等对冷库的隔热性有重要影响。冷库隔热材料应选择隔热性能好（导热系数小）、造价低廉、无毒、无异味、难燃或不燃、保持原形不变的隔热材料。

冷库外围护结构的单位面积的热流量一般控制在 7~11 W/m^2，冷库冷间隔墙之间的热流量控制在 10~12 W/m^2。冷库外围护结构（墙体、屋面或顶棚）的热阻值根据设计采用的室内外两侧温度差，结合单位面积热流量而确定，如一般的园艺产品冷库，设计采用的室内外温差为 40℃，单位面积热流量为 7 W/m^2，则冷库外围护结构的热阻值应达到 5.71 (m^2·℃)/W。一般来讲，选取确定的单位面积热流量越小，冷库外围护结构的热阻值越大，冷库的保温性越好，反之亦然。

3. 防潮系统

冷库的防潮系统用来防止隔热层表面结露。空气中的水蒸气分压随气温升高而增大，由于冷库内外温度不同，水蒸气不断由高温侧向低温侧渗透，通过围护结构进入隔热材料的空隙，当温度达到或低于露点温度时，就会产生结露现象，导致隔热材料受潮，导热系数增大，隔热性能降低，同时也使隔热材料受到侵蚀或发生腐烂。因此，防潮性能对冷藏库的隔热性能十分重要。

通常在隔热层的外侧或内外两侧敷设防潮层，形成一个闭合系统，以阻止水汽的渗入。常用的防潮材料有塑料薄膜、金属箔片、沥青、油毡等。无论何种防潮材料，敷设时都要完全封闭，不能留有任何微细的缝隙，尤其是在温度较高的一面。如果只在绝热层的一面敷设防潮层，就必须敷设在绝热层温度较高的一面。

（二）制冷系统及冷却方式

1. 制冷系统

制冷系统是机械冷库的核心部件，机械冷库主要依赖于制冷系统持续不断地运行，排除冷库内各种来源的热能，从而使库温达到并保持适宜的低温。制冷系统是由压缩机、冷凝器、蒸发器和调节阀等制冷设备组成的一个密闭循环系统，其工作原理是，具有低沸点、高气化潜热的制冷剂，从蒸发器进入压缩机时为气态，经加压后成为高温高压气体，再经冷凝器与冷却介质进行热交换而液化，液化后的制冷剂通过节流阀的节流作用和压缩机的抽吸作用，使制冷剂在蒸发器中汽化吸热，并与蒸发器周围介质进行热交换而使介质冷却，制冷系统是冷库最重要的设备。

（1）蒸发器

蒸发器是由一系列蒸发排管构成的换热器，液态制冷剂由高压部分经调节阀进入低压部分的蒸发器时达到沸点而蒸发，吸收载冷剂所含的热量。蒸发器可安装在冷库内，也可安装在专门的制冷间。

（2）压缩机

在整个制冷系统中，压缩机起着心脏的作用，是冷冻机的主体部分。目前常用的是活塞式压缩机，压缩机通过活塞运动吸进来自蒸发器的气态制冷剂，将制冷剂压缩成高压状态而进入冷凝器。

（3）冷凝器

冷凝器有风冷和水冷两类，主要是通过冷却水或空气，带走来自压缩机的制冷剂蒸气的热量，使之重新液化。

（4）调节阀

调节阀又叫膨胀阀，装在贮液器和蒸发器之间，用来调节进入蒸发器的制冷剂流量，同时起到降压作用。

2. 制冷剂

在制冷系统中，蒸发吸热的物质称为制冷剂。制冷系统的热传递任务是靠制冷剂来进行的。制冷剂具备沸点低、冷凝点低、对金属无腐蚀作用、不易燃烧、不爆炸、无刺激性、无毒无味、易于检测、价格低廉等特点。

制冷系统中使用的制冷剂有很多种，归纳起来大体上可分四类：无机化合物、甲烷和乙烷的卤素衍生物、碳氢化合物、混合制冷剂。目前在实际生产中常用的制冷剂主要有氨（代号：R717）、氟利昂等。

氨是目前使用广泛的一种中压、中温制冷剂。氨的凝固温度为 $-77.7\,℃$，标准蒸发温度为 $-33.3\,℃$，在常温下冷凝压力一般为 1.1~1.3 MPa。氨的单位标准体积制冷量大约为 $520\ kW/m^3$，蒸发压力和冷凝压力适中。氨有很好的吸水性，即使在低温下，水也不会从氨液中析出而冻结，故系统内不会发生"冰塞"现象。氨对钢铁没有腐蚀作用，但氨液中含有水分后，对铜及铜合金有腐蚀作用，且会使蒸发温度稍许提高。因此，氨制冷装置中不能使用铜及铜合金材料，并规定氨中含水量不应超过 0.2%。

3. 冷库的冷却方式

冷库的冷却方式有直接冷却、间接冷却、鼓风冷却三种。现代新鲜果蔬产品贮藏库普遍采用鼓风冷却方式，即将蒸发器安装在空气冷却器内，借助鼓风机的吸力将库内的热空气抽吸进入空气冷却器而降温，冷却的空气由鼓风机直接或通过送风管道（沿冷库长边设置于天花板）输送至冷库的各部位，形成空气的对流循环。这种方式冷却速度快，库内各部位的温度较为均匀一致，并且通过在冷却器内增设加湿装置可调节空气湿度。鼓风冷却由于空气流速较快，若不注意湿度的调节，会加重新鲜果蔬产品的水分损失，导致产品新鲜程度和质量下降。

（三）果蔬机械冷藏的技术管理

1. 库房清洁与消毒

果蔬贮藏环境中的病、虫、鼠害是引起果蔬产品贮藏损失的主要原因之一。果蔬贮藏前，库房及用具均应进行认真彻底的清洁消毒，做好防虫、防鼠工作。用具（包括垫仓板、贮藏架、周转箱等）用漂白粉水进行认真的清洗，晾干后入库。用具和库房在使用前需进行消毒处理，常用的方法有硫黄熏蒸、福尔马林熏蒸、过氧乙酸熏蒸、0.3%~0.4%有效氯漂白粉或0.5%高锰酸钾溶液喷洒等。以上处理对虫害有良好的抑制作用，对鼠类也有驱避作用。

2. 入贮与堆放

新鲜果蔬入库贮藏时，若已经预冷，可在一次性入库后建立适宜条件进行贮藏；若未经预冷处理，则应分次、分批进行，入贮量第一次应不超过该库总量的1/5，以后每次以1/10~1/8为好。果蔬入贮时堆放的科学性对贮藏有明显影响。堆放的总要求是"三离一隙"，"三离"指的是离墙、离地坪、离天花板。离墙是指一般产品堆放距墙20~30 cm。离地是指产品不能直接堆放在地面上，应用垫仓板架空，可以使空气在垛下形成循环，保持库房各部位温度均匀一致。离天花板是指应控制堆的高度，不要离天花板太近，一般原则为离天花板0.5~0.8 m，或者低于冷风管道送风口30~40 cm。"一隙"是指垛与垛之间及垛内要留有一定的空隙，以保证冷空气进入垛间和垛内，排除热量。所留空隙的大小与垛的大小、堆码的方式密切相关。"三离一隙"的目的是使库房内的空气循环畅通，避免存在死角，及时排除田间热和呼吸热，保证各部分温度稳定均匀。商品堆放时要防止倒塌情况的发生（底部容器不能承受上部重力），可采用在搭架或堆码到一定高度时（如1.5 m）用垫仓板衬一层再堆放的方式解决。

新鲜果蔬堆放时，要做到分等、分级、分批次存放，尽可能避免混贮情况的发生。不同种类产品的贮藏条件是有差异的，即使是同一种类，品种、等级、成熟度不同以及栽培技术措施不一样等也可能对贮藏条件的选择和管理产生影响。混贮对于产品是不利的，尤其对于需长期贮藏，或相互间有明显影响的（如串味、对乙烯敏感的产品等），更是如此。

3. 温度控制

温度是决定新鲜果蔬贮藏成败的关键。冷库温度管理要把握"适宜、稳定、均匀及产品进出库时合理升降温"的原则。不同果蔬冷藏的适宜温度是有区别的，即使是同一种类，品种不同也会存在差异，甚至成熟度不同也会产生影响。例如，苹果和梨，前者贮藏温度稍低些，苹果中晚熟品种如国光、红富士、秦冠等应采用0℃的贮藏温度，而早熟品种应采用3~4℃的贮藏温度。选择和设定的温度太高，贮藏效果不理想；温度太低，则易引起冷害，甚至冻害。

为了达到理想的贮藏效果和避免田间热的不利影响，绝大多数新鲜果蔬在贮藏初期降温速度越快越好。对于有些果蔬，由于某种原因应采取不同的降温方法，如中国梨中的鸭梨应采取逐步降温方法，避免贮藏中冷害的发生。另外，在选择和设定贮藏温度时，适藏环境中水分过饱和会导致结露现象，这一方面增加了湿度管理的困难；另一方面液态水的出现有利于微生物的活动繁殖，致使病害发生，腐烂率增加。因此，贮藏过程中温度的波动应尽可能小，最好控制在±0.5℃以内，尤其是当相对湿度较高时（0℃空气的相对湿度为95%时，温度下降至-1.0℃就会出现凝结水）。

此外，库房所有部分的温度要均匀一致，这对于长期贮藏的新鲜果蔬产品来说尤为重要。因为微小的温度差异，长期积累所造成的影响可达到令人难以想象的程度。

最后，当冷库的温度与外界气温有较大的温差（通常超过5℃）时，冷藏的新鲜果蔬在出库前需经过升温过程，以防止"出汗"现象的发生。升温最好在专用升温间或冷藏库房穿堂中进行。升温的速度不宜太快，维持气温比品温高3~4℃即可。出库前需催熟的产品可结合催熟进行升温处理。综上所述，冷库温度管理的要点是适宜、稳定、均匀及合理的贮藏初期降温和商品出库时升温的速度。对冷库内温度的监测和控制可采用人工或自动控制系统进行。

4. 湿度控制

对于绝大多数新鲜果蔬来说，相对湿度应控制在80%~95%，较高的相对湿度对于控制新鲜果蔬的水分损失十分重要。水分损失除直接减轻质量以外，还会使果蔬新鲜度和外观质量下降（出现萎蔫等症状），食用价值降低（营养含量减少及纤维化等），促进成熟衰老和病害的发生。与温度控制相似，相对湿度也要保持稳定。要保持相对湿度的稳定，维持温度恒定是关键。建造库房时，增设能提高或降低库房内相对湿度的湿度调节装置是维持湿度符合规定要求的有效手段。人为调节库房相对湿度的措施：当相对湿度低时，需对库房增湿，如地坪洒水、空气喷雾等；当对果蔬进行包装时，应创造高湿度的小环境，如用塑料薄膜单果套袋或以塑料袋作内衬等。库房中空气循环及库房内外的空气交换可能会造成相对湿度的改变，管理时在这些方面应引起足够的重视。蒸发器除霜时不仅影响库内的温度，还常引起湿度的变化。当相对湿度过高时，可用生石灰、草木灰等吸潮，也可以通过加强通风换气来达到降温的目的。

5. 通风换气

通风换气是机械冷库管理中的一个重要环节。新鲜果蔬由于是有生命的活体，贮藏过程中仍在进行各种活动，需要消耗氧气，产生二氧化碳等气体。另外，有些气体对于新鲜果蔬贮藏是有害的，如果蔬正常生命过程中形成的乙烯、无氧呼吸的乙醇、苹果中释放的α-法尼烯等，因此需将这些气体从贮藏环境中除去，其中简单易行的方法是通风换气。通风换气的频率视果蔬产品种类和入贮时间的延长而有所差异。对于新陈代谢旺盛的对象，通风换气的次数可多些。产品入贮时，可适当缩短通风间隔的时间，如10~15 d换气一次。一般当建立起符合要求、稳定的贮藏条件后，通风换气频率为一个月一次即可。通风时要求做到充分彻底。确定通风换气时间时，要考虑外界环境的温度，理想的情况是在外界温度和贮温一致时进行，防止库房内外温度不同带入热量或过冷而对果蔬带来不利影响。生产上常在每天温度相对最低的晚上到凌晨这一段时间进行通风换气。

6. 日常检查

新鲜果蔬在机械冷藏过程中，不仅要注意对贮藏条件（温度、相对湿度）及相关制冷和通风系统进行检查、核对和控制，还要根据实际需要记录、绘图和调整等。同时，要对入贮果蔬的外观、颜色、硬度、品质风味进行定期检查，以了解果蔬的质量状况和变化。若发现问题，应及时采取相应的解决措施。对于不耐贮的新鲜果蔬，每间隔3~5 d检查一次，耐贮性好的可15 d甚至更长时间检查一次。

三、气调贮藏

（一）气调贮藏的定义

气调（Controlled Atmosphere，CA）贮藏即调节气体贮藏，是根据不同果蔬的生理特点，通过人为调节控制贮藏环境中的O_2浓度、CO_2浓度、温度、湿度和乙烯浓度等条件，降低果蔬的呼吸强度，延缓养分的分解过程，使其保持原有的形态、色泽、风味、质地和营养，延长贮藏寿命。气调贮藏是在冷藏的基础上提高贮藏效果的措施，包含着冷藏和气调的双重作用，其贮藏效果很好，是当前国际上果蔬保鲜广为应用的现代化贮藏手段。自发气调（modified Atmosphere，mA）贮藏是指利用包装、覆盖、薄膜衬里等方法，使产品在改变气体成分的条件下贮藏，环境中的气体成分比例取决于薄膜的厚度和性质、产品呼吸和贮温等因素，故而也有人称之为自动改变气体成分贮藏（self-controlled atmosphere storage）。自发气调操作简便，设备简单，且易与其他贮藏手段结合，贮藏效果优于低温冷藏，所以其应用广泛。

（二）气调贮藏的条件

1. 严格挑选产品，适时入贮

气调贮藏法多用于果蔬的长期贮藏，所以要挑选健康、成熟度一致、无病虫害和机械损伤、适时采收的高质量果蔬产品进行气调贮藏，才能获得良好的贮藏效果。

2. O_2、CO_2和温度合理配合

气调贮藏是在一定的温度条件下进行的，温度可影响空气中的O_2和CO_2对果蔬的影响，

只有将三者合理配合才能得到理想的贮藏效果。

（1）温度

气调贮藏可显著抑制果蔬的新陈代谢，尤其是抑制了呼吸代谢过程。新陈代谢的抑制手段主要是降低温度、提高 CO_2 浓度和降低 O_2 浓度等，这些条件均属于果蔬正常生命活动的逆境。任何一种逆境都有抑制作用，在较高温度下采用气调贮藏法贮藏果蔬，也能获得较好的贮藏效果。任一种果蔬的抗逆性都有各自的限度。如一些品种的苹果在常规冷藏的适宜温度是 0℃，如果进行气调贮藏，在 0℃下再加以高 CO_2 和低 O_2 的环境条件，则苹果会承受不住这三个方面的抑制而出现 CO_2 伤害等病症。这些苹果在气调贮藏时，其贮藏温度可提高到 3℃左右，这样就可以避免 CO_2 伤害。气调贮藏对热带亚热带果蔬来说有着非常重要的意义，因它可采用较高的贮藏温度，从而避免产品发生冷害。而较高温度也是有限的，气调贮藏必须有适宜的低温配合，才能获得良好的效果。

（2）O_2、CO_2 和温度的互作效应

气调贮藏中的气体成分和温度等条件对贮藏产品起着综合的影响，即互作效应，而贮藏效果的好坏正是这种互作效应是否被正确运用的反映。O_2、CO_2 和温度必须最佳配合，才能取得良好的贮藏效果。不同贮藏产品都有各自最佳的贮藏条件组合，且最佳组合不是一成不变的，当某一条件因素发生改变时，可以通过调整别的因素来弥补由这一因素的改变所造成的不良影响。如气调贮藏中，低 O_2 有延缓叶绿素分解的作用，配合适量的高 CO_2 则保绿效果更好，这就是 O_2 与 CO_2 的正互作效应。当贮藏温度升高时，就会加速产品叶绿素的分解，也就是高温的不良影响抵消了低 O_2 及适量 CO_2 对保绿的作用。

（3）贮前高 CO_2 处理

刚采摘的苹果大多对高 CO_2 和低 O_2 的忍耐性较强，而于气调贮藏前以高浓度 CO_2 处理，有助于加强气调贮藏的效果。美国华盛顿州贮藏的金冠苹果在 1977 年已经有 16% 经过高 CO_2 处理，其中 90% 用气调贮藏。另外，将采后的果实放在 12~20℃下，CO_2 浓度维持在 90%，经 1~2 d 可杀死所有的蚧壳虫，而对苹果没有损伤。经过高 CO_2，处理的金冠苹果贮藏到 2 月，比不处理的硬度大 9.81 N 左右，风味也更好些。

（4）贮前低 O_2 处理

斯密斯品种（granny smith）苹果在贮藏之前放在 O_2 浓度为 0.2%~0.5% 的条件下处理 9 d 后，贮藏在 CO_2：O_2 为 1：1.5 的条件下，贮前低 O_2 处理可保持斯密斯苹果的硬度和绿色以及防止褐烫病和红心病。由此可见，低 O_2 处理或贮藏，可能加强气调贮藏中果实的耐藏力。

（5）动态气调贮藏

果实从健壮向衰老不断地变化，其对气体成分的适应性也在不断变化，所以在不同的贮藏时期控制不同的气调指标，得到有效延缓代谢过程、保持更好食用品质的效果，此法

称为动态气调贮藏。

3. 气体组成及指标

（1）双指标，总和约为21%

植物器官在正常生活中主要以糖为底物进行有氧呼吸，呼吸商约为1，所以贮藏产品在密封容器内，呼吸消耗掉的O_2与释放出的CO_2体积相等。空气中含O_2约21%，CO_2仅为0.03%，二者之和近21%。气调贮藏时，如果把气体组成定为两种气体之和为21%，那么只要把果蔬封闭后经一定时间，当O_2浓度降至要求指标时，CO_2浓度也就上升达到要求的指标，然后定期或连续从封闭贮藏环境中排出一定体积的气体，同时充入等量新鲜空气，这样就可较稳定地维持这个气体配比。它的优点是管理方便，对设备要求简单。它的缺点是，如果O_2浓度较高（>10%），CO_2浓度就会偏低，不能充分发挥气调贮藏的优越性；如果O_2浓度较低（<10%），又可能因CO_2浓度过高而发生生理伤害。将O_2浓度和CO_2浓度控制于相接近的指标（二者各约10%），简称高O_2高CO_2指标，可用于一些果蔬的贮藏，但其效果多数情况下不如低O_2低CO_2指标好。

（2）双指标，总和低于21%

这种指标的O_2和CO_2的浓度都比较低，二者之和小于21%。这是国内外广泛应用的气调指标。在我国，习惯把气体含量在2%~5%称为低指标，5%~8%称为中指标。低O_2低CO_2指标的贮藏效果较好，但这种指标所要求的设备比较复杂，管理技术要求较高。

（3）O_2单指标

为了简化管理，或者贮藏产品对CO_2很敏感，则可只控制O_2浓度，CO_2用吸收剂全部吸收。O_2单指标必然是一个低指标，O_2单指标必须低于7%才能有效地抑制呼吸强度。对于多数果蔬来说，单指标的效果不如前述第二种指标，但比第一种可能要优秀些，操作也比较简单，容易推广。

4. O_2和CO_2的调节管理

气调贮藏容器内的气体成分，从刚封闭时的正常气体成分转变到要求的气体成分，是一个降O_2和升CO_2的过渡期，可称为降O_2期。降O_2以后，则是使O_2和CO_2稳定在规定指标的稳定期。降O_2期的长短以及稳定期的管理，关系到果蔬贮藏效果的好与坏。

（1）自然降O_2法（缓慢降O_2法）

封闭后依靠产品自身的呼吸作用使O_2的浓度逐步减少，同时积累CO_2。

①放风法：当O_2浓度降至指标的低限或CO_2浓度升至指标的高限时，开启贮藏容器，部分或全部换入新鲜空气，而后进行封闭。放风法是简便的气调贮藏法。在整个贮藏期间，O_2和CO_2浓度总在不断变动，实际不存在稳定期。每次临放风前，O_2浓度降到最低点，CO_2浓度升至最高点；放风后，O_2浓度升至最高点，CO_2浓度降至最低点。这首尾两个时期对贮藏产品可能会带来很不利的影响。然而，整个周期内两种气体的平均含量还是比较接近，对于一些抗性较强的果蔬如蒜薹等，采用这种气调贮藏法，效果远优于常规冷藏法。

②调气法：双指标总和低于21%以及单指标的气体调节，是在降O_2期用吸收剂吸除超过指标的CO_2，当O_2浓度降至指标后，定期或连续输入适量的新鲜空气，同时继续吸除多余的CO_2，使两种气体稳定在要求的指标。

③充CO_2法：密闭后立即人工充入适量CO_2（10%~20%），O_2浓度则自然下降。在降O_2期不断用吸收剂吸除部分CO_2，使其浓度大致与O_2接近。这样O_2浓度和CO_2浓度同时平行下降，直到两者都达到要求的指标。稳定期管理同前述调气法。这种方法是借O_2和CO_2的拮抗作用，用高CO_2来克服高O_2的不良影响，又不使CO_2浓度过高造成毒害。据试验，此法的贮藏效果接近人工降O_2法。

（2）人工降O_2法（快速降O_2法）

利用人为的方法使密封后容器内的O_2浓度迅速下降，CO_2浓度迅速上升。

①充氮法：封闭后抽出容器内大部分空气，然后充入氮气，由氮气稀释剩余空气中的O_2，使其浓度达到要求的指标，也可充入适量的CO_2，使之立即达到要求的浓度。之后的管理同前述调气法。

②气流法：把预先配制好的气体输入封闭容器内，代替其中的全部空气。在以后的整个贮藏期间，连续不断地排出部分气体并充入人工配制的气体，控制气流的流速使内部气体稳定在要求的指标。

人工降O_2法由于避免了降O_2过程的高O_2期，所以，能比自然降O_2法提升贮藏效果。然而，此法要求的技术和设备较复杂，同时会消耗较多的氮气和电力。

（三）气调贮藏的方法与管理

气调贮藏的操作管理主要是封闭和调气两部分。调气是创造并维持产品所要求的气体组成；封闭是杜绝外界空气对所要求环境的干扰破坏。目前，国内外气调贮藏按其封闭的设施可分为两类：一类是气调冷藏库法，另一类是塑料薄膜封闭气调法。

1. 气调冷藏库法

气调冷藏库要有机械冷库的保温、隔热、防潮性能，还需有气密性和耐压能力，因为气调库内要达到所需的特定气体成分，并长时间维持，避免气调库内外气体交换；库内气体压力会随着温度变化而变化，形成内外气压差。

用预制隔热嵌板建库。嵌板两面是表面呈凹凸状的金属薄板（镀锌钢板或铝合金板等），中间是隔热材料聚苯乙烯泡沫塑料，采用合成的热固性黏合剂将金属薄板牢固地黏结在聚苯乙烯泡沫塑料板上。嵌板用铝制呈工字形的构件从内外两面连接，在构件内表面涂满可塑性的丁基玛碲脂，使接口完全、永久地密封。这种预制隔热嵌板既可隔热防潮，又可作为隔气层。地板是在加固的钢筋水泥底板上，用一层塑料薄膜（多聚苯乙烯等）作为隔气层（0.25 mm），一层预制隔热嵌板（地坪专用），再加一层加固的10 cm厚的钢筋混凝土为地面。为了防止地板由于承受荷载而使密封破裂，在地板和墙交接处的地板上留一平缓的槽，在槽内灌满不会硬化的可塑酯（黏合剂）。

建成库房后，在内部进行现场喷涂泡沫聚氨酯（聚氨基甲酸酯），可获得性能非常优异的气密结构并兼有良好的保温性能，5.0~7.6 cm 厚的泡沫聚氨酯可相当于 10 cm 厚的聚苯乙烯的保温效果。喷涂泡沫聚氨酯之前，应先在墙面上涂一层沥青，然后分层喷涂，每层厚度约为 1.2 cm，直到喷涂达到所要求的总厚度。

气调贮藏库的库门要做到完全密封，通常有两种做法：第一，只设一道门，门在门框顶的铁轨上滑动，由滑轮连挂。门的每一边有两个插锁，共 8 个插锁把门拴在门框上，把门拴紧后，在四周门缝处涂上不会硬化的黏合剂密封。第二，设两道门，第一道是保温门，第二道是密封门。通常第二道门的结构很轻巧，用螺钉铆接在门框上，门缝处再涂上玛碲脂加强密封。另外，各种管道穿过墙壁进入库内的部位都需加用密封材料，不能漏气。通常要在门上设观察窗和手洞，方便观察和检验取样。

气调库在运行过程中，库内温度波动或者气体调节会引起压力的波动。当库内外压力差达到 58.8 Pa 时，必须采取措施释放压力，否则会损坏库体结构。具体办法是安装水封装置，当库内正压超过 58.8 Pa 时，库内空气通过水封溢出；当库内负压超过 58.8 Pa 时，库外的空气通过水封进入库内，自动调节库内外压力差不超过 58.8 Pa。

2. 塑料薄膜封闭气调法

20 世纪 60 年代以来，国内外对塑料薄膜封闭气调法开展了广泛的研究，并在生产中广泛应用。薄膜封闭容器可安装在普通冷库内或通风贮藏库内，以及窑洞、棚窑等简易的贮藏场所内，还可在运输中使用。

塑料薄膜除使用方便、成本低廉外，还具有一定的透气性，所以能够被广泛应用。通过果蔬的呼吸作用可以使塑料袋（帐）内 O_2 浓度和 CO_2 浓度维持一定的比例，加上人为的调节措施，会形成有利于延长果蔬贮藏时间的气体成分。

在用较厚的塑料薄膜（如 0.23 mm 厚的聚乙烯）做成的袋（帐）上嵌上一定面积的硅橡胶，就做成一个有气窗的包装袋（或硅窗气调帐），袋内的果蔬进行呼吸作用释放出的 CO_2 通过气窗透出袋外，所消耗掉的 O_2 则由大气透过气窗进入袋内而得到补充。贮藏一定时间后，袋内的 CO_2 和 O_2 进出达到动态平衡，其含量就会调节到一定范围。

有硅橡胶气窗的包装袋（帐）与普通塑料薄膜袋（帐）一样，是利用薄膜本身的透性自然调节袋中的气体成分。因此，袋内的气体成分必然是与气窗的特性、厚薄、大小，袋子容量、装载量，果实的种类、品种、成熟度，以及贮藏温度等因素有关。要通过试验研究，最后确定袋（帐）子的大小、装置和硅橡胶窗的大小。

（1）封闭方法和管理

①垛封法：贮藏产品用通气的容器盛装，码成垛。垛底先铺垫底薄膜，在其上摆放垫木，将盛装产品的容器垫空。码好的垛子用塑料帐罩住，帐子和垫底薄膜的四边互相重叠

卷起并埋入垛四周的小沟中，或用其他重物压紧，使帐子密闭。也可用活动贮藏架在装架后整架封闭。帐子选用的塑料薄膜一般是厚度为 0.07~0.20 mm 的聚乙烯或聚氯乙烯。在塑料帐的两端设置袖口（用塑料薄膜制成），供充气及垛内气体循环时插入管道之用，也可从袖口取样检查。活动硅橡胶窗也是通过袖口与帐子相连接。帐子还要设取气口，以便测定气体成分的变化，也可从此充入气体消毒剂，平时不用时把气口塞闭。为避免器壁的凝结水侵蚀贮藏产品，应设法使封闭帐悬空，不使之紧贴产品。对帐顶部分凝结水的排除，可加衬吸水层，还可将帐顶做成屋脊形，以免凝结水滴到产品上。

塑料薄膜帐的气体调节可使用气调库调气的各种方法。帐子上设硅胶窗可以实现自动调气。

②袋封法：将产品装在塑料薄膜袋内，扎口封闭后放置于库房内。调节气体的方法有：

a. 定期调气或放风。用 0.06~0.08 mm 厚的聚乙烯薄膜做成袋子，将产品装满后入库，当袋内的 O_2 浓度减少到低限或 CO_2 浓度增加到高限时，将全部袋子打开放风，换入新鲜空气后再进行封口贮藏。

b. 自动气调，采用 0.03~0.05 mm 厚的塑料薄膜做成小包装。因为塑料膜很薄，透气性很好，在较短的时间内，可以形成并维持适当的低 O_2 高 CO_2 的气体成分而不致造成高 CO_2 伤害。该方法适用于短期贮藏、远途运输或零售的包装。在袋子上，依据产品的种类、品种和成熟度及用途等确定粘贴一定面积的硅橡胶膜后，也可以实现自动调气。

c. 气调包装，运用现代的气调包装设备将塑料薄膜小包装中的气体部分或全部抽出，再将预先混好的气体充入其中，然后密封，通过果蔬呼吸和薄膜的透气性，最后使小包装内部的气体成分稳定。该方法省去了小包装内部的自动降氧期，对多数产品具有更好的贮藏效果，但是需要设备和气体消耗。

（2）温湿度管理

塑料薄膜封闭贮藏时，袋（帐）内部因有产品释放呼吸热，所以内部温度总会比库温高一些，一般有 0.1~1℃ 的温差。另外，塑料袋（帐）内部的湿度较高，接近饱和。塑料薄膜正处于冷热交界处，在其内侧常有一些凝结水珠。如果库温波动，则帐（袋）内外的温差会变得更大、更频繁，薄膜上的凝结水珠也就更多。封闭帐（袋）内的水珠还溶有 CO_2，ph 约为 5，这种酸性溶液滴到果蔬上，既有利于病菌的活动，也会对果蔬造成不同程度的伤害。封闭容器内四周的温度因受库温的影响而较低，中部的温度则较高，这就会发生内部气流的对流，较暖的气体流至冷处，降温至露点以下部分水汽形成凝结水；这种气体再流至暖处，温度升高，饱和差增大，因而又会加强产品的蒸腾作用，不断地把产品中的水抽出来变成凝结水。也可能并不发生空气对流，而由于温度较高处的水汽分压较大，该处的水汽会向低温处扩散，同样导致高温处的产品脱水而低温处的产品凝水。所以薄膜封闭贮藏时，一方面帐（袋）内部湿度很高，另一方面产品仍然有较明显的脱水现象。解决这一问题的关键在于力求库温保持稳定，尽量减小封闭帐（袋）内外的温差。

第二节　果蔬贮藏技术

一、果品贮藏

（一）仁果类

1. 苹果

苹果是世界上重要的落叶果树，与柑橘、葡萄、香蕉共同成为世界四大果品。苹果的贮藏性比较好，市场需求量大，是以鲜销为主的主要果品。

（1）贮藏特性

苹果是比较耐贮藏的果品，但因品种不同，贮藏特性差异较大。其中，晚熟品种生长期长，多于9月下旬到10月采收，干物质积累丰富、质地致密、保护组织发育良好、呼吸代谢低，故其耐贮性和抗病性都较强，在适宜的低温条件下，贮藏期至少8个月，并保持良好的品质。

苹果属于典型的呼吸跃变型果实，成熟时乙烯生成量很大，导致贮藏环境中有较多的乙烯积累。一般采用通风换气或者脱除技术降低贮藏环境中的乙烯。在贮藏过程中，通过降温和调节气体成分，可推迟呼吸跃变的发生，延长贮藏期。另外，采收成熟度对苹果贮藏的影响很大，对需要长期贮藏的苹果，应在呼吸跃变之前采收。

（2）贮藏条件

大多数苹果品种的适宜贮藏温度为 $-1\sim0℃$。对低温比较敏感的品种如红玉、旭等，在0℃下贮藏易发生生理失调现象，故贮藏温度可提高 $2\sim4℃$。在低温下应采用高湿度贮藏，库内相对湿度保持在90%~95%。如果在常温库贮藏或者采用自发气调贮藏方式，库内相对湿度可稍低些，保持在85%~95%即可，以减少腐烂损失。对于大多数苹果品种而言，2%~5%O_2浓度和3%~5%CO_2浓度是比较适宜的贮藏环境气体组合，个别对CO_2敏感的品种如红富士，应将CO_2浓度控制在3%以下。而人工气调贮藏时，应将C_2H_4控制在10 μL/L以下。

（3）采收及采后处理

苹果采收成熟度对贮藏影响很大，富士系要求采收时果实硬度≥7.0 kg/cm²，可溶性固形物含量≥13%；嘎啦系要求采收时果实硬度≥6.5 kg/cm²，可溶性固形物含量≥12%；元帅系要求采收时果实硬度≥6.8 kg/cm²，可溶性固形物含量≥11.5%；澳洲青苹果要求采收时果实硬度≥7.0 kg/cm²，可溶性固形物含量≥12%；国光系要求采收时果实硬度≥7.0 kg/cm²，可溶性固形物含量≥13%。

苹果采后处理主要包括分级、包装和预冷。苹果要严格按照产品质量标准进行分级，出口苹果必须按照国际标准或者协议标准分级。包装采用定量大小的木箱、塑料箱和瓦楞纸箱包装，每箱装10 kg左右。机械化程度高的贮藏库，可用容量大约300 kg的大木箱包装，出库时再用纸箱分装。预冷处理是提高苹果贮藏效果的重要措施，国外果品冷库都配有专用预冷间，而国内一般将分级包装的苹果放入冷藏间，采用强制通风冷却，迅速将果温降至接近贮藏温度后再堆码贮藏。

（4）主要贮藏法及管理

①沟藏：选择地势平坦的地方挖沟，深 1.3~1.7 m，宽 2 m，长度随贮藏量而定。当沟壁已冻结 3.3 cm 时，把经过预冷的苹果入沟贮藏。先在沟底铺约 33 cm 厚的麦草，放下果筐，四周填约 21 cm 厚的麦草，筐上盖草。到 12 月中旬沟内温度达 −2℃时，再覆 6~7 cm 厚的土，以盖住草根为限。要求在整个贮藏期不能渗入雨、雪水，沟内温度保持在 −4~−2℃。至 3 月下旬沟温升至 2℃以上时，不能继续贮藏。

②窑窖贮藏：苹果在北方常采用窑窖（土窑洞）贮藏。一般采收后的苹果先经过预冷，待果温和窖温下降到 0℃左右再入贮。将预冷的苹果装入箱或筐内，在窖的底部垫木枕或砖，苹果堆码在上面，各果箱（筐）要留适当的空隙，以利于通风。码垛离窖顶要有 60~70 cm 的空隙，与墙壁、通气口之间要留空隙。

③机械冷藏：对苹果机械冷藏入库时，果筐或果箱采用"品"或"井"字形码垛。码垛时要充分利用库房空间，且不同种类、品种、等级、产地的苹果要分别码放。为了便于货垛空气环流散热降温，有效空间的贮藏密度不应超过 250 kg/m^2，货垛排列方式、走向及间隙应与库内空气环流方向一致。货位码垛要求：距墙 0.2~0.3 m，距顶 0.5~0.6 m，距冷风机不少于 1.5 m，垛间距离 0.3~0.5 m，库内通道宽 1.2~1.8 m，垛底垫木（石）高 0.1~0.2 m。为了确保降温速度，每天的入库量应控制在库容量的 8%~15% 为宜，入满库后要求 48 h 之内降至苹果适宜的贮藏温度。

入贮后，库房管理技术人员要严格按冷藏条件及相关管理规程定时检测库内的温度和湿度，并及时调控，维持贮藏温度在 −1~0℃，上下波动不超过 1℃。适当通风，排除不良气体，贮藏环境的乙烯浓度应控制在 10 μL/L 以下。及时冲霜，并进行人工或自动的加湿、排湿处理，调节贮藏环境中的相对湿度为 85%~90%。

苹果出库前，应有升温处理，以防止结露现象的产生。升温处理可在升温室或冷库预贮间进行，升温速度以每次高于果温 2~4℃为宜，相对湿度以 75%~80% 为好，当果温升到与外界温度相差 4~5℃时即可出库。

④气调贮藏：

a. 塑料薄膜袋贮藏：在苹果箱中衬以 0.04~0.07 mm 厚的低密度 PE 或 PVC 薄膜袋，装入苹果，扎口封闭后放置于库房，每袋构成一个密封的贮藏单位。初期 CO_2 浓度较高，以后逐渐降低，在贮藏初期的 2 周内，CO_2 浓度上限为 7% 较为安全，但富士苹果贮藏环境的 CO_2 浓度应不高于 3%。

b. 塑料薄膜大帐贮藏：在冷库内，用 0.1~0.2 mm 厚的 PVC 薄膜黏合成长方形的帐子将苹果贮藏码垛、封闭起来,容量可根据需要而定。用分子筛充氮机向帐内充氮降氧,取帐内气体测定 O_2 浓度和 CO_2 浓度,以便准确控制帐内的气体成分。贮藏期间每天取账内气体分析 O_2 浓度和 CO_2 浓度,当 O_2 浓度过低时,向帐内补充空气;当 CO_2 浓度过高时,可用 CO_2 脱除器或消石灰脱除 CO_2,消石灰用量为每 100 kg 苹果 0.5~1.0 kg。

在大帐壁的中、下部粘贴上硅胶窗,可以用来自然调节帐内的气体成分,使用和管理更为简便。硅胶窗的面积是依贮藏量和要求的气体比例来确定的。如贮藏 1 t 金冠苹果,为维持 O_2 浓度在 2%~3%、CO_2 浓度在 3%~5%,在 5~6℃条件下,硅胶窗面积为 0.6 m×0.6 m 较为适宜。苹果罩帐前要充分冷却和保持库内稳定的低温,以减少帐内凝水。

c. 人工气调库贮藏:对于苹果的人工气调库贮藏,要根据不同品种的贮藏特性确定适宜的贮藏条件,并通过调气保证库内所需要的气体成分及准确控制温度、湿度。对于大多数苹果品种而言,控制 O_2 浓度为 2%~5% 和 CO_2 浓度为 3%~5% 比较适宜,而温度可较一般冷藏环境高 0.5~1℃。在苹果气调贮藏中容易遭受 CO_2 中毒和缺 O_2 伤害。贮藏过程中,要经常检查贮藏环境中 O_2 浓度和 CO_2 浓度的变化,及时进行调控,以防止伤害发生。

2. 梨

梨在我国有"百果之宗"的称谓。尤其在我国北方,梨树仅次于苹果树,为第二大类果树。

(1) 贮藏特性

作为经济栽培的有白梨、秋子梨、沙梨和西洋梨四大系统,各系统及其品种的商品性状和耐贮性有很大差异。

白梨系统主要分布在华北和西北地区,果实多为近卵形,果柄长,果皮黄绿色,皮上果点细密,肉质脆嫩,汁多渣少,采后即可食用,生产中栽培的鸭梨、酥梨、雪花梨、长把梨、雪梨、秋白梨、库尔勒香梨等品种,均具有商品性状好、耐贮运的特点,因而成为我国梨树栽培和贮运营销的主要品系;秋子梨系统大多品质差,不耐贮藏;沙梨系统各品种的耐贮性较差,采后即上市销售或者只进行短期贮藏;西洋梨系统的主要品种有巴梨(香蕉梨)、康德、茄梨、日面红、三季梨、考密斯等,一般具有品质好但不耐贮藏的特点,因而通常采后就上市。

根据果实成熟后的肉质硬度,可将梨分为硬肉梨和软肉梨两大类。白梨和沙梨系统成熟后的肉质硬度大,属硬肉梨;秋子梨和西洋梨系统属软梨。一般来说,硬肉梨较软肉梨耐贮藏,但对 CO_2 的敏感性强,气调贮藏时易发生 CO_2 伤害。

(2) 贮藏条件

梨大多数品种的适宜贮藏温度为 (0±1)℃。但是鸭梨等个别品种对低温比较敏感,应采用缓慢降温或分段降温,以减少黑心病的发生;在低温下的适宜相对湿度为 90%~95%;气调贮藏时大多数梨品种能适应低 O_2(3%~5%),但多数品种对 CO_2 比较敏感,少数品种如巴梨、秋白梨、库尔勒梨等可在较高 CO_2（2%~5%）贮藏。在低 O_2 而 CO_2 浓度为 2% 以上时，鸭梨、酥梨、雪花梨果实就有可能发生生理障碍，出现果心褐变。

（3）贮藏技术及方法

①适时采收：对于白梨和砂梨系统的品种，当果面呈现本品种固有色泽、肉质由硬变脆、种子颜色变为褐色、果梗从果台容易脱落时即可采收。对于西洋梨和秋子梨系统的品种，由于有明显的后熟变化，故可适当早采，即当果实大小已基本定型、果面绿色开始减退、种子尚未变褐、果梗从果台容易脱落时采收为好。

②贮藏方法：梨同苹果一样，短期贮藏可采用沟藏、窖窑贮藏、通风库贮藏等方式，在西北地区贮藏条件好的窖窑，晚熟梨可贮藏 4~5 个月。中、长期贮藏的梨，则应采用机械冷库贮藏，这是我国当前贮藏梨的主要方式。

鉴于目前我国主产的鸭梨、酥梨、雪花梨等品种对 CO_2 比较敏感，所以塑料薄膜密闭贮藏和气调库贮藏在梨贮藏中应用不多。如果要采用气调贮藏，应该有脱除 CO_2 的有效手段。

（二）核果类

桃、李、杏等果实同属于核果类。但桃、李、杏皮薄、肉软、汁多，收获季节又多集中在 6~8 月，适于短期贮藏。桃、李、杏果实呼吸强度大，同属于呼吸跃变型果实，贮藏生理方面有共同的特点，也有基本相似的贮藏技术措施。

1. 贮藏特性

桃、李、杏各品种间耐贮性差异较大。桃早熟品种一般不耐贮运，而晚熟、硬肉、黏核品种耐贮性较好。如早熟水蜜桃、五月鲜耐贮性差，而山东青州蜜桃、肥城桃、中华寿桃、河北晚香桃较耐贮运。此外，大久保、白凤、冈山白等桃品种也有较好的耐贮性。牛心李、冰糖李、黑琥珀李等品种的耐贮性较强。杏果以肉质分，有水杏类、肉杏类、面杏类。水杏类果实成熟后柔软多汁，适于鲜食，不耐贮运；面杏类果实成熟后肉变面，呈粉糊状，品质较差；肉杏类果实成熟后果肉有弹性、坚韧，皮厚，不易软烂，较耐贮运，且适于加工，如河北的串枝红、鸡蛋杏，山东招远的拳杏，峨山的红杏等。

2. 贮藏条件

（1）桃

因不同品种而异，一般；来说，温度为 -0.5~2℃，相对湿度为 90%~95%，气体成分为 O_2 浓度 1%~2%，CO_2 浓度 4%~5%，在这样的贮藏条件下可贮藏 15~45 d。

（2）李

温度为 -1~0℃，相对湿度为 90%~95%，气调贮藏时 O_2 浓度为 3%~5%，CO_2 浓度为 5%。但一般认为李对 CO_2 极敏感，长期高 CO_2 会使果顶开裂率增加。

（3）杏

温度为0~2℃，相对湿度为90%~95%，气调贮藏时O_2浓度为3%~5%，CO_2浓度为2%~3%。

3. 贮藏技术及方法

（1）贮藏技术

①适时无伤采收：一般用于贮运的桃应在七八成熟时采收；李应在果皮由绿转为该品种特有颜色，表面有一薄层果粉，果肉仍较硬时采收；杏大致八成熟时采收。采收时应带果柄，减少病菌入侵机会。果实在树上成熟不一致时应分批采收。注意适时无伤采收。

②预冷：一般在采后12 h内、最迟24 h内将果实冷却到5℃以下，可有效地抑制桃褐腐病和软腐病的发生。桃、李、杏预冷的方式有风冷和用0.5~1℃冷水冷却，后者效果更佳。

③包装：包装容器不宜过大，以防振动、碰撞与摩擦。一般是用浅而小的纸箱盛装，箱内加衬软物或格板，每箱5~10 kg。也可在箱内铺设0.02 mm厚的低密度聚乙烯袋，袋中加乙烯吸收剂后封口，可抑制果实软化。

4. 贮藏方法

①桃和油桃：

a. 冷藏。桃和油桃的适宜贮藏温度为0℃，相对湿度为90%~95%，贮期可达3~4周。

b. 气调贮藏。国内推荐在0℃下，采用（1%~2%）O_2+（3%~5%）CO_2，桃可贮藏4~6周；1%O_2+5%CO_2贮藏油桃，贮藏期可达45 d。将气调或冷藏的桃贮藏2~3周后，移到18~20℃的空气中放置2 d，再放回原来的环境继续贮藏，能较好地保持桃的品质，减少低温伤害。

②李：李采后软化进程较桃稍慢，果肉具有韧性，耐性比桃强，商业贮藏多以冷藏为主。方法与桃的贮藏基本相同。李采用减压贮藏也能收到较好的效果。

③杏：

a. 冰窖贮藏。将杏果用果箱或筐包装，放入冰窖内，窖底及四周开出冰槽，底层留0.3~0.6 m的冰垫底，箱或筐依次堆码，间距为6~10 cm；空隙填充碎冰，码6~7层后，上面盖0.6~1 m的冰块，表面覆以稻草，严封窖门。贮藏期要定期抽查，发现变质果要及时处理。

b. 气调贮藏。气调贮藏的杏果要适当早采，采后用0.1%的高锰酸钾溶液浸泡10 min，取出晾干。将晾干后的杏果迅速装筐，预冷12~24 h，待果温降到20℃以下，再转入贮藏库内堆码。堆码时筐间留有间隙5 cm左右，码高7~8层，库温控制在0℃左右，相对湿度为85%~90%，配以浓度为5%的CO_2，另加浓度为3%的O_2的气体成分。这样贮藏后的杏果出售前应逐步升温回暖，在18~24℃下进行后熟。但这种贮藏条件对低温敏感的品种不适宜。

（三）浆果类

1. 葡萄

葡萄是我国的六大水果之一，主产于北方，新疆、河北、山西、山东、陕西等均是我国主产区。2005年，我国葡萄栽培面积为 $4.079 \times 10^5 \ hm^2$，产量约为579.4万吨。近年来，葡萄通过控温、控湿、调气加防腐保鲜剂等技术的应用，可使其贮藏到次年3—5月。

（1）贮藏特性

我国葡萄有几百个品种，但用于贮藏的品种有10多种。晚熟、极晚熟品种的果肉较硬脆，果皮较厚，浆果高糖、高酸，果梗木质化好，如龙眼、新玫瑰、意大利、白牛奶、无核白、玫瑰香、李子香、白香蕉等，以龙眼最耐贮藏，玫瑰香次之。巨峰、红地球葡萄果梗易干，影响贮藏效果。通常有色品种的葡萄较耐贮藏，白色葡萄品种在贮藏中果皮容易褐变或产生褐色花纹。

（2）贮藏条件

鲜食葡萄贮藏的最佳温度为0~1℃，适宜相对湿度为90%~95%。一般保持 O_2 浓度为2%~5%，CO_2 浓度为3%~8%。总体来说，葡萄对低 O_2 和高 CO_2 不敏感，但过高浓度的 CO_2 和过低浓度的 O_2 也会对其产生伤害。

（3）贮藏技术及方法

①贮藏技术：

a. 适时采收。葡萄采收宜在早晨露水干后进行，选择九成熟左右，果穗紧凑、整齐、上色均匀、无病无伤的采收，剔除有病虫及机械损伤的果粒，用专用保鲜袋包装，装箱。

b. 预冷。北方接近霜期采收的贮藏葡萄，如果没有预冷设备，允许采后在树下或距冷库很近的干燥通风处于夜间室外预冷10 h左右，机械冷库仅限平铺冷库地面一层；如有支架，应控制在2~3层。针对红地球等不耐二氧化硫型保鲜剂的贮藏品种，提倡建立预冷库进行预冷。

②贮藏方法：

a. 简易贮藏。葡萄采收时，昼夜温差较大，对于夜间气温在10℃以下的地区，可以建设完全利用自然冷源的贮藏场所。如土窑洞、强制通风库、冰窖、自然通风库、人防工程及山洞等。对晚熟品种进行贮藏，也可达到预期的贮藏效果。

b. 小型节能保鲜冷库贮藏。这是一类利用自然冷源和机械制冷相结合的节能贮藏场所，比较适合我国农村地区。

c. 低温简易气调贮藏。葡萄采收后，剔除病粒、小粒并剪除穗尖，将果穗装入内衬0.03~0.05 mm厚的PVC袋的箱中，PVC袋敞口，经预冷后放入保鲜剂，扎口后码垛贮藏。贮藏期间维持库温为-1~0℃，相对湿度为90%~95%。定期检查果实质量，发现霉变、裂果、腐烂、药害、冻害等情况，应及时处理。

d. 减压贮藏。此方法具有迅速冷却、快速降氧、随时净化、高效杀菌、消除残留等特点。采用减压贮藏可将食物失重、腐烂、老化程度降低到最小范围。

无论哪种方法，应定期通风换气，每隔 3~5 d 检查，如发现有冻害、霉变及保鲜剂漂白等异常现象，应及时出库销售。

2. 香蕉

我国香蕉的主产区是广东、广西、福建、海南、云南和台湾等地。香蕉生产的最大特点是周年生产，因此，香蕉采后在产地贮藏保鲜的不多，主要是因为运输销售中存在的问题。

（1）贮藏特性

香蕉是典型的呼吸跃变型果实。随着呼吸跃变的到来，果实变软、果皮退绿，类胡萝卜素的颜色显现出来；淀粉逐渐转化成糖，风味变甜，并散发出浓郁的香气。香蕉果实对乙烯很敏感。

（2）贮运条件

香蕉贮运的最适宜条件：温度为 11~13℃，相对湿度为 85%~90%，O_2 浓度和 CO_2 浓度均为 2%~5%。在夏季常温下可贮藏 15~30 d，冬季常温下可贮藏 1~2 个月。

（3）贮藏技术及方法

①贮藏技术：

a. 采收及预冷。要长途运输或长期贮藏，其采收饱满度一般在七成半至八成。不要在雨天或台风天气采收。香蕉采收时要尽量避免机械损伤。香蕉在低温贮运前最好进行预冷，以便迅速除去果实所带的田间热。

b. 去轴落梳。由于蕉轴含有较高的水分和营养物质，而且结构疏松，易被微生物侵染而导致腐烂，而且带蕉轴的香蕉运输、包装均不方便，因此香蕉采后一般要进行去轴落梳。

c. 清洗和防腐处理。由于香蕉在生长期间可能已附生大量的微生物。因此，落梳后的香蕉在包装前要进行清洗，清洗时可加入一定量的次氯酸钠溶液，同时除去残花。生产上一般用 1000 mg/L 的特克多加 1000 mg/L 的扑海因溶液进行药浴或喷淋梳蕉，晾干后再进行包装贮藏。也可用施保克等防腐剂。

d. 包装。可用纸箱或竹箩包装，近年我国香蕉的竹箩包装逐渐被纸箱包装取代。纸箱内衬聚乙烯薄膜袋，聚乙烯薄膜袋的厚度宜为 0.03~0.04 mm。在包装内加入浸有饱和高锰酸钾溶液的沸石或其他的轻质多孔材料，可显著延长香蕉的贮藏期。

②贮藏方法：

a. 低温贮藏运输。低温贮藏运输是香蕉最常用、效果最好的方式，在国外已成为一种常规的商业流通技术。我国香蕉有一部分采用机械保温车和加冰保温车运输。香蕉低温贮藏运输的适宜温度是 11~13℃，低于 11℃会发生冷害。

b. 薄膜袋包装加高锰酸钾贮藏保鲜。利用半透性的薄膜袋密封，使袋内二氧化碳与氧气的浓度分别为 5% 与 2%，同时防止水分蒸发，使袋内相对湿度达 85%~95%。目前薄膜厚度为 0.03~0.06 mm 的效果较好；同时，可用珍珠岩、活性炭、三氧化二铝或沸石等作为载体，吸收饱和高锰酸钾溶液，然后阴干至含水 4%~5%，使用时用塑料薄膜、牛皮纸或纱布等包成一小包，并打上小孔，每袋香蕉中放置 1~2 包。此法的贮藏期比自然放置长 3~5 倍。

c.气调贮藏。典型的香蕉气调贮藏条件是温度为 12~16℃，CO_2 浓度为 2%~5%，O_2 浓度为 2%~5%。但实际上在国内外商业化贮藏对气调贮藏的应用并不多，这可能是因为气调贮藏成本较高，从而限制了其应用。

3. 猕猴桃

（1）贮藏特性

猕猴桃属呼吸跃变型果实，并且呼吸强度大，是苹果的几倍。由于猕猴桃这一生理特性，贮藏用猕猴桃应在呼吸高峰出现之前采收，采后尽快入库降温至 0~2℃，以延长贮藏寿命。猕猴桃对乙烯非常敏感，贮藏环境中 0.1 μL/L 的乙烯就会引起猕猴桃软化早熟，所以贮藏环境中不能有乙烯存在，并避免其与产生乙烯的果蔬及其他货物混存，避免病、虫、伤果入库。在贮藏过程中要及时挑出已提前软化的果实，以减少对其他果实的影响。

（2）贮藏条件

猕猴桃的适宜贮藏条件：温度为 –1~0℃，相对湿度为 85%~95%，O_2 浓度为 2%~3%，CO_2 浓度为 3%~5%，乙烯浓度小于 0.1 μL/L。另外，采后快速降温也是猕猴桃贮藏的必要条件。

（3）采收及采后处理

①采收：贮藏用猕猴桃采收前 10 d 果园不能灌水，或者雨后 3~5 d 不能采收。采收成熟度要求果肉硬度为 6.0~7.0 kg/cm^2，可溶性固形物含量为 6.5%~8%。采收时要轻拿轻放，避免产生机械损伤。

②预贮（预冷）：果实采收运回以后，先放在阴凉处过夜，第二天再入库，这一过程叫作预贮。经预贮的果实可直接进入冷库，但一次进库量应掌握在库容量的 20%~30%。最好能在预冷间先预冷后，再进入冷库。预冷时，果心达到 0℃ 的时间越短越好。例如，新西兰猕猴桃要求从采摘到果心温度降到 0℃ 的预冷过程必须在 36 h 内完成，以 8~12 h 完成最好。预冷时库内相对湿度应保持在 90% 左右。

③保鲜剂处理：在入库堆垛之前，在每果箱中直接夹放 1 包惠源"普斯利通"保鲜剂，以吸附乙烯气体，杀菌保鲜，延长贮藏期。

④分级和包装：猕猴桃分级通常按果实大小划分。依品种特性，剔除过小、过大、畸形、有伤以及其他不符合贮藏要求的果实，一般将单果重 80~120 g 的果实用于贮藏。包装可用木箱、塑料箱或纸箱装盛，还可在箱内衬塑料薄膜保鲜袋。

⑤分垛堆码：入库堆垛排列方式的走向及间隙，应力求与库内空气环流方向一致。果

箱应距库墙 10~15 cm，垛顶距库顶 50~60 cm，垛与垛之间留出 30~50 cm 空隙，库内通道留出 70~80 cm 空隙，垛底垫木高度为 10~15 cm，以利于通风换气、检查和果品进出。另外，不同种类、品种的猕猴桃的贮藏能力有较大差异，因此不同种类、品种的果实应分库贮藏。

（4）主要贮藏方法及管理

①自发气调贮藏：采用塑料薄膜袋或薄膜帐将猕猴桃封闭在机械冷库内贮藏是目前生产中采用的普遍方式，其贮藏效果与人工气调贮藏相差无几。塑料薄膜袋用 0.03~0.05 mm 厚的聚乙烯或无毒聚氯乙烯袋，每袋装 12.5~15.0 kg 果实，袋子规格为口径 80~90 cm，长 80 cm。具体做法：当库温稳定在（0±0.5）℃时，将果实装入衬有塑料袋的包装箱，在装量达到要求后，扎紧袋口。贮藏过程中，将袋内温度和空气相对湿度分别控制在 0~1℃和 95%~98%。塑料薄膜帐用厚度为 0.1~0.2 mm 的聚乙烯或无毒聚氯乙烯制作，每帐贮量为 1~2 t。具体做法：将猕猴桃装入包装箱，堆码成垛，当库温稳定在 0~1℃时罩帐密封，贮藏期间帐内温度和空气湿度分别控制在 0~1℃和 95%~98%。帐内 O_2 浓度和 CO_2 浓度分别控制在 2%~4% 和 3%~5%，定期检查果实的质量，及时检出软化腐烂果。严禁与苹果、梨、香蕉等释放乙烯的水果混存。贮藏结束出库时，要进行升温处理，以免因温度突然上升中产生结露现象，影响货架期和商品质量。

②人工气调贮藏：在意大利、新西兰等猕猴桃主产国，大多采用现代化的气调贮藏库，这是最理想的贮藏方法，能够调整贮藏指标保持在最佳状态。

③低温冷藏：低温能降低猕猴桃的呼吸强度，延缓乙烯产生。适合贮藏猕猴桃果实的温度为 0~1℃，而新西兰猕猴桃的适宜贮藏温度为 0.3~0.5℃。低温贮藏要求湿度为 95% 左右。在高湿条件下，库温低于 –0.5℃，果实就会遭受冷害。为了准确测定库内温度，每 15~20 m 应放置 1 支温度计，温度计应放置在不受冷凝、异常气流、冲击和振动影响的地方。对有温控设备的冷库，要定期针对温控器温度和实际库温进行校正，保证每周至少 1 次。

二、蔬菜贮藏

（一）根菜类

根菜类蔬菜，包括萝卜和胡萝卜。萝卜又名莱菔，为十字花科萝卜属植物；胡萝卜又名红萝卜、黄萝卜等，为伞形科胡萝卜属植物。萝卜、胡萝卜富含维生素、碳水化合物、矿物质。萝卜在医学上不同于胡萝卜含有大量的胡萝卜素。萝卜、胡萝卜在我国各地都有栽培，也是北方重要的秋贮蔬菜，萝卜、胡萝卜的贮藏量大，供应时间长，对调剂冬春蔬菜供应有重要的作用。

1. 贮藏特性

萝卜和胡萝卜均为根菜类蔬菜，食用部分为地下部的肉质根；无生理休眠期。

贮藏萝卜以秋播的晚熟品种耐贮性较好，华北、东北地区有谚语：头伏萝卜，二伏菜，霜降前后采收的萝卜最耐贮藏。地上部分长的品种比地下部分长的品种耐贮藏，皮厚、质脆、含糖和水分多者耐贮藏。如北京的心里美、青皮脆，天津的卫青，济南的青园脆，沈阳的翘头青，吉林的大磨盘等品种较耐贮藏。不同色泽品种的耐贮性大致为：青皮种＞红皮种＞白皮种。

胡萝卜中皮色鲜艳、根细小、根茎小、心柱细的品种耐贮藏。如鞭杆红、小顶金红等品种。

2. 贮藏条件

低温、高湿是贮藏好根菜类蔬菜（萝卜和胡萝卜）的关键。贮藏温度宜为 0~5℃，相对湿度为 95% 左右。贮藏温度若低于 0℃ 会造成冻害。

萝卜和胡萝卜具有适应土壤中生长的习性，组织特点是细胞和细胞间隙都很大，具有较强的耐低 O_2（O_2 浓度为 1%）和耐高 CO_2（CO_2 浓度为 8%）的能力。因此，萝卜和胡萝卜适于采取气调贮藏，有利于抑制生长与衰老。

3. 主要贮藏方法及管理

（1）沟藏

沟开东西走向，一般宽 1~1.5 m，沟的深度应比当地冬季的冻土层再稍深 0.6~0.8 m，长度视贮藏量而定。萝卜和胡萝卜入沟的时间最好是在最冷凉的时间。萝卜和胡萝卜可以散堆在沟内，头朝下、根朝上，码 3~4 层，厚度一般不超过 0.5 m，以免底层产品受热腐烂。最好与湿沙层积。下沟后在产品表面覆上一层薄土，以后随气温下降分次添加，最后约与地面平齐。此法贮藏的萝卜和胡萝卜一般要一次出沟上市。

（2）窖藏

萝卜和胡萝卜的窖藏可分为散堆贮藏和层积贮藏。散堆贮藏时，其高度不得超过 1.5 m，以防温度升高引起腐烂，也可在堆中放几个通气把。层积贮藏方法为先在窖底放一层 0.08~0.1 m 厚的细沙，然后一层沙一层萝卜，共堆放 0.8~1 m，中间每隔 1 m 放一通气筒，最上层放湿沙 0.2 m。窖内温度控制为 0~2℃，相对湿度为 90%~95%。

（3）塑料袋小包装贮藏

塑料袋小包装贮藏时，把萝卜和胡萝卜装入聚乙烯薄膜袋中，每袋 1 kg，扎紧袋口放在 1℃ 条件下贮藏，此法保鲜效果很好。

（4）塑料薄膜贮藏

塑料薄膜贮藏是在普通大型窖内进行的。薄膜半封闭贮藏时，选取无病、无伤的萝卜和胡萝卜在窖内堆成长 4~5 m、宽 1~1.5 m、高 1~1.2 m 的长方体堆，当窖内温度下降到 0℃ 时，套上薄膜帐子，堆底下铺塑料薄膜。应定时揭帐通气，此法可贮藏至第 2 年的五六月。

（二）茎菜类

地下茎菜类的贮藏器官是变态的茎。马铃薯是块茎，洋葱、大蒜、大葱为鳞茎。

1. 马铃薯

（1）贮藏特性

马铃薯具有不易失水和愈伤能力强的特性，而且在收获后一般有 2~4 个月的休眠期。所以，马铃薯是较耐贮藏和运输的一种蔬菜。晚熟品种休眠期短，早熟品种休眠期长。成熟度不同对休眠期的长短也有影响，尚未成熟的马铃薯块茎的休眠期比成熟的长。贮藏初期的低温对延长休眠期十分有利。

（2）贮藏条件

马铃薯贮藏的适宜温度为 3~5℃。当马铃薯贮藏的温度降至 0℃时，淀粉水解酶活性增高，薯块内单糖积累，薯块变甜，食用品质不佳，加工时会褐变。如果贮藏温度升高，单糖又会合成淀粉。当马铃薯贮藏的温度高于 30℃和低于 0℃时，薯心容易变黑。

（3）主要贮藏方法及管理

马铃薯的贮藏方式有很多，以上海、南京等地的堆藏，山西的窖藏，东北的沟藏等方式较为成熟。

①堆藏：一般每 10 m² 堆放 7500 kg，四周用板条箱、箩筐或木板围好，中间可放一定数量的竹制通气筒，以利于通风散热。这种堆藏法只适于短期贮藏和秋马铃薯的贮藏。

②沟藏：7 月中旬收获马铃薯，收获后预贮在阴棚或空屋内，直到 10 月下沟贮藏。沟深 1~1.2 m、宽 1~1.5 m，沟长不限。薯块厚度为 40~50 cm，寒冷地区厚度为 70~80 cm，上面覆土保温，要随气温下降分次覆盖。

③窖藏：用井窖或窑窖贮藏马铃薯，每窖可贮藏 3000~3500 kg，由于只利用窖口通风调节温度，所以冬季保温效果较好。但入窖初期窖温不易下降，因此马铃薯不能装得太满，窖内薯堆高度不超过 1.5 m。并注意窖口的开闭。

窖藏马铃薯易在薯堆表面"出汗"（凝结水），在严寒季节可在薯堆表层铺放草帘，以转移出汗层，防止发芽与腐烂。马铃薯入窖后一般不用翻动，但在气温较高地区，因窖温也相对较高，可酌情翻动 1~2 次，去除病烂薯块，以防腐烂蔓延。

④通风库贮藏：一般薯堆高度不超过 2 m，堆内设置通风筒。装筐码垛存放。

⑤冷藏：休眠期后的马铃薯转入冷库中贮藏，可以很好地控制发芽和失水，在冷库中可以进行堆藏，也可以装箱堆码。将温度控制为 3~5℃，相对湿度为 85%~90%。

2. 洋葱

（1）贮藏特性

洋葱属石蒜科，两年生蔬菜，具有明显的生理休眠期。洋葱的休眠期为 1.5~2.5 个月。

我国栽培的洋葱，按皮色可分为红皮种、黄皮种和白皮种。黄皮种是中熟或晚熟品种，其品质好，休眠期长，耐贮藏，但产量稍低；红皮种为晚熟品种，产量较高，辣味重，耐贮藏，但品质较差；白皮种为早熟品种，肉质柔软，容易抽薹。从形状可分为扁圆形和凸球形。一般来说，扁圆形的黄皮品种较耐贮藏。

（2）贮藏条件：

最适贮藏温度为0~3℃，适宜的空气相对湿度为70%~75%。洋葱采后应充分晾晒，使外层鳞片干燥，有利于贮藏。

（3）贮藏技术及方法

①采收

洋葱在采收前10 d应停止灌水，采收适期一般在植株的第一、二片叶枯黄，第三、四片叶部分变黄，地上部开始倒伏，外部鳞片变干时为宜。要选择晴天进行，避免机械损伤，采收后要及时在田间晾晒，待叶片发黄变软、外层鳞片完全干燥时即可贮藏。

②贮藏方法

a. 挂藏和筐藏。挂藏要求选择阴凉、干燥、通风的房间或菜棚，将洋葱叶编辫挂于木架上，注意防雨，此法休眠结束时就会发芽，一般可贮藏至10月。筐藏是将干燥的葱头装筐，置于凉棚内，这种贮藏方式只能贮藏至9月。

b. 垛藏。选择地势高燥、排水良好的场地，在地面垫枕木，其上放一层秫秸或苇席，将洋葱辫纵横交错摆码其上，码成长5~6 m、宽1.5 m、高0.5~1 m的长方形小垛。垛顶盖3~4层苇席。四周围2层苇席并用绳子绑紧。贮藏期间要防日晒雨淋，保持干燥。封垛初期可视天气情况倒垛1~2次。10月要加覆盖物保温，以防受冻。

c. 气调贮藏。将洋葱装箱码垛后，再用大帐封闭，每帐贮藏洋葱500~5000 kg。此法必须在洋葱休眠结束之前封帐，用自然降氧法调气，O_2浓度维持为3%~6%，CO_2浓度保持为8%~12%，抑芽效果良好，至10月底发芽率可控制为5%~10%。用此法，贮前葱头应充分晾干，贮藏中尽量不开帐检查。同时，要在帐内放置无水氯化钙等有效的吸湿剂，也可开帐擦去结露水，还可通入氯气消毒灭菌。

d. 冷库贮藏。温度的调节是以洋葱入库时的体温为起点，每天下降0.5℃，直至库温降到−2℃时为止。以后每天通风，以降低热量，冷库贮藏效果较好。

（三）果菜类

果菜类包括茄果类的番茄、辣椒等，瓜果类的黄瓜、南瓜、冬瓜等。此类蔬菜原产于热带或亚热带，不适合于低温条件下贮藏，易产生冷害。果菜类同其他蔬菜相比最不耐贮藏。果菜类是人们非常喜爱的蔬菜，也是冬季调剂市场供应的重要细菜类。

1. 番茄

番茄又称西红柿、洋柿子，属茄科蔬菜，食用器官为浆果。起源于秘鲁，在我国栽培有近100年的历史。栽培种包括普通番茄、大叶番茄、直立番茄、梨形番茄和樱桃番茄五个变种。后两个果形较小，产量较低；近年来樱桃番茄的种植也日渐增多。番茄的营养丰富，经济价值较高，是人们喜爱的水果兼蔬菜品种。露地大面积栽培的番茄采收集中，上市正值夏季高温季节，容易造成较大的采后损耗，但高峰期过后，番茄产量又会锐减，所以番茄贮藏主要是将夏季生产的番茄贮藏起来，到淡季时陆续供应市场。

（1）贮藏特性

番茄性喜温暖，不耐0℃以下的低温，但不同成熟度的果实对温度的要求不尽相同。番茄属呼吸跃变型果实，成熟时有明显的呼吸高峰及乙烯高峰，同时对外源乙烯反应也很敏感。

用于贮藏的番茄首先要选择耐贮藏品种，不同品种的耐贮性差异较大。贮藏时应选择种子腔小、皮厚、子室小、种子数量少、果皮和肉质紧密、干物质和糖分含量高、含酸量高的耐贮藏品种。一般来说，黄色品种最耐贮藏，红色品种次之，粉红色品种最不耐贮藏。此外，早熟的番茄不耐贮藏，中晚熟的番茄较耐贮藏。实验发现，适宜贮藏的番茄品种有满丝、橘黄佳辰、农大23、红杂25、大黄一号、厚皮小红、日本大粉等。加工品种中较耐贮藏的有扬州24、罗城1号、渝红2号、罗城3号、满天星等。

（2）贮藏条件

①温度：用于长期贮藏的番茄，一般选用绿熟果，适宜的贮藏温度为10~13℃，温度过低，易发生冷害；用于鲜销和短期贮藏的红熟果，其适宜的贮藏温度为0~2℃。

②湿度：番茄贮藏适宜的相对湿度为85%~95%。湿度过高，病菌易侵染造成腐烂；湿度过低，水分易蒸发，同时还会加重低温伤害。

③气体成分：在O_2浓度为2%~5%、CO_2浓度为2%~5%的条件下，绿熟果可贮藏60~80 d，顶红果可贮藏40~60 d。

（3）采收及采后处理

番茄采收的成熟度与耐贮性密切相关。采收的果实过青，累积的营养不足，贮藏后品质不良；果实过熟，则很快变软，而且容易腐烂，不能久藏。番茄果实生长至成熟时会发生一系列的变化：叶绿素逐渐降解，类胡萝卜素逐渐形成，呼吸强度增加，乙烯产生，果实软化，种子成熟。根据果实色泽的变化，番茄的成熟度可分为绿熟期、发白期、转色期、粉红期、红熟期五个时期。

绿熟期：全果浅绿或深绿，已达到生理成熟。

发白期：果实表面开始微显红色，显色率小于10%。

转色期：果实浅红色，显色率小于80%。

粉红期：果实近红色，硬度大，显色率近100%。

红熟期：又叫软熟期，果实全部变红而且硬度下降。

采收番茄时，应根据采后不同的用途选择不同的成熟度，用于鲜食的番茄应在转色期至粉红期采收，因为这种果实正开始进入或已处于生理衰老阶段，即使在10℃条件下也难以长期贮藏；用于长期贮藏或远距离运输的番茄应在绿熟期至转色期采收，此时果实的耐贮性较强，在贮藏中完成完熟过程，可以获得接近植株上充分成熟的品质。

番茄果皮较薄，采收时应十分小心。番茄的成熟为分批成熟，所以一般采用人工采摘。番茄成熟时产生离层，采摘时用手托着果实底部，轻轻扭转即可采摘。人工采摘的番茄适宜贮运鲜销。发达国家用于加工的番茄多用机械采收，但果实受伤严重，不适宜长期贮藏。

（4）主要贮藏方法及管理

①简易贮藏：夏秋季节利用通风库、地下室等阴凉场所贮藏。采用筐或箱存放时，应内衬干净纸垫，上用0.5%漂白粉消毒的蒲包，防止果实略伤。将选好的番茄装入容器中，一般只装4~5层。包装箱码成4层高，箱底垫枕木，箱间留有通风道。也可将果实直接堆放在架上或地面，码放3~5层果实为宜，架宽和堆宽不应超过0.8~1 m，以利于通风散热，并防止压伤，层间垫消毒蒲包或牛皮纸，最上层可稍加覆盖（纸或薄膜）。贮藏后，加强夜间通风换气，降低库温。贮藏期间每8~10 d检查一次，剔除有病和腐烂果实，红熟果实及时挑出销售或转入0~2℃库中继续贮藏。该法一般贮藏20~30 d后，果实全部转红。秋季如果能将温度控制为10~13℃，番茄可以贮藏1个月。

②冷藏：根冷藏时应注意以下事项：

a.选择无严重病害的菜田，在晴天露水干后、凉爽干燥的天气下采收，选择耐贮藏的品种，要求果实饱满、无病害、无机械损伤的绿熟果、顶红果及红熟果，剔除畸形果、腐烂果、未熟果、过熟果。

b.贮前准备：番茄贮藏1周前，贮藏库可用硫黄熏蒸（10 g/m³）或用1%~2%的甲醛溶液(福尔马林)喷洒，熏蒸时密闭24~48 h，再通风排尽残药。所有的包装和货架等用0.5%的漂白粉或2%~5%硫酸铜溶液浸渍，晒干备用。同等级、同批次、同一成熟度的果实需放在一起预冷，一般在预冷间与挑选同时进行。将番茄挑选后放入适宜的容器内预冷，待温度与库温相同时进行贮藏。

c.贮藏条件：最适贮藏温度取决于番茄的成熟度及预计的贮藏天数。一般来讲，成熟果实能承受较低的贮藏温度，因此可根据番茄果实的成熟度来确定贮藏温度。绿熟期或变色期的番茄贮藏温度为12~13℃，红熟期的番茄贮藏温度为0~2℃。空气相对湿度保持为85%~95%，为了保持稳定的贮藏温度和相对湿度，需安装通风装置，使贮藏库内的空气流通，适时更换新鲜空气。在贮藏期间必须进行定期检查，出库之前应根据其成熟度和商品类型进行分类和划分等级。

③气调贮藏：

当气温较高或需长期贮藏时，宜采用气调贮藏。

塑料薄膜帐气调贮藏法是用0.1~0.2 mm厚的聚乙烯或聚氯乙烯塑料薄膜做成密闭塑

料帐，塑料帐内气调容量为 1000~2000 kg。由于番茄自然完熟速率快，因此采后应迅速预冷、挑选、装箱、封垛。一般采用自然降氧法，用消石灰（用量为果质量的 1%~2%）吸收多余的 CO_2。O_2 不足时充入新鲜空气。塑料薄膜封闭贮藏番茄时，垛内湿度较高易感病，要设法降低湿度，并保持库温稳定，以减少帐内凝水。可用防腐剂抑制病菌活动，通常应用氯气，每次用量为垛内空气体积的 0.2%，每 2~3 d 施用一次，防腐效果明显；也可用漂白粉代替氯气，一般用量为果质量的 0.05%，有效期为 10 d。

2. 黄瓜

黄瓜又名胡瓜，属葫芦科甜瓜，属一年生植物，原产于中印半岛及南洋一带，性喜温暖，在我国已有 2000 多年的栽培历史。幼嫩黄瓜质脆肉细、清香可口、营养丰富，深受人们的喜爱。

（1）贮藏特性

黄瓜每年可栽培春、夏、秋三季。春黄瓜较早熟，一般采用南方的短黄瓜系统；夏、秋黄瓜提倡耐热抗病，一般用北方的鞭黄瓜和刺黄瓜系统，还有一种专门用来加工的小黄瓜系统。贮藏用的黄瓜，一般以秋黄瓜为主。

黄瓜属于非跃变型果实，但成熟时有乙烯产生。黄瓜产品鲜嫩多汁，含水量为 95% 以上，代谢活动旺盛。黄瓜采后数天即出现后熟衰老症状，受精胚在其中继续发育生长，吸取果肉组织的水分和营养，以致果梗一端组织萎缩变糠，蒂端因种子发育而变粗，整个瓜形呈棒槌状；同时出现绿色减退，酸度增高，果实绵软。黄瓜采收时气温较高，表皮无保护层，果肉脆嫩，易受机械损伤。在黄瓜的贮藏中，要解决的主要问题是后熟老化和腐烂。

（2）贮藏条件

①温度：一般认为黄瓜的最适宜贮藏温度为 10~13℃。温度低于 10℃，可能出现冷害；温度高于 13℃，代谢旺盛，加快后熟，品质变劣，甚至腐烂。

②湿度：黄瓜含水量高、蒸发量大，因此，黄瓜需高湿贮藏，相对湿度应高于 90%。相对湿度低于 85%，会出现失水萎蔫、变形、变糠等问题。

③气体成分：黄瓜对气体成分较为敏感，黄瓜的适宜 O_2 浓度和 CO_2 浓度均为 2%~5%。CO_2 浓度高于 10% 时，会引起高 CO_2 伤害，瓜皮出现不规则的褐斑。乙烯会加速黄瓜的后熟和衰老，贮藏过程中要及时消除，如贮藏库里放置浸有饱和高锰酸钾的蛭石。

（3）采收及采后处理

采收成熟度对黄瓜的耐贮性有很大影响，一般嫩黄瓜贮藏效果较好，越大越老的越容易衰老变黄。贮藏用瓜最好采用植株主蔓中部生长的果实（俗称"腰瓜"），果实应丰满壮实、瓜条匀直、全身碧绿。下部接近地面的瓜条畸形较多，且易与泥接触，果实带较多的病菌，易腐烂。黄瓜采收期多在雌花开花后 8~18 d，采摘宜在晴天早上进行。最好用剪刀将瓜带 3 cm 长果柄摘下，放入筐中，注意不要碰伤瘤刺；若为刺黄瓜，最好用纸包好放入筐中。

认真选果，剔除过嫩、过老、畸形以及受病虫侵害、机械损伤的瓜条。将合格的瓜条整齐放入消过毒的筐中，每放一层，用薄的塑料制品隔开，以防瓜刺互相刺伤，感染病菌。

入库前，用软刷将0.2%甲基托布津和4倍水的虫胶混合液涂在瓜条上，阴干，对贮藏有良好的防腐保鲜效果。

（4）主要贮藏方法及管理

①水窖贮藏：在地下水位较高的地区，可挖水窖保鲜黄瓜。水窖为半地下式土窖，一般窖深2 m，窖内水深0.5 m，窖底宽3.5 m，窖口宽3 m。窖底稍有坡度，低的一端挖一个深井，以防止窖内积水过深。窖的地上部分用土筑成厚0.6~1 m、高约0.5 m的土墙，上面架设木檩，用秫秸做棚顶并覆土。顶上开两个天窗通风。靠近窖的两侧壁用竹条、木板做成贮藏架，中间用木板搭成走道。窖的南侧架设2 m的遮阳风障，防止阳光直射使窖温升高，待气温降低后拆除。

黄瓜入窖时，先在贮藏架上铺一层草席，四周围以草席，以避免黄瓜与窖壁接触碰伤。用草秆纵横间隔搭成3~4 cm见方的格子，将黄瓜瓜柄朝下逐条插入格内。要避免黄瓜之间摩擦，摆好后用薄湿席覆盖。

黄瓜贮藏期间不必倒动，但要经常检查。如发现瓜条变黄发蔫，应及时剔除，以免变质腐烂。

②塑料大帐气调贮藏：

将黄瓜装入内衬纸或蒲包的筐内，质量约20 kg，在库内码成垛，垛不宜过大，每垛40~50筐。垛顶盖1~2层纸以防露水进入筐内，垛底放置消石灰吸收CO_2，用棉球蘸取克霉灵药液（用量为0.1~0.2 mL/kg）或仲丁胺药液（用量为0.05 mL/kg），分散放到垛、筐缝隙处，不可放在筐内与黄瓜接触。在筐或垛的上层放置包有浸透饱和高锰酸钾碎砖块的布包或透气小包，用于吸收黄瓜释放的乙烯，用量为黄瓜质量的5%。用0.02 mm厚的聚乙烯塑料帐覆罩，四周封严。用快速降氧或自然降氧的方式将O_2含量降至5%。实际操作时，需每天进行气体测定和调节。每2~3 d向帐内通入氯气消毒，每次用量为每立方米帐容积通入120~140 mL，防腐效果明显。这种贮藏方式严格控制气体条件，因此，效果比小袋包装好，在12~13℃条件下可贮藏45~60 d。在贮藏期间，要定期检查，一般贮藏约10 d后，每隔7~10 d检查一次，将变黄、开始腐烂的瓜条剔除，贮藏后期注意质量变化。

黄瓜除上述贮藏方法外，还有缸藏、沙藏等。

第五章 果蔬加工

第一节 果蔬加工基础知识

果蔬加工是以新鲜的果蔬为原料,根据它们的理化性质,采用不同的加工工艺处理,消灭或抑制果蔬中存在的有害微生物,保持或改进果蔬的食用品质,制成各种不同于新鲜果蔬的制品,这一系列过程称为果蔬加工。其根本任务就是通过各种加工工艺处理,使果蔬达到在一定时间内得以保存、经久不坏、随时取用的目的。

一、果蔬加工的作用

果蔬加工作为一项产业,无论是从社会经济发展层面,还是从加工产品层面,都具有重要的意义。

首先,促进经济增长。果蔬产业是我国加入WTO后农产品中少数具有竞争优势的重要产业之一。果蔬加工业作为一个新兴产业,在我国农业和农村经济发展中的地位日趋重要,已经成为我国广大农村和农民最重要的经济来源和农村新的经济增长点,成为极具外向型发展潜力的区域性特色、高效农业产业和中国农业的支柱产业。

其次,减少采后损失。以我国果蔬产量和采后损失率为基准,将水果产后减损15%,就等于增产约1000万吨,扩大果园2000万亩;蔬菜产后减损10%,就等于增产4500万吨,扩大菜园面积2000万亩。

最后,促进西部发展。我国果蔬生产已经开始形成较合理的区域化分布,产业结构经过进一步的战略性调整,特别是通过加速西部大开发的步伐,我国果蔬产业"西移"已十分明显。紧紧抓住"果蔬产业转移"的机遇,积极推进西部地区果蔬加工业的发展,可较快地提高西部地区的造血功能,为西部大开发做出贡献。

果品、蔬菜是人们日常生活中不可缺少的食品之一,果蔬中含有丰富的碳水化合物、有机酸、维生素及无机盐等多种营养成分,因而成为人类生活中重要的营养源。果蔬还以其特有的香气与色泽刺激人们的食欲,促进消化,增强身体健康。但果蔬含有大量水分,且采收以后仍不断地进行呼吸消耗,更极易感染微生物和遭受昆虫的侵害,从而会造成极大的损失。因此,开展果蔬加工意义巨大,它是果蔬生产的一个重要环节,是保证果蔬丰产、丰收的重要步骤。

果蔬加工的作用具体表现在以下几个方面:增加花色品种,更好地满足市场的需要;通过加工,改善果蔬风味,提高果蔬产品质量;可以变一用为多用,变废为宝,做好综合利用,提高经济价值;可以更好地开发我国现有的野生资源,振兴农业;可以安排剩余劳动力,促进社会稳定和繁荣;等等。

二、果蔬加工品分类

根据加工原料、加工工艺、制品风味的不同特点,可将果蔬加工品分为以下几类:

(一)罐制品

将新鲜的果蔬原料经预处理后装入罐内,利用无菌原理,经过排气、密封、杀菌、冷却处理,创造罐内相对无菌的环境,制成加工品,称为罐制品。此类食品既能长期保存、便于携带和运输,又方便卫生,是加工品中的主要产品之一。

(二)果蔬汁

果蔬汁是经处理的新鲜果蔬,用压榨或提取方式取得汁液,经过调制、密封、杀菌而制成的制品。果蔬汁制品与人工配制的果蔬汁饮料在成分和营养功效上截然不同。前者是营养丰富的保健食品,而后者属嗜好性饮料。果蔬汁制品在我国虽然历史较短,但由于其营养丰富、食用方便、种类较多而发展迅速。

(三)糖制品

糖制品主要是利用糖的高渗透压保藏原理制成的。将新鲜的果蔬原料加糖煮浸,使制品内含糖量达到一定浓度,加入(或不加)香料或辅料,制成的加工品称为糖制品。糖制品采用的原料十分广泛,绝大部分果蔬可以用作糖制品的原料,一些残次落果和加工过程中的下脚料,也可以加工成各种糖制品。此类制品有良好的保藏性和贮运性。

(四)干制品

将新鲜的果蔬原料,通过人工或自然干燥的方法,脱出一部分水分,使可溶性物质的浓度提高到微生物难以利用的程度,并始终保持低水分,这样的制品称为果蔬干制品。干制品的特点是体积小、质量轻、携带方便、容易运输和保存。随着干制技术的不断提高,干制品的营养更加接近鲜果和蔬菜。

(五)腌制品

蔬菜腌制是一种成本低廉、风味多样,为大众所喜爱的大量贮藏蔬菜的方法。蔬菜腌制是利用有益微生物活动的生成物以及各种配料来加强成品的保藏性。腌制的原理是利用盐溶液的高渗透压抑制有害微生物的生命活动。

（六）果酒类

果酒是果品通过酒精发酵或利用果汁调配而成的一种含酒精的饮料。果酒可分为蒸馏酒、发酵酒、配制酒。此类制品是利用有益微生物抑制有害微生物的活动，所以酿造酒的关键是控制发酵条件，创造有益微生物生长的有利环境，使有益微生物形成群体优势，从而防止制品的腐败变质。果酒是以果实为主要原料制得的含醇饮料，营养丰富，在色、香、味等方面别具风味，适量饮用有益身体健康。

（七）果蔬的速冻制品

果蔬的速冻制品是将经过预处理的新鲜果蔬置于冻结器中，于-40~-25℃条件下，在有强空气循环库内快速冻结而制成的制品。其产品需放在-18℃库内保存直至消费。该制品是在低温（-25℃）条件下，使果蔬内的水分迅速形成细小的冰晶体，然后在低温（-18℃）下贮藏的一类加工品。速冻技术是我国近代食品工业中兴起的一种加工新技术。速冻制品的营养和质量能够最大限度地保存，可与新鲜果蔬相媲美，深受人们的喜爱。

（八）副产品

利用果蔬的下脚料（如残果、落果、果皮、种仁等）经加工制成或提取出来的产品，是对果蔬进行综合利用而生产的果胶、芳香物质、有机酸等副产物。这些副产物的提取，大大提高了果蔬原料的利用率和经济效益，目前已经受到果蔬加工企业的重视。

二、果蔬加工品败坏

果蔬加工品败坏是指改变了果蔬加工品原有的性质和状态，而使质量劣变的现象。造成果蔬加工品败坏的原因主要是果蔬本身所含的酶及周围理化因素引起的物理、化学和生化变化以及微生物活动引起的腐烂。

（一）微生物败坏

有害微生物的生长发育是导致果蔬加工品败坏的主要原因。微生物败坏主要表现为生霉、发酵、酸败、软化、产气、混浊、变色、腐烂等，对果蔬及其制品的危害最大。微生物在自然界中无处不在，通过空气、水、加工机械和盛装容器等均能导致微生物的污染，再加上新鲜果蔬含有大量的水分和丰富的营养物质，是微生物良好的培养基，极易滋生微生物。引起果蔬及其制品败坏的微生物主要有细菌、霉菌和酵母菌。加工中，如原料不清洁、清洗不充分、杀菌不完全、卫生条件差、加工用水被污染等都能引起微生物感染。

（二）酶败坏

果蔬在自身酶或微生物分泌酶的作用下引起蛋白质水解、果胶物质分解所导致的产品软烂和酶褐变的发生等，造成食品变色、变味、变软和营养价值下降。

（三）理化败坏

物理性败坏是指由光线、温度、重力和机械损伤等物理因素引起的果蔬败坏；化学性败坏是指由不适宜的化学变化引起的败坏，如氧化、还原、分解、合成、溶解、晶析等。理化败坏程度较轻，一般无毒，但会造成色、香、味和维生素等的损失，这类败坏与果蔬的化学成分密切相关。

三、不同果蔬加工手段及加工原理

（一）低温原理

将原料或成品在低温下保存，也就是冷藏。低温可以有效抑制微生物的活动，产品内部的各种生化反应速度也很缓慢，能使产品得以较好地保藏。

（二）干制原理

水分是微生物生命活动的重要物质。干制原理就是利用热能或其他能源排除果蔬原料中所含的大量游离水和部分胶体结合水，降低果蔬的水分活度，使微生物由于缺水而无法生长繁殖；果蔬中的酶也由于缺少可利用的水分作为反应介质，活性大大降低，从而使制品得到很好的保存。经干制的产品在贮藏时应注意适当包装和对贮藏环境温湿度的管理，避免吸潮而使制品发生霉变。

（三）高渗透压原理

利用高浓度的食糖溶液或食盐溶液提高制品渗透压和降低水分活性的原理来进行保藏。微生物对高渗透压和低水分活性都有一定的适应范围，超出这个范围就不能生长。食糖和食盐均可提高产品的渗透压。当制品中的糖液浓度为60%~70%或食盐浓度为15%~20%时，绝大多数微生物的生长受到抑制，所以常用高浓度的食糖和食盐溶液进行果蔬加工品或半成品的保藏。果脯蜜饯类、果酱类制品和一些果蔬腌制品就是利用此原理得以保藏的。

（四）速冻原理

将原料经一定的处理，利用 −30℃以下的低温，在 30 min 或更短的时间内使果蔬原料组织内 80% 的水迅速冻结成冰，并放在 −18℃以下的低温条件下长期保存。低温可以有效地抑制酶和微生物的活动，冻结条件下产品的水活性值也大大降低，可利用的水分少，使制品得以长期保藏。解冻后产品能基本保持原有品质。

（五）发酵原理

发酵原理又称生物化学保藏，是利用果蔬内所含的糖在微生物的作用下发酵，产生具有一定保藏作用的乳酸、酒精、醋酸等的代谢产物来抑制有害微生物的活动，使制品得以保藏。果蔬加工中的发酵保藏主要有乳酸发酵、酒精发酵、醋酸发酵，发酵产物乳酸、酒精、醋酸等对有害微生物的毒害作用十分显著。果酒、果醋、酸菜及泡菜等是利用发酵原理进行保藏的。

（六）真空和密封原理

在果蔬加工及其制品的保藏中，真空处理不仅可以防止因氧化引起的品质劣变，不利于微生物的繁殖，而且可以缩短加工时间，能在较低的温度下完成加工过程，使制品的品质提高。

密封是保证加工品与外界空气隔绝的一种必要措施，只有密封才能保证一定的真空度。无论是何种加工品，只要在无菌条件下密封，保持一定的真空度，避免与外界的水分、氧气和微生物接触，则可长期保藏。

（七）无菌原理

无菌原理是通过热处理、微波、辐射、过滤等工艺手段，使制品中腐败菌数量减少或消灭到能使制品长期保存所允许的最低限度，杀灭所有致病微生物，并通过抽空、密封等处理防止再污染，从而保证制品的安全性。果蔬罐制品就是典型的利用无菌原理进行保藏的。

（八）化学防腐原理

化学防腐原理是果蔬加工中利用化学防腐剂使制品得以保藏。化学防腐剂是一些能杀死或抑制食品中有害微生物生长繁殖的化学药剂，主要用在半成品保藏上。化学防腐剂必须是低毒、高效、经济、无异味，不影响人体健康，不破坏食品营养成分。

四、果蔬加工发展趋势

近年来，果蔬加工呈现出以下几种新趋势：

（一）果蔬成分提取品加工成功能食品

随着研究的深入，许多果蔬都被发现含有生理活性物质。蓝莓被称为果蔬中的"第一号抗氧化剂"，其氧化效果极强，具有防止功能失调的作用。有学者进一步发现，蓝莓提取物具有逆转功能失调作用，不仅能改善短期记忆，还可提高老年人的平衡性和协调性。在欧洲，蓝莓长期被认为具有改善视力的作用，主要是由于蓝莓中含有的花青素成分。此外，红葡萄含有白藜芦醇，能够防止低密度脂蛋白的氧化，抑制胆固醇在血管壁的沉积，防止动脉中血小板的凝聚，有利于防止血栓的形成，并具有抗癌作用；坚果含有类黄酮，能抑制血小板的凝聚、抑菌、抗肿瘤；柑橘含有类黄酮、类胡萝卜素等，能抑制血栓形成、抑菌、抑制肿瘤细胞生长；南瓜含有环丙基结构的降糖因子，对治疗糖尿病具有明显的作用；西红柿含有番茄红素，具有抗氧化作用，能防止前列腺癌、消化道癌以及肺癌的产生。

许多果蔬均含具功能作用的生理活性成分,研究人员正通过各种方法从果蔬中分离、提取、浓缩这些功能成分,再将其添加到各种食品中或加工成功能食品。

(二) 最少量加工

传统加工食品因经过剧烈的热加工,失去了原料的新鲜,营养成分也被破坏,产品的风味发生变化,消费群体已大幅度减少。因此,在食品工业中便出现了最少量加工(简称mP概念)。果蔬的mP加工技术与传统的果蔬加工技术(如罐装、速冻、干制、腌制等)不同,加工方式介于果蔬贮藏与加工之间,不会对果蔬产品进行剧烈的热加工处理。果蔬原料经过适当的预处理包括去皮、切割、修整等,处理后的果蔬仍为活体,能进行呼吸作用,具有新鲜、方便、可100%食用的特点。近年来,mP果蔬在美国、日本、欧洲等地得到很大发展。目前工业化生产的mP果蔬品种有生菜、圆白菜、韭菜、芹菜、土豆、苹果、梨、桃、草莓、菠萝等,其仍处于起步阶段,但前景广阔。

mP蔬菜在国内被称为"切割蔬菜",但由于加工工艺和卫生条件不完善,加工后的蔬菜无法达到要求,买回后必须再经过清洗才能食用。果蔬经过mP加工后,组织结构受到伤害,原有的保护系统被破坏,容易导致褐变、失水、组织结构软化、微生物繁殖等问题,因此在加工时必须采取一些措施:冷藏,一方面抑制果蔬本身的呼吸活动,减少损耗,另一方面通过抑制微生物的繁殖,减少腐败;气调包装(mAP),创造一个低O_2和高CO_2的环境,抑制果蔬的呼吸和好氧性微生物的生长;食品添加剂处理,使用维生素C、酸、螯合剂等防止果蔬的褐变;涂层处理,在mP果蔬表面形成一层保护膜,使果蔬不受外界氧气、水分及微生物的影响,提高产品的稳定性,也可改善产品的外观。

(三) 果蔬汁加工业呈现新的发展

果蔬汁有"液体果蔬"之称,较好地保留了果蔬原料中的营养成分。随着人们对健康的关注、消费意识的转变,饮料的消费已逐渐由嗜好性饮料向营养性饮料转变,果蔬汁饮料满足了这一要求,其市场正在逐渐扩大。目前市场上的果汁主要有橙汁、苹果汁、菠萝汁、葡萄汁等,蔬菜汁主要有西红柿汁、胡萝卜汁、南瓜汁以及一些果蔬复合汁。近年来,我国的果蔬汁加工业有了较大发展,大量引进国外先进果蔬汁加工生产线、利乐包生产线、康美合生产线、三片罐生产线、爱卡包生产线等,采用一些先进的加工技术如高温短时杀菌技术、无菌包装技术、膜分离技术等,将我国的果蔬汁加工生产水平提高了一个层次。随着果蔬汁加工业的进一步发展,目前正呈现新的产品趋势:

1. 浓缩果汁

体积小、重量轻,可以减少贮藏、包装及运输的费用,有利于国际贸易。

2. NFC果蔬汁

并非用浓缩果蔬汁加水还原得出,而是把果蔬原料取汁后直接进行杀菌,包装为成品,省掉了浓缩和浓缩汁调配后的杀菌过程。

3. 复合果蔬汁

利用各种果蔬原料的特点,从营养、颜色和风味等方面进行综合调制,创造出理想的果蔬汁产品。

4. 果肉饮料

较好地保留了水果中的膳食纤维,原料利用率较高。

5. 未来市场的新型果汁饮料

果蔬汁饮料在经济发达国家发展较快,在国外市场流行品种较为繁多,市场上常见的是菠萝果汁及蔬菜汁(由番茄汁、胡萝卜汁、芹菜汁、甜菜汁、生菜汁、菠菜汁等组成,配以食盐、香料和柠檬酸等)。在美国市场,混合2种以上不同果汁的饮料称为"宾治",属新时代饮品。

花卉型饮料目前正走俏欧洲,这种饮料不含刺激性物质,不仅颜色赏心悦目,其香味也令人陶醉,而且具有滋润皮肤、美容养颜、提神醒目之功效,特别受到女性消费者的青睐,现在市场上流行的有玫瑰花、向日葵花、菩提花饮料,其植株在生产过程中不使用化肥,也不喷洒化学农药,无任何污染,花盛开时,采用人工细摘,然后通过高科技急速脱水,从而确保花型完整和本色原味,这种花卉饮料可用开水冲泡,也可掺入其他果汁饮用。富碘果汁饮料是以海洋生物——海藻类(如海带)提取液与果汁采用科学方法复合而成的天然绿色食品,海藻中含有海藻多糖、甘露醇及人体必需的各种氨基酸、微量元素和多种维生素,因此该饮料不仅具有补碘作用,还对降血脂、软化血管和改善肝脏、心脏和其他主要器官的功能效果都十分明显。

(四)果蔬粉的加工

一般新鲜果蔬水分含量较高,为90%以上,容易腐烂,贮藏和运输都不方便。但是将新鲜果蔬加工成果蔬粉,其水分含量低于6%,不仅能充分地利用原料,还干燥脱水后的产品水分低,容易贮藏,大大地降低了贮藏、运输、包装等方面的费用。此外,果蔬粉加工对原料的要求不高。更为重要的是,拓宽了果蔬原料的应用范围。

果蔬粉能应用到食品加工的各个领域,有助于提高产品的营养成分、改善产品的色泽和风味,以及丰富产品的品种等,主要可用于:面食制品,如将胡萝卜粉添加到面条中加工成胡萝卜面条;膨化食品,如将番茄粉作为膨化食品的调味料;肉制品,如在火腿肠内添加蔬菜粉;乳制品,如将各种果蔬粉添加到奶品中;糖果制品,在糖果的加工过程中加入苹果粉、草莓粉;焙烤制品,如在饼干加工中添加葱粉、番茄粉等。

果蔬粉的生产,一般是将果蔬原料先干燥脱水,然后进一步粉碎。果蔬的干燥方法主要有热风干燥和真空冷冻干燥,由于后者在冷冻和真空状态下干燥,果蔬的营养成分、色泽和风味大大地保存了下来。

果蔬粉也可通过打浆、均质后再进行喷雾干燥制成，但这种工艺的原料利用率较低、成本高，生产中较少使用。现有的果蔬粉品种很少，主要有南瓜粉、番茄粉、蒜粉、葱粉等，但是这些粉末颗粒太大，使用不方便，而且制粉时物料的温度过高，破坏了产品的营养成分、色泽和风味，甚至产生焦糊味。

目前，果蔬粉的加工正朝着超微粉碎的方向发展。果蔬干制品再经过超微粉碎后，颗粒可以到微米级，由于颗粒的超微细化，具有表面效应和小尺寸效应，其物理化学性质将发生巨大变化，其显著的优点是：果蔬粉的分散性、水溶性、吸附性、亲和性等物理性质得到提高，使用时更方便；营养成分更容易消化、吸收，口感更高。

（五）果蔬脆片的加工

果蔬脆片是以新鲜、优质的纯天然果蔬为原料，以食用植物油作为传热的媒介，在低温、真空条件下加热，使之脱水而成。其母体技术是真空干燥技术。作为一种新型果蔬风味食品，由于保持了原果蔬的色、香、味而具有松脆的口感，低热量，高纤维，富含维生素和多种矿物质，不含防腐剂，携带方便，保存期长，在各国十分受欢迎，其发展前景广阔。

第二节　果蔬加工技术

一、果蔬罐制品

（一）概述

果蔬罐制品是果蔬原料经前处理后，装入能密封的容器内，再进行排气、密封、杀菌，最后制成别具风味、能长期保存的食品。罐制品具有耐贮藏、易携带、品种多、食用卫生的特点。果蔬罐制品按包装容器不同，分为玻璃瓶罐制品、铁盒罐制品、软包装罐制品、铝合金罐制品以及其他罐制品（如塑料瓶装罐头）。罐藏对果蔬原料的基本要求是具有良好的营养价值、感官品质，新鲜，无病虫害，完整且无外伤，收获期长，收获量稳定，可食部分比例高，加工适应性强，并有一定的耐贮性。

（二）罐头生产工作程序

1. 原料选择

果蔬罐头对原料总的要求是：水果罐藏原料要新鲜、成熟适度、形状整齐、大小适当、果肉组织致密、可食部分大、糖酸比例恰当、单宁含量少；蔬菜罐藏原料要色泽鲜明、成熟度一致、肉质丰富、质地柔嫩细致、纤维组织少、无不良气味、能耐高温处理。

罐藏用果蔬原料均要求有特定的成熟度，这种成熟度称为罐藏成熟度或工艺成熟度。不同的果蔬种类、品种要求有不同的罐藏成熟度，如果选择不当，不但会影响加工品的质量，而且会给加工处理带来困难，使产品质量下降。如青刀豆、甜玉米、黄秋葵等要求幼嫩、纤维少，番茄、马铃薯等则要求充分成熟。

罐藏用果蔬原料越新鲜，加工品的质量越好。因此，从采收到加工，间隔时间越短越好，一般不要超过 24 h。有些蔬菜如甜玉米、豌豆、蘑菇、石刁柏等，应在 2~6 h 内加工。

2. 原料预处理

原料预处理包括挑选、分级、洗涤、去皮、切分、去核（心）、整理、抽空以及热烫。

（1）挑选、分级

果蔬原料在投产前需先进行选择，剔除有虫害、腐烂、霉变的原料，再按原料的大小、色泽和成熟度进行分级。

（2）洗涤

洗涤的目的是除去果蔬原料表面附着的尘土、泥沙、部分微生物及可能残留的农药等。洗涤果蔬可采用漂洗法，一般在水槽或水池中用流动水漂洗或喷洗，也可用滚筒式洗涤机清洗。对于杨梅、草莓等浆果类原料，应小批淘洗或在水槽中通入压缩空气翻洗，防止机械损伤及在水中浸泡过久而影响色泽和风味。有时为了较好地去除残留在果蔬表面的农药或有害化学药品，常在清洗用水中加入少量的洗涤剂，常用的有 0.1% 的高锰酸钾溶液、0.06% 的漂白粉溶液、0.1%~0.5% 的盐酸溶液、1.5% 的洗洁剂和 0.5%~1.5% 的磷酸三钠混合液。

洗涤用水必须清洁，符合饮用水标准。

（3）去皮、切分、去核（心）及整理

果蔬的种类繁多，其表皮状况不同，有的表皮粗厚、坚硬，不能食用；有的具有不良风味或在加工中容易引起不良后果，这样的果蔬必须去除表皮。

手工去皮常用于石刁柏、莴苣、整番茄、甜玉米、荸荠等产品；机械去皮常用于马铃薯、甘薯的擦皮，石刁柏的削皮，豌豆和青豆的剥皮等；热力去皮常与手工去皮和机械去皮联用。经碱液处理的原料，应立即投入冷水清洗搓擦，以除去外皮和黏附的碱液。此外，也可以用 0.25%~0.5% 的柠檬酸或盐酸来中和，然后用水漂洗。

切分的目的在于使制品有一定的形状或统一的规格。如胡萝卜等需切片，荸荠、蘑菇也可以切片，甘蓝常切成细条状，黄瓜等可切丁。

很多果蔬在去皮、切分后需进行整理，以保持一定的外观。

（4）抽空

抽空可排除果蔬组织内的氧气，钝化某些酶的活性，抑制酶促褐变。抽空效果主要取决于真空度、抽空的时间、温度与抽空液四个方面。一般要求真空度大于 79 KPa。按照抽空操作的程序不同，抽空可分为干抽法和湿抽法两种。

（5）热烫

热烫又称为预煮、烫漂。生产上为了保持产品的色泽，使产品部分酸化，常在热烫水中加入一定浓度的柠檬酸。

热烫的温度和时间需根据原料的种类、成熟度、块形大小、工艺要求等因素而定。热烫后须迅速冷却，不需漂洗的原料，应立即装罐；需漂洗的原料，则置于漂洗槽（池）内用清水漂洗。注意经常换水，防止变质。

3. 装罐

（1）空罐的准备

不同的产品应按合适的罐型、涂料类型选择不同的空罐。一般来说，低酸性的果蔬产品，可以采用未用涂料的铁罐（又称素铁罐）；但番茄制品、糖醋菜、酸辣菜等，则应采用抗酸涂料罐；花椰菜、甜玉米、蘑菇等应采用抗硫涂料铁罐，以防产生硫化斑。

（2）选罐

根据食品的种类、特性、产品的规格要求及有关规定选择罐藏容器。

（3）清洗与消毒

金属罐的清洗采用洗罐机进行，洗罐机有链带式、滑动式、旋转式、滚动式等。玻璃瓶中的新瓶要进行刷洗、清水冲净、用蒸汽或热水（95~100℃，3~5 min）消毒；旧瓶先用40℃浓度为2%~3%的NaOh溶液浸泡5~10 min，然后用清水冲净晾干。瓶盖先用温水冲洗，烘干后用75%的乙醇消毒。

（4）罐盖的打印

以简单的字母或阿拉伯数字标明罐头厂家所在省（市或自治区）、罐头厂家名称、生产日期、罐头产品名称代号和生产批次，某些产品还需打印原料品种、色泽、级别和不同的加工规格代号。用机械方法打出凸形代号，也可用不褪色的印字液戳印。

（5）灌注液的配制

①水果罐头：其所用的糖液主要是蔗糖溶液，我国目前生产的水果罐头，一般要求开罐糖度为14%~18%。糖液的配制方法有直接法和稀释法。直接法就是根据装罐所需要的糖液浓度，直接按比例称取砂糖和水，置于溶糖锅中加热、搅拌、溶解，并煮沸5~10 min，以驱除砂糖中残留的二氧化硫，杀灭部分微生物，然后过滤、调整浓度。

②蔬菜罐头：很多蔬菜制品在装罐时加注淡盐水，浓度一般为1%~2%。目的在于改善制品的风味，加强杀菌、冷却期间的热传递，较好地保持制品的色泽。

配制盐液的水应为纯净的饮用水，配制时煮沸，过滤后备用。有时为了操作方便，防止生产中因盐水和酸液外溅而使用盐片，盐片可依罐头的具体用量专门制作，其内含酸类、钙盐、EdTA钠盐、维生素C、谷氨酸钠和香辛料等。盐片使用方便，可用专门的加片机加入每一罐，也可手工加入。

③调味液的配制：蔬菜罐头调味液的种类很多，但配制的方法主要有两种：一种是将香辛料先经一定的熬煮制成香料水，再与其他调味料按比例制成调味液；另一种是将各种

调味料、香辛料（可用布袋包裹，配成后连袋去除）一起一次性配成调味液。

（6）装罐

原料应根据产品的质量要求按不同大小、成熟度、形态分开装罐，装罐时要求重量一致，符合规定的重量；质地上应做到大小、色泽、形状一致，不混入杂质。装罐时应留有适当的顶隙。

所谓顶隙，是指食品表面至罐盖之间的距离。顶隙过大，内容物常不足，且由于有时加热排气温度不足、空气残留多，会造成氧化；顶隙过小，内容物含量过多，杀菌时食物膨胀而使压力增大，造成假胖罐。一般应控制顶隙为 4~8 mm。装罐时，还应注意防止半成品积压，特别是在高温季节，注意保持罐口的清洁。

装罐可采用人工方法或机械方法进行。

4. 排气

排气即利用外力排除罐头产品内部空气的操作。它可以使罐头产品有适当的真空度，利于产品的保藏和保质，防止氧化，防止罐头在杀菌时由于内部膨胀过度而使密封的卷边破坏，防止罐头内好气性微生物的生长繁殖，减轻罐头内壁的氧化腐蚀；真空度的形成还有利于罐头产品进行打检和在货架上确保质量。

我国常用的排气方法有加热排气法和真空抽气法。

（1）加热排气法

加热排气法是将装好原料和注入填充液的罐头送入排气箱加热升温，使罐头中内容物膨胀，排出原料中含有或溶解的气体，同时使顶隙的空气被热蒸汽取代。当封罐、杀菌、冷却后，蒸汽凝结成水，顶隙内就有一定的真空度。这种方法设备简单、费用低、操作方便，但设备占地面积大。

（2）真空抽气法

此法是在真空封罐机特制的密封室内减压下完成密封，抽去存在于罐头顶隙中的部分空气。此法需真空封罐机，投资较大，但生产效率高，对于小型罐头特别适用且有效。

5. 密封

密封是保证真空度的前提，它也能防止罐头食品杀菌之后被外界微生物再次污染。罐头密封应在排气后立即进行，不应造成积压，以免失去真空度。密封需借助封罐机。

6. 杀菌

罐头杀菌的主要目的在于杀灭绝大多数对罐内食品起腐败作用和产毒致病的微生物，使罐头食品在保质期内具有良好的品质和食用安全性，达到商业无菌然后是改进食品的风味。

（1）杀菌方法

依杀菌加热的程度分，果蔬罐头的杀菌方法有以下 3 种：

①巴氏杀菌法：一般采用温度为 65~95℃，用于不耐高温杀菌而含酸较多的产品，如

一部分水果罐头、糖醋菜、番茄汁、发酵蔬菜汁等。

②常压杀菌法：即将罐头放入常压的热沸水中进行杀菌，凡产品 ph 低于 4.5 的蔬菜罐头制品均可用此法进行杀菌。常见的如去皮整番茄罐头、番茄酱、酸黄瓜罐头。一些含盐较高的产品如榨菜、雪菜等也可用此法杀菌。

③加压杀菌法：将罐头放在加压杀菌器内，在密闭条件下增加杀菌器的压力，由于锅内的蒸汽压力升高，水的沸点也升高，从而维持较高的杀菌温度。由于大部分蔬菜罐头含酸量较低，杀菌需较高的温度，一般为 115~121℃。特别是那些富含淀粉、蛋白质及脂肪类的蔬菜，如豆类、甜玉米及蘑菇等，必须在高温下经较长时间处理才能达到杀菌目的。

（2）杀菌设备

罐头杀菌设备根据其密闭性可以分成开口式和密闭式两种，常压杀菌使用前者，加压杀菌则使用后者。按照杀菌器的生产连续性，又可分为间歇式和连续式。目前我国大部分工厂使用间歇式杀菌器，这种设备效率低、产品质量差。

（3）杀菌操作

①常压杀菌：在小型的立式开口锅或水槽内进行。开始时注入水，加热至沸后放入罐头，这时水温下降。加大蒸汽，当升温至所要求的杀菌温度时，开始计算保温时间。达到杀菌时间后，进行冷却。常压杀菌采用连续设备，在进、出罐头运动中杀菌。

②高压杀菌：高压杀菌的一般操作如下：

a. 将装筐或装篮的罐头放入杀菌锅内，然后关闭盖或门，关紧。

b. 关闭进水阀和排水阀，打开排气阀及溅气阀。

c. 打开蒸汽进口阀，并将蒸汽管上的控制阀及旁通阀全部打开，使高压蒸汽迅速进入杀菌锅，驱走锅内的空气，即杀菌锅排气。

d. 充分排气后，将溢水阀及排气阀关闭，继续开放溅气阀。

e. 温度开始上升，至预定杀菌温度后，关闭旁通阀，以保持杀菌温度不发生变化至杀菌有效时间。期间检查各调节控制设备压力与温度的变化情况。

（4）影响杀菌效果的因素

①产品在杀菌前的污染状况：污染程度越高，同一温度下，杀菌所需的时间越长。

②细菌的种类和状态：细菌的种类不同，耐热性相差很大，细菌在芽孢状态下比营养体状态下要耐热。细菌的数量很多时，杀菌就变得困难。

③蔬菜的成分：果蔬中的酸含量对微生物的生长和抗热性影响很大，常以 ph 等于 4.5 为界，ph 高于 4.5 的称为低酸性食品，需进行高温高压杀菌；ph 低于 4.5 的称为酸性或高酸性食品，可以采用常压杀菌或巴氏杀菌。

另外，产品中的糖、盐、蛋白质、脂肪含量，或洋葱、桂皮等植物中含有的植物杀菌素，对罐头的杀菌效果也有一定的影响。

④罐头食品杀菌时的传热状况：总的来说，传热好，杀菌容易。对流比传导和辐射的传热速度快，所以加汤汁的产品杀菌较容易，而固体食品则较难，甜玉米糊等稠厚的产品也难杀菌。另外，小型罐的杀菌效果比大型罐好，马口铁罐好于玻璃瓶制品，扁形罐好于高罐，罐头在杀菌锅内运动的好于静止的。

7. 冷却

罐头杀菌完毕，应迅速冷却，防止继续高温使产品色泽、风味发生不良变化，质地软烂。冷却用水必须清洁卫生。

常压杀菌后的产品直接放入冷水中冷却，待罐头温度下降。高压杀菌的产品待压力消除后即可取出，在冷水中降温至38~40℃取出，利用罐内的余热使罐外附着的水分蒸发。如果冷却过度，则附着的水分不易蒸发，特别是罐缝的水分难以逸出，导致铁皮锈蚀，影响外观，降低罐头保藏寿命。玻璃罐由于导热能力较差，杀菌后不能直接置于冷水中，否则会发生爆裂，应进行分段冷却，每次的水温不宜相差20℃以上。

8. 保温与商业无菌检验

为了保证罐头在货架上不发生因杀菌不足而引起的败坏，传统的罐头工业常在冷却之后采用保温处理。具体操作是将杀菌冷却后的罐头放入保温室内，中性或低酸性罐头在37℃下最少保温1周，酸性罐头在25℃下保温7~10 d，然后挑选出胀罐，再装箱出厂。但这种方法会使罐头质地和色泽变差，风味不良，同时有许多耐热菌也不一定在此条件下被灭杀而发生增殖，导致产品杀菌效果差，因而这一方法并非万无一失。

9. 贴标签、贮藏

经过保温或商业无菌检查后，未发现胀罐或其他腐败现象，即检验合格，贴标签。标签要求贴得紧实、端正、无皱折。

合格的产品贴标、装箱后，贮藏于专用仓库内。要求罐头的贮藏温度为10~15℃、相对湿度为70%~75%。

二、果蔬汁制品

（一）果蔬汁制品的分类及特点

所谓果蔬汁，是指未添加任何外来物质，直接从新鲜水果或蔬菜中用压榨或其他方法取得的汁液。以果汁或蔬菜汁为基料，加水、糖、酸或香料等调配而成的汁液称为果蔬汁饮料。

果汁的种类有以下几种：

1. 原果汁

用机械方法从水果中获得的100%水果原汁，以及用浸提方法提取水果中汁液后，以物理方法除去浸提时加入的水量而制成的汁液。以浓缩果汁加水还原制成的，与原果汁固形物含量相等的还原果汁也称为原果汁。

2. 原果浆

以水果可食部分为原料，用打浆工艺制成的，没有去除汁液的浆状产品，或者是浓缩果浆的还原制品。

3. 浓缩果汁和浓缩果浆

用物理方法从原果汁或原果浆中除去部分天然水分，没有发酵过的、具有果汁或果浆应有特征的制品。

4. 水果汁

用原果汁（或浓缩果汁）经糖液、酸味剂等调制而成的，能直接饮用的制品。其原果汁含量不少于40%。

5. 果汁饮料

用原果汁（或浓缩果汁）经糖液、酸味剂等调制的，果汁含量不低于10 g/100mL的制品。

6. 果肉果汁饮料

用原果浆（或浓缩果浆）经糖液、酸味剂调制而成的，果浆含量不低于30 g/100mL的制品。高酸、汁少肉多或风味强烈的水果的果肉果汁饮料中，果浆含量不低20 g/100mL。

7. 果粒果汁饮料

原果汁（或浓缩果汁）中加入柑橘类或其他水果经切细的果肉，经糖液、酸味剂等调制而成的制品。

8. 高糖果汁饮料

用原果汁（或浓缩果汁）经糖液、酸味剂等调制而成的，经稀释后方可饮用的制品。其中，原果汁含量不少于5 g/100mL乘以产品标签上标志的稀释倍数；含糖量不少于8%乘以产品标签上标志的稀释倍数。

9. 果汁水

用原果汁（或浓缩果汁）经糖液、酸味剂等调制而成的制品。其原果汁含量不少于5 g/100mL。

10. 果汁粉

浓缩果汁或果汁糖浆通过脱水、干燥而得的制品。含水量为1%~3%。

（二）果蔬汁生产工作程序

1. 原料选择

用于加工果蔬汁的原料应当具有浓郁的风味和香味，无异味，色泽鲜亮且稳定，糖酸比合适，在加工过程中无明显的不良变化，同时要求原料的出汁率高、取汁容易。我国生产的果蔬汁多以柑橘类、苹果、梨、菠萝、葡萄、桃、猕猴桃、芹菜、山楂、胡萝卜和番茄等为原料。果蔬汁加工要求原料有适当的成熟度，一般在九成熟时进行采摘，但是对果形和果实大小并无严格要求。

2. 原料预处理

（1）挑选与清洗

原料加工前需进行严格挑选，剔除霉变、腐烂、未成熟和受伤变质的果实。挑选对于降低农药残留、减少微生物和棒曲霉素侵染风险有非常重要的作用，同时能保持果汁的正常风味。清洗水果原料的目的是去除水果原料表面的泥土、部分微生物以及可能残留的化学物质。若原料出现了腐败现象或者受到污染，就可能对果汁的色、香、味产生不利影响，混在原料中的杂物也会使果汁出现异味。另外，通过清洗可以大大降低水果原料中的微生物数量，减少耐热菌对果汁的污染。

工业生产时，果实原料经水流输送、强制清洗后，进入拣选台，由人工在传送带上进行拣选。可剔除霉烂、带病虫害、破损和未成熟的果实以及混杂于其中的异物。在清洗过程中，根据原料的卫生状况，对于农药残留较多的果实，可用一定浓度的稀盐酸溶液或脂肪酸系洗涤剂进行处理，然后用清水冲洗。对于受微生物污染严重的果实，可用一定浓度的漂白粉或高锰酸钾溶液浸泡消毒，然后用清水冲洗干净。这样可大大提高清洗效果，以保证果汁质量。

（2）破碎

果实榨汁前需进行破碎，适当的破碎有利于压榨过程中果浆内部形成果汁排出通道，提高果实的出汁率，尤其是对于皮、肉致密的果实，须先行破碎。破碎粒度要适当，粒度过小，易造成压榨时外层果汁很快榨出，形成一层厚皮，使内层果汁流出困难，导致出汁率下降；粒度过大，榨汁时，压榨力不足以使果粒内部果汁流出。一般粒度根据水果成熟度确定，当水果硬度较高时，破碎粒度可以小一些；当水果硬度较低时，破碎粒度要大一些，以便获得比较理想的榨汁效果。一般苹果、梨用破碎机进行破碎时，破碎后果块大小以 3~4 mm 为宜，草莓、葡萄以 2~3 mm 为宜，樱桃为 5 mm，番茄可以使用打浆机来破碎取汁，但柑橘宜先去皮后打浆。对于浊汁，破碎时可加入适量的维生素 C 或柠檬酸等抗氧化剂，以改善果汁的色泽。

（3）加热处理

原料经破碎成为果浆后，各种酶从破碎的细胞组织中逸出，活力大大增强，同时果品表面积急剧扩大，大量吸收氧，致使果浆发生酶促褐变反应。必要时可对果浆进行加热，钝化其自身含有的酶，抑制微生物繁殖，保证果汁的质量；同时可以使细胞原生质中的蛋白质凝固，改变细胞的通透性，还能使果肉软化，果胶物质水解，降低汁液黏度，提高出汁率。加热的时间和条件应根据果蔬种类和果蔬汁的用途而定。

（4）果胶酶处理

由于果实的出汁率受果实中果胶含量的影响很大，果胶含量少的果实出汁容易；而果胶含量高的果实由于汁液黏性较大，出汁较困难。因此，在破碎后的果肉中加入适量的果胶酶，可以降低果汁黏度，从而使榨汁和过滤工艺得以顺利完成。酶制剂的品种和用量不合适也会降低果蔬汁的质量和产量。酶制剂的添加量依酶的活性而定，酶制剂与果肉应混合均匀，二者作用的时间和温度要严格掌握，一般在37℃恒温下作用2~4 h。

3. 取汁技术

（1）压榨

对于大多数果汁含量丰富的果蔬，取汁方式以压榨为主，榨汁方法依原料种类及生产规模而异。榨汁设备有液压式、轧辊式、螺旋式、离心式榨汁机和特殊的柑橘压榨机等，可依据果蔬的质地、品种和成熟度选择适当的榨汁设备。

（2）浸提

对于汁液含量较低的果蔬原料，难以用压榨的方法取汁，可在原料破碎后采用加水浸提的方法。果蔬浸提汁不是果蔬原汁，是果蔬原汁和水的混合物，即加水的果蔬原汁，这是浸提与压榨的根本区别。浸提时的加水量直接表现出汁量。浸提时要依据浸汁的用途，确定浸汁的可溶性固性物的含量。制作浓缩果汁时，浸汁的可溶性固形物含量要高，出汁率就不会太高；制造果肉型果蔬汁时，浸汁的可溶性固形物的含量也不能太低，因而要合理控制加水量。

果蔬浸提取汁的方法主要有一次浸提法和多次浸提法等。可根据原料的具体条件选择适当的浸提工艺参数，如浸提的温度和时间。

（3）粗滤

粗滤又称筛滤。在生产浑浊果汁时，粗滤只需除去分散在果汁中的粗大颗粒，而保存其色粒，以获得良好的色泽、风味及香味。果汁一般通过孔径为0.5 mm的滤筛即可达到粗滤要求。当生产透明果汁时，需粗滤后再精滤，或先进行澄清处理后再进行过滤，以除尽全部悬浮颗粒。粗滤器通常装在压榨机汁液出口处，粗滤和压榨在同一机器上完成；也可在榨汁后用粗滤机单独完成粗滤操作。

4. 不同类型果汁的生产关键技术

（1）果蔬汁澄清技术

用压榨工艺制取的原果汁中含有引起浑浊的物质，主要是细胞碎片和其他不溶性成分，另外，还有一些在制汁后才出现于果汁中的固体颗粒，如果胶、蛋白质、多酚等成分相互作用形成的聚合物。因此，若产品为澄清果汁，则必须采取措施除去果汁中的浑浊物质。常用的澄清方法有以下几种：

①酶法澄清：利用果胶酶、淀粉酶等酶制剂分解果汁中的果胶和淀粉物质等达到澄清的目的。果汁中的果胶和淀粉物质是导致果汁浑浊的主要原因。加入果胶酶，可以使果汁中的果胶物质降解，失去凝胶作用，浑浊物颗粒就会相互聚集，形成絮状沉淀。酶解温度

通常控制在 50~55℃。反应的最佳 ph 因酶种类不同而异，一般在弱酸性条件下进行，ph 为 3.5~5.5。完成酶解的果汁还需要澄清，然后进行过滤。

②单宁—明胶澄清法：明胶、鱼胶或干酪素等蛋白质，可与单宁酸盐形成络合物，而果汁中存在的悬浮颗粒可以被形成的络合物缠绕而沉降，从而达到澄清的目的。明胶、单宁的用量主要取决于果汁的种类、品种、原料成熟度及明胶质量，应预先通过试验确定。单宁通常先于明胶加入果蔬原汁中，添加量为 50~150 mg/L，一般明胶用量为 100~300 mg/L。此法在较酸性和温度较低条件下易澄清，在 3~10℃ 的处理温度下可以达到最佳澄清效果。

③加热凝聚澄清法：果汁中的胶体物质受到热的作用会发生凝集，从而形成沉淀，可过滤除去。通常将果汁在 80~90 s 内加热至 80~82℃，然后急速冷却至室温，此时果汁中的蛋白质和其他胶质变性凝固析出，从而达到澄清的目的。为了避免加热损失部分芳香物质和减少有害的氧化反应，此操作通常在封闭系统中完成。

④冷冻澄清法：冷冻可以改变胶体的性质，而解冻破坏胶体，因此可将果汁急速冷冻，使一部分胶体溶液完全或部分被破坏而变成无定形的沉淀，在解冻后滤去，以达到澄清的目的。另一部分保持胶体性质的也可用其他方法过滤除去。此法适用于雾状浑浊的果蔬汁澄清，如苹果汁、葡萄汁、草莓汁和柑橘汁等。

在生产澄清果汁时，为了得到澄清、透明且质量稳定的产品，澄清后必须再进行精滤，以除去细小的悬浮物质。常用的精滤设备主要有硅藻土压滤机、纤维压滤器、真空过滤器、膜分离超滤机及离心分离机等。

（2）果蔬汁均质和脱气技术

均质和脱气是浑浊果蔬汁生产中的特有工序，可保证浑浊果蔬汁的稳定性，同时防止果汁营养损失、色泽劣变。

①均质：均质是将果蔬汁通过均质设备，使细小颗粒破碎，大小均匀，果胶物质和果蔬汁亲和，保持果蔬汁的均一浑浊状态，提高其稳定性，从而达到不易分离、沉淀且口感细滑的目的。

②脱气：果蔬细胞间隙存在大量的氧、氮和呼吸作用产生的二氧化碳等气体，在加工过程中能进入果汁，或者被吸附在果肉颗粒和胶体的表面。同时，由于原料在破碎、取汁、均质和搅拌等工序中又会混入一定量的空气，所以得到的果汁中含有大量的气体。这些气体通常以溶剂形式在细微粒子表面吸附，也有一小部分以果汁的化学成分形式存在。特别值得注意的是，气体中的氧气会导致果汁营养成分的损失和色泽劣变，这些不良反应在加热时更为明显，因此必须加以去除，这一工艺称为脱气或去氧。

（3）果蔬汁浓缩技术

原果汁的含水量很高，通常为 80%~85%。浓缩工序可以把原果汁中的固形物含量从 5%~20% 提高到 60%~75%。这种浓缩汁有相当高的化学稳定性和微生物稳定性。浓缩度很高的浓缩汁，体积可缩小 6~7 倍。浓缩果蔬汁用途广泛，特别有利于贮藏和运输，可作为各种食品的原料。目前常用的浓缩方法主要有真空浓缩、冷冻浓缩和反渗透浓缩。

①真空浓缩法：真空浓缩是以蒸发的方式使果汁中固形物浓度为 70%~71%。由于绝大多数原果汁的品质容易受到高温损害，所以其浓缩过程通常是在低于大气压的真空状态下，使果蔬汁的沸点下降，然后加热使果蔬汁在低温条件下沸腾，使水分从原果蔬汁中分离出来。真空浓缩中由于蒸发过程是在较低温度条件下和较短的浓缩时间内进行的，因此能较好地保持果蔬汁的色、香、味，不会产生影响产品成分和感官质量的反应。目前，因设备不同，果汁蒸发浓缩的时间从几秒钟到几分钟不等，末效蒸发温度通常为 50~60℃。有些浓缩设备的末效蒸发温度可低到 40℃ 以下。果蔬汁在浓缩前应进行适当的高温瞬时杀菌，避免由于真空浓缩的温度条件较适合微生物繁殖和酶的作用而导致果汁品质劣变。

②冷冻浓缩法：冷冻浓缩是利用冰与水溶液的固、液相平衡原理，将水以固态方式从溶液中去除的一种浓缩方法。当水溶液中所含溶质浓度低于共熔浓度时，溶液被冷却后，部分水结成冰晶而析出，剩余溶液中的溶质浓度则由于冰晶数量的增加和冷冻次数的增加而提高。溶液的浓度逐渐增加，至某一温度时，被浓缩的溶液全部冻结，这一温度即低共熔点或共晶点。

③反渗透浓缩法：反渗透浓缩是一种膜分离技术。反渗透是在果汁一侧施加压力，若该压力大于果汁的渗透压，则果汁中的水能穿过膜反向渗入水中，直至两侧压力相等。

反渗透浓缩和真空浓缩等与加热蒸发浓缩相比，优点是蒸发过程不需加热，可在常温条件下实现分离或浓缩，品质变化小；浓缩过程在密封中操作，不受氧气影响；在不发生相变的状态下操作，挥发性成分的损失较少；节约能源，所需能量约为蒸发浓缩的 1/17，是冷冻浓缩的 1/2。

目前，反渗透浓缩常用膜为醋酸纤维素及其衍生物、聚丙烯腈系列膜等。反渗透浓缩依赖于膜的选择性筛分作用，以压力差为推动力，允许某些物质透过而不允许其他组分透过，以达到分离浓缩的目的。影响反渗透浓缩的主要因素有膜的特性及适用性，果蔬汁的种类、性质，以及温度和压力、浓差极化现象等。

膜的特性及适用性：不同材质的膜有不同的适用性，介质的化学性质对膜的效果有一定的影响，如醋酸纤维素膜 ph 为 4~5，水解速度最小；在强酸和强碱中水解加剧。

浓差极化现象：所有的分离过程均会产生这一现象，在膜分离中其影响特别严重。当分子混合物被推动力带到膜表面时，水分子透过膜，另外一些分子被阻止，这就导致在近膜表面的边界层中被阻组分的集聚和透过组分的降低，这种现象即所谓浓差极化现象。它的产生使透过速度显著减小，削弱膜的分离特性。工程上主要采取加大流速、装设湍流装置、脉冲、搅拌等方法消除其影响。

反渗透浓缩的操作条件：一般情况下，操作压力越大，一定膜面积上透水速率越大，但又受到膜的性质和组分的影响。理论上，随温度升高，反渗透速度增加，但果蔬汁大多为热敏物质，应控制温度为40~50℃。

果蔬汁的化学成分、果浆含量和可溶性固形物的初始浓度对果汁透过速度影响很大，果浆含量和可溶性固形物含量高，不利于反渗透的进行。

5. 果蔬汁的调整与混合

为使果蔬汁符合一定的规格要求并改进风味，常需要适当调整以使果蔬汁的风味接近新鲜果蔬。调整范围主要为糖酸比的调整及香味物质、色素物质的添加。调整糖酸比及其他成分，可在特殊工序如均质、浓缩、干燥、充气以前进行。澄清果汁常在澄清过滤后进行调整，有时也可在特殊工序中间进行调整。

果蔬汁饮料的糖酸比是决定其口感和风味的主要因素。一般果蔬汁适宜的糖分和酸分的比例在（13∶1）~（15∶1），适合大多数人的口味。因此，调配果蔬汁饮料时，首先需要调整含糖量和含酸量。一般果蔬汁中含糖量为8%~14%，有机酸含量为0.1%~0.5%。

对果蔬汁除进行糖酸比调整外，还需要根据产品的种类和特点进行色泽、风味、黏稠度、稳定性的调整。所使用的食用色素、香精、防腐剂、稳定剂等应按食品添加剂的规定量加入。

许多果品蔬菜如苹果、葡萄、柑橘、番茄、胡萝卜等，虽然能单独制得品质良好的果蔬汁，但与其他种类的果实配合，风味会更好。不同种类的果蔬汁按适当比例混合，可以取长补短，制成品质良好的混合果蔬汁，也可以得到具有与单一果蔬汁不同风味的果蔬汁饮料。中国农业大学研制成功的"维乐"蔬菜汁，是由番茄、胡萝卜、菠菜、芹菜、冬瓜、莴笋6种蔬菜复合而成，其风味良好。果蔬混合汁饮料是果蔬汁饮料加工的发展方向。

6. 杀菌

果蔬汁杀菌的目的是杀死果蔬汁中的致病菌、产毒菌、腐败菌，并破坏果蔬汁中的酶，使果蔬汁在贮藏期内不变质，同时尽可能保存果蔬汁的品质和营养价值。果蔬汁杀菌的微生物对象为酵母菌和霉菌，酵母菌在66℃下1 min、霉菌在80℃下20 min即可被杀灭。所以，可以采用一般的巴氏杀菌法杀菌，即以80~85℃的温度杀菌20~30 min，然后放入冷水中冷却，从而达到杀菌的目的。但由于加热时间太长，果蔬汁的色泽和香味都有较多的损失，尤其是浑浊果汁，容易产生煮熟味。因此，常采用高温瞬时杀菌法，即采用（93±2）℃的温度进行15~30 s杀菌，特殊情况下可采用120℃的温度保持3~10 s进行杀菌。

7. 灌装和包装

果汁的灌装方法有热灌装、冷灌装和无菌灌装等。热灌装是将果汁加热杀菌后立即灌装到清洗过的容器内，对瓶盖进行杀菌，封口后将瓶子倒置10~30 min，然后迅速冷却至室温。冷灌装是先将果汁灌入瓶内并封口，再放入杀菌釜内用90℃的温度杀菌10~15 min，以上是常用的两种方法。无菌灌装可使产品达到商业无菌。无菌灌装的条件是果汁和包装容器要彻底杀菌，灌装要在无菌的环境中进行，灌装后的容器应密封好，防止再次污染。无菌灌装的优点是分别连续加工出无菌果汁和对容器进行杀菌,从而得到高经济性和高质量的产品。

包装形式有大包装和小包装两种。大包装用于贮藏或作为原料销售,一般用塑料桶或无菌大袋容器包装;小包装用于市场零售,一般用玻璃瓶、塑料瓶和铝箔复合材料容器包装。

三、现代果蔬加工新技术

(一)超临界流体萃取技术

1. 概述

超临界流体萃取(supercritical Flui d Extraction, sFE)是一种新的分离技术。由于其选择性强,特别适用于热敏性、易氧化物质的提取和分离,因此,为天然食品原料的开发和应用开辟了广阔的前景。

常用作 sCF 的溶剂有二氧化碳、氨、乙烯、丙烷、丙烯、水、甲苯等。目前研究较多和工业上最常用的萃取剂是 CO_2。CO_2 的临界温度为 31.04℃,临界压力为 7.38 MPa,临界条件易达到,并且具有化学性质不活泼、与大部分物质不反应、无色无毒无味、不燃烧、安全性好、价格便宜、纯度高、容易获得等优点。超临界 CO_2 是一种非极性的溶剂,对非极性化合物有较高的亲和力,当化合物中极性官能团出现时,会降低该化合物被萃取的可能性,甚至使之完全不能被萃取,此时就需要在超临界 CO_2 中加入少量夹带剂,以增强其溶解力和选择性。常与超临界 CO_2 一起使用的夹带剂有甲醇、乙烷、乙醇、乙酸酯、丙酮、二氯甲烷、己烷、水、乙酸甲酯等。

2. 原理

超临界流体萃取分离的基本原理是,利用 sCF 对物料有较好的渗透性和较强的溶解能力,让 sCF 与待分离的物质接触,使其有选择地依次把极性大、小,沸点高、低和分子质量大、小的成分萃取出来。并且 sCF 的密度和介电常数随着密闭体系压力的增加而增大,极性增大,利用程序升压可对不同极性的成分进行分步提取。当然,对应各压力范围所得到的萃取物不可能是单一的,但可以通过控制条件得到最佳比例的混合成分,然后借助减压、升温的方法使超临界流体变成普通气体,被萃取的物质自动完全或基本析出,从而达到分离提纯的目的,并将萃取、分离两个过程合为一体。

超临界流体萃取分离过程是以高压下的高密度超临界流体为溶剂,萃取所需成分,然后采用升温、降压或吸附等手段将溶剂与所萃取的组分分离。

超临界流体萃取工艺主要由超临界流体萃取溶质以及被萃取的溶质与超临界流体分离两部分组成。根据分离槽中萃取剂与溶质分离方式的不同,超临界流体萃取可分为三种加工方式:①等压升温法:从萃取槽出来的萃取相在等压条件下,加热升温,进入分离槽,溶质分离,溶剂经调温装置冷却后回到萃取槽循环使用。②等温减压法:从萃取槽出来的萃取相在等温条件下减压、膨胀,进入分离槽,溶质分离,溶剂经调压装置加压后再回到萃取槽中。③恒温恒压法：从萃取槽出来的萃取相在等温等压条件下进入分离槽，萃取相中的溶质被分离槽中吸附剂吸附，溶剂回到萃取槽中循环使用。此外，还有添加惰性气体的方法，其特点是在分离时加入惰性气体如 N_2、Ar 等，使溶质在超临界流体中的溶解度显著下降。整个过程是在等温等压的条件下进行，因此非常节能。但吸附法和添加惰性气体的方法存在如何使超临界流体和吸附剂及惰性气体分离的问题。

3. 在果蔬加工中的应用

（1）果蔬中天然香料和风味物质的提取

果蔬中的挥发性芳香成分由精油和某些具有特殊香味的成分构成。在超临界条件下，精油和具有特殊香味的成分可同时被抽出，并且植物精油在超临界 CO_2 流体中溶解度很大，与液体 CO_2 互溶，因此，精油可以完全从果蔬组织中被抽提出来，加之超临界流体对固体颗粒的渗透性很强，使萃取过程不仅效率高，而且与传统工艺相比有较高的收率。用超临界流体 CO_2 萃取技术生产天然辛香料的植物原料有很多，如啤酒花、生姜、大蒜、洋葱、山苍子、辣根、香荚兰、木香、辛夷、砂仁和八角茴香等。

（2）天然色素及各种天然添加剂的提取

超临界流体 CO_2 萃取技术可以分离辣椒红色素、番茄红素和 β-胡萝卜素等天然色素。辣椒红色素是从成熟的辣椒果皮中提取出来的一种天然红色素。它色调鲜艳、热稳定性好，对人体安全无害，具有营养和着色双重功能，是一种理想的有广阔发展前景的着色剂。目前辣椒红色素已实现超临界流体 CO_2 萃取生产。玉米黄素存在于玉米、辣椒、桃、柑橘等多种果蔬原料中，采用超临界流体 CO_2 萃取玉米黄素，除能避免溶剂残留问题外，所得产品的外观、溶解度、澄清度、色调等综合指标均优于采用有机溶剂萃取所得的产品。此外，超临界流体 CO_2 萃取剩余物有利于蛋白质的回收。

（二）超微粉碎技术

1. 概述

超微粉碎技术的应用是食品加工业的一种新尝试。美国、日本市售的果味凉茶、冻干水果粉、超低温速冻龟鳖粉等，都是应用超微粉碎技术加工而成的。超微粉碎食品可作为食品原料添加到糕点、糖果、果冻、果酱、冰激凌、酸奶等多种食品中，增加食品的营养，增进食品的色、香、味，改善食品的品质，丰富食品的品种。鉴于超微粉碎食品的溶解性、吸附性、分散性好，容易消化吸收，故可作为减肥食品、糖尿病人专用食品、中老年食品、保健食品、强化食品和特殊营养食品。

2. 原理

超微粉碎技术是利用各种特殊的粉碎设备，对物料进行碾磨、冲击、剪切等，将粒径在 3 mm 以上的物料粉碎至粒径为 10~25 μm 以下的微细颗粒，从而使产品具有界面活性，呈现出特殊功能的过程。与传统的粉碎、破碎、碾碎等加工技术相比，超微粉碎产品的粒度更加微小。

超微粉碎设备按其作用原理可分为气流式和机械式两大类。气流式超微粉碎设备是利用转子线速率所产生的超高速气流，将产品加速到超高速气流中，转子上设置若干交错排列的、能产生变速涡流的小室，形成高频振动，使产品的运动方向和速率瞬间产生剧烈变化，促使产品颗粒间急促撞击、摩擦，从而达到粉碎的目的。与普通机械式超微粉碎相比，气流式超微粉碎可将产品粉碎得很细，粒度分布范围很窄，即粒度更均匀。又因为气体在喷嘴处膨胀可降温，粉碎过程不产生热量，所以粉碎温度很低。这一特性对于低熔点和热敏性物料的超微粉碎特别重要。其缺点是能耗大，一般认为要高出其他粉碎方法数倍。机械式超微粉碎设备又分为球磨机、冲击式微粉碎机、胶体磨和粉碎机和超声波粉碎机四类。超声波粉碎机的原理是：高频超声波由超声波发生器和换能器产生，超声波在待处理的物料中引起超声空化效应，由于超声波传播时产生疏密区，而负压可在介质中产生许多空腔，这些空腔随振动的高频压力变化而膨胀、爆炸，真空腔爆炸时能将物料振碎。同时由于超声波在液体中传播时产生剧烈的扰动作用，使颗粒产生很大的速率，从而相互碰撞或与容器碰撞而击碎液体中的固体颗粒或生物组织。超声波粉碎后的物料颗粒在 4 μm 以下，而且粒度分布均匀。

3. 在果蔬加工中的应用

蔬菜在低温下磨成微膏粉，既保存了营养素，其纤维质也因微细化而使口感更佳。例如，一般被人们视为废物的柿树叶富含维生素 C、芦丁、胆碱、黄酮苷、胡萝卜素、多糖、氨基酸及多种微量元素，若经超微粉碎加工成柿叶精粉，可作为食品添加剂制成面条、面包等各类柿叶保健食品，也可以制成柿叶保健茶。成人每日饮用柿叶茶 6 g，可获取维生素 C 20 mg，具有明显的阻断亚硝胺致癌物生成的作用。另外，柿叶茶不含咖啡因，风味独特，清香自然。可见，开发柿叶产品，可变废为宝，前景广阔。

利用超微粉碎技术对植物进行深加工的产品种类繁多，如枇杷叶粉、红薯叶粉、桑叶粉、银杏叶粉、豆类蛋白粉、茉莉花粉、月季花粉、甘草粉、脱水蔬菜粉、辣椒粉等。

（三）酶工程技术

1. 概述

酶工程技术是利用酶和细胞或细胞器所具有的催化功能来生产人类所需产品的技术，包括酶的研制与生产、酶和细胞或细胞器的固定化技术、酶分子的修饰改造以及生物传感器。酶是活细胞产生的具有高效催化功能、高度专一性和高度受控性的一类特殊蛋白质，其催化作用的要求非常温和，可在常温、常压下进行，又有可调控性。食品工业是应用酶工程技术最早和最广泛的行业。近年来，由于固定化细胞技术、固定化酶反应器的推广应用，促进了食品新产品的开发，使产品品种增加、质量提高、成本下降，为食品工业带来了巨大的社会经济效益。

酶制剂中酶的来源主要有植物、动物和微生物。最早人们多从植物、动物组织中提取，例如，从动物胰脏和麦芽中提取淀粉酶，从动物胃膜、胰脏和木瓜、菠萝中提取蛋白酶。酶大多由微生物生产，这是因为微生物种类多，酶都能从微生物中找到，而且其生产不受季节、气候限制。微生物容易培养、繁殖快、产量高，故可在短时间内廉价地大量生产。

近年来，随着基因工程技术的迅速发展，又为酶产量的提高和新酶种的开发开辟了新的途径。基因工程技术的最大贡献在于，它能按照人们的意愿构建新的物种，或者赋予其新的功能。虽然目前基因工程还未形成大规模的产业，但是它作为一种改良菌种、提高产酶能力、改变酶性能的手段，已受到了人们的极大关注。例如，利用改良的过氧化物酶能够在高温和酸性条件下脱甲基和烷基，生产一些食品特有的香气因子。

2. 原理

酶是生物体内活细胞产生的一种生物催化剂，大多数由蛋白质组成（少数为RNA），能在机体温和的条件下，高效率地催化各种生物化学反应，促进生物体的新陈代谢。生命活动中的消化、吸收、呼吸、运动和生殖都是酶促反应过程。酶是细胞赖以生存的基础，细胞新陈代谢的所有化学反应是在酶的催化下进行的。但是酶不一定只在细胞内起催化作用。在细胞外，酶同样可以通过降低化学反应活化能而起到催化各种各样化学反应的作用。

3. 在果蔬加工中的应用

果蔬加工中常用的酶有果胶酶、纤维素酶、葡萄糖氧化等。果胶酶可以明显提高果汁澄清度，增加果汁出汁率，降低果汁相对黏度，提高果汁过滤效果。果胶酶主要由微生物来生产，人们通过一系列诱变育种技术，可以筛选优良菌种。随着人们对天然健康食品的不断需求，近年来，采用果胶酶和其他酶（如纤维素酶等）处理可以大大提高果蔬出汁率，简化工艺步骤，并且可制得透明澄清的果蔬汁，再经过各种调配就可以制成品种繁多的饮料制品，如胡萝卜汁、南瓜汁、番茄汁、洋葱汁饮料等。葡萄糖氧化酶可用于果汁脱氧化，国内外对其生产及固定化方法进行了深入的研究。特别是近年来，随着葡萄糖酸钙、葡萄糖酸锌、葡萄糖酸铁等葡萄糖酸系列产品的兴起，对其需求日益增加，因而开发性能优良的固定化葡萄糖氧化酶用以氧化葡萄糖、生产葡萄糖酸具有实际意义。

第六章 果树病虫害防治技术

第一节 梨树与桃树病虫害识别与防治

一、梨树病虫害识别与防治

(一) 梨树病害识别与防治

1. 梨黑星病

梨黑星病又称疮痂病,是梨树的重要病害,常造成生产上的重大损失。我国梨产区均有发生,近年来云南、贵州等地有逐渐加重的趋势。

(1) 症状

梨黑星病发病周期长,从落花到果实近成熟期均可发病;危害部位多,可危害果实、果梗、叶片、叶柄和新梢等部位。病斑初期变黄,后变褐、枯死并长黑绿色霉状物,是该病的特征。

幼果发病,在果面产生淡黄色圆斑,不久产生黑霉,之后病部凹陷,组织硬化、龟裂,导致果实畸形;大果受害在果面产生大小不等的圆形黑色病疤,病斑硬化,表面粗糙,但果实不畸形;叶片受害,在叶正面出现圆形或不规则形的淡黄色斑,叶背密生黑霉,危害严重时,整个叶背布满黑霉,在叶脉上也可产生长条状黑色霉斑,并造成大量落叶;叶柄和果梗上的病斑呈长条形、凹陷,也生有大量黑霉,常引起落叶和落果。

(2) 病原

病原菌在有性阶段为黑星菌属,属子囊菌亚门;在无性阶段为黑星孢属,属半知菌亚门。

(3) 发病特点

以分生孢子、菌丝体在芽鳞内或以分生孢子、未成熟的子囊壳在落叶上越冬。春季越冬后的分生孢子或子囊壳放射的子囊孢子,借风雨传播到开始萌动的梨树上,在适宜的条件下即萌发侵染，经 20 d 后显出症状。病斑上的分生孢子，随风雨传播进行再侵染。春季雨早而多，夏季雨水充沛；缺肥、生长不良的树；地势低洼、树冠茂密、不通风的梨园，发病较重。

（4）防治技术

梨黑星病的防治应以预防为主，把病害控制在未发或初发阶段。

①清洁梨园：初冬早春梨树发芽前结合修剪清园，烧毁枯枝落叶；人工刮去梨树主干上老皮，刷上 5 波美度石硫合剂；采果后，全园喷 5~6 波美度石硫合剂，保护树体，杀灭病菌。春季萌芽现蕾时，用 5 波美度石硫合剂对梨树进行全园喷布，15 d 左右一次，杀灭树体表皮病菌。

②加强果园管理：增施有机肥，增强树势，提高抗病力，疏除徒长枝和过密枝，增强树冠通风透光性，可减轻病害。经常注意果园清洁，发现病叶、病花、病枝、病果应及时摘除并集中深埋，减少病原菌。

③喷药保护：在梨树花期前可以喷 50% 多菌灵可湿性粉剂 800~1000 倍液或 50% 甲基托布津可湿性粉剂 800~1500 倍液 1~2 次，开花期间不得施任何农药，在花期凋落后每隔 10~15 d 喷 1 次药，以后根据降雨情况，共喷 4 次左右。根据田间的长势，在花期前后、幼果期及嫩叶期进行药剂保护，关键在 4 月下旬至 5 月中旬以及 7 月上、中旬注意观察田间，有极少数病斑时，用治疗型兼保护型药剂，如病斑稍多时应连喷 2~3 次。

2. 梨锈病

梨锈病又名赤星病，是梨树的重要病害之一。我国梨产区都有发生，在梨园附近栽植桧柏的地区发病重，在春季多雨、湿度大的年份，发病严重。梨锈病病原菌为转主寄生的锈菌，其转主寄主为桧柏植物。

（1）症状

叶片：叶正面形成近圆形的橙黄色病斑，直径为 4~8 mm，有黄绿色晕圈，表面密生橙黄色黏性小粒点，为病菌的性子器和性孢子。后小粒点逐渐变为黑色，向叶背凹陷，并在叶背长出多条灰黄色毛状物，即病菌的锈子器。病斑多时常导致提早落叶。

幼果：症状与叶片相似，只是毛状的锈子器与性子器在同部位出现。病果常畸形早落。新梢、果梗与叶柄被害后，病部龟裂，易折断。

（2）病原

病原菌为担子菌亚门胶锈菌属，病菌需要在两类不同的寄主上完成其生活史。在梨、山楂等寄主上产生性孢子器及锈子器，在桧柏、龙柏等转主寄主上产生冬孢子角。

（3）发病特点

梨锈病病菌是以多年生菌丝体在桧柏枝上形成菌瘿越冬，翌春 3 月形成冬孢子角，冬孢子萌发产生大量的担孢子，担孢子随风雨传播到梨树上，侵染梨的叶片等，梨树自展叶开始到展叶后 20 d 内最易感病，展叶 25 d 以上，叶片一般不再感染。病菌侵染后经 6~10

d的潜育期，即可在叶片正面呈现橙黄色病斑，接着在病斑上长出性孢子器，在性孢子器内产生性孢子。在叶背面形成锈孢子器，并产生锈孢子，锈孢子不再侵染梨树，而借风传播到桧柏等转主寄主的嫩叶和新梢上，萌发侵染危害，并在其上越夏、越冬，到翌春再形成冬孢子角，冬孢子角上的冬孢子萌发产生的担孢子又借风传到梨树上侵染危害，但不能侵染桧柏等。梨锈病病菌无夏孢子阶段，不发生重复侵染，一年中只有一个短时期内产生担孢子侵染梨树。担孢子寿命不长，当梨芽萌发、幼叶初展前后，天气温暖多雨，风向和风力均有利于担孢子的传播时病害发生。当冬孢子萌发时梨树尚未发芽，或当梨树发芽、展叶时，天气干燥，则病害发生均很轻。

（4）防治技术

①清除转主寄主：梨园周围5km内禁止栽植桧柏和龙柏等转主寄主，以防止冬孢子交叉感染。

②铲除越冬病菌：如梨园近风景区或绿化区，桧柏等转主寄主不能清除时，则应在桧柏树上喷杀菌农药，铲除越冬病菌，减少侵染源。即在3月上中旬（梨树发芽前）对桧柏等转主寄主先剪除病瘿，然后喷4~5波美度石硫合剂。

③化学防治：梨树上喷药，应在梨树萌芽至展叶的25 d内进行，一般在梨萌芽期喷第1次药，以后每隔10 d左右喷1次，连续喷3次，雨水多的年份可适当增加喷药次数，8月进行采收后，可对果园喷15%三唑酮乳油1500倍液或者43%戊唑醇5000倍液。

3. 梨褐腐病

梨褐腐病是近成熟期和采后的重要病害，在西南等地区的梨树均有发生。梨褐腐病除为害梨外，还为害苹果、桃、李、杏等。

（1）症状

梨褐腐病只为害梨果。发病初期果面产生褐色圆形水渍状小斑点，后迅速扩大，几天后全果腐烂，围绕病斑中心逐渐形成同心轮纹状排列的灰白色至灰褐色2~3 mm大小的绒球状霉团，即分生孢子座。病果果肉疏松，略具弹性，后期失水干缩为黑色僵果。病果大多早期脱落，少数残留树上。贮藏期病果呈现特殊的蓝黑色斑块。

（2）病原

病原菌为子囊菌亚门盘菌纲柔膜菌目果生链核盘菌，无性世代为仁果丛梗孢。

（3）发病特点

病菌主要以菌丝体在树上僵果和落地病果内越冬，翌春产生分生孢子，借风雨传播，自伤口或皮孔侵染果实，潜育期为5~10 d。在果实贮运中，靠接触传播。在高温、高湿及挤压条件下，易产生大量伤口，病害常蔓延。果园积累病原多，近成熟期多雨、潮湿，是该病流行的主要条件。

（4）防治技术

①及时清除病源：随时检查，发现落果、病果、僵果等立即捡出园外集中烧毁或深埋；早春、晚秋施行果园翻耕，将捡不净的病残果翻入土中。

②适时采收，减少伤口：严格挑选，去除病、伤果，分级包装，避免碰伤。贮窖应保持1~2℃，相对湿度为90%。

③喷药保护：发病较重的果园花前喷5波美度石硫合剂或45%晶体石硫合剂30倍液。在8月下旬至9月上旬喷药2次，药剂选用1∶2∶200波尔多液或5%晶体石硫合剂等。果库密闭熏蒸48 h。

4. 梨轮纹病

梨轮纹病又称粗皮病，分布遍及中国各个梨产区，在贵州果梨产区普遍发生。发病严重时可造成烂果和枝干枯死。此病除为害梨外，还能为害苹果、桃、李、杏等。

（1）症状

梨轮纹病主要为害枝干、叶片和果实。

枝干发病：起初以皮孔为中心形成暗褐色水渍状斑，渐扩大，呈圆形或扁圆形，直径0.3~3 cm，中心隆起，呈疣状，质地坚硬。以后，病斑周缘凹陷，颜色变青灰至黑褐色，翌年产生分生孢子器，出现黑色小粒点。随树皮愈伤组织的形成，病斑四周隆起，病健交界处发生裂缝，病斑边缘翘起如马鞍状。数个病斑连在一起，形成不规则大斑。病重树长势衰弱，枝条枯死。

果实发病：多在近成熟期和贮藏期，初以皮孔为中心形成褐色水渍状斑，渐扩大，呈暗红褐色至浅褐色，有清晰的同心轮纹。病果很快腐烂，发出酸臭味，并渗出茶色黏液。病果渐失水成为黑色僵果，表面布满黑色粒点。

叶片发病：发病比较少见。形成近圆形或不规则褐色病斑，直径0.5~1.5 cm，后出现轮纹，病部变灰白色，并产生黑色小粒点，叶片上发生多个病斑时，病叶往往干枯脱落。

（2）病原

病原菌为子囊菌亚门球壳孢束，无性阶段为半知菌亚门轮纹大茎点菌。

（3）发病特点

枝干病斑中越冬的病菌是主要侵染源。分生孢子翌年春天在越冬的分生孢子器内形成，借雨水传播，从枝干的皮孔、气孔及伤口处侵入。梨园空气中3—10月均有分生孢子飞散，3月中下旬不断增加，4月随风雨大量散出，梅雨季节达最高峰。病菌分生孢子从侵入到发病约15 d，老病斑处的菌丝可存活4~5 d。新病斑当年很少形成分生孢子器，病菌侵入树皮后，4月初新病斑开始扩展，5—6月扩展活动旺盛，7月以后扩展减慢，病健交界处出现裂纹，11月下旬至翌年2月下旬为停顿期。梨轮纹病的发生和流行与气候条件有密切关系，温暖、多雨时发病重。

（4）防治技术

①秋冬季清园：清除落叶、落果。枝干病斑中越冬的病菌是主要侵染源，因此在冬季和早春萌芽前，精细刮除枝干病皮后喷 5 波美度石硫合剂。病瘤仅限于主干的果园，要特别重视对病瘤的刮治，刮治方法是轻刮病瘤将其去除，然后在患处涂上甲硫萘乙酸、腐植酸铜等膏剂。除刮治外，在雨季还要结合叶部病害的防控，着重对枝干进行喷雾，药剂可以选择丙环唑等。

②加强栽培管理：增强树势，提高树体抗病能力，合理修剪，园地通风透光。

③生长期喷药防治：在发芽前、生长期和采收前用药，以控制梨轮纹病的发生。发芽前喷 3~5 波美度石硫合剂 1 次，可以防治部分越冬病菌，减少分生孢子的形成量。如果先刮除老树皮和病斑再喷药效果更好。病菌对果实的侵染期长，生长期适时喷药保护相当重要。常用药剂有多菌灵、杜邦福星、绿得保杀菌剂（碱式硫酸铜胶悬剂）、丙环唑。喷药次数要根据历年病情、药剂残效期和降雨情况而定。

④套袋防病：疏果后先喷一次杀菌剂，而后将果实套袋，基本可以控制梨轮纹病。

（二）梨树虫害识别与防治

1. 梨大食心虫

梨大食心虫俗名吊死鬼，属鳞翅目螟蛾科。各地均有发生，为害严重，是梨树的重要害虫之一。

（1）危害状

梨大食心虫幼虫蛀食梨的果实和花芽，从芽基部蛀入，直达芽心，芽鳞包被不紧，蛀入孔里有黑褐色粉状粪便及丝堵塞；出蛰幼虫蛀食新芽，芽基间堆积有棕黄色粉末状物，有丝缀连，此芽暂不死，至花序分离期芽鳞片仍不落，开花后花朵全部凋萎。果实被害，受害果孔有虫粪堆积，果柄基部有丝与果台相缠，被害果变黑，枯干至冬不落，俗称"吊死鬼"。

（2）形态特征

成虫：体长 10~15 mm，翅展 20~27 mm，全体暗灰褐色。前翅暗灰，褐色，具紫色光泽。距前翅基部 2/5 和 4/5 处，各有一条灰白色波纹横纹，横纹两侧镶有黑色的宽边，两横纹间中室上方有一黑褐色肾状纹。后翅灰褐色。

幼虫：越冬幼虫体长约 3 mm，紫褐色。老熟幼虫体长 17~20 mm，暗绿色。头、前胸背板、胸足皆为黑色。

卵：椭圆形，稍扁平，长约 1 mm，初产时白色，后渐变为红色，近孵化时为黑红色。

蛹：体长 12~13 mm，黄褐色，尾端有 6 根带钩的刺毛，近孵化时为黑色。

（3）发生特点

根据资料记载，梨大食心虫 1 年发生 1~3 代，以低龄幼虫在被害芽内结茧越冬。花芽前后，开始从越冬芽中爬出，转移到新芽上蛀食，被称为"出蛰转芽"。由于越冬幼虫出蛰转芽期相当集中，尤其在转芽初期最为集中，故药剂防治的关键时期应在转芽初期。被害新芽大多数暂时不死，继续生长发育，至开花前后，幼虫已蛀入果台中央，输导组织遭到严重破坏，花序开始萎蔫，不久又转移到幼果上蛀食，被称为"转果期"。转果期长有17~37 d，每头幼虫可连续为害2~4个果。越冬幼虫大约为害20 d，幼虫可为害2~3个果，老熟后在最后那个被害果内化蛹。化蛹前老熟幼虫吐丝将果梗缠在枝上，再将蛀果孔封闭成为一个半圆形的羽化道，然后在该果内化蛹。当幼果皱缩开始变黑时，幼虫多已化蛹；当整个果变黑干枯时，多羽化飞出。成虫羽化后，幼虫蛀入芽内（多数是花芽）为害，芽干枯后又转移到新芽。一只幼虫可以为害3个芽，在最后那个被害芽内越冬，此芽被称为"越冬虫芽"。成虫对黑光灯有较强的趋光性。

（4）防治技术

①人工防治：结合冬剪，剪除虫芽。人工刮去梨树主干上的老皮，在梨树开花末期，随时掰下虫芽和萎凋的花丛、叶丛，捏死幼虫，连做几次，可减轻幼虫为害幼芽和幼果。3—5月可在梨树基部覆盖一些薄膜或刷油漆、猪油等，这样可以防治害虫爬上梨树。越冬代成虫羽化前，彻底摘除"吊死鬼"果，后期及时、彻底捡拾落地的虫果深埋。优质梨还可以套袋防蛀。

②诱杀成虫：成虫发生高峰期，设置黑光灯、糖酒醋毒液诱杀成虫。

③药剂防治：在幼虫转芽、转果期可以用25%灭幼脲3号悬浮剂2000~3000倍液均匀喷雾。

2. 梨小食心虫

梨小食心虫属鳞翅目小卷叶蛾科，简称梨小，俗名黑膏药、蛀虫。我国各梨产区均有发生。

（1）危害状

幼虫为害果多从萼、梗洼处蛀入，早期被害果蛀孔外有虫粪排出，晚期被害果多无虫粪。幼虫蛀入直达果心，高湿情况下蛀孔周围常变黑，腐烂逐渐扩大。一代、二代幼虫危害梨树嫩梢多从上部叶柄基部蛀入髓部，向下蛀至木质化处便转移，蛀孔流胶并有虫粪，被害嫩梢逐渐枯萎，俗称"折梢"。

（2）形态特征

成虫：体长5~7 mm，翅展9~15 mm，全体灰褐色，无光泽，前翅灰褐色，无紫色光泽，前缘有10组白色短斜纹，中室外方有1个明显的小白点。两前翅合拢时，两翅外缘所成之角多为钝角。

幼虫：老熟幼虫体长10~13 mm，全体淡红色或粉红色。头部、前胸盾、臀板和胸足均黄褐色，毛片黄白色，不明显。前胸气门前毛片具3毛，臀栉暗红色，4~7齿。

卵：扁椭圆形，中央隆起，直径 0.5~0.8 mm，表面有皱折，初乳白，后淡黄，孵化前变黑褐色。

蛹：体长 7 mm，纺锤形，黄褐色，腹部 3~7 节背面前后缘各有 1 行小刺，9~10 节各具稍大的刺 1 排，腹部末端有 8 根钩刺。茧白色，丝状，扁平椭圆形。

（3）发生特点

以老龄幼虫结茧在梨树和梨树老翘皮下或树干的根颈、剪锯口、吊树干、草绳及坝墙、石块下、堆果场、包装点、包装器材等处结茧越冬。越冬代成虫发生在 4 月下旬至 6 月中旬；第一代成虫发生在 6 月末至 7 月末；第二代成虫发生在 8 月初至 9 月中旬。第一代幼虫主要为害梨芽、新梢、嫩叶、叶柄，极少数为害果。有一些幼虫从其他害虫为害造成的伤口蛀入果中，在皮下浅层为害，还有和梨大食心虫共生的。第二代幼虫为害果增多，第三代为害果最重。第三代卵发生期在 8 月上旬至 9 月下旬，盛期在 8 月下旬至 9 月上旬，产卵于中部叶背，为害果实的产在果实表面。成虫对黑光灯有一定的趋光性，对糖醋液有较强的趋化性。在梨、苹果、桃树混栽或者邻栽的果园，梨小食心虫发生重；山地管理粗放的发生重；一般雨水多、湿度大的年份，发生比较重。

（4）防治技术

①合理栽培：建立新果园时，尽可能避免梨树与桃、李等混栽。在已经混栽的果园中，应同时对梨小食心虫主要寄主植物注意防治。果树发芽前，刮除老翘皮，然后集中处理。越冬幼虫脱果前，在主枝、主干上捆绑草束或破麻袋等，诱集越冬幼虫。在 5—6 月连续剪除有虫枝梢，并及早摘除虫果和捡净落果。

②物理机械防治：诱集成虫可用果醋、梨膏液（梨膏1份、米醋1份、水20份）放置罐中，挂在田间，可诱集越冬代和第1代成虫。大面积挂罐，防治效果好。成虫发生高峰期，设置黑光灯或用糖醋毒液诱杀成虫。

③生物防治：释放松毛虫赤眼蜂，可以有效地防治第一、二代卵。在卵发生初期开始放蜂，每 5 d 放 1 次，共放 5 次，每亩（1 亩 ≈ 667 m²）每次放蜂 2.5 万头左右，防治效果较好。

④药剂防治：常用的药剂 1.2% 苦烟乳油、灭幼脲 3 号等均有良好防治效果。

3. 梨象鼻甲

梨象鼻甲属于鞘翅目象虫科，分布于中国南北各地。果树害虫，主要为害梨，也为害苹果、山楂。

（1）危害状

成虫、幼虫为害果实，梨芽萌发抽梢时，成虫取食嫩梢、花丛成缺刻。幼果形成后即食害果实成宽条缺刻，并咬伤果柄。产卵于果内。幼虫孵出后在果内蛀食，造成早期落果，严重影响产量。

（2）形态特征

成虫体长 12~14 mm，紫红色，头向前延伸成象鼻状头管，触角端部 3 节明显宽扁，前胸背面有 3 条凹陷。卵长 1.5 mm，椭圆形，初产时乳白色，后变乳黄色，幼虫体长 9~12 mm，粗，黄白色。蛹体长约 9 mm，黄褐至暗褐色。

（3）发生特点

成虫、幼虫都为害，以成虫在土中蛹室内越冬，成虫出土后先啃食梨树花蕾，继而为害幼果果皮、果肉，导致果面呈黄褐色粗糙疤痕，俗称"麻脸婆"；并于产卵前咬伤果柄，使梨果皱缩变黑脱落。卵经 6~8 d 孵化为幼虫，蛀入果心。7—8 月是幼虫为害期，幼虫在落果内短期继续为害，然后离果入土作土室化蛹。蛹期为 33~62 d，羽化为成虫后在土室中越冬。成虫出土时遇降雨对出土有利，春旱则出土数量少。不同品种的受害程度有异。成虫白天活动，有假死习性，早、晚气温低时受惊即落地。

（4）防治技术

①人工防治：利用成虫假死习性，每日早、晚振落捕杀；在出土期雨后捕杀；及时拾净落果，集中处理。

②药剂防治：在常年虫害发生严重的梨园，越冬成虫出土始期尤其是下雨后，可喷洒 40% 辛硫磷乳油、20% 吡虫啉乳油、1.8% 阿维菌素乳油等。

二、桃树病虫害识别与防治

（一）桃树病害识别与防治

1. 桃缩叶病

桃缩叶病在贵州桃产区均有发生，南方以湖南、湖北、江苏、浙江等省发生较重。

（1）症状

春梢刚从芽鳞抽出时，被侵害的叶片呈现卷曲状，颜色发红，随着叶片逐渐展开，卷曲程度也随之加重，局部大或肥厚、皱缩，呈褐绿色，后转为紫红色。春末夏初，病部表面生出一层银白色粉状物，最后病叶焦枯脱落。新梢受害节间短，略肿胀，叶片簇生，严重时枯死。花和幼芽受害后呈畸形，果面龟裂，易脱落。

（2）病原

病原菌为畸形外囊菌，属子囊菌亚门。

（3）发生特点

以厚壁芽孢子在树皮和桃芽鳞片上越冬。第二年春季桃芽萌发时，芽孢子萌发产生芽管，直接穿透表皮或经气孔侵入叶片。病菌侵入后在叶片表皮细胞和栅栏组织之间蔓延，刺激中层细胞分裂，细胞壁增厚，致使叶片肥厚、皱缩变色。初夏形成子囊层，产生子囊孢子或芽孢子，芽孢子在树皮和桃芽鳞片上越夏，但是由于夏天温度高，不适于孢子的萌发和侵染，所以一般无再侵染。病菌喜冷凉潮湿气候，在春寒多雨的年份，桃树抽梢展叶慢，发病较重。

（4）防治技术

采用病虫害预防、专治、挑治等防治技术。做到以防为主，减少药物施用量，降低生产成本。

①清洁桃园：采果后，将园内杂草割除，冬季修剪后，清除桃园内杂物，包括剪下的枝、落叶、病果，随后全园喷 5~6 波美度石硫合剂，保护树体，杀灭病菌。春季萌芽现蕾时，用 5 波美度石硫合剂对桃树进行全园喷布，杀灭树体表皮病菌，及时摘除病叶，集中处理。

②科学施肥：对发病重、落叶多的桃树，加强肥水管理，促使早日恢复树势。在施足基肥的情况下，追肥不再单一施用尿素，萌芽肥以优质复合肥为主，稳果肥、壮果肥以高含量硫酸钾复合肥为主，通过增钾、减氮，使桃树生长结果均衡、叶色浓绿，桃缩叶病发生大幅度减少。

③化学防治：桃缩叶病主要危害萌动芽和春梢，最好的防治时间是萌芽、现蕾期；使用高效、低毒、低残留或无残留的化学药物和生物农药。

掌握适当的用药间隔时间，在桃树开花后至第 2 次生理落果期，温度相对较低，病害危害轻时，可喷杀菌剂 1~2 次，用药间隔 10~15 d；第 2 次生理落果期到果实膨大期病害严重时，可用药 4~5 次，每次间隔 10~12 d，果实采收前 10 d 内停止用药，并且临近成熟前的 2 次用药以生物性药物为主。

桃忌用铜制剂。硫酸铜、波尔多液、可杀得等都是铜制剂。

2. 桃疮痂病

桃疮痂病又称黑星病，我国桃产区均有分布。除为害桃树外，还能侵染李、杏、梅等多种核果类果树。

（1）症状

主要为害果实，也能侵害叶片和新梢。果实发病时多在肩部产生暗褐色圆形小点，后呈黑色痣状斑点，严重时病斑聚合成片。病菌扩展仅限于表皮组织，因此病斑常龟裂，呈疮痂状。新梢被害后产生长圆形浅褐色病斑，后变暗褐色，病部微隆起，常发生流胶，病健组织界限明显，翌春病斑上产生暗色绒点状分生孢子丛。叶片被害产生不规则形或多角形灰绿色病斑，后变暗色或紫红色，最后干枯脱落成穿孔。

（2）病原

桃疮痂病的病原菌为嗜果枝孢菌，属半知菌亚门。

（3）发病特点

病菌主要以菌丝在枝梢病斑上越冬，翌年 4—5 月产生分生孢子，经雨水或有风的雾天进行传播。分生孢子萌发后形成的芽管直接穿透寄主表皮的角质层而侵入，在叶子上通常自其背面侵染，侵入后的菌丝并不深入寄主组织和细胞内部，仅在寄主角质层与表皮细胞的间隙进行扩散、定植并形成束状或垫状菌丝体，然后从其上长出分生孢子梗并突破寄主角质层裸露在外。病害潜育期很长，病菌侵染果实的潜育期为 40~70 d，枝梢和病叶的潜育期为 25~50 d，这样果实的发病从 6 月开始，由其产生的分生孢子进行再侵染的发病就次要了，只有很晚的品种才可见再侵染。温暖潮湿条件利于病害发生。果实成熟期越早，发病越轻。油桃因果面无毛，病菌易侵入，故发病较重。

（4）防治技术

①清洁桃园：采果后，将园内杂草割除，冬季修剪后，清除桃园内杂物，包括剪下的枝、落叶、病果，随后全园喷 5~6 波美度石硫合剂，保护树体，杀灭病菌。春季萌芽现蕾时，用 5 波美度石硫合剂对桃树进行全园喷布，杀灭树体表皮病菌。

②科学施肥：增施有机肥，控制速效氮肥的用量，适量补充微量元素肥料，以提高树体的抵抗力。合理修剪，注意桃园通风、透光和排水。

③生长期防治：在黔东南地区，5 月上旬到 7 月中旬，桃果实处于生长缓慢期，高温、高湿气候，容易滋生病菌，是疮痂病发生为害阶段，也是病害防治的重要时期。采用石硫合剂进行清园有很好的预防效果。生理落果结束后到果实膨大前用 0.5~0.6 波美度石硫合剂对桃树枝干、叶片、果实以及园内杂草等进行喷雾，与其他药物交替防治 1~2 次。果实生长期使用石硫合剂对人体安全，无药物残留，且杀虫、杀菌效果好，是晚熟桃无公害生产的重要技术。

④防治害虫：及时喷药防治害虫，减少虫伤，以减少病菌侵入的机会。

（二）桃树虫害识别与防治

1. 桃小食心虫

桃小食心虫属鳞翅目果蛀蛾科小食心虫属，又名桃蛀果蛾。主要为害桃、花红、山楂和酸枣等。

（1）危害状

桃小食心虫主要以幼虫为害果实，被害果蛀孔针眼大小，蛀孔流出眼珠状果胶，俗称"流眼泪"，不久干枯呈白色蜡质粉末，蛀孔愈合后成小黑点略凹陷。幼虫入果后在果肉里横串食，排粪于果肉，俗称"馅"，没有充分膨大的幼果，受害后多呈畸形，俗称"猴头果"，被害果实不能食用，失去商品价值。

（2）形态特征

成虫：雌虫体长 7~8 mm，翅展 16~18 mm；雄虫体长 5~6 mm，翅展 13~15 mm，全体白灰至灰褐色，复眼红褐色。雌虫唇须较长向前直伸；雄虫唇须较短并向上翘。前翅中部近前缘处有近似三角形蓝灰色大斑，近基部和中部有 7~8 簇黄褐色或蓝褐色斜立的鳞片。后翅灰色，缘毛长，浅灰色。翅缰雄 1 根，雌 2 根。

卵：椭圆形或桶形，初产时橙红色，渐变深红色，近孵卵顶部显现幼虫黑色头壳，呈黑点状。卵顶部环生 2~3 圈 "Y" 状刺毛，卵壳表面具不规则多角形网状刻纹。

幼虫：体长 13~16 mm，桃红色，腹部色淡，无臀栉，头黄褐色，前胸盾黄褐至深褐色，臀板黄褐或粉红。前胸气门前毛片具 2 根刚毛。腹足趾钩单序环 10~24 个，臀足趾钩 9~14 个，无臀栉。

蛹：长 6.5~8.6 mm，刚化蛹黄白色，近羽化时灰黑色，翅、足和触角端部游离，蛹壁光滑无刺。

茧：分冬、夏两型。冬茧扁圆形，直径 6 mm、长 2~3 mm，茧丝紧密，包被老龄休眠幼虫；夏茧长纺锤形，长 7.8~13 mm，茧丝松散，包被蛹体，一端有羽化孔。两种茧外表粘着土砂粒。

（3）发生特点

据记载，桃小食心虫在贵州每年发生 1~2 代，以老熟幼虫做茧在土中越冬。越冬代成虫羽化后经 1~3 d 产卵，绝大多数卵产在果实茸毛较多的萼洼处。初孵幼虫先在果面上爬行数十分钟到数小时，选择适当的部位，咬破果皮，然后蛀入果中，第一代幼虫在果实中历期为 22~29 d。第一代成虫在 7 月下旬至 9 月下旬出现。第二代卵发生期与第一代成虫的发生期大致相同，盛期在 8 月中下旬。第二代幼虫在果实内历期为 14~35 d。

桃小食心虫成虫无趋光性和趋化性，但雌蛾能产生性激素。成虫有夜出昼伏现象和世代重叠现象。桃小食心虫的发生与温、湿度关系密切。越冬幼虫出土始期，当平均气温达到 16.9℃、地温达到 19.7℃时，如果有适当的降水，即可连续出土。温度在 21~27℃，相对湿度在 75% 以上，对成虫的繁殖有利；高温、干燥对成虫的繁殖不利，长期下雨或暴风雨抑制成虫的活动和产卵。

（4）防治技术

①地面防治：根据幼虫出土观测结果，可在越冬幼虫出土结茧前地面爬行 1~2 h 时，在冠下地面喷洒杀虫剂，杀死出土幼虫，可用 5% 辛硫磷乳油 1000 倍液，要求湿润地表土 1~1.5 cm。喷洒后用齿耙子浅搂，深 3~5 cm。也可采用地膜覆盖地盘，闷死出土幼虫。

②树上防治

a. 性诱剂捕杀成虫：性诱剂迷向法使雄性成虫找不到雌性成虫进行交尾交卵，不能繁育下一代，要每 30~50 m² 放一个性诱剂，使果园空中全部散发雌性成虫的雌性刺激气味，使雄性成虫找不到雌性成虫进行交尾。

b. 化学防治：根据成虫发生盛期和虫卵期预测结果进行树上喷药防治，选用既杀成虫又杀幼虫，还杀虫卵，残效期长的药剂，如 2.5% 溴氰菊酯 2000 倍液、10% 氯氰菊酯 1000~2000 倍液、20% 尔灭菊酯 2000~4000 倍液，这些药剂杀虫率较高，但此药剂为广谱性杀虫剂，对天敌、人也有杀伤力，故在一年中不宜连续使用 2 次以上。

2.桃红颈天牛

桃红颈天牛属鞘翅目天牛科，为害桃、杏、李、梅、樱桃等。

（1）危害状

幼虫在皮层和木质部蛀隧道，造成树干中空、皮层脱离、树势弱，常引起树体死亡。

（2）形态特征

成虫：桃红颈天牛体黑色，有光亮；前胸背板红色，背面有4个光滑疣突，具角状侧枝刺；鞘翅翅面光滑，基部比前胸宽，端部渐狭；雄虫触角超过体长4~5节，雌虫超过1~2节。雄虫触角有两种色型：一种是身体黑色发亮和前胸棕红色的"红颈型"，另一种是全体黑色发亮的"黑颈型"。

卵：卵圆形，乳白色，长6~7 mm。幼虫乳白色，前胸较宽广。身体前半部各节略呈扁长方形，后半部稍呈圆筒形，体两侧密生黄棕色细毛。前胸背板前半部横列4个黄褐色斑块，背面的两个各呈横长方形，前缘中央有凹缺，后半部背面淡色，有纵皱纹；位于两侧的黄褐色斑块略呈三角形。胴部各节的背面和腹面都稍微隆起，并有横皱纹。

蛹：体长35 mm左右，初为乳白色，后渐变为黄褐色。前胸两侧各有一刺突。

（3）发生特点

红颈天牛2年发生1代，以幼虫在树干蛀道越冬，翌年3—4月恢复活动，在皮层下和木质部钻不规则隧道，并向蛀孔外排出大量红褐色粪便碎屑，堆满孔外和树干基部地面。5、6月间为害最重，严重时树干全部被蛀空而死。幼虫老熟后，向外开一排粪孔，用分泌物粘结粪便、木屑，在隧道内做茧化蛹。6、7月间，成虫羽化后咬孔钻出，交配产卵于树基部和主枝枝杈粗皮缝隙内。幼虫孵化后，先在皮下蛀食，经过滞育过冬。翌年春继续蛀食皮层，至7、8月间，向上往木质部蛀食呈弯曲隧道，再经过冬天，到第3年5、6月间老熟化蛹，羽化为成虫。

（4）防治技术

①人工除虫：桃红颈天牛为害桃树干、枝，在黔东南地区成年桃园内发生猖獗，它们弄断枝条，蛀空树干，使桃树寿命大大缩短。桃红颈天牛5—6月开始为害，主要为害枝干，6月晴天注意人工捕杀成虫。

桃红颈天牛的防治主要是观察桃树枝干流胶，有流胶并发现锯末时，应即时用细钢丝穿刺流胶部位，再用注射器注入敌敌畏药液，并用稀泥堵上注入口，5—10月隔5 d检查1次，随时发现，随时防治。

②物理防治：在6月上旬成虫产卵前，用白涂剂涂刷桃树枝干，防止成虫产卵。白涂剂配方为生石灰10份、硫黄（或石硫合剂渣）1份、食盐0.2份、动物油0.2份、水40份混合而成。

③生物防治：于4、5月间晴天中午在桃园内释放肿腿蜂（桃红颈天牛天敌），杀死桃红颈天牛小幼虫。

第二节　葡萄与杨梅病虫害识别与防治

一、葡萄病虫害识别与防治

（一）葡萄病害识别与防治

1. 葡萄霜霉病

葡萄霜霉病是一种世界性的葡萄病害。我国各葡萄产区均有分布，是我国葡萄的主要病害之一。病害严重时，病叶焦枯早落、病梢生长停滞，严重削弱树势，对产量和品质影响很大。主要危害叶片，也危害新梢和幼果。

（1）症状

叶片：最初在叶背出现半透明油浸状斑块，后在叶正面形成淡黄色至红色病斑，因受叶脉限制病斑呈角形，常见多个病斑相互融合；叶背面出现白色霜状霉层，病叶常干枯早落。

果粒：幼嫩果粒高度感病，直径2 cm以下的果粒表面可见霜霉，病果粒与健康果粒相比颜色灰暗、质地坚硬，但成熟后变软。

新梢：肥厚、扭曲，表面有大量白色霜霉，后变褐枯死。叶柄、卷须和幼嫩花穗症状相似。

（2）病原

病原菌为葡萄单轴霉，属鞭毛菌亚门。

（3）发病特点

以卵孢子在病叶组织及土壤中越冬。次年春季卵孢子萌发产生孢子囊，靠风雨传播，侵染叶片。叶片发病后，不断产生大量孢子囊进行多次重复侵染。冷凉潮湿天气，栽植过密或枝叶过多，通风差和排水不良均会造成病害流行。

（4）防治技术

水晶葡萄是引进并进行杂交的品种，长时间在贵州生长，已经形成具有生长抗性强的品种。葡萄霜霉病的防治在采用抗病品种的基础上，配合清洁果园、加强栽培管理和药剂保护综合防治措施。

①果园管理：

a.清洁果园。早春葡萄树发芽前结合修剪清园，烧毁枯枝落叶要在12月底之前完成，在整植后进行石硫合剂喷洒，包括立柱在内及时夏剪，引缚枝蔓，改善架面通风透光条件。

b.注意除草、排水、降低地面湿度。适当增施磷钾肥，对酸性土壤施用石灰，提高植株抗病能力。

②物理防治：选用无滴消雾膜做设施的外覆盖材料，并在设施内全面积覆盖地膜，降低其空气湿度和防止雾气发生，抑制孢子囊的形成、萌发和游动孢子的萌发侵染。

③避雨栽培：在葡萄园内搭建避雨设施，可防止雨水飘溅，从而有效地切断葡萄霜霉病原菌的传播，对该病具有明显防效。

④生物防治：

a. 预防。在病害常发期，使用奥力克霜贝尔 50 mL，兑水 15 kg 进行喷雾，7 d 喷 1 次。

b. 发病中前期。使用霜贝尔 50 mL 加大蒜油 15 mL，兑水 15 kg 全株喷雾，5 d 喷 1 次，连用 2~3 次。

c. 发病中后期。使用奥力克霜贝尔 50 mL 加靓果安 50 mL 加大蒜油 15 mL，兑水 15 kg 喷雾，3 d 喷 1 次，连用 2~3 次即可。

⑤化学防治：第二年 3 月葡萄萌动长出新叶时，喷洒 5 波美度石硫合剂，可以降低菌类在园中滋生，待长枝条长出时，可以每 10 d 喷洒杀菌剂，如 75% 百菌清可湿性粉剂 500~800 倍液、25% 甲霜灵可湿性粉剂 600~800 倍液。开花前不得施任何农药，防止结果率受影响；在花期凋落后每隔 10~15 d 喷 1 次波尔多液至果实成熟。

2. 葡萄白腐病

葡萄白腐病又称水烂、穗烂病，是葡萄生长期引起果实腐烂的主要病害。贵州葡萄产区均有发生。

（1）症状

果穗：一般是近地面果穗的果梗或穗轴上产生浅褐色的水浸状病斑，逐渐干枯；果粒发病，表现为淡褐色软腐，果面密布白色小粒点，发病严重时全穗果粒腐烂，果穗及果梗干枯缢缩，受震动时病果及病穗极易脱落；有时病果失水干缩成黑色的僵果悬挂枝上，经冬不落。

枝梢：多出现在摘心处或机械伤口处。病部最初呈淡红色水浸状软腐，边缘深褐色，后期暗褐色、凹陷，表面密生灰白色小粒点。病斑环绕枝条一周时，其上部枝、叶逐渐枯死。最后，病皮纵裂如乱麻状。

叶片：多在叶尖、叶缘处，病斑褐色近圆形，通常较大，有不明显的轮纹，表面也有灰白色小粒点，但以叶背和叶脉两边居多，病斑容易破碎。

（2）病原

病原菌为白腐盾壳霉菌，属半知菌亚门。有性阶段在我国尚未发现。

（3）发生特点

葡萄白腐病主要以分生孢子附着在病组织上和以菌丝在病组织内越冬。散落在土壤表层的病组织及留在枝蔓上的病组织，在春季条件适宜时可产生大量分生孢子，分生孢子可借风雨传播，由伤口、蜜腺、气孔等部位侵入，经 3~5 d 潜育期即可发病，并进行多次重复侵染。该病菌在 28~30℃，湿度为 95% 以上时适宜发生。高温、高湿多雨的季节病情严重，雨后出现发病高峰。葡萄白腐病的发生和流行有三个阶段：一是坐果后，降雨早，雨量大，发病早；二是果实着色期，即7月上中旬大雨出现早、雨量大，病害可很快达到盛发期（病穗率10%）；三是病害持续期，其长短取决于雨季结束的早晚。

（4）防治技术

葡萄白腐病的防治应采用改善栽培措施、清除菌源及药剂保护的综合防治措施。

①合理栽培管理：选择抗病品种，增施优质有机肥和生物有机肥，培养土壤肥力，改善土壤结构，促进植株根系发达、生长繁茂，增强抗病力。

②升高结果部位：因地制宜地采用棚架式种植，结合绑蔓和疏花疏果，使结果部位尽量提高到40 cm以上，可减少地面病原菌接触的机会，有效地避免病原菌的侵染。

③疏花疏果：根据葡萄园的肥力水平和长势情况，结合修剪和疏花疏果，合理调节植株的挂果负荷量，避免只追求眼前取得高产的暂时利益，而削弱了葡萄果树生长优势，降低了葡萄的抗病性能。

④精细管理：加强肥水、摘心、绑蔓、摘副梢、中耕除草、雨季排水及其他病虫的防治等经常性的田间管理工作。

⑤做好田间清洁卫生：生长季节搞好田间卫生，清除田间病源污染和侵染物，结合管理勤加检查，及时剪除早期发现的病果穗、病枝体，收拾干净落地的病粒，并带出园外集中处理，可减少当年再侵染的菌源，减轻病情和减缓病害的发展速度。

⑥化学防治：发病初期使用9%白腐霜克400倍液、9%白腐霜克500倍液加69%安克锰锌700倍液等药剂对葡萄白腐病有明显的防治效果。25%戊唑醇13 mL兑水15 kg喷雾有特效。病情严重时，加入大蒜油15 mL，兑水15 kg进行全株均匀喷雾，3 d喷1次，连用2~3次。

（二）葡萄虫害识别与防治

1. 葡萄透翅蛾

葡萄透翅蛾属鳞翅目，透翅蛾科。中国南北各地都有分布，南方主要分布于四川、重庆、贵州、江苏、浙江等省市。

（1）危害状

初孵幼虫从叶柄基部及叶节蛀入嫩茎再向上或向下蛀食；蛀入处常肿胀膨大，有时呈瘤状，枝条受害后易被风折而枯死；主枝受害后会造成大量落果，失去经济效益。

（2）形态特征

成虫：体长约20 mm、翅展30~36 mm，体蓝黑色。头顶、颈部、后胸两侧以及腹部各节连接处呈橙黄色，前翅红褐色，翅脉黑色，后翅膜质透明，腹部有3条黄色横带，雄虫腹部末端有一束长毛。

卵：长椭圆形，略扁平，红褐色，长约1 mm，略扁平。

幼虫：共5龄。老熟幼虫体长38 mm左右，全体略呈圆筒形。头部红褐色，胸腹部黄白色，老熟时带紫红色。前胸背板有倒"人"形纹，前方色淡。

蛹：体长 18 mm 左右，红褐色，纺锤形。

（3）发生特点

一年发生 1 代，以老熟幼虫在葡萄枝蔓内越冬。翌年 4 月底 5 月初，越冬幼虫开始化蛹，5—6 月成虫羽化。7 月上旬之前，幼虫在当年生的枝蔓内为害；7 月中旬至 9 月下旬，幼虫多在二年生以上的老蔓中为害。10 月以后幼虫进入老熟阶段，继续向植株老蔓和主干集中，在其中短距离地往返蛀食髓部及木质部内层，使孔道加宽，并刺激为害处膨大成瘤，形成越冬室，之后老熟幼虫便进入越冬阶段。

（4）防治技术

①人工防治：结合冬季修剪，将被害枝蔓剪除，消灭越冬幼虫，及时处理，剪除枝蔓。

②物理防治：悬挂黑光灯，诱捕成虫。

③生物防治：将新羽化的雌成虫一只，放入用窗纱制的小笼内，中间穿一根小棍，搁在盛水的面盆口上，面盆放在葡萄旁，每晚可诱到不少雄成虫。诱到一只等于诱到一双，收效很好。

④药剂防治：在葡萄抽卷须期和孕蕾期，可喷施 10%~20% 拟除虫菊酯类农药 1500~2000 倍液，收效很好；当主枝受害发现较迟时，可在蛀孔内滴注烟头浸出液，或直接注入 50% 敌敌畏 500 倍液，然后用黄泥巴封闭。

2. 斑衣蜡蝉

斑衣蜡蝉属于同翅目蜡蝉科，俗称"花姑娘""椿蹦""花蹦蹦""灰花蛾"等，是多种果树及经济林木上的重要害虫之一，也是一种药用昆虫，虫体晒干后可入药。

（1）危害状

以成虫、若虫群集在叶背、嫩梢上刺吸危害，栖息时头翘起，有时可见数十头群集在新梢上，排列成一条直线；导致被害植株发生煤污病或嫩梢萎缩、畸形等，严重影响植株的生长和发育。

（2）形态特征

成虫：体长 15~25 mm，翅展 40~50 mm，全身灰褐色；前翅革质，基部约 2/3 为淡褐色，翅面具有 20 个左右的黑点；端部约 1/3 为深褐色；后翅膜质，基部鲜红色，具有黑点；端部黑色。体翅表面附有白色蜡粉。头角向上卷起，呈短角凸起。翅膀颜色偏蓝为雄性，翅膀颜色偏米色为雌性。

卵：长圆柱形，长 3 mm、宽 2 mm 左右，状似麦粒，背面两侧有凹入线，使中部形成 1 长条隆起，隆起的前半部有长卵形的盖。卵粒平行排列成卵块，上覆一层灰色土状分泌物。

若虫：初孵化时白色，不久即变为黑色。1 龄若虫体长 4 mm，体背有白色蜡粉形成的斑点。触角黑色，具长形的冠毛。2 龄若虫体长 7 mm，冠毛短，体形似 1 龄。3 龄若虫体长 10 mm，触角鞭节小。4 龄若虫体长 13 mm，体背淡红色，头部最前的尖角、两侧及复眼基部黑色。体足基色黑，布有白色斑点。

（3）发生特点

1 年发生 1 代。以卵在树干或附近建筑物上越冬。翌年 4 月中下旬若虫孵化危害，5 月上旬为盛孵期；若虫稍有惊动即跳跃而去。经三次蜕皮，6 月中下旬至 7 月上旬羽化为成虫，活动危害至 10 月。8 月中旬开始交尾产卵，卵多产在树干的南方，或树枝分杈处。产卵在臭椿和苦楝上，其孵化率达 80%。一般每块卵有 40~50 粒，多时可达百余粒，卵块排列整齐，覆盖白蜡粉。成、若虫均具有群栖性，飞翔力较弱，但善于跳跃。

（4）防治技术

①园艺防治：建园时，不与臭椿和苦楝等寄主植物邻作，降低虫源密度减轻危害。结合疏花疏果和采果后至萌芽前的修剪，剪除枯枝、丛枝、密枝、不定芽和虫枝并集中烧毁，增加树冠通风透光，降低果园湿度，减少虫源。结合冬剪刮除卵块，集中烧毁或深埋。

②人工防治：若虫和成虫发生期，用捕虫网进行捕杀。

③天敌防治：保护和利用寄生性天敌和捕食性天敌，以控制斑衣蜡蝉，如寄生蜂等。

④化学防治：在低龄若虫和成虫危害期，交替选用 2.5% 氯氟氰菊酯乳油 2000 倍液、90% 晶体敌百虫 1000 倍混加 0.1% 洗衣粉、10% 氯氰菊酯乳油 2000~2500 倍液、50% 杀虫单可湿性粉剂 600 倍液等农药喷雾防治。

二、杨梅病虫害识别与防治

（一）杨梅病害识别与防治

1. 杨梅癌肿病

杨梅癌肿病又名杨梅疮，是细菌性病害。以危害枝干为主。

（1）症状

发病初期出现乳白色的小突起，表面光滑，后逐渐增大成肿瘤，表面变得粗糙或凹凸不平，木栓化，质坚硬，瘤呈球形，最大直径 10 cm 以上。一个枝条上肿瘤少者 1~2 个，多者可达 5 个以上，一般在枝条节部发生较多，对枝条生长造成严重影响。杨梅癌肿病主要发生在二、三年生的枝干上，也有发生在多年生的主干、主枝和当年生的新梢上。被害部位以上的枝条枯死；树干发病促使树势早衰，严重时也可引起全株死亡，对杨梅产量影响很大。

（2）病原

杨梅癌肿病是由丁香假单胞菌杨梅致病变种所致，是一种细菌性病害。

（3）发病特点

病菌在病树上或果园地面上的病瘤内越冬，次年春季细菌从病瘤内溢出后，主要通过雨水的溅散传播，也能通过空气、接穗、昆虫（枯叶蛾）传播。4 月底至 5 月初，病菌从枝梢的伤口侵入，5月下旬开始发病。

（4）防治技术

①冬季清园：在新梢抽生前，应剪去发病树上的所有病枝，集中烧毁，以减少病源，防止传播。

②减少伤口：在采收季节，宜赤脚或穿软鞋上树采收，避免穿硬底鞋上树而损伤树皮，增加伤口，引起病菌感染。

③苗木检疫：禁止在病树上剪取接穗和出售带病苗木，在无病的新区，如发现个别病树，应及时砍去烧毁。

④药剂防治：春季3—4月，在肿瘤中的病菌溢出传播以前，用利刀刮除病瘤后涂402抗菌剂200倍液效果最好，愈伤组织快速形成，病斑可自行脱落。

2. 杨梅褐斑病

杨梅褐斑病，又名炭疽病，俗称杨梅红点，属真菌性病害。

（1）症状

主要为害叶片，初期在叶面上出现针头大小的紫红色小点，以后逐渐扩大为圆形或不规则形病斑，中央呈浅红褐色或灰白色，边缘褐色，直径4~8 mm。后期在病斑中央长出黑色小点，是病菌的子囊果。当叶片上有较多病斑时，病叶就干枯脱落，受害严重时全树叶片落光，仅剩秃枝，直接影响树势、产量和品质。

（2）病原

病原菌为座囊菌目，属子囊菌亚门腔菌纲。

（3）发病特点

病菌以子囊果在落叶或树上的病叶上越冬。次年4月底至5月初在子囊果开始形成子囊孢子，5月中旬以后，如遇雨水或天气潮湿，从子囊果内陆续散发出成熟的子囊孢子，通过雨水传播蔓延。孢子萌发侵入叶片后并不马上表现症状，潜伏期较长（3~4个月），一般至8月中下旬出现新病斑。该病1年发生1次，无再次侵染。

（4）防治技术

①冬季清园：清扫园内落叶，并集中烧毁或深埋，以减少越冬病源。

②加强管理：园内土壤要深翻改土，增施有机质肥料，提高土壤肥力，增强树势，提高抗病能力。

③化学防治：在果实采收前半个月和采收后各喷一次倍量式波尔多液、75%百菌清可湿性粉剂或50%多菌灵可湿性粉剂800~1000倍液等药剂，防治效果较好。

（二）杨梅虫害识别与防治

1. 蓑蛾类

蓑蛾属鳞翅目蓑蛾科，俗称蓑衣虫、袋袋虫、皮虫、背包虫。全世界已知约800种，中国记录有 20 余种。蓑蛾是一类杂食性害虫。为害杨梅的蓑蛾主要有大蓑蛾、小蓑蛾和白囊蓑蛾。

（1）危害状

以幼虫和雌成虫钻在袋囊中取食嫩枝的皮和叶片。

（2）形态特征

成虫小形的翅展约为 8 mm，大形的翅展可达 50 mm。雄蛾复眼小。无单眼。口器退化。翅发达，翅面有鳞片或有鳞毛，呈半透明状，翅斑纹简单，色暗而不显。幼虫肥大，胸足和臀足发达，腹足退化呈跖状吸盘。幼虫吐丝造成各种形状蓑囊，囊上黏附断枝、残叶、土粒等。幼虫栖息囊中，行动时伸出头、胸，负囊移动。

（3）发生特点

大蓑蛾：护囊纺锤形，丝质较疏松，囊外附有大的碎叶片和少数枝梗，排列不整齐。1年发生1代。以幼虫在护囊内悬挂在树枝上越冬，次年4月下旬化蛹，5月上中旬成虫羽化。雌虫羽化后仍在囊内，雄虫羽化后从护囊末端飞出，与囊内雌成虫交配。雌虫产卵于护囊内，5月下旬前后孵化出幼虫。幼虫从护囊中爬出，将咬碎的叶片连缀一起做成新护囊。7—9月为害最重，越冬前吐丝封闭囊口，将护囊缠挂树上开始食害。护囊若不及时摘去，其缠缚部位常被紧缚而产生缢痕，影响枝梢的生长，且容易自此处折断。

小蓑蛾：护囊橄榄形，丝质轻、紧密，囊外附有碎叶片和排列整齐的细枝。1年发生2代。第一代4—5月出现，虫口数少，为害较轻，但如果不及时防治，第二代出现增多，7、8月间为害猖獗。杨梅被小蓑蛾为害后，叶片变红，造成提早落叶，严重时，一张叶片多达 4~5 只幼虫。因此，小蓑蛾对杨梅的威胁很大。

白囊蓑蛾：护囊长圆形，灰白色，丝质紧密，无附着枝和叶，常缀挂于叶背面。一年发生1代，7月中下旬至8月上旬发生最多；严重时一片叶上 5~6 只，食害叶肉，使被害叶变红色，早脱落。

（4）防治技术

①人工摘除虫囊：幼虫为害初期，虫口集中，容易发现，便于人工及时摘除。冬季结合修剪，剪除越冬幼虫护囊，集中消灭。

②生物防治：利用螳螂、瓢虫、草蛉、蜘蛛等有益天敌；青虫菌、白僵菌或苏云金杆菌也能防治多种害虫。

③物理机械防治：用黑灯光或糖酒醋诱杀成虫和幼虫。

④喷药防治：大蓑蛾在5月下旬，选用25%悬浮乳油灭幼脲3号 2000~4000 倍液、1%苦参碱可溶性溶剂 1000~1500 倍液等农药进行喷雾，都有良好的防治效果，但以傍晚喷药效果最佳，喷药时要求树冠内外、上下都喷到。

2. 果蝇

果蝇属双翅目果蝇科，目前有1000种以上果蝇物种被发现，大部分物种以腐烂的水果或植物体为食，少部分则只取用真菌、树液或花粉为食物。危害杨梅的种类很多，主要有黑腹果蝇、黄果蝇、伊米果蝇等。下面以黑腹果蝇为例。

（1）危害状

杨梅成熟后，吸引正在繁殖的果蝇到杨梅上取食、表层下产卵。卵孵化后，幼虫会钻进杨梅肉里取食危害。

（2）形态特征

成虫：体型较肥大，体表半透明，颜色逐渐加深，硬化。雌虫体型较雄体大，腹部末端稍尖，色浅，腹部背面有5条黑色条纹，腹面呈一明显黑斑，腹部有6个腹片，雄虫腹部末端呈黑色钝圆形，腹背有3条条纹，最后一条极宽，第一对足的跗节基部有性梳，腹部有4个腹片。

幼虫：头尖尾钝，头上有一黑色钩状口器。三龄幼虫体长4~5 mm，总共有三龄幼虫。

蛹：为菱形，逐渐由淡黄、柔软逐渐硬化为深褐色。

卵：体长约0.5 mm，呈白色椭圆形，前端背面伸出一触丝，附着在食物上。

（3）发生特点

杨梅果蝇在田间世代重叠，不易划分代数，各虫态同时并存，在气温10℃以上时，果蝇成虫出现。在气温为21~25℃、湿度为75%~85%条件下，一个世代历期4~7 d。杨梅进入成熟期后，果实变软，果蝇有合适的食物，此期为果蝇发生盛期，随着采收，杨梅逐渐减少，果蝇数量随之下降。果蝇主要栖息在具有发酵物、潮湿阴凉的生态环境，所以在杨梅采收后，树上残次果和树下落地果腐烂，又会出现盛发期，而随着残次果及落地果的逐渐消失，虫口因食物的缺少而下降。杨梅果蝇发生盛期在6月中下旬和7月中下旬两个食物条件极好的时期。以6月中下旬发生的为害造成经济损失最大。清晨和黄昏为成虫的活动高峰期。

（4）防治技术

①果园管理：调节通风透光，保持果园适当的温湿度，结合修剪，清理果园，尤其是清理腐烂的杂物及发酵物，可以减少虫源。

②诱杀：果蝇成熟期不能喷药，可用10%吡虫啉、香蕉、蜂蜜、食醋按10∶10∶6∶3的比例配制成诱杀剂，放在园内诱杀果蝇。

③地膜覆盖：果实成熟前覆盖白色地膜。

④粘虫板：用松香7份＋红糖1份＋机油2份混合后制成粘虫板。

⑤拣除落地烂果：拣除杨梅成熟前的生理落果和成熟采收期的落地烂果，送出园外一定距离的地方覆盖厚土，可避免其生存繁殖后返回园内危害。

⑥化学防治：在成熟期前（5月上旬）用低毒残留的1.8%爱福丁或阿维菌素喷洒落地果，并及时清理，可有效防治果蝇的发生。

第三节 柑橘与蓝莓病虫害识别与防治

一、柑橘病虫害识别与防治

(一)柑橘病害识别与防治

1. 柑橘炭疽病

柑橘炭疽病是我国柑橘产区普遍发生的一种主要病害,常引起叶、果脱落,枝梢枯死,主要危害柑橘、金橘、柚类等植物。

(1)症状

叶片:叶片发病多在叶缘或者叶尖,病斑浅灰色,呈不规则形或者圆形。潮湿天气呈现朱红色小液点,天气干燥时,斑面常现同心轮纹小黑点。

枝梢:枝梢病斑多始自叶腋处,由褐色小斑发展为长梭形下陷病斑,当病斑绕茎扩展一周时,常致枝梢变黄褐色至灰白色。

果实:幼果发病,腐烂后干缩成僵果,悬挂树上或脱落。成熟果实发病,在干燥条件下呈黄褐色、稍凹陷、革质、圆形至不定形,边缘明显;湿度大时果面上出现深褐色斑块,严重时可造成全果腐烂。贮运期间,多在自蒂部或其附近处出现茶褐色稍下陷斑块,终至皮层及内部瓤囊变褐腐烂。

(2)病原

病原菌由胶孢炭疽菌侵染所致。有性阶段为小丛壳菌,属子囊菌亚门。

(3)发病特点

病菌以菌丝体在病部组织内越冬,病枯枝梢是病菌主要的侵染来源,次年春天产生分生孢子,由风雨或昆虫传播,侵入寄主引起发病。高温、多雨的季节发生严重。冬季冻害较重及早春气温低、阴雨多的年份发病也较重。受冻害和栽培管理不善、生长衰弱的橘树发病严重;过熟、有伤口及受日灼的果实容易感病。

(4)防治技术

应采取加强栽培管理,增强树势,提高抗病力为主的综合治理措施。

①改善果园管理:做好肥水管理和防虫、防冻、防日灼等工作,并避免造成树体机械损伤,保持健壮的树势。剪除病虫枝和徒长枝,清除地面落叶;冬季剪除病枝病叶,并集中烧毁。清园后全面喷洒一次 0.8~1 波美度石硫合剂加 0.1% 洗衣粉。

②肥水管理:加强肥水管理,提高植株活力。深翻改土,增施有机肥和磷钾肥,避免偏施、过施氮肥;整治排灌系统,做好防涝、防旱、防冻和防虫等工作。

③药剂防治:在幼果期和 8—9 月果实成长期,每隔 15~20 d,喷药一次。有效药剂为 75% 百菌清可湿性粉剂 500 倍液,波尔多液(0.5∶1∶100)等。

2. 柑橘疮痂病

柑橘疮痂病是柑橘的重要病害之一，在中国的柑橘种植区都有发生。此病主要为害柑橘新梢幼果，也可为害花萼和花瓣，严重时会导致果实畸形，进而导致减产。

（1）症状

叶片受害，初期在叶面产生油渍状黄褐色圆形小点，以后病斑向外隆出而对应的叶面呈内凹，病斑为木栓化的瘤状或圆锥状的疮痂，并彼此愈合成疮瘤群，使叶片呈畸形扭曲。潮湿时，病斑顶部有灰色霉层。被害叶片常枯黄脱落。新梢发病，特征与叶片相似，病梢短小扭曲。幼果受害，则散生或集生瘤状突起病斑，或发育成果形小、皮厚、汁少的畸形果。

（2）病原

病原菌为柑橘痂圆孢菌，属半知菌亚门。有性阶段在我国尚未发现。

（3）发病特点

以菌丝体潜伏于病组织里越冬。春季阴湿多雨，气温上升到15℃以上时，产生分生孢子，经风、雨或者昆虫传播，侵入新梢、嫩茎和幼叶，萌发产生芽管，从表皮或伤口侵入，经3~10 d的潜育期，即可产生病斑。在条件适合的情况下可进行多次再侵染。阴雨连绵或清晨雾重露多的天气，有利于病菌的侵入，病害易流行。

（4）防治技术

①剪除病梢病叶：冬季和早春结合修剪，剪除病枝、病叶，春梢发病后也及时剪除病梢。

②实施检疫：新开柑橘园要采用无病苗木，防止病菌带入。

③化学防治：以防治幼果疮痂病为重点，于花谢2/3时喷药，发病条件特别有利时可在半个月后再喷一次。有效的药剂品种有波尔多液（硫酸铜0.5~1 kg、石灰0.5~1 kg、水100 kg）、50%多霉清可湿性粉剂800~1000倍液、12%绿菌灵乳油500倍液等。

注意事项：此病在发病初期易与柑橘溃疡病相混淆，这两种病害在叶片上的症状，主要区别是，溃疡病病斑表里穿破，呈现于叶的两面，病斑较圆，中间稍凹陷，边缘显著隆起，外圈有黄色晕环，中间呈火山口状裂开，病叶不变形。疮痂病病斑仅呈现于叶的一面，一面凹陷，一面凸起，叶片表里不穿破。病斑外围无黄色晕环，病叶常变畸形。

（二）柑橘虫害识别与防治

1. 柑橘大实蝇

柑橘大实蝇俗称"柑蛆"，双翅目实蝇科，又名橘大食蝇、柑橘大果蝇。被害果称"蛆果"，是国际、国内植物检疫对象。寄主为橘类的甜橙、京橘、酸橙、红橘、柚子等，也可危害柠檬、香橼和佛手。其中以酸橙和甜橙受害严重，柚子和红橘次之。

（1）危害状

成虫产卵于柑橘幼果中，幼虫孵化后在果实内部穿食瓤瓣，常使果实未熟先黄，黄中带红，使被害果提前脱落。而且被害果实严重腐烂，使果实完全失去食用价值，严重影响产量和品质。

（2）形态特征

成虫：体长10~13 mm，翅展约21 mm，全体呈淡黄褐色。复眼金绿色。胸部背面具6对鬃，中央有深茶色的倒"Y"形斑纹，两旁各有一条宽直斑纹。中胸背面中央有一条黑色纵纹，从基部直达腹端，腹部第3节近前缘有一条较宽的黑色横纹，纵横纹相交成"十"字形。雌虫产卵管圆锥形，长约6.5 mm，由3节组成。

卵：长1.2~1.5 mm，长椭圆形，一端稍尖，两端较透明，中部微弯，呈乳白色。

幼虫：老熟幼虫体长15~19 mm，乳白色圆锥形，前端尖细，后端粗壮。口钩黑色，常缩入前胸内。前气门扇形，上有乳状凸起30多个；后气门片新月形，上有3个长椭圆形气孔，周围有扁平毛群4丛。

蛹：长约9 mm、宽4 mm，椭圆形，金黄色，鲜明，羽化前转变为黄褐色，幼虫时期的前气门乳状凸起仍清晰可见。

（3）发生特点

1年发生1代，以蛹在土壤内越冬。翌年4月下旬开始羽化出土，4月底至5月上中旬为羽化盛期。雌成虫产卵期为6月上旬到7月中旬。幼虫9月上旬为孵化盛期。贵州惠水各发生期均迟10~20 d。极少数迟发的幼虫和蛹能随果实运输，在果内越冬，到1、2月老熟后从被害果中脱落；成虫羽化后20余日开始交尾，交尾后约15 d开始产卵。卵产于柑橘类植物的幼果内，产卵部位及症状因柑橘种类不同而有差异。在甜橙上卵产于果脐和果腰之间，产卵处呈乳状突起；在红橘上卵产于近脐部，产卵处呈黑色圆点；在柚子上卵产于果蒂处，产卵处呈圆形或椭圆形内陷的褐色小孔。卵在果内孵化后，幼虫成群取食橘瓣。10月中下旬被害果大量脱落。幼虫老熟后随果实落地或在果实未落地前即爬出，入土化蛹、越冬。入土深度通常在土表下3~7 cm，以3 cm最多，超过10 cm罕见。

（4）防治技术

①人工灭虫：从9月下旬至11月中旬止，摘除未熟先黄、黄中带红的蛆果，拾净地上所有的落地果进行煮沸、集中深埋处理，以达到杀死幼虫，断绝虫源的目的。

②冬季翻耕：结合冬季修剪清园、翻耕施肥，消灭地表10~15 cm耕作层的部分越冬蛹。

③触杀或诱杀：利用柑橘大实蝇成虫产卵前有取食补充营养（趋糖性）的生活习性，可用糖酒醋敌百虫液或敌百虫糖液制成诱剂诱杀成虫。

2. 柑橘矢尖蚧

柑橘矢尖蚧属同翅目盾蚧科。危害柑橘、香橼、柚、龙眼、茶、兰花等果、花、林木植物。

（1）危害状

柑橘矢尖蚧以雌虫和若虫群集于植物叶、枝、果实上吸食汁液，并排出蜜露，诱发煤污病，使叶、枝变黄。严重时导致枯枝、落叶、落果，甚至全株枯死。

（2）形态特征

雌虫体长 2.8 mm 左右，橙黄色。蚧壳狭长似箭状，紫褐色，背面有 1 条明显纵脊。雄虫体长 0.5 mm 左右，橙黄色，具翅 1 对，腹末有针状交尾器。雄蚧壳长形，白色，背面有 3 条纵脊。2 龄若虫体扁，椭圆形，淡黄色，触角及足消失。

（3）发生特点

贵州 1 年发生 2~3 代，以受精雌成虫在寄主上越冬，次年 4 月至 5 月产卵于介壳下。初孵若虫在枝叶上爬行一段时间后开始固定取食。雌性成虫及若虫多在枝、叶及果面上为害，雄性若虫多集中于叶片上为害。1 月下旬成虫羽化交配后，雄虫死亡，雌虫越冬。

柑橘矢尖蚧在橘园中呈中心分布，常由一处或多处生长旺盛且荫蔽的柑橘树上开始发生，然后向周围扩散蔓延至整个橘园，山坡呈现出中心点至片的延伸，一般大面积成灾的情况较少；树完全封闭的虫口密度大、受害重；树势弱且管理差的受害也重。对于一个果场来说，果园中心树虫口密度大、受害重，四周边缘虫口密度小、受害轻；幼树虫口密度小、受害轻。柑橘矢尖蚧的短距离传播，主要是经枝叶相邻接触、人员进出沾带及风吹扩散；长距离传播主要是通过幼苗、枝条的引进和果实的运输而扩散。

（4）防治技术

①剪除被害虫枝，集中处理，减少虫源。保护和利用自然天敌，如黄金蚜小蜂、矢尖蚧蚜小蜂等。

②在第一代若虫孵化高峰期，用优乐得、吡虫啉等农药喷雾防治。冬季或早春喷 3~5 波美度石硫合剂，或 16~18 倍液的松脂合剂，或 20~25 倍液的机油乳剂喷雾防治。

二、蓝莓病虫害识别与防治

（一）蓝莓病害识别与防治

1. 蓝莓灰霉病

蓝莓灰霉病是蓝莓上发生的对产量影响最大的病害。贵州栽培区均有分布。

（1）症状

花和果实发育期中最容易感染此病。由先开放的单花受害，很快传播到所有的花蕾和花序上，花蕾和花序被一层灰色的细粉尘状物所覆盖，而后花、花托、花柄和整个花序变成黑色枯萎，形态近似火疫病。果实感染后小浆果破裂流水，变成果浆状腐烂。湿度较小时，病果干缩成灰褐色果，经久不落。

（2）病原

病原菌为灰葡萄孢，属半知菌亚门丝孢纲丝孢目葡萄孢属。

（3）发病特点

病菌以菌核、分生孢子及菌丝体随病残组织在土壤中越冬。菌核抗逆性很强，越冬以后，翌年春天条件适宜时，菌核即可萌发产生新的分生孢子。分生孢子通过气流传播到花序上,以蓝莓外渗物作营养。分生孢子很易萌发,通过伤口、自然孔口及幼嫩组织侵入寄主,实现初次侵染。侵染发病后又能产生大量的分生孢子进行多次再侵染。

(4) 防治技术

①选用较为抗病的品种。

②加强栽培管理:秋冬彻底清除枯枝、落叶、病果等病残体,集中烧毁;发现菌核后,应深埋或烧毁;在生长季节摘除病果、病叶,减少再侵染的机会。严格控制浇水,尤其在花期和果期应控制用水量和次数,避免阴雨天浇水;发病后控制浇水和施肥,集中处理病果、病叶,并及时喷药保护;不偏施氮肥、增施磷肥、钾肥,培育壮苗,以提高植株自身的抗病力;注意农事操作卫生,预防冻害;大棚育苗与栽培要加强通风、排湿工作,使空气的相对湿度不超过65%,可有效防止和减轻灰霉病。

③药剂防治:可于开花前至始花期和谢花后喷50%速克灵1500倍液或40%施佳乐800倍液,也可在开花前喷50%代森铵500~1000倍液或50%苯来特可湿性粉剂1000倍液,或用其他防灰霉病药剂。但果期禁止喷药,以免污染果实,造成农药残留。

2. 蓝莓僵果病

蓝莓僵果病是蓝莓生产中发生普遍、危害严重的病害之一。

(1) 症状

在染病初期,表现为新叶、芽、茎干、花序等的突然萎蔫、变褐色。3~4周以后,由真菌孢子产生的粉状物覆盖叶片叶脉、茎尖、花柱,并向开放花朵传播,最终会侵害果实,表现为果实萎蔫、失水、变干、脱落、呈僵尸状,因此称之为僵果病。

(2) 病原

蓝莓僵果病病原菌为链核盘菌,属子囊菌亚门链核盘菌属。

(3) 发病特点

病菌每年侵染蓝莓2次,第一次以越冬子囊盘中释放的子囊孢子侵染幼嫩枝条。子囊盘的开放与蓝莓枝条春天萌发的时间相同。第二次以分生孢子侵染。在侵染初期,成熟的孢子在新叶和花的表面萌发,菌丝在叶片和花表面的细胞内和细胞外发育,引起细胞破裂死亡。从而造成新叶、芽、茎干、花序等突然萎蔫、变褐。3~4周以后,由真菌孢子产生的粉状物覆盖叶片叶脉、茎尖、花柱,并向开放花朵传播,进行二次侵染,最终受侵害的果实萎蔫、失水、变干、脱落、呈僵尸状。越冬后,落地的僵果上的孢子萌发,再次进入第二年侵染循环。

(4) 防治技术

通过品种选择、地区选择降低蓝莓僵果病危害。入冬前,清除果园内落叶、落果,烧毁或埋入地下,可有效降低蓝莓僵果病的发生。春季开花前浅耕和土壤施用尿素也有助于减轻病害的发生。

（二）蓝莓虫害识别与防治

1. 扁刺蛾

扁刺蛾属鳞翅目刺蛾科扁刺蛾属的一个物种。除危害蓝莓外，还危害苹果、桃、梧桐、枫杨、白杨、泡桐等多种果树和林木。

（1）危害状

以幼虫在蓝莓叶背取食，发生严重时叶被食光，影响蓝莓生长和产量。幼虫身体上的毒刺能刺伤人的皮肤，在蓝莓果实采摘期容易对人造成伤害。

（2）形态特征

雌蛾体长13~18 mm，翅展28~35 mm。体暗灰褐色，腹面及足的颜色更深。前翅灰褐色，稍带紫色，中室的前方有一明显的暗褐色斜纹，自前缘近顶角处向后缘斜伸。雄蛾中室上角有一黑点（雌蛾不明显）。后翅暗灰褐色。老熟幼虫体长21~26 mm、宽16 mm，体扁、椭圆形，背部稍隆起，形似龟背。全体绿色或黄绿色，背线白色。体两侧各有10个瘤状凸起，其上生有刺，每一体节的背面有2小丛刺毛，第四节背面两侧各有一红点；蛹长10~15 mm，前端肥钝，后端略尖削，近似椭圆形。初为乳白色，近羽化时变为黄褐色。茧长12~16 mm，椭圆形，暗褐色，形似鸟蛋。卵扁平光滑，椭圆形，长1.1 mm，初为淡黄绿色，孵化前呈灰褐色。

（3）发生特点

据记载，贵州1年发生2代，少数发生3代。均以老熟幼虫在寄主树干周围土中结茧越冬。越冬幼虫4月中旬化蛹，成虫5月中旬至6月初羽化。第一代幼虫发生期为5月下旬至7月中旬，盛期为6月初至7月初；第二代幼虫发生期为7月下旬至9月底，盛期为7月底至8月底。成虫羽化多集中在黄昏时分，尤以18~20时羽化最多。成虫羽化后即行交尾产卵，卵多散产于叶面，初孵化的幼虫停息在卵壳附近，并不取食，蜕第一次皮后，先取食卵壳，再啃食叶肉，仅留1层表皮。幼虫取食不分昼夜。自6龄起，取食全叶，虫量多时，常从一枝的下部叶片吃至上部，每枝仅存顶端几片嫩叶。幼虫期共8龄，老熟后即下树入土结茧，下树时间多在晚8时至翌日清晨6时，而以后半夜2~4时下树的数量最多。结茧部位的深度和距树干的远近与树干周围的土质有关：黏土地结茧位置浅，距离树干远，比较分散；腐殖质多的土壤及沙壤土地，结茧位置较深，距离树干较近，而且比较集中。

（4）防治技术

①消灭越冬虫源：扁刺蛾越冬代茧期历时很长，一般可达7个月，可根据扁刺蛾的结茧地点分别用敲、挖、翻等方法消灭越冬茧，从而降低来年的虫口基数。

②摘除虫叶集中销毁：扁刺蛾的低龄幼虫有群集为害的特点，幼虫喜欢群集在叶片背面取食，被害寄主叶片往往出现白膜状，及时摘除受害叶片集中消灭，可杀死低龄幼虫。

③消灭老熟幼虫：老熟幼虫多数于晚上或清晨下地结茧，可在老熟幼虫下地时杀灭它

们，以减少下一代虫口密度。

④灯光诱杀：成虫具有一定的趋光性，可在羽化盛期设置黑光灯诱杀成虫。

⑤生物防治：可用白僵菌粉剂喷粉防治，也可用 BT 制剂（100 亿孢子/克的 1000 倍液或 BT 乳剂 300 倍液），兑水 1000 倍喷雾。天敌上海青蜂可将卵产于刺蛾幼虫体上寄生，幼虫在寄主茧内越冬，翌年 4—5 月成虫咬破寄主茧壳羽化，其寄生率可达 58%；此外，黑小蜂、姬蜂、寄蝇、赤眼蜂、步甲和螳螂等天敌对其发生量可起到一定的抑制作用。

2. 黄刺蛾

黄刺蛾属鳞翅目刺蛾科，以幼虫危害蓝莓、枣、核桃、柿、枫杨、苹果、杨梅等 90 多种植物。

（1）危害状

黄刺蛾以幼虫咬食叶片。低龄幼虫只食叶肉，残留叶脉，将叶片吃成网状；大龄幼虫可将叶片吃成缺刻，严重时仅留叶柄及主脉，发生量大时可将全枝甚至全树叶片吃光。

（2）形态特征

成虫：雌蛾体长 15~17 mm，翅展 35~39 mm；雄蛾体长 13~15 mm，翅展 30~32 mm，体橙黄色。前翅黄褐色，自顶角有 1 条细斜线伸向中室，斜线内方为黄色，外方为褐色；在褐色部分有 1 条深褐色细线自顶角伸至后缘中部，中室部分有 1 个黄褐色圆点。后翅灰黄色。

卵：扁椭圆形，一端略尖，长 1.4~1.5 mm、宽 0.9 mm，淡黄色，卵膜上有龟状刻纹。

幼虫：黄刺蛾幼虫又名麻叫子、痒辣子、毒毛虫等。幼虫体上有毒毛，易引起人的皮肤痛痒。老熟幼虫体长 19~25 mm，体粗大。头部黄褐色，隐藏于前胸下。胸部黄绿色，体自第二节起，各节背线两侧有 1 对枝刺，以第三、四、十节的为大，枝刺上长有黑色刺毛；体背有紫褐色大斑纹，前后宽大，中部狭细呈哑铃形，末节背面有 4 个褐色小斑；体两侧各有 9 个枝刺，体中部有 2 条蓝色纵纹，气门上线淡青色，气门下线淡黄色。

蛹：被蛹，椭圆形，粗大，体长 13~15 mm，淡黄褐色，头、胸部背面黄色，腹部节背面有褐色背板。

（3）发生特点

黄刺蛾幼虫于 10 月在树干和枝柳处结茧过冬。翌年 5 月中旬开始化蛹，下旬始见成虫。5 月下旬至 6 月为第一代卵期，6—7 月为幼虫期，6 月下旬至 8 月中旬为晚期，7 月下旬至 8 月为成虫期；第二代幼虫 8 月上旬发生，10 月结茧越冬。成虫羽化多在傍晚，以 17~22 时为盛。成虫夜间活动，趋光性不强。雌蛾产卵多在叶背，卵散产或数粒在一起。每雌产卵 49~67 粒，成虫寿命 4~7 d。幼虫多在白天孵化。初孵幼虫先食卵壳，然后取食叶下表皮和叶肉，剥下上表皮，形成圆形透明小斑，隔 1 d 后小斑连接成块。4 龄时取食叶片形成孔洞；5、6 龄幼虫能将全叶吃光仅留叶脉。幼虫食性杂。幼虫老熟后在树枝上吐丝作茧。

（4）防治技术

①消灭越冬虫源：扁刺蛾越冬代茧期历时很长，一般可达7个月，可根据扁刺蛾的结茧地点分别用敲、挖、翻等方法消灭越冬茧，从而降低来年的虫口基数。

②摘除虫叶集中销毁：扁刺蛾的低龄幼虫有群集为害的特点，幼虫喜欢群集在叶片背面取食，被害寄主叶片往往出现白膜状，及时摘除受害叶片集中消灭，可杀死低龄幼虫。

③消灭老熟幼虫：老熟幼虫多数于晚上或清晨下地结茧，可在老熟幼虫下地时杀灭它们，以减少下一代虫口密度。

④灯光诱杀：成虫具有一定的趋光性，可在羽化盛期设置黑光灯诱杀成虫。

⑤生物防治：可用白僵菌粉剂喷粉防治，也可用BT制剂（100亿孢子/克的1000倍液或BT乳剂300倍液），兑水1000倍喷雾。天敌上海青蜂可将卵产于刺蛾幼虫体上寄生，幼虫在寄主茧内越冬，翌年4~5月成虫咬破寄主茧壳羽化，其寄生率可达58%；此外，黑小蜂、姬蜂、寄蝇、赤眼蜂、步甲和螳螂等天敌对其发生量可起到一定的抑制作用。

第七章 蔬菜病虫害防治技术

第一节 蔬菜病虫害防治基础知识

随着我国蔬菜产业的发展，设施面积的增加，在实现蔬菜周年供应的同时，为一些病虫害提供了良好的生存条件，使一些病虫害的发生呈现周年循环。老病虫发生频率增加，新病虫不断出现，一些在露地发生不太普遍的病虫，现成为棚室内的严重危害，而且为露地蔬菜提供了大量菌源和虫源。

一、蔬菜病害防治基础知识

（一）设施蔬菜病害发生特点

设施蔬菜病害发生有以下特点：高温、高湿有利于病害发生；土传病害逐年加重；病原菌越冬条件优越；生理病害有加重趋势。

（二）蔬菜病害的症状和识别

1. 蔬菜病害的症状及病害分类

（1）蔬菜病害的症状

蔬菜病害的症状分为病状和病症两部分，植株受害后表现出来的不正常状态称为病状，在受害部位长出来的肉眼可见的病原物称为病症。例如，黄瓜霜霉病造成黄瓜叶片多角形褐斑，病斑背面有白色至灰黑色霉层。褐斑是由于叶片受害，叶肉组织坏死形成的，即病状；霉层是叶片内部的病原菌最后突破叶片，长出的繁殖体，即霜霉病的病症。

病状的类型主要有变色、坏死、萎蔫、腐烂、畸形等。常见的变色包括花叶黄化、白化、紫化等；坏死常指一些局部性的斑点，如角斑、条斑、圆斑、黑斑、褐斑、紫斑等；萎蔫是由于维管束受害后引起植株失水、枝叶凋萎，如青枯病和枯萎病的表现；腐烂即受害组织较大面积的分解和破坏，常见的有白菜细菌性软腐病，灰霉病引起叶、花、果实的腐烂；

畸形是由于生长异常表现出的枝叶丛生、矮化、皱缩、卷曲、蕨叶、肿瘤等症状。病症的类型包括粉状物、锈状物、霜霉状物、点状物、颗粒状物、脓状物等。如西葫芦白粉病的病症是白粉状物，豇豆锈病的病症是叶片上的黄色锈状物，黄瓜霜霉病的病症是叶背的霜霉状物，茄子炭疽病的病症是病斑上的小黑点，莴苣菌核病的病症是颗粒状物（菌核），以上是真菌病害几种常见的病症。细菌病害在发病部位可产生或挤出白色、黄色的脓状物（菌脓），内含有大量的菌体，是细菌病害的特有病症。病毒病害只有病状而无病症。需要注意的是，植株病部上的病症通常只在病害发展到中后期，有一定温、湿度条件时才出现。

（2）蔬菜病害的分类

按照病原（发病原因）可分为非侵（传）染性病害和侵（传）染性病害。因环境条件不适宜植株生长而引起的蔬菜病害，无传染性，称非传染性病害；被真菌、细菌、病毒、线虫等病原物侵染引起的病害，可以在周围传染，称为传染性病害。

（3）非侵染性病害的病原因子及特点

①营养失调：土壤中某种营养元素不足、过量或不均衡，或由于土壤的物理化学性质导致某些元素吸收困难，引起植株营养缺乏或不良。表现为叶片发黄，组织坏死。如缺钙引起番茄脐腐病，黄瓜的"降落伞叶"；缺钾引起番茄果实着色不良；缺硼导致蔬菜生长点萎缩和坏死等。相反，某些元素过剩同样有不良反应：氮肥过多引起枝叶徒长，抗病力下降；锰、铜过量抑制铁的吸收，导致缺铁性黄叶等。

②水分失调：土壤湿度过大、过小或分布不均，都能引起蔬菜病害。土壤积水造成氧气缺乏，影响根系呼吸作用，引起烂根，地上枝叶萎蔫，叶片变黄，落花落果；缺水也可引起植株凋萎、落叶落果和不结实等；水分供应不均匀，容易导致瓜果畸形、开裂。

③温度不适宜：番茄、茄子等幼苗期气温的剧烈变化，可导致花芽分化不良、不结实或畸形果。低温引起霜害和冻害，苗期低温引起的幼苗沤根，还可导致猝倒、立枯病的扩展。高温和强光引起瓜果的日灼病，伤口往往还会成为其他病害的侵入口。

④光照不足：适宜的光照促进花芽分化；光照过强可灼伤叶片和果实；弱光和连阴雨容易造成生长不良、叶片黄化甚至脱落。

⑤有害物质侵害：有害物质侵害指空气、土壤、水中的有毒物质侵害，包括废气、工业废水的侵害，肥害和药害。

⑥土壤次生盐碱化：保护地栽培条件下，常大量施用化学肥料，未能淋溶和分解的肥料及其副成分在土壤中积累，导致土壤可溶性盐浓度过高，超过蔬菜正常生长的浓度范围，造成土壤次生盐碱化。表现为根系发育不良、不发新根、叶色浓绿、矮小等症状，严重时叶片萎蔫、出现坏死斑、落叶落果，直至枯死。

非侵染性病害一般有以下几个特点：一是病害往往大面积同时发生，表现为同一症状；

二是病害无逐步传染扩散现象，病株周围有完全健康的植株；三是病株病果上无任何病症，组织内分离不到病原物；四是通过改善环境条件，植株基本可以恢复。非侵染性病害的诊断有一定的规律性，如病害突然大面积发生，多由气候因素、废水废气所致；叶片有明显枯斑或坏死、畸形，且集中于某一部位，多为药害或肥害；植株下部老叶或顶部新叶变色，可能是缺素症；日灼常发生在植株向阳面。

2. 侵染性病害的病原因子及特点

侵染性病害具有传染性，田间往往有一个明显的发病中心（中心病株），并有向周围扩散蔓延的发展过程。

（1）真菌病害

真菌病害的症状多为在叶、茎、花果上产生的局部性斑点和腐烂，少数会引起萎蔫和畸形。温湿度适宜时，病部可长出霉状物、粉状物、棉絮状物、霜霉状物、小颗粒等特定结构，即病菌的繁殖体。繁殖体借助气流、风力、雨水、灌溉水等传播，由表皮直接侵入，或经由伤口、自然孔口（气孔、水孔、柱头等）侵入，重复多次侵染，使病害得以扩展蔓延。受田间实际条件限制，真菌病害的症状特点往往不够明显。一些病害就以病部长出的典型病症命名，如霜霉病、白粉病、锈病等。

（2）细菌病害

细菌病害的表现主要是斑点、萎蔫和腐烂，感病部位开始时多呈水渍状，有透光感，在潮湿条件下病部可见一层黄色或乳白色的脓状物（菌脓），干燥后成为发亮的薄膜。细菌大多沿着维管束传导扩散，新鲜的病组织有明显的"喷菌现象"，枯萎组织的切口能分泌出白色浓稠的脓状物，腐烂组织多黏滑有恶臭。细菌病害的扩散媒介以灌溉水、雨水为主，昆虫和农事操作也能传播，经由植株的伤口或水孔侵入发病。

（3）病毒病害

所有蔬菜都能被病毒侵染。病毒病害多为系统侵染形成的全株性症状，以花叶黄化、斑点、矮缩、畸形等常见，一般上部嫩叶表现明显。病毒病害有病状而无病症，有些病毒病害还与蚜虫、叶蝉、粉虱的发生关系密切。病毒无自我传播能力，依靠昆虫、农事操作的工具、病健株之间的枝叶摩擦、嫁接等传播。因此，切断其传播途径是防治病毒病害的重要措施。

（4）线虫病害

蔬菜中的线虫病害以根结线虫为主，危害比较隐蔽，多数表现生长不良、植株矮小、叶片发黄、萎蔫，根部出现大小不一的虫瘿（根结）。线虫多生活在20 cm以上土层中，自我扩散能力有限，在田间最初发生面积一般很小，可随种苗、灌溉水、土壤、农事操作传播扩散。

3.蔬菜病原菌的传播和侵入

（1）病原菌的传播

①气流（风力）传播：这是真菌常见的传播方式。霜霉病、白粉病等在病部产生的粉状物、锈状物、霜霉状物中，含有大量的孢子，孢子量大质轻，非常适合气流传播。传播距离远、面积大，防治比较困难。对这些病害的预防应优先选用抗病品种，田间发现长有上述病症的病组织要及时摘除、深埋或烧毁，防止病菌扩散。

②水流传播：细菌、线虫和某些真菌可以通过水流传播。真菌中可产生点粒状物的病害如炭疽病等，点粒状物（繁殖体）中的孢子多黏聚在胶质物质中，雨水、灌溉水、棚膜滴水等能将胶质物质溶解，孢子随水流或水滴飞溅进行传播。细菌产生的菌脓只能依靠水流传播。灌溉水还可将土壤中的线虫和一些病原菌（如腐霉病菌、软腐病菌、立枯病菌等）携带传播。水流传播距离较短，在病害预防中应注意控制菌源，减少水流的携带扩散。

③土壤传播：蔬菜的枯叶和病残体落入土壤，其中的病原菌随之入土。很多病菌可在土壤中存活多年，连茬、连作使土壤的病菌数量逐年积累，病害逐渐加重，如茄科蔬菜的青枯病、菌核病，十字花科蔬菜的软腐病等。减轻土传病害，应进行土壤消毒、轮作，避免连茬。

④种苗传播：有些病菌可经种子传播，如大部分病毒病、番茄叶霉病、茄子黄萎病、瓜类炭疽病等。预防措施包括温汤浸种、药剂浸种拌种等，效果较好。

⑤昆虫和其他动物传播：病毒类病原物都可借助昆虫传播，尤以蚜虫、飞虱、粉虱等传播最多。白菜软腐病也可以借助毛虫、跳甲等携带传播。病毒病的预防中要注重治虫防病。

⑥人为传播：人们的活动和农事操作常帮助病原菌传播。如种苗的调运、共用机具、农事操作中的整枝打杈、移栽、嫁接、蘸花、采收等。因此在管理中尽量将病健株分开操作，防治交叉感染。

（2）病原菌的侵入

病原菌的侵入途径有三种：直接侵入、自然孔口（气孔、水孔、蜜腺、柱头等）侵入、伤口侵入。不同的真菌侵入途径不同，如菜豆锈病可直接由表皮侵入；黄瓜霜霉病菌从叶背面的气孔侵入；枯萎病菌则由根部的裂口侵入；细菌一般从自然孔口或伤口侵入；病毒只能从伤口侵入。

二、蔬菜虫害防治基础知识

（一）设施蔬菜害虫发生特点

保护地与露地相比，具有温度高、温差大、光照度低、湿度大、气流缓慢等特点，其中温度增高是导致害虫发生的主要因素。在保护设施中，害虫的发生有一些特点：一是害虫存活率高，危害时间长；二是害虫种类以小型昆虫为主；三是自然控制能力较弱。

(二)设施蔬菜害虫的类型

危害蔬菜的害虫主要是昆虫,其次是螨类(红蜘蛛)和软体动物(蜗牛和蛞蝓等)。这些害虫咬食蔬菜的组织和器官,吸食汁液,干扰和破坏蔬菜的正常生长发育,导致产量和质量下降,造成极大的经济损失。此外,一些吸汁害虫(主要是蚜虫)还能传播病毒,造成严重的间接危害。下面依据分类学原理对蔬菜主要害虫作简要归类。

1. 鳞翅目害虫

成虫通称为蛾或蝶,幼虫通称为青虫、毛毛虫等。幼虫具有咀嚼式口器,咬食蔬菜作物的根、茎、叶、果实等,是危害蔬菜的主要类群。常见的如菜蛾、菜粉蝶、斜纹夜蛾、甜菜夜蛾、棉铃虫、小地老虎等。

2. 同翅目害虫

成虫、幼虫均为刺吸式口器的害虫。虫体一般较小,常群集在植株叶片和嫩茎上吸吮汁液、分泌蜜露,还能传播病毒病,是蔬菜害虫中另一个重要类群。主要包括各种蚜虫和粉虱,如桃蚜、萝卜蚜、甘蓝蚜、烟粉虱、白粉虱、叶蝉等。

3. 鞘翅目害虫

成虫通称为甲虫,咀嚼式口器,幼虫称为蛴。为害蔬菜的甲虫多数以成虫取食叶片,幼虫在地下取食根或块茎,如多种金龟子、黄曲条跳甲等。

4. 双翅目害虫

成虫通称为蝇、蚊等,舐吸式口器或刺吸式口器。为害蔬菜的主要是蝇类,其幼虫通称为蛆,幼虫取食植株根部或潜入叶肉组织为害。如萝卜地种蝇、豌豆潜叶蝇等。

5. 缨翅目害虫

通称为蓟马,成虫以锉吸式口器锉破植物表皮,吮吸汁液,如葱蓟马等。

6. 螨类

危害蔬菜的主要是各种叶螨,群集在植物叶片背面,刺吸汁液。在茄科和葫芦科蔬菜上,叶螨是一类重要害虫,在保护地内容易暴发成灾,如茶黄螨、茄红蜘蛛等。

7. 软体动物

主要是蜗牛和蛞蝓。成、幼体均咬食叶片、幼苗。在地下水位高、比较潮湿的菜地里,蜗牛和蛞蝓常可造成严重危害。

(三)蔬菜昆虫的一般特征

1. 昆虫的基本特征

昆虫属于无脊椎动物、节肢动物门、昆虫纲,与其他动物相比有如下特点:

①成虫体躯分节,可分为头部、胸部、腹部三体段。

②头部是感觉和取食中心,生有口器和一对触角,一对复眼和若干单眼。

③胸部是昆虫的运动中心,具有三对足,一般还有两对翅,少数成虫的翅退化。

④腹部是新陈代谢和生殖中心，包含生殖系统和大部分脏器。

⑤昆虫在生长发育过程中有变态现象。

2. 昆虫的口器及危害特点

由于食性和取食方式不同，昆虫口器在构造上有所不同。有适合取食固体食物的咀嚼式口器（蝗虫、甲虫、毛虫），取食液体食物的刺吸式口器（蚜虫、白粉虱、盲椿象），兼食固体和液体两种食物的嚼吸式口器（蜜蜂），其他有锉吸式口器（蓟马）、虹吸式口器（蝶蛾类成虫）和舐吸式口器（蝇类成虫）等。

咀嚼式口器的害虫一般食量较大，咬食蔬菜植物组织，在被害植物上造成明显的缺刻、孔洞，甚至将一些器官和组织全部吃光，如菜青虫、菜蛾、茄二十八星瓢虫等；或钻蛀植物根茎、果实中造成危害，如棉铃虫、烟青虫、豆荚螟等。对这类口器害虫的药剂防治，可将胃毒作用的药剂喷洒在作物表面，或制成毒饵，在害虫取食时进入虫体消化道，使其中毒或致病而死亡。

刺吸式口器形如针状，害虫将口针刺入植物组织吸取汁液，常使植物被害部分出现斑点、卷叶、萎缩、畸形及花果脱落等被害状。防治时若施用胃毒性农药，难以奏效，因此选用内吸性药剂效果最好，将药剂施于植物的任何部位，都能吸收运转到全身组织，昆虫刺吸植物汁液后就会中毒致死。蝶蛾类成虫具有类似卷曲发条的虹吸式口器，主要吸食花蜜和一些液体，可将胃毒性杀虫剂与其喜食的糖醋等制成毒液进行诱杀。应当指出：触杀性和熏蒸性杀虫剂不受昆虫口器类型的限制。

3. 昆虫体壁与药剂防治

体壁是昆虫骨化了的皮肤，包在昆虫体躯外侧，具有与高等动物骨骼相似的作用，所以称"外骨骼"，兼有骨骼和皮肤的双重作用。昆虫的体壁极薄，但构造复杂。体壁最外的表皮层含有几丁质、骨蛋白和蜡质等，体壁上常有各种刻点、脊纹、毛、刺、鳞片等外长物，都是疏水、亲脂性的，这些特性使体壁既有一定的硬度，又富有弹性和延展性。

杀虫剂必须接触虫体，进入体内，才能起到杀虫作用。昆虫体表的许多毛、刺、鳞片阻碍了药剂与体壁接触，体壁的一些疏水性的蜡质使药液不易黏附，难以起到杀虫作用。因此，在杀虫剂中加入有机溶剂和油类物质，可大大提高杀虫效力。低龄幼虫体壁比较薄，对药剂抵抗力差，食量小，为害轻，扩散慢，因此防治害虫时最好在幼虫三龄之前，使用黏附力、穿透力强的油乳剂杀虫。人工合成的灭幼脲类杀虫剂，也是根据体壁特性而制造的；这类药剂具有抗蜕皮激素的作用，幼虫取食后，抑制其体内几丁质的合成，不能生出新表皮，使幼虫不能蜕皮而死。

4. 昆虫的习性

（1）食性

食性是指昆虫对食物的选择性。按照昆虫取食的食物性质，分为植食性、肉食性、腐食性、杂食性等。了解昆虫的食性，有助于选择轮作植物，营造不适于某类害虫的营养环境。

（2）趋性

趋性指昆虫对外界刺激发生的定向反应。

①趋光性：昆虫对光源的刺激所产生的反应。许多夜出性的蛾类、金龟子、蝼蛄等喜欢灯光，生产中常用黑光灯、紫外线灯等进行诱杀；蚜虫、白粉虱对黄色的光有趋性，菜田中应用黄色黏虫板进行诱杀；有些蚜虫不喜欢银灰色，可用银灰色薄膜驱避蚜虫。

②趋化性：趋化性是指昆虫对某种化学物质具有趋性。如菜粉蝶选在含芥子油的十字花科蔬菜上产卵，地老虎喜爱酸甜食物，蝼蛄喜爱香甜食物等。在生产中用糖、醋、酒的混合液诱杀小地老虎，用炒香的麦麸、豆饼等做成毒饵诱杀蝼蛄，就是趋化性的应用。

③假死性：即一些昆虫的"装死"习性：遇到外界震动惊扰，即坠落地面一动不动装死，片刻后即又恢复活动。假死性是昆虫应对外来袭击的防御性反应，如小地老虎幼虫缩成一团，甲虫类昆虫的装死表现等。在生产中，人们常利用这种假死性震落、捕杀害虫。

④群集性：同种昆虫个体高密度聚集在一起的习性。如斜纹夜蛾的幼虫在三龄前常群集为害，在田间少数叶片发生时，可结合农事操作摘除卵叶或虫叶。

⑤迁移性：大多数昆虫在环境条件不适或食物不足时，便进行扩散迁移，如有翅蚜的迁飞扩散等。生产中应用防虫网可有效阻隔蚜虫、白粉虱、蝗虫等在保护地与露地之间的辗转迁移。

（四）蔬菜害虫的识别

1. 直接识别

以查看到的害虫的形态特征来鉴别，简单直观。

2. 危害状识别

通过害虫残留物（如卵壳、蛹壳、丝茧、蜕皮、分泌物、排泄物等）或蔬菜的受害症状来鉴别。

（1）叶片受害症状

被害叶片出现缺刻、孔洞，或仅残留透明叶表皮，多为咀嚼式口器的鳞翅目和鞘翅目害虫为害。叶片呈现灰白色或黄色小点，卷缩，或有蜜露，一般为同翅目蚜虫、粉虱、叶蝉等危害。上部新叶卷曲皱缩，呈火红色，或枯焦，多为红蜘蛛为害。叶片有白色线状弯曲虫道，多为潜叶蝇所为。

（2）花果受害症状

花朵，果实被咬，或钻蛀进入番茄、辣椒、菜豆等果实内部，外有虫粪，使花果脱落，种实瘪粒，一般是棉铃虫、烟青虫、豆荚螟等害虫为害。

（3）根茎受害症状

幼苗被咬断或切断，多为蝼蛄、地老虎侵害。地上部分生长不良，枝叶发黄，根上有颗粒状小球，多为根结线虫为害。

第二节　设施蔬菜病虫害综合防控措施

一、植物检疫

植物检疫是控制检疫性病虫害发生与传播的一项有效措施。要加强蔬菜种子、苗木及蔬菜产品的调运检疫工作，杜绝和防范危险性病虫害的扩散传播、蔓延（主要由检验检疫部门来完成）。如番茄溃疡病，美洲斑潜蝇等都属于国内检疫害虫。

二、农业综合防治技术

即应用栽培管理方法来防治病虫害。

（一）选用抗性品种

不同蔬菜品种对病虫害的抵抗和忍耐能力不同，因地制宜地选用适宜大棚生产的抗（耐）病虫的品种，是防治温室蔬菜病虫害最经济有效的方法。比如，番茄中枝叶上被生较浓密绒毛的品种，不易受蚜虫侵害，因而可减少病毒病的发生。

（二）培育壮苗

好种出好苗，首先应保证无病种子或种子处理。选用种子时最好选用包衣种子，非包衣种子播种前选晴天晒种 2~3 d，通过阳光照射杀灭附着在种皮表面的病菌。茄果类、瓜类蔬菜种子可用 55℃温水浸种 10~15 min，豆科和十字花科蔬菜种子用 40~50℃温水浸种 10~15 min，或用 10% 盐水浸种 10 min，可将种子里混入的菌核病、线虫卵漂除或杀死，防止菌核病和线虫病发生。采用无病土育苗，施用充分腐熟的有机肥和少量无机肥。加强苗床管理，定植时选用优质适龄壮苗。

（三）合理轮作倒茬

同科蔬菜均有相同或相似的病虫害，同一地块连续种植容易产生连作障碍，造成生长不良，病虫害加重。因此，同种蔬菜连茬种植应不超过两次，最好与不同种类作物轮作倒茬，减少菌源、虫源积累，减轻病虫害发生。

（四）及时清除病残体

多数病虫可在田间的病残株、落叶、杂草或土壤中潜伏，清洁田园可以减少病虫害的来源，改善环境条件。在播种和定植前，清理上茬残留物及四周杂草；生长期对已发病的植株残体、老叶烂叶及时清除，带到棚外烧毁或深埋。如黄瓜霜霉病发生严重时，用药前先摘除中下部老病叶，可显著减少菌量，改善通风透光条件，降低空气湿度，提高药效。

（五）加强生长期栽培管理

1. 肥料施用

提倡配方施肥和测土施肥，底肥与追肥配合使用，选择适当的叶面喷肥种类，多施用充分腐熟的有机肥,防止或减轻土壤板结和盐碱化。

2. 浇水和湿度管理

棚室内空气湿度大是引发病害的重要原因,推广垄作地膜覆盖,保温保湿,采用膜下暗灌、微灌滴灌,禁止大水漫灌;选在晴天上午浇水,保证 3 h 以上的通风时间,及时降低叶面湿度;清晨尽早放风;棚室内用药时可酌情用粉剂或烟剂替代喷雾。通过降低棚内湿度可明显减轻十字花科蔬菜软腐病、黑腐病,瓜类和茄类疫病、枯萎病、霜霉病的发生。

3. 设施维护

选用质量好的无滴膜作为棚膜,有利于棚内增温;冬春寒流季节及时清除棚面尘土,增强光照,提高植株抗病能力。

(六)应用嫁接技术

瓜类、茄果类是常见且分布广泛的蔬菜,嫁接技术的应用显得更为重要。通过嫁接可有效防治瓜类枯萎病、茄子黄枯病、番茄青枯病等多种土传病害。黑籽南瓜嫁接黄瓜,不仅有效控制枯萎病,还可减轻疫病的发生。西瓜嫁接一般选用葫芦、瓠瓜、黑籽南瓜作为砧木,可以起到较好的防病效果和增产作用。

三、物理防治技术

使用各种物理因素、人工或器械防治病虫害的方法称为物理防治法。此法简单易行,见效快,不污染环境和伤害天敌,适合蔬菜的无公害生产。

(一)人工捕捉

在害虫发生面积不大或不适于采用其他防治措施时,利用人力或简单器械,捕杀有群集性、假死性等习性的害虫。如在被害植株及邻株根际扒土捕捉小地老虎幼虫等害虫,人工摘除斜纹夜蛾、甜菜夜蛾等的卵块和虫叶,利用害虫的假死性震落捕捉等,对减轻害虫为害均有一定效果。

(二)诱杀

利用害虫对颜色、气味、光等方面的趋性,设置灯光、毒饵诱杀害虫。

1. 灯光诱杀

利用害虫的趋光性,使用各种诱虫灯进行诱杀。在夜蛾、螟蛾、金龟子、蝼蛄等成虫盛发期,可用黑光灯、频振式杀虫灯、高压电网灯等诱杀。

2. 黄板诱杀

蚜虫、温室白粉虱、斑潜蝇等害虫具有趋黄习性,可用黄色黏虫板诱杀,捕杀上述害虫也能显著减少病毒病的发生。

黏虫板可自制:用 30 cm×40 cm 黄色薄板(纸板、纤维板等),两面涂无色机油,每亩 8~10 块,悬挂在略高于蔬菜植株的上方,一般距离不超过 1.5 m,机油每隔一周涂一次。

3. 毒饵诱杀

利用害虫的趋化性进行诱杀。如用性诱剂等诱杀小菜蛾、斜纹夜蛾等，用糖醋液（糖：醋：水：酒=3：4：2：1，加入约5%比例的90%晶体敌百虫）诱杀小地老虎等。

4. 银膜驱蚜

银灰色有驱避蚜虫的作用，蚜虫携带致病病毒，因此，在夏秋季培育易感染病毒病的菜苗时，用银灰色的薄膜或遮阳网覆盖育苗，可以减少病毒病的发生。在棚室里悬挂银灰色薄膜，有同样的驱蚜效果。

（三）高温处理

1. 晴天晒种

播种或催芽前，选择晴天将种子晾晒2~3 d，不仅可促进种子后熟，增强发芽势，提高发芽率，还可杀灭部分附着于种皮的病菌。

2. 温汤浸种

利用植物种子和病虫对温度耐受力的不同，用适度温水处理，有效杀灭种子上的病虫。一般步骤是：准备种子重量5倍左右的热水，保持在50~55℃（不同种子所需水温不同），浸种10~15 min，不断搅拌使种子受热均匀，到达规定时间后立即捞出，投入室温冷水搅拌降温。处理后的种子可直接催芽或晾干后播种。

3. 夏季高温闷棚

连续种植多年的大棚土壤病菌多、害虫多，利用夏季高温季节，浇大水后关闭大棚，闷棚7~15 d，使棚温尽可能提高，棚内温度为50~70℃；也可于闷棚前在土壤表层撒适量石灰氮和碎秸秆，翻耕后灌水达饱和状态，覆膜闷棚，持续30 d左右，可有效预防枯萎病、青枯病、软腐病等土传病害的发生，同时高温也能杀灭线虫及虫卵。

（四）推广应用防虫网、遮阳网

防虫网最适合夏秋季病虫害发生高峰季节的蔬菜栽培或育苗使用。根据本地虫害发生特点及所需棚架大小，选择不同目数的防虫网（一般20~30目为宜）。在放风口覆盖或实行全封闭覆盖，防止害虫侵入。防虫网对多种常见蔬菜害虫如菜青虫、小菜蛾、棉铃虫、蚜虫、美洲斑潜蝇等有良好的隔离作用。夏季高温季节还可根据蔬菜特性选择遮阳网降温，提高蔬菜抗逆性。

四、生物防治

利用有益生物及其生物制品来控制病虫害的方法。生物防治使用安全，不污染环境，害虫不会产生抗药性，有长期控制作用，是蔬菜无公害防护中常用的方法之一。但其防治害虫比较单一，显效慢，对使用技术和使用环境有较严格的要求，限制了其药效的发挥。

（一）以虫治虫

利用天敌防治害虫。寄生性天敌昆虫应用于蔬菜害虫防治的有丽蚜小蜂（防治温室白粉虱）和赤眼蜂（防治菜青虫、棉铃虫）等。多种捕食性天敌，包括瓢虫、草蛉、棒络新妇、食蚜蝇、猎蝽等，对蚜虫、叶蝉等害虫起着重要的自然控制作用。

（二）以菌治虫

利用真菌、细菌、病毒等生物制剂防治害虫。这是目前最常用的生物防治技术，如苏云金杆菌（BT 制剂）防治蔬菜害虫，阿维菌素（虫螨克）防治小菜蛾、菜青虫、斑潜蝇、根结线虫等。

（三）以菌治病，以菌杀虫

利用抗生素抑制或杀灭其他病原物的方法。如利用核型多角体病毒、颗粒体病毒防治菜青虫、斜纹夜蛾、棉铃虫等，农用链霉素、新植霉素防治多种蔬菜的软腐病、角斑病等细菌性病害，利用多抗霉素、抗霉菌素防治霜霉病、白粉病等。

（四）应用植物源农药

如利用苦参、臭椿、辣椒、大蒜、洋葱等浸出液兑水喷雾，可防治蚜虫、红蜘蛛等多种蔬菜害虫。

（五）使用昆虫生长调节剂

通过使用昆虫生长调节剂干扰害虫生长发育和新陈代谢，使害虫缓慢死亡。此类农药对人畜毒性低、对天敌影响小、对环境无污染。如除虫脲、定虫隆、氟虫脲等药剂。

五、化学防治

使用各种化学制剂防治病虫害的技术手段。化学防治具有见效快、防效高、使用方便、不受地域和季节限制、适用于大面积机械作业等优点，是病虫害防治体系的重要组成部分。它的缺点也显而易见：病虫容易产生抗药性；杀伤天敌、导致害虫再猖獗，次要害虫上升为主要害虫；农药残留，特别是毒性较大的农药，容易污染环境，破坏生态平衡。

第三节　农药安全使用基础知识

一、农药的名称和分类

（一）农药的名称

农药的名称一般有三种：通用名称、商品名称、化学名称。

1. 农药通用名称

通用名称即农药品种的"学名"，即农药产品中起作用的有效成分名称。我国境内生产的农药的通用名称由三部分按顺序构成：有效成分的百分含量、有效成分的名称、剂型，如 1.8%阿维菌素乳油。进口农药产品只能使用农药商品名称，其农药名称顺序为：商品名称、有效成分含量、剂型，如来福灵 5%乳油。有两种以上有效成分的混配农药名称，在各有效成分通用名之间，用一个间隔号隔开。

2.农药的商品名称

指农药生产厂家因其产品流通需要，在有关管理机关登记注册所用的名称。商品名称是由生产厂商自己确定，经农业部农药检定所核准后，由生产厂独家使用。同一个通用名称下，由于生产厂家的不同，可有多个商品名称。如以"氰戊菊酯"为通用名称的农药，商品名称有速灭杀丁、杀灭菊酯等；"吡虫啉"的商品名称有一遍净、大功臣、蚜虱净、蚜虫灵、虱蚜丹、大丰收、快杀虱、必林等。

3.农药的化学名称

即有效成分的化合物的名称，也就是化学分子式。一种农药只有唯一的一个化学名，相当于农药的 DNA，与农药的药理研究有关。

（二）农药的分类

在生产上一般按防治对象划分为杀虫剂、杀菌剂、杀螨剂、杀线虫剂、除草剂等。

1.杀虫剂

按作用方式可分为胃毒剂、触杀剂、内吸剂、熏蒸剂和一些特异性杀虫剂等。

（1）胃毒剂

药剂喷于植物表面或制成毒饵、毒谷等，害虫取食后，进入害虫体内使之中毒死亡。如敌百虫、杀螟丹、氟虫腈等。适合于防治咀嚼式口器的昆虫。

（2）触杀剂

通过与虫体接触，药剂渗入虫体内使害虫中毒死亡。如大多数有机磷杀虫剂和拟除虫菊酯类杀虫剂。对各种口器的害虫均适用，但对体被蜡质分泌物的介壳虫、木虱、粉虱等效果稍差。

（3）内吸剂

药剂被植物组织吸收，运输传导到植株的各部分药剂随之进入害虫体内，或经过植物的代谢作用产生更毒的代谢物，当害虫取食植物组织或汁液时随之中毒。适合于防治刺吸式口器的昆虫。常用的内吸剂有吡虫啉、噻虫嗪等。

（4）熏蒸剂

这类药剂以气体状态通过害虫的呼吸系统进入虫体，使害虫中毒死亡。如磷化铝、溴甲烷、仲丁威等。熏蒸剂应在密闭条件下使用，能够获得较好的防治效果。

（5）昆虫生长调节剂

昆虫生长调节剂是一类特异性杀虫剂，不直接杀死昆虫，而是在昆虫个体发育时期阻碍或干扰昆虫正常发育，使昆虫个体生活能力降低、死亡。这类杀虫剂包括保幼激素、蜕皮激素和几丁质合成抑制剂等。常见的农药品种有除虫脲、灭幼脲、氟虫脲、虫酰肼、虫螨腈（除尽）等。

（6）其他特异性杀虫剂

忌避剂：如驱蚊油、樟脑、丁香油等。

拒食剂：如拒食胺素等。

绝育剂：如噻替派、六磷胺等。

引诱剂：如糖醋液、性诱剂等。

黏捕剂：如松脂合剂。

杀虫剂按照化学成分，还可分为有机磷类、有机氮类、有机氯类、氨基甲酸酯类、拟除虫菊酯类、矿物性杀虫剂、植物性杀虫剂、微生物杀虫剂等。

2. 杀菌剂

按照作用方式可分为保护剂和治疗剂。

（1）保护剂

在植物感病前，喷布于植物表面或周围环境，形成一层保护膜，阻碍病原物的侵染，从而保护植物免受其害。如波尔多液、代森锌、代森锰锌、福美双、百菌清等。保护剂多属于无内吸性的杀菌剂。

（2）治疗剂

在植物感病后，施用这类药剂，植物通过根、茎、叶吸收药剂进入体内，杀死或抑制病原物，使植物病害减轻或恢复正常。如甲基托布津、疫霉灵、恶霉灵、霜霉威、氟硅唑、咪鲜胺等。内吸性杀菌剂多具有治疗和铲除作用。

3. 杀螨剂

防治螨类的药剂。有些杀虫剂也可以兼治螨类，如阿维菌素、毒死蜱等。

4. 杀线虫剂

用于防治植物线虫病的药剂。如硫线磷、氯唑磷、噻唑磷等。

5. 除草剂

用于防除田间杂草的药剂。按照除草剂的作用方式分为触杀性除草剂和内吸性除草剂；按照作用范围分为选择性除草剂和灭生性除草剂。

二、农药的主要剂型及使用方法

（一）主要剂型

农药的原药一般不能直接使用，必须加工成一定形式的制剂。各种剂型有一定的特点和使用技术要求，不宜随意改变用法。常见的农药剂型有粉剂、可湿性粉剂、乳油、颗粒剂、烟雾剂、悬浮剂、水剂、超低容量喷雾剂、可溶性粉剂、水分散性粒剂、微胶囊剂、种衣剂、缓释剂、胶悬剂、气雾剂、片剂等。

（二）使用方法

根据农药的不同剂型和病虫害发生特点，选用不同的使用方法，常用的方法有喷雾、喷粉、撒施、拌（浸）种、熏蒸、包衣、涂抹、蘸（喷）花、毒饵等。

三、农药的配制和稀释

（一）农药药剂浓度的表示法

国际上普遍采用单位面积有效成分用药量，即克（有效成分）/公顷（表示方法），现在主要是用在科学实验方面标准的表示方法。目前，我国在生产上常用的药剂浓度表示法有：倍数法、百分浓度法（％）和摩尔浓度法（百万分浓度法或 ppm 浓度法）、波美度法。

①倍数法是指在药剂稀释时加入的稀释剂（一般为水）的用量为原药剂用量的多少倍，或者是药剂稀释多少倍的表示法。生产上往往忽略农药和水的比重差异，即把农药的比重看为 1，通常有内比法和外比法两种配制法。内比法用于药剂稀释小于 100 倍时，稀释时要扣除原药剂所占的 1 份；外比法用于稀释大于 100 倍时，即计算稀释剂量时，不扣除原药剂所占的 1 份。例如，某药剂稀释 30 倍液，适用内比法，即用原药剂 1 份加水 29 份；稀释 1000 倍液，适用外比法，即用原药剂 1 份加水 1000 份。

②百分浓度法（％）是指 100 份药剂中含有多少份有效成分。

③波美度法是指主要用于石硫合剂测定的表示法。

（二）农药的稀释计算

1. 倍数法

此法不考虑药剂有效成分的含量。

2. 百分浓度法或摩尔浓度法

稀释前后药剂的有效成分总量不变。

（三）农药的稀释配制步骤

1. 准确计算药液用量和制剂用量

配制一定浓度的药液，应首先按所需药液用量计算出制剂用量及水（或其他稀释液）的用量，然后进行正确配制。计算时，要注意所用单位要统一，并注意内比法和外比法的应用。

2. 采用母液配制（两次稀释法）

可湿性粉剂和乳油、水剂等液体农药采用母液配制，能显著提高药剂的分散性和悬浮性、乳化性。第一步是先将所需药液和少量水或稀释液加入容器中，混合均匀，配制成高浓度母液；第二步将母液带到施药地点后，再分次加入稀释剂，配制成所需药液。应当注意，两次稀释间隔时间不宜过长，以免母液药性发生变化。

3. 选用优良稀释剂

优良的稀释液能够有效地提高药剂乳化和湿展性能，提高药液的质量。在实际配制过程中，常选用含钙、镁离子少的软水（或其他稀释剂）来配制药液，如雨水、井水、湖水等。

4. 改善和提高药剂质量

在药液配制过程中，可以采用物理或化学手段，改善和提高制剂的质量。如乳油农药在贮存过程中，若发生沉淀、结晶或结絮时，可以先将其放入温水中溶化，并不断振摇；配制时，加入一定量的湿展剂，如中性洗衣粉等，可以增加药液的湿展和乳化性能；冬季可用不超过40℃的温水稀释，效果更好。

四、影响田间药效的主要因素

（一）用药方法不适当

使用适宜的器械和方法，可达到事半功倍的效果。以喷雾法为例，药剂覆盖程度越高，效果越好。因此雾滴越小，覆盖面越大，雾滴分布越均匀。雾一般以每平方厘米上有20个雾滴为好。目前生产上推出的小孔径喷片（孔径0.7~1.0 mm）和吹雾器比较适用。此外不同的病虫害防治有一些特殊要求：霜霉病应当叶片两面都打透；小菜蛾多躲在叶片背面，以背面用药较多；地老虎用药时除叶片外，植株周围土壤也应喷湿；防治蚜虫，红蜘蛛要多喷叶背，不能丢行、漏株。

（二）病虫发展程度不同

病害应在发病初期或发病前用药控制，效果较好；害虫在幼龄期（三龄之前）体壁薄、扩散慢、食量小、危害轻，是最佳的防治时期；一些能造成卷叶或钻蛀的害虫，应在卷叶或钻蛀前用药。

（三）温湿度的影响

主要表现在两个方面：

①气温较高时，害虫的活动、呼吸作用加快，代谢、取食增加，药效也相应提高。但同时人体也容易吸收药剂，应做好施药前的防护。

②雨水冲刷和田间湿度过大时，往往影响杀菌剂的杀菌作用，此时可选用一些内吸性、速效性的药剂，或加入助剂、改变使用方法等，来提高药效。

（四）微生物农药的使用有多种限制

微生物农药具有特殊的活性，在使用时对环境、温湿度、害虫的发育时期等有比较严格的选择性，制约了药效的发挥。

（五）病虫产生抗药性

病菌或害虫产生抗药性，使原有浓度药剂的杀虫杀菌效果降低。此时可选用不同杀虫杀菌机理的药物，加入增效剂（助剂），并轮换用药。

（六）药剂本身特性

①相同成分的农药，不同的剂型之间药效稍有差异，一般来说，乳油剂型药效＞可湿性粉剂＞粉剂，但是乳油较易产生药害，使用时可根据所栽培蔬菜的敏感程度选择适宜剂型。

②杀虫剂中的胃毒剂适合防治咀嚼式口器害虫，内吸剂适合防治刺吸式口器害虫，触杀剂只要接触到害虫虫体，都有相当的杀虫效果，熏蒸剂适合封闭的环境。例如，苏云金杆菌（胃毒剂）可以防治鳞翅目的毛虫，但对蚜虫类无效；吡虫啉（内吸剂）主要防治蚜虫、飞虱等，对小菜蛾、斜纹夜蛾等效果不佳；氯菊酯（触杀剂）可防治鳞翅目毛虫、白粉虱等。

③有些药剂容易光解，如辛硫磷，用于叶面喷雾时，药效只能持续 2~3 d，施入土壤则能保持 2~3 个月。

五、农药的毒性和药害及合理安全使用

（一）农药的毒性

农药一般都是有毒物品。按我国农药毒性分级标准，农药对人、畜毒性分为剧毒、高毒、中等毒、低毒四级。

1. 农药中毒

在使用、接触农药的过程中，农药进入人体，干扰正常的生理功能，出现一系列中毒现象。如接触农药后出现的呼吸障碍、心搏骤停、休克、昏迷、痉挛、激动、不安、疼痛等症状，就是农药中毒现象。

2. 农药中毒的类型

以农药中毒引起的人体所受损害程度的不同分为轻度、中度、重度中毒。以中毒快慢分为急性中毒、亚急性中毒、慢性中毒。

3. 农药中毒的途径

农药中毒的途径大致分为皮肤吸收、呼吸吸入、经口食入三类。

（二）植物的药害

由于用药不当而造成农药对蔬菜作物的毒害作用，称为药害。

1. 药害的表现

按药害产生的快慢可分为急性药害和慢性药害。急性药害指在喷药后几小时或几天内出现药害的现象。如种子发芽率下降，茎叶果出现药斑、黄化，叶片焦枯变色，根系发育不良，落叶或授粉不良，落花，落果。植物的急性药害一般损失很大，应尽量避免发生，如发生轻微，多数情况可以恢复。

慢性药害是指喷药后较长时间后才在植物上表现出的异常现象。表现为生长缓慢，植株矮小，开花结果延迟，落花落果增多，气味、风味、色泽等改变。慢性药害一旦发生，一般难以挽救。

2. 药害产生的原因

（1）药剂方面

相同条件下无机农药易产生药害，有机合成农药药害较小；同类药剂中，水溶性越大，发生药害的可能性越大；药液悬浮性差、含有杂质较多、药剂颗粒大、搅拌不均匀都容易产生药害。

（2）植物方面

不同作物、同一作物的不同品种或不同生育时期对农药的反应也有差异；植物的形态结构与抗药性也有关系。

（3）环境条件

高温、阳光充足易产生药害，雨天和湿度大的情况下也容易产生药害。

（4）用药方法

方法不恰当，也会产生药害。因此，要正确选择药剂品种，不随意增大使用浓度，不随意缩短施药间隔，合理地混用药剂。

3. 药害的预防

严格按照农药的使用说明用药，控制用药浓度，不随意混合使用农药；防治处于开花期或幼苗期的植物，应适当降低使用浓度；应选择在早上露水干后及11点前或下午3点后用药，避免在中午前后高温或潮湿的恶劣天气下用药，以免产生药害。

4. 产生药害的补救措施

（1）喷清水或略带碱性水淋洗

叶面喷雾造成的药害，可以迅速用大量清水喷洒于受药害的作物叶面，反复喷洒清水2次或3次，尽量把植株表面上的药物洗刷掉。同时增施磷钾肥，中耕松土。此外，由于目前常用的大多数农药，遇到碱性物质都比较容易分解减效，可在喷洒的清水中加适量0.2%的烧碱液或0.5%~1.0%的石灰液，进行淋洗或冲刷，以加快药剂的分解。

（2）迅速追施速效肥

对药害植物迅速追施尿素等速效肥增加养分，增强植物生长活力，促进早发，加速植株恢复能力。此种方法对受害较轻的种芽、幼苗，挽救效果比较明显。

（3）喷洒缓解药害的药物

针对发生药害的药剂，喷洒能缓解药害的药剂。如油菜、花生等受到多效唑抑制过重，可适当喷施5 mg/L的赤霉素溶液；农作物受到氧化乐果、对硫磷等农药的危害，可在受害作物上喷洒0.2%硼砂溶液；硫酸铜或波尔多液引起的药害，可喷施0.5%石灰水等；熏蒸剂危害可使用活性炭吸附空气中的药物。

（4）灌水洗田

对于土壤施药过量的田块，应及早灌水洗田，使大量药物随水排出田外，以减轻药害。

（5）摘除受害处

及时摘除受害严重的部位，防止植株体内的药剂继续传导和渗透。

（三）农药的合理安全使用

1. 合理选择农药

禁止在蔬菜上使用国家明令禁止使用的剧毒、高毒、高残留农药，推广使用低毒、无残留农药和生物农药。生产无公害蔬菜及出口蔬菜还要遵守各自具体的规定，以保障蔬菜的质量安全。

2. 对症用药

正确识别病虫害，选择适宜药剂。多种病虫同时发生可混合用药，如 BT 制剂与有机磷、阿维菌素、菊酯类农药混用，既能降低化学农药用量，又能扩大杀虫谱，尤其与击倒力较强的农药混用，既能提高 BT 制剂前期防效，又能延长持效期。但要注意药物的混配原则，混用农药不应使用互相能够产生化学反应导致有效成分发生变化的药剂，以防其有效成分分解。

3. 适期用药

防治虫害在害虫三龄前，病害在发病前或发病初期用药最好，注意农药的交替使用，以防产生抗药性。结合大棚面积和小气候特点掌握好农药用量和使用浓度，灵活选用农药剂型，低温时用药可用熏蒸或喷粉法替代喷雾法，尽量不增加棚内湿度。

4. 轮换用药

长期施用同一种药剂，容易使病虫产生抗药性。应当轮换施用不同作用机制的农药品种，还可加入一些助剂。

5. 严格控制施药安全间隔期

严格按照农药使用说明中规定的用药量、用药次数、用药方法，规范使用化学药剂，严格控制农药使用安全间隔期，严禁在安全间隔期内采收蔬菜产品。

6. 安全用药

采用正确的施药方法，控制用药浓度，可减少对天敌微生物的伤害，避免对植物产生药害。

六、农药的选购

（一）农药标签完好、内容完整

若没有标签或标签不完整，可能是假农药或劣质农药。正规农药标签应包含以下内容。

1. 农药名称

主要包括农药通用名称、商品名称和化学名称。

2. 有效成分名称及含量

有效成分含量一般采用质量百分数表示，两种以上有效成分的混配农药产品应依次注明各有效成分的通用名称及其含量。

3. 净含量

净含量即农药的净重。

4. 农药三证

包括农药登记证号、农药产品标准号、生产许可证号或生产批准证书号。境外进口产品只有农药登记证号。

5. 生产日期和批号

生产日期和批号可以合而为一，保质期一般要求为两年以上。

6. 使用方法

应简明扼要地描述农药的类别、性能和作用特点，按照登记部门批准的使用范围介绍使用方法，包括适用作物、防治对象、施用适期、施用剂量和施用次数等。

7. 使用条件

包括农药的混用、使用时的限制条件、安全间隔期、作物最大残留量、对有益生物的影响等。

8. 毒性标志

应在显著位置标明农药的毒性及其标志，分为剧毒、高毒、中等毒、低毒或微毒等。一般用红色字体注明。

9. 注意事项

包括用药时的防护、器械的清洗等。

10. 贮存和运输方法

包括贮存和运输的条件和方法等。

11. 中毒急救

包括中毒症状、急救要求等。

12. 农药类别颜色标志带

在标签的下方，有一条与底边平行的特征颜色标志带，以表示不同农药类别（公共卫生用农药除外）。农药产品中含有两种或两种以上不同类别的有效成分时，其产品颜色标志带应由各有效成分对应的标志带分段组成。杀虫/螨/蛾剂的颜色标志带为红色，杀菌/线虫剂的颜色标志带为黑色，除草剂的颜色标志带为绿色，植物生长调节剂的颜色标志带为黄色，杀鼠剂的颜色标志带为蓝色。

13. 象形图

用于标示农药安全使用的图形，通常位于标签的底部，用黑白两种颜色印刷。

14. 生产厂家信息

标明制造、加工或分装企业的名称、地址、邮编、电话、传真等信息。

（二）农药性状的简易鉴定

1. 乳油

外观应清晰透明、无颗粒或絮状物，在正常条件下贮藏不分层、不沉淀。滴入水中就能迅速扩散，乳液呈淡蓝色透明或半透明溶液，并有足够的稳定性，将乳液静置半小时以上，无可见油珠和沉淀物时，说明产品质量较好。若稀释后的液体不均匀或有浮油、沉淀物，都说明产品质量可能有问题。

2. 粉剂、可湿性粉剂

粉剂、可湿性粉剂应为疏松粉末，无团块，颜色均匀。粉剂结块说明已受潮，颗粒感较多表明产品的细度不达标，以上问题都可能影响使用效果。可湿性粉剂应能较快地在水中逐步湿润分散，全部湿润时间一般不会超过 2 min；可湿性粉剂在储存中易变成块状，可先将结块的粉剂碾碎，加入少量水，如果结块很快溶解，证明药剂没有失效。

3. 悬浮剂、悬乳剂

应为可流动的略黏稠的悬浮液，无结块。悬浮液长期存放，可能存在少量分层现象，但经摇晃后应能恢复原状，不影响使用；如果分层不能恢复原状或仍有结块，说明产品存在质量问题或已经失效。

4. 熏蒸片剂

熏蒸用的片剂如呈粉末状，表明已失效。

5. 水剂

水剂应为透明或半透明的均一液体，无沉淀或悬浮物，加水稀释后一般也不会出现混浊沉淀。水剂在低温存放时，有时会出现固体沉淀，若沉淀物不多，且在温度回升后能再融化，仍为合格产品，使用后不影响药效；反之，就属不合格产品。

6. 颗粒剂

大小均匀的颗粒物，不应含有许多粉末。

7. 种衣剂

无特定加工形态。国产品种大多为悬浮剂。

8. 烟剂

手感应松软，无吸潮结块。烟剂易燃，应储存于无明火的环境中。

七、蔬菜的农药安全间隔期

安全间隔期是指农产品最后一次使用农药到收获上市之间的最短时间。在此期间，多数农药的有毒物质会因光合作用等因素逐渐降解，农药残留达到安全标准。常见药剂的安全间隔期如下。

（一）杀菌剂

75% 百菌清可湿性粉剂在蔬菜收获上市前 7 d 使用：

77% 可杀得可湿性粉剂 3~5 d；

50% 扑海因可湿性粉剂 4~7 d；

70% 甲基托布津可湿性粉剂 5~7 d；

50% 农利灵可湿性粉剂 4~5 d；

50% 加瑞、58% 瑞毒霉锰锌可湿性粉剂 2~3 d；

64% 杀毒矾可湿性粉剂 3~4 d；

72% 克露可湿性粉剂 5 d；

30% 琥胶肥酸铜（dT）悬浮剂 3 d；

15% 农用链霉素粉剂 2~3 d；

40% 农抗 120 水剂 1~2 d。

（二）杀虫剂

10% 拟氰菊酯乳油 2~5 d；

2.5% 溴氯菊酯 2 d；

2.5% 功夫乳油 7 d；

5% 来福灵乳油 3 d；

5% 抗蚜威可湿性粉剂 6 d；

1.8% 爱福广乳油 7 d；

10% 快杀敌乳油 3 d；

40.7% 乐斯本乳油 7 d；

20% 灭扫利乳油 3 d；

20% 氰戊菊酯乳油 5 d；

35% 优杀硫磷 7 d；

20% 甲氰菊酯乳油 3 d；

10% 马扑立克乳油 7 d；

喹硫磷 25% 乳油 9 d；

50% 抗蚜威可湿性粉剂 6 d；

5% 多来宝可湿性粉剂 7 d；

50% 辛硫磷 5 d。

（三）杀螨剂

50% 溴螨酯乳油 14 d；

50%托尔 g 可湿性粉剂 7 d。

八、无公害蔬菜生产中常用的药剂品种

（一）杀虫剂

辛硫磷、敌百虫、马拉硫磷、敌敌畏、毒死蜱、喹硫磷、农地乐、杀虫双、灭多威、抗蚜威、杀螟丹、溴氰菊酯、氰戊菊酯、顺式氰戊菊酯、高效顺反氯氰菊酯、联苯菊酯、高效氟氯氰菊酯、灭幼脲、除虫脲、氟虫脲、噻嗪酮、氟啶脲、氟铃脲、吡虫啉、啶虫脒、阿维菌素、苏云金杆菌、多杀霉素、印楝素、烟碱、鱼藤酮、甲维盐、氟虫双酰胺、虫螨腈、茚虫威、浏阳霉素、噻螨酮、哒螨灵、三唑锡等。

（二）杀菌剂

代森锰锌、多菌灵、三唑酮、福美双、多抗霉素、噁霉灵、杀毒矾、普力克、扑海因、百菌清、农抗120、速克灵、甲霉灵、可杀得、病毒A、新植霉素、宁南霉素、菌核净、乙烯菌核利、波尔多液（粉）、络氨铜、氧化亚铜、加瑞农、硫酸链霉素、琥胶肥酸铜、三乙膦酸铝及甲霜•锰锌、霜脲•锰锌等混配制剂。

（三）除草剂

二甲戊灵、精喹禾灵、精吡氟禾草灵、高效氟吡甲禾灵、异丙甲草胺、乙草胺、氟乐灵、扑草净、百草枯、莠灭净、杀草丹、草甘膦等。

（四）植物生长调节剂

乙烯利、赤霉素、萘乙酸、二氯苯氧乙酸钠盐、多效唑、芸苔素内酯等。

九、无公害蔬菜禁用的农药种类

六六六、滴滴涕、毒杀芬、二溴氯丙烷、杀虫脒、二溴乙烷、除草醚、艾氏剂、狄氏剂、汞制剂、砷、铅类、敌枯双、氟乙酰胺、甘氟、毒鼠强、氟乙酸钠、毒鼠硅、甲胺磷、甲基对硫磷、对硫磷、久效磷、磷胺、甲拌磷、甲基异硫磷、特丁硫磷、甲基硫环磷、治螟磷、内吸磷、克百威、涕灭威、灭线磷、硫环磷、蝇毒磷、地虫磷、氯唑磷、苯线磷。

禁止氧化乐果在甘蓝上使用，禁止丁酰肼（比久）在花生上使用，禁止三氯杀螨醇和氰戊菊酯在茶树上使用，禁止特丁硫磷在甘蔗上使用。

第八章 设施农业技术

第一节 基质栽培技术

一、基质栽培

（一）无土栽培与基质栽培

无土栽培技术是指不用天然土壤，采用基质或营养液进行灌溉与栽培的方法，可以有效利用非耕地，人为控制和调整植物所需要的营养元素，发挥最大的生产潜能，并解决土壤长期同科连作后带来的次生盐渍化，是避免连作障碍的一种稳固技术。

无土栽培可以分为无固体基质栽培和固体基质栽培，其中无固体基质栽培是指将植物根系直接浸润在营养液中的栽培方法，主要包括水培和雾培两种。固体基质栽培就是通常人们所指的基质栽培。基质栽培按照基质类型区分，可以分为无机基质栽培、有机基质栽培、复合基质栽培三种。其中，无机基质中的惰性材料基质在我国研究和应用相对成熟，石砾、珍珠岩、陶粒、岩棉、沸石等均可作为无机基质。有机基质一般取材于农、林业副产物及废弃物，经高温消毒或生物发酵后，配制成专用有机固态基质。用这种方式处理后，基质的理化性质与土壤非常接近，通常具有较高的盐基交换量，续肥能力相对较强，如草炭、树皮、木屑等都属于有机基质。复合基质是指按一定比例将无机基质和有机基质混合而成的基质，克服了单一物料的缺点，有利于提高栽培效率。

（二）基质栽培的特点

基质栽培是目前我国无土栽培中推广面积最大的方法，是将作物的根系固定在有机或无机的基质中，通过滴灌或微灌方式灌溉，供给营养液，能有效解决营养、水分、氧气三者之间的矛盾。

基质栽培的作用特点如下所示：

1. 固定作用

基质栽培一个很重要的特点是固定作用，能使植物保持直立，防止倾斜，从而控制植物长势，促进根系生长。

2. 持水能力

固体基质具有一定的透水性和保水性，不仅可以减少人工管理成本，还可以调节水、气等因子，调节能力由基质颗粒的大小、性质、形状、孔隙度等因素决定。

3. 透气性能

植物根系的生长需要有充足的氧气供应，良好的固体基质能够协调好空气和水分两者之间的关系，保持足够的透气性。

4. 缓冲能力

固体基质的缓冲能力是指可以通过本身的一些理化性质，将有害物质对植物的危害减轻甚至化解，一般把具有物理化学吸收能力、有缓冲作用的固体基质称为活性基质；把无缓冲能力的基质称为惰性基质。基质的缓冲能力体现在维持 ph 和 EC 值的稳定性。一般有机质含量高的基质缓冲能力强，有机质含量低的基质缓冲能力弱。

二、基质栽培的优点

（一）克服土壤连作障碍

基质栽培不受土地的限制，虽然需要定期更换基质和配制营养液，但能克服土壤连作障碍，适用范围广。由于植物根系不需要与土壤接触，从而避免了土壤中某些有害微生物的侵害，生长环境接近天然土壤，缓冲能力强，肥料利用率高；同时经过消毒的基质减少了病虫害的发生率，降低了农药使用量和残余量。在温室大棚中采用基质栽培，克服了温室大棚土传疾病发生严重的问题，能克服土壤同科连作带来的减产问题。

（二）营养充足、成活率高

固体基质不含不利于作物生长发育的有毒物质，可以根据作物的特定需求配制营养液，且营养液不循环，可避免病毒传播，因此用基质栽培培育作物具有良好的植物根系生长环境系统，可保障作物所需营养，微量元素丰富，成活率高。对于培育幼苗，在移栽时不会伤害作物根系，也会提高成活率。

（三）节约资金

与雾培、水培等栽培方式相比，基质栽培的设备投资低，大幅度降低了无土栽培设施系统的一次性投资。由于不直接使用营养液，一般情况下可全部取消配制营养液所需的设施设备，降低成本，并且栽培效果良好，性能稳定，是一种节约型的栽培方法。

三、设施农业中基质栽培的常见方式

（一）袋式栽培

将一种或几种基质按不同比例配制好装入塑料袋中，塑料袋宜选用黑色耐老化不透光薄膜防水布袋，制成筒状或长方形枕头状栽培袋，平放在地上，在袋表层开栽培小孔，装好滴管装置，栽好苗后把滴管上的滴头插入基质。

（二）立柱式栽培

立柱由盆钵、底盘、支撑管、分液盒、滴箭五个部分组成，立柱使各栽培钵贯穿于一体。一般做法是将基质装入四瓣栽培钵内，每一瓣栽培钵栽种一株作物，营养液通过滴箭从顶部渗透至底盘，再回流至营养液储液池。立柱式柱子一般为石棉水泥管或PVC自制塑料管，内充满基质，在其四周开孔，作物定植在孔内的基质上。

（三）控根容器栽培

控根容器又称控根快速育苗容器，其侧壁凹凸相间，里面覆盖一层特殊的薄膜，外壁突出，开有气孔。其特点是：①可以调控根系生长，防止根腐病；②侧根形状粗而短，能有效克服常规容器育苗根缠绕的缺陷；③四季都适合移栽，且移栽时不伤根，苗木成活率达到98%以上，次年便可大量结果，解决果园快速更新换代的技术难题；④容器的成本低，可反复使用。

（四）盆钵式栽培

盆钵多以塑料制成，用盆钵组装成的栽培架是阳台农业的主角，可灵活摆设，最大限度地利用阳光来增加光合作用，从而提高经济价值。

（五）育苗盘式栽培

采用育苗盘基质栽培方式，可以使苗根部充满营养，移栽时养分不会快速散开，分苗时不伤根，栽后苗根部能迅速正常生长，且群体分布合理。但植物长期置于育苗盘中易干旱，要注意浇水，防止高温烧苗。

四、其他栽培方式

除以上几种栽培方式外，基质栽培中还有苗床栽培、模具栽培、槽式栽培、岩棉栽培、苗床—育苗盘栽培等方式。

（一）苗床栽培

苗床是为作物幼苗提供必要生长条件的一个环境，苗床最底下铺盖一层碎石或者破碎木屑，也可在苗床上再铺一层塑料布，塑料布上有许多孔隙，用于排水通气和控制杂草。在废木屑缺乏的地区，可因地制宜选用煤渣、木片等硬质材料。苗床的宽度是根据作物整形修剪方法、施肥、喷灌、病虫害防治方式等共同决定的，苗床上方一般使用价格实惠又透水透气良好的遮阳网覆盖。苗床铺好底后，施入充分腐熟的秸秆、树叶、麦糠、稻壳等，使苗床富含有机质，大约 25 cm 厚，在畦面撒施有机肥，大约 5 cm 厚，随后加入氮磷钾复合肥，充分搅匀，形成土粪混合层。这样的苗床营养丰富、疏松透气、拔苗时不易伤根，且方便管理、费用较低。

苗床须完全与土壤隔离，彻底除草，并在底部安装排水管。苗初期时注意保温防冻，才能早出苗、出齐苗，中期时要调节温、湿度，防止烧苗、闪苗，后期时加强幼苗锻炼，防止徒长，提高幼苗适应性和抗逆性。

（二）模具栽培

模具是指播种容器，可由环保性好的陶土、木质、石质等材料制成，模具内填入的栽培基质可以用芦苇末、玉米秸秆、菇渣等原料堆置发酵而成，基质一般充满模具的 2/3，以防浇水时溢出。模具栽培外观可人为设计，因此大多具有较高的观赏性，是景观与农业相结合的表现。

（三）槽式栽培

槽式栽培中的栽培槽用水泥或木板根据需要砌成永久或半永久式槽，槽宽为 40~95 cm、高度为 15~20 cm，也可根据作物特性调整大小形状。槽底铺上一层塑料膜，填入粗炉渣、煤渣等栽培基质，一般可在槽的一端设置 1 个储液池，另一端设置回收液池，方便排水和回收营养液。

温室内简易育苗槽：用泡沫或木板搭设，槽底可铺设加温电线提高温度，槽底部与两壁铺塑料薄膜，一般可在槽内灌营养液，用 PVC 育苗穴盘进行育苗。为了保温，还可将槽置于临时搭设的简易小拱棚内。该装置成本低，一次性使用，一般用于冬天低室温条件下的育苗。

（四）苗床—育苗盘栽培

苗床—育苗盘栽培是指以育苗为主，先全部在苗床上育苗，苗床要杀菌消毒，把基质铺在苗床上，播种，到了苗龄后用育苗盘移栽。该栽培方式是苗床栽培与育苗盘栽培两种栽培方式的结合，综合两者的优点，并且该栽培方式下的根系较单一，根系更发达，生长更健壮，可达到增产、增收的效果，是一种新型的基质栽培方法。

（五）岩棉、砂砾等栽培方式

岩棉栽培是一种以岩棉为基质的新型栽培方式，农用岩棉由 60% 的玄武岩、20% 的焦炭和 20% 的石灰石经 1600 ℃ 高温提炼，基质具有亲水、保水、透水能力强和无毒无菌的优点，适合于工厂大规模生产，是在国际上应用面积较大的无土栽培形式。

砂砾能够很好地通气、保水与排水，是景观、园林、室内栽培的很好的基质。选择砂砾时，应选较粗的颗粒，持水不可过多。

珍珠岩栽培适合除禾本科外的其他作物，一般用来无性繁殖扦插，不需要使用生根剂，枝条插入基质的1/3~1/2处即可。生根前采用细水浇灌，浇灌次数根据气温与季节确定，生根后酌情减少浇灌次数。

椰壳糠栽培是近年来兴起的基质栽培技术，椰壳糠是将椰壳粉的纤维高温消毒后生产出的纤维粉末状物质，具有通气、保水、无公害的特点，ph在5.5~6.5，适于花卉与蔬菜的育苗、组培苗栽培等。

为了便于运输与使用，椰壳糠常加工成砖状，称为椰壳砖。也可将椰壳糠加工成粉状，用长形的塑料袋包装，包装袋直接铺设在温室的土层上用于隔离椰壳糠基质与温室土壤。

陶粒栽培是温室中和家庭中盆景、蔬菜等的常见栽培方式。陶粒由营养陶土烧制而成，陶粒上带有大量离子，能够释放微量元素并与培养液进行离子交换。陶粒美观卫生，可制作成各种颜色的彩色陶粒。陶粒孔隙大，具有保水、吸水、通气、保肥等作用，并具有一定的缓冲能力，清洁卫生。一般营养液的液面高度达到基质的1/3~1/2的高度即可。

干苔藓、干水苔、松树叶、树皮等有机基质栽培：此类基质纯天然，具有保湿保鲜、通气等功能，特别适合肉质兰科植物和一些花卉的培养。

五、常用基质配方

市售基质可分为育苗基质和栽培基质两大类，由草炭、珍珠岩、蛭石、椰糠、砻糠、树皮等配制而成，栽培基质中的草炭、砻糠比育苗基质中的比例高。也可采用食用菌的废菌棒、废菌渣等废料发酵，配以砻糠、珍珠岩、锯木屑等，加入少量磷酸二氢钾。

（一）基质配比的原则

1. 经济性

基质的原料能够就地取材，原料成本低廉。

2. 营养丰富

良好的基质成分多样，含盐低，炭氮比适当，能够保水保肥。

3. 性质稳定

化学性质稳定，ph稍偏酸性。

4. 干净

应注意消毒，无病虫害和草种。

（二）常用的基质配方

1. 商品育苗基质配方1（夏季）

草炭（体积）：4份。

椰糠（体积）：2份。

珍珠岩（体积）：2份。

蛭石（体积）：2份。

50% 多菌灵：0.2 g/L。

均匀混合加水至基质含水量60%后，堆置3~4 d即可装盘育苗。

2. 商品育苗基质配方2（冬季）

草炭（体积）：4份。

椰糠（体积）：2份。

珍珠岩（体积）：3份。

蛭石（体积）：1份。

50% 多菌灵：0.2 g/L。

均匀混合加水至基质含水量60%后，堆置7~10 d即可装盘育苗。

3. 商品育苗基质配方3

草炭（体积）：3份。

砻糠（体积）：2份。

椰糠（体积）：2份。

珍珠岩（体积）：1份。

蛭石（体积）：2份。

搅拌均匀加水至基质含水量60%，堆置3 d即可填充于栽培容器，栽植各种花卉蔬菜。

4. 自制栽培基质配方

腐熟农家肥（体积）：2份。

腐熟废菌棒（体积）：4份。

锯木屑或切碎植物秸秆（体积）：3份。

谷壳灰（体积）：1份。

搅拌均匀堆放加水至含水量60%即可用于无土栽培，也可再加3份消毒后的细熟土。

5. 农家基质育苗配方

充分腐熟鸡粪（体积）：1份。

充分腐熟牛粪（体积）：1份。

曝晒后过筛细熟土（体积）：1份。

50% 多菌灵：0.2 g/L。

搅拌均匀，浇水至基质含水量50%，堆放2 d后即可装盘育苗。

第二节　水培技术

一、水培技术简介

水培技术是指不采用天然土壤，采用营养液通过一定的栽培设施栽培作物的技术。营养液可以代替天然土壤向作物提供合适的水分、养分、氧气和温度，使作物能正常生长并完成其整个生活史。水培时为了保证作物根系能够得到足够的氧气，可将作物的一部分根系悬挂在营养液中，另一部分根系裸露在潮湿空气中。水培技术是目前设施农业中常采用的作物栽培技术之一。

（一）营养液的配比原则

1. 营养元素应齐全

营养液中的营养元素应齐全，除碳、氢、氧外的13种作物必需营养元素均由营养液提供。

2. 营养元素应可被根部吸收

配制营养液的盐须溶解性良好，呈离子状态，不能有沉淀，容易被作物的根系吸收和有效利用。营养液一般不能采用有机肥配制。

3. 营养元素均衡

营养液中各营养元素的比例均衡，符合作物生长发育的要求。

4. 总盐分浓度适宜

总盐分浓度一般用 EC 值表示，不同作物在不同生长时期对营养液的总盐分要求不一样，总盐分浓度应适宜。

5. 合适的 ph 值

一般适合作物生长的营养液 ph 值应为 5.5~6.5，营养液偏酸时一般用 NaOH 中和，偏碱时一般用硝酸中和。在作物吸收过程中应保持营养液的 ph 值大致稳定。

6. 营养元素的有效性

营养液中的营养元素在水培的过程中应保持稳定，不容易被氧化，各成分不能因短时间内相互作用而影响作物的吸收与利用。

（二）水培的优势与面临的问题

1. 水培技术的优势

（1）节水节肥

水培能够节约用水、节省肥料，水培过程中，一般 1~5 个月才更换一次营养液，水培蔬菜在定植后不需要更换营养液。

（2）清洁卫生

水培法生产的农产品无重金属污染，还能降低农药的使用量，也可以通过绿色植物净化空气。

（3）避免土传病害

根系与土壤隔离，可避免各种土传病害，避免了土壤连作障碍。

（4）经济效益高

与传统的作物栽培方式相比，水培的空间利用率高，作物生长快，而且一年四季能反复种植，极大地提高了复种指数，经济效益明显。水培法尤其适合叶菜类蔬菜的栽培。

2. 水培技术推广面临的问题

（1）一次性投资大

需要建设温室连栋大棚和各种水培设施，如种植槽、管道、通风设施、各种控制设施等，初期投入比较大。

（2）病害传播快

营养液处于流动状态，营养液中一旦有病菌滋生，其传播速度很快。水培时作物的根系浸泡在营养液中，由于水培的作物大部分原本不是水生植物，还须注意处理作物在营养液中吸收营养和呼吸之间的矛盾，否则容易出现氧气不足而缺氧烂根的现象。

（3）水培产品品质有待提高

由于水培的营养液成分简单，水培作物的次生代谢受到影响，产品的营养成分和微量元素目前均难以与常规栽培产品和有机食品的品质相媲美。

二、水培设施主要类型

（一）水培设施基本条件

水培不同于常规土壤栽培和基质栽培，水培作物的根系不是生长在土壤和固体基质中，而是生长于营养液之中。因此，水培设施必须具备如下四项基本条件：

①种植槽能盛装营养液，不能有渗漏。

②能固定植株使植物的部分根系浸润在营养液中，植株的根颈部露在空气中。

③植物根系能够获得足够的氧气。

④植物根系和营养液处于黑暗中，利于植物根系生长，防止营养液中滋生绿藻。

（二）主要水培技术类型

水培设施主要适合我国南方地区，已推广的水培技术的类型主要有深液流技术、浮板毛管技术和营养液膜技术等。其中，深液流技术在广东推广得最好，长江附近地区则以推广浮板毛管技术和营养液膜技术为主。

1. 深液流技术

深液流技术是指植株根系生长在较深厚且流动的营养液层的一种水培技术，是最早开发成的可以进行农作物商品生产的无土栽培技术。世界各国在其发展过程中做了不少改进，是一种有效、实用、具有竞争力的水培生产类型。深液流技术在日本普及面广，我国的台湾、广东、山东、福建、上海、湖北、四川等省市也有一定的推广，尤其在广东省有较大的使用面积，能生产出番茄、黄瓜、辣椒、节瓜、丝瓜、甜瓜、西瓜等果菜类蔬菜以及菜心、小白菜、生菜、通菜、细香葱等叶菜类蔬菜，是比较适合我国现阶段国情，特别是适合南方热带亚热带气候特点的水培类型。

（1）技术特征

深液流水培的技术特征为"深、流、悬"。

"深"是指营养液种植槽较深和种植槽内的营养液层较深。作物的根伸入较深的营养液层中，营养液总量较多，水培过程中营养液的酸碱度、成分、温度、浓度等不会剧烈变化，给作物提供了稳定的生长环境。

"流"是指水培过程中营养液循环流动。营养液的循环流动能增加营养液的溶氧量，消除营养液静止状态下根表皮与营养液的"养分亏竭区"，降低根系分泌的有害代谢产物，使失效沉淀的营养物质重新溶解。

"悬"是指作物悬挂种植在营养液面上。作物的根颈不浸入营养液，防止烂根；作物的部分根系浸入营养液，部分根暴露在定植板和液面间的潮湿空气中，保证了根部氧气供应的充足。

（2）设施结构

深液流水培设施一般由种植槽、定植板（定植网框）、储液池、营养液循环流动系统四大部分组成。由于建造材料不同和设计上的差异，已有多种类型面世。如在日本有两大类型：一类是全用塑料制造，由专业工厂生产成套设备投放市场供用户购买使用，用户不能自制（日本 m 式与协和式等）；另一类是水泥构件制成，用户可以自制（日本神园式）。目前，在我国南方地区推广使用的是改进型神园式深液流水培设施，原神园式种植槽是用水泥预制板块加塑料薄膜构成，为半固定的设施，改进后成了水泥砖结构永久固定的设施。

种植槽：在平整的地面上铺上一层 3~5 cm 厚的河沙，夯实后抹一层水泥砂浆成为槽底，槽框用水泥砂浆砌砖工艺制成，宽度一般为 80~100 cm，槽深 15~20 cm，槽长 10~20 cm，砌好后槽的内外用高标号耐酸水泥抹面防止渗水。种植槽的槽底建造时可加钢筋，槽四周可考虑做一层防水涂料。

定植板：用硬泡沫聚苯乙烯板制成，板面开若干个孔，放入与定植板的孔直径相同的定植杯。定植杯的杯口有 0.5~1 cm 宽的唇，用于卡在定植板上。定植杯的中下部有小孔。

储液池：设置于地下，用于提供营养液、调节营养液和回收营养液。储液池体积大，使营养液的成分与性质不会发生剧烈变化。储液池的建造须考虑防渗漏，池的顶部应高于地面并设置盖子，防止雨水流入。

营养液循环流动系统包括营养液供液系统和回流系统两部分。供液系统包括供液管道、水泵、定时器、流量阀等，回流系统包括回流管道和液位调节器。管道采用硬质聚乙烯（PE）管，不能采用镀锌管和其他金属管，设计时还应考虑供液管道和回流管道的直径，防止回流速度慢导致液面升高使营养液溢出。

（3）种植管理

新的种植设施先浸泡 2~3 d，抽掉浸泡液后用清水清洗，再加入清水浸泡，反复操作多次。也可加入稀酸（硫酸或磷酸）浸泡，缩短浸泡清洗的时间。

采用无土栽培的方式育苗，然后移栽定植。刚移栽时，种植杯的杯底应浸在营养液中，随作物的长大逐渐降低种植槽液面，使部分根毛暴露在定植板和营养液液面之间的空气中。

换茬时需要对定植杯、种植槽、储液池和循环管道等设施清洗、消毒。

2. 营养液膜技术

营养液膜技术是一种将植物种植在浅层流动的营养液中的水培方法，营养液在种植槽中从较高的一端流向较低的另一端。我国从 1984 年起也开始开展这种无土栽培技术的研究和应用工作，取得了较好的效果。

（1）技术特征

①营养液层薄：种植槽呈一定的斜面，流动的营养液层厚 1~2 cm，作物的根能够很好地吸收氧气，定植槽底铺塑料薄膜，塑料薄膜上铺设一层无纺布，起到防止根系缺氧和断电后营养液断流造成的根部缺水枯死。

②功能多：能实现营养液自动检测、添加、调整 ph 值等功能。

（2）设施结构

营养液膜技术的设施主要由种植槽、储液池、营养液循环流动装置、控制装置四大部分组成，还可根据生产实际和资金的可能性，选择配植一些其他辅助设施，如浓缩营养液储备罐及自动投放装置，营养液加温、冷却装置等。

种植槽、储液池、营养液循环系统应防渗漏、耐酸碱，设施维护难度高于深液流水培装置，耐用性较差。

（3）注意事项

①营养液配方：营养液膜设施使用的营养液总量小，性质容易发生变化，应根据作物的需求，精心选择较稳定的营养液配方。

②营养液浓度：由于液层较薄，槽头的养分浓度高于槽尾的养分浓度，会造成作物生长不均匀，因而营养液浓度不能过稀。

3. 浮板毛管技术

浮板毛管技术是对营养液膜技术的改进，其设施的储液池、营养液循环流动装置、控制装置均与营养液膜的设施相同，只是改进了种植槽，克服了营养液膜技术营养液少、缺氧、营养液养分不均匀、容易干燥死苗等缺点。种植槽中液层 3~6 cm 厚，液面两行定植杯之间漂浮聚乙烯泡沫板，板上覆盖一层亲水无纺布，无纺布两侧延伸入营养液中。作物的根系一部分伸入营养液中，另一部分爬在漂浮板的无纺布上。

三、其他水培方式

（一）管道式水培

管道式水培一般采用 PVC 管，管径 110 mm 左右，连接营养液循环系统。栽培管上均匀钻孔，用海绵固定作物苗，也可以用定植篮填上海绵、基质或陶粒置于栽培孔内起固定作用。

（二）水床式水培

水床式水培是温室水培较常见的一种方法。床体用防水布和水泥制作，床面即栽培板，一般采用聚苯泡沫板，板上钻孔做定植孔，用海绵或定植篮装基质、陶粒固定菜苗，若孔小，也可直接将菜苗放入定植孔。水床式水培技术简单实用，建设成本低，广泛应用于南方地区。

（三）水箱式水培

用 UPE、PE、PC 板材均可做成箱体，用防水布防水渗漏，或用玻璃及防水胶做成水箱，用同样的材料做盖板，上钻定植孔，一端留营养液进水龙头，另一端底部开带塞、带网出水口，箱底部铺垫 0.5~1 cm 厚的吸水布。

（四）容器水培

由盛水容器和定植篮两部分组成。盛水容器盛装营养液，定植篮用于固定植物。营养液中若饲养观赏鱼类，营养液浓度宜用平常浓度的 1/2，也能用专用鱼菜共生营养液，鱼的排泄物可以被植株根系吸收转化，形成鱼菜共生的良性循环。

（五）鱼菜共生培养系统

1. 鱼菜共生培养系统结构

鱼菜共生培养系统是巧妙利用鱼、蔬菜、微生物形成的生态平衡的一种栽培方式。鱼代谢产生的氨类物质随水泵压力循环至种植槽中被微生物分解成亚硝铵和硝铵，被植物吸收利用，给植物提供养分，然后使经脱氨处理的水回流至鱼池循环利用。

一般选择耐缺氧和耐差水质的鱼类，如鲫鱼、鲤鱼等，选择种植叶菜类或果菜类蔬菜。

2. 鱼菜共生培养系统的优势

①能够同时进行蔬菜生产和鱼类养殖，经济效益好。

②系统有净化功能，无养分积累。

③节水。

④无养分流失，无废水排出。

四、常用营养液的配制与配方

（一）适合水培的花卉与蔬菜

1. 适合水培的花卉植物

可直接进行水培的花卉植物：香石竹、文竹、非洲菊、郁金香、风信子、水仙花、菊花、马蹄莲、大岩桐、仙客来、唐菖蒲、兰花、万年青、蔓绿绒、巴西木、仙人掌类、绿巨人等。

经过驯养可将土生根转变成水生根的花卉植物：龟背竹、米兰、君子兰、茶花、茉莉、杜鹃、金梧、紫罗兰、蝴蝶兰、倒挂金钟、橡胶榕、巴西铁、秋海棠属植物、蕨类植物、棕榈科植物，以及蟹爪兰、富贵竹、常春藤、彩叶草等。

2.适合水培的蔬菜

生菜、空心菜、木耳菜、水芹、京水菜、叶用红薯、西红柿、辣椒、紫背天葵、富贵菜、救心菜、芥蓝、上海青、小白菜、大白菜、小油菜、菊苣、莴笋、菜心、豆瓣菜、苋菜、羽衣甘蓝、小香葱、大叶芥菜、黄瓜、向日葵、金花葵、鱼腥草、黄秋葵等。

不适合水培的蔬菜可以通过基质作为介体，都可以水培成功。

（二）营养液的配制

1.营养液配制注意事项

配制营养液在专业研究水平下，是应该分类的，不同的植物有不同的配方，不同生长时期、不同的温湿度条件也有不同的配方。其配制原则依据标准园试配方、山崎配方和斯泰纳配方。

配制营养液时一定不能使用金属容器，一是金属容器容易被腐蚀，二是会产生重金属污染；用自来水配制时，自来水需静置 8~24 h，取静置后的中上层自来水用于配制。

生产上普通栽培时使用通用配方即可。

由于自配营养液比较麻烦，平常我们若只需要做简单的水培，则可以采取以下任一方便简洁的方式：

①到市场上可以买到配制好的营养液原液，自己回来按说明兑水。

②买高浓度含微量元素的颗粒状复合肥，用放置 2 d 的自来水充分溶解后兑水使用。

③用速溶性冲施肥（如四川国光的大量元素—微量元素冲施肥）按比例兑水配制营养液。

根据植株的长势，还可在农业专业技术人员的指导下添加其他营养元素。

2.常用营养液的配方

（1）莫拉德营养液配方

A 液：硝酸钙 125 g、E dTA12 g，自来水 1000 mL 存放 8 h，水温为 40~50℃，先溶解 E dTA，再溶解硝酸钙配成母液备用。

B 液：硫酸镁 37 g、磷酸二氢铵 28 g、硝酸钾 41 g、硼酸 0.6 g、硫酸锰 0.4 g、五水硫酸铜 0.004 g、七水硫酸锌 0.004 g，自来水 1000 mL 存放 8 h 以上，先溶解硫酸镁，然后依次加入磷酸二氢铵和硝酸钾，加水搅拌至完全溶解，硼酸以温水溶解后加入，最后分别加入其余的微量元素肥料。

A、B两种液体分别搅匀后备用。

使用时分别取 A、B 母液各 10 mL，加水 1000 mL，混合后调整 ph 为 6.0~7.6 即可用于植物水培。

（2）改良霍格兰营养液配方

四水硝酸钙 945 mg/L；

硝酸钾 506 mg/L（另方改良用 607 mg/L）；

硝酸铵 80 mg/L（另方改良用磷酸铵 115 mg/L）；

磷酸二氢钾 136 mg/L（另方改良不用）；

硫酸镁 493 mg/L；

铁盐溶液：七水硫酸亚铁 2.78 g（含硫酸亚铁 1.52 g）、乙二胺四乙酸二钠（EdTA·Na$_2$）3.73 g、蒸馏水 500 mL，调整 ph 至 5.5，取 2.5 mL（相当于铁钠盐 20 mg）；

微量元素液：碘化钾 0.83 mg/L、硼酸 6.2 mg/L、硫酸锰 22.3 mg/L、硫酸锌 8.6 mg/L、钼酸钠 0.25 mg/L、硫酸铜 0.025 mg/L、氯化钴 0.025 mg/L，调整 ph 至 6.0，取 5 mL。

（3）格里克基本营养液配方

硝酸钾 0.542 g/L、硝酸钙 0.096 g/L、过磷酸钙 0.135 g/L、硫酸镁 0.135 g/L、硫酸 0.073 g/L、硫酸铁 0.014 g/L、硫酸锰 0.002 g/L、硼砂 0.0017 g/L、硫酸锌 0.0008 g/L、硫酸铜 0.0006 g/L。

（4）Knop 营养液配方

硝酸钙 0.8 g/L、硫酸镁 0.2 g/L、硝酸钾 0.2 g/L、磷酸二氢钾 0.2 g/L、硫酸亚铁微量。

（5）汉普营养液配方

硝酸钾 0.7 g/L、硝酸钙 0.7 g/L、过磷酸钙 0.8 g/L、硫酸镁 0.28 g/L、硫酸铁 0.12 g/L、硼酸 0.6 mg/L、硫酸锰 0.6 mg/L、七水硫酸锌 0.6 mg/L、五水硫酸铜 0.6 mg/L、钼酸铵 0.6 mg/L，调整 ph 为 5.5~6.5。

配制时最好先用 50℃ 左右的少量温水将上述配方中所列的无机盐分别溶化，然后按配方中所列的顺序逐个倒入装有相当于所用容量 75% 的水中，边倒边搅动，最后将水加到全量（1L），即配好的营养液。

（6）日本均衡营养液配方

四水硝酸钙 945 mg/L、磷酸二氢铵 153 mg/L、七水硫酸镁 493 mg/L、硝酸钾 808 mg/L、EdTA·Na$_2$ 20 mg/L、硫酸锰 2.13 mg/L、硼酸 2.86 mg/L、七水硫酸锌 0.22 mg/L、五水硫酸铜 0.08 mg/L、钼酸铵 0.02 mg/L。

以上为标准配方，气温高时用量减半（水分蒸发量大，高浓度营养液难以被植物有效转化，从而造成植株体内盐分偏高，影响生长）。

配制时，硝酸钙与硝酸钾溶解在一起，磷酸二氢铵与硫酸镁分别单独溶解，微量元素溶解在一起。

第三节 气雾栽培

一、气雾栽培简介

气雾栽培又称气培、雾培、气雾培等，是利用喷雾装置将营养液雾化为小雾滴状，直接喷射到植物根系以提供给植物生长所需的水分和养分的一种新型无土栽培技术。气雾栽培摆脱了传统土壤栽培对天然土壤的依赖，克服了传统栽培模式下土壤污染、连作障碍、次生盐渍化等问题，能有效解决普通无土栽培中根系缺氧烂根的问题，营养液可反复使用，节约水肥，可用于蔬菜和瓜果的工厂化生产，是一种具有广阔运用前景的新型无土栽培模式。营养液的配制和优化是雾培作物获得高产优质的关键技术。

（一）气雾栽培原理与系统组成

1. 气雾栽培原理

气雾栽培技术是将作物的根系悬挂生长在封闭和不透光的容器（槽、箱或床）内，营养液经水压或其他设备形成雾状，间歇性喷到作物根系上，通过雾化的营养液水气满足植物根系对水肥和氧气的需求。气雾栽培系统中，植物根系直接暴露在充满雾化营养的空气中，在毫无机械阻力的情况下生长，具有充足的氧气和自由伸展的空间，有效解决普通水培中供氧、供肥的矛盾。

2. 气雾栽培系统的组成

完整的气雾栽培系统包括栽培系统、营养液供给与调控系统、计算机自动控制管理系统三个部分。

（1）栽培系统

栽培系统主要是指种植作物所用到的苗床，不同类型的苗床适合种植的植物也不同。生产中常见的苗床模式有支架式、泡沫筒式、桶式等。

①支架式：支架式苗床是由两块聚丙烯泡沫板靠合在一起与地面呈三角状，泡沫板上均匀钻孔，作为种植孔。营养液通过供液管输送至支架内的雾化系统，在菜苗根系附近进行雾化，多余的水流到栽植床通过集液孔流到回流管并最终流回储液池。

②泡沫筒式：泡沫筒式苗床是用聚丙烯泡沫板围合成柱状，泡沫板上均匀钻上直径为2~3 cm的圆形栽培孔，用海绵块做支撑固定，包上菜苗填在栽培孔内。营养液在增压泵的作用下，通过管道循环到达喷液嘴，将雾状液体喷在植株根系上。

③桶式：桶式苗床是用聚丙烯泡沫板或其他除金属外的材料围成桶状，用相同或不同材料做面板，若用两块做面板可直接将苗子夹在缝隙中，若用一块则中间打小孔，将营养液喷嘴接在上、中、下三个部位，开通增压泵即可。这种栽培系统大多用于大型植株的栽培，如番茄、南瓜、西瓜、黄瓜等，具有培育与创造最佳的根域空间，发挥最大生长潜能的作用。这种雾培方式种植的植物生长特快，可以用于观光园区内各种瓜果蔬菜或木本植

物的栽培，能够栽培出具有巨大树体的植物，是目前观光农业发展较好的一个项目。

3. 管道式

管道式栽培是观光农业中一种常见的栽培方式，大都采用水培的方式，但采用管道式水培容易出现夏天管道内温度过高和根系缺氧的现象，而气雾式的管道栽培系统只需在栽培管道内安装微喷管道改造即可。

管道式苗床的制作：一般采用大直径的PVC管（直径15 cm左右），钻孔，加工成有栽培孔的管道。

（2）营养液供给与调控系统

营养液供给与调控系统主要包括储液池、回液池滤网、回液池、管道、喷雾装置、水泵、营养液配制与管理装置等。储液池中的营养液通过水泵，经供液管供给栽培床，再经回流管道回到储液池实现营养液的循环。水泵功率大小应根据生产面积及喷头所需的压力配植。营养液的配制与管理包括营养液配方、浓度（EC）、酸碱度（ph）、液温调节等，这些是决定气雾栽培生产效果的关键。营养液的栽培效果还受到当地气候、水质、作物种类、品种等各种因素的影响。因此，在实际生产中，要结合所栽培作物的种类、当地的具体条件和栽培实践经验选择适宜的营养液配方与浓度，并通过调整各种营养元素的种类与比例，达到调控品质的目的。

营养液的供给与调控系统与水培系统相似，不同之处在雾培系统中有喷雾装置，营养液由水泵增压后从供液管流向支管，经高压喷头喷出后形成雾状。

（3）计算机自动控制管理系统

通过传感器采集外环境、营养液及根际环境的各种参数，如温度，湿度，光照强度，CO_2浓度，营养液的ph、EC值等，计算机按专家系统和植物生长模式进行运算判断，然后操控水泵、电磁阀、喷雾装置、热风炉、加温线、补光灯、CO_2发生器等装置进行调控。如营养液的EC值过低时添加母液，EC值过高时加入清水；根系温度较高时，增加喷雾时间和加大喷雾压力等。该系统能通过基于物联网系统对温室大棚和雾化系统的各种气候参数进行采集和调控，但目前国内此类设施比较简单，一般仅有营养液调配、喷雾定时器的控制等。

（二）气雾栽培的特点

气雾栽培可以完全按照栽培者的要求进行农业生产，不受季节、地理环境的影响，做到全年生产、周年供应，获得高产、优质的良好生产效果。

1. 气雾栽培的优势

（1）避免连作障碍

作物的同科连作障碍在设施农业中表现得尤其明显，作物连作导致土壤中土传病虫害的大量发生、盐分积聚、养分失衡等，已成为农业可持续生产中的难题。气雾栽培条件下只需更换营养液,就能避免连作造成的营养液中有害物质的积累。

(2)充分利用种植空间

气雾栽培能够采用多种种植形式,充分利用种植空间,能够最大限度地实现立体化种植,大大提高了单位面积产量。

(3)作物长势快、产量高、节水省肥

气雾栽培解决了根系在水培环境中缺氧的问题。在气雾环境中氧气充足,根系大多为吸收肥水效率极高的不定根根系,而且是以根毛发达的气生根为主,根系的吸收速度得以最大化发挥,几倍甚至数十倍于土壤栽培或者水培,因而根系特别发达。由于作物生长加快,还可以使作物生育期缩短。水肥以雾化的方式被根系吸收,根系接触营养液的面积大大高于水培、基质培和土培,水肥的利用率大大提高。

(4)减少农药的使用

气雾栽培采用的栽培系统远离土壤,是人为创造的洁净无土环境,而且营养液中无有机物,病虫没有滋生的有机营养及藏匿的空间,使病虫发生的概率大大减小,能够大幅度减少农药的用量。

2.气雾栽培的缺点

(1)一次性投资大,设备的可靠性要求高

与土壤栽培相比,气雾栽培需要更多的设施和设备,需要消耗大量电能,而且设备维护费用和运行费用很高,导致生产成本过高。另外,气雾栽培过程中不能停电,停电后技术上无任何缓冲余地和补救措施。因此,气雾栽培并不适合大规模的生产推广,一般只是作为观光农业和展示现代化农业的种植方式。目前,采用气雾栽培在农作物栽培生产中成功应用的案例不多,仅有马铃薯的产业化育种,在韩国、南美洲、中国等地取得了成功。

(2)生产技术要求高

气雾栽培生产中需要依据作物种类和生长季节选用适宜的营养液配方配制营养液,并对营养液 EC 值、ph 进行管理,对作物生长环境的气候条件进行必要的调控,需要掌握较深的专业知识,一般的生产者在短期内难以熟练掌握。

(3)基础研究相对滞后,技术瓶颈尚未突破

气雾栽培条件下作物根系的生长环境与土培和水培完全不同,雾化的营养液在气雾状态下没有缓冲能力,可能会给作物的生长带来一些不利影响,目前缺乏相应的生理生化方面系统的基础研究,也没有专门针对气雾栽培开发的营养液配方体系,研究人员对营养液微量元素配方和浓度的研究做得很少。水培法营养液的配比原则不一定适合气雾栽培,目前人们缺乏调整雾化营养液配比的成熟理论指导。生产者一般凭经验参考水培营养液配比,稍加改变后用于雾培,缺乏理论依据。

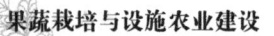

（三）气雾栽培注意事项

气雾栽培适合瓜果与蔬菜类作物，生产上采用该方式时应注意如下事项：

1. 场地选择

北方地区可选择日光温室，南方地区可选择在连栋温室大棚中进行气雾栽培，北方地区须注意冬季保温，南方地区须注意夏季降温与通风。

2. 储液池

一般可按每亩栽培面积设置1个储液池，体积不能过小，约为10 m^3，营养液回流口应设置滤网；还可另设置一个1~2 m^3的回收池，回收池与储液池之间设滤网。回收池内填装粗砂、卵石、木炭等，起到净化回收液的作用。栽培系统和储液池、回收池均不能透光。

3. 控制设备

温室大棚内的湿度较大，设备容易生锈，电路板容易短路，气雾栽培的控制设备最好能安装在温室外的单独房间内，以保证设备的长期稳定运行。

4. 营养液的配制

应根据作物种类、生长时期和季节选择合适的营养液。营养液最好采用自来水配制，自来水要先经过过滤与静置沉淀处理。

5. 备用供电系统

完善的气雾栽培系统须配备备用电源，一般可采用汽油发电机组，以保证在停电时特别是夏天能及时进行供电切换。

二、实验室微型气雾栽培系统

气雾栽培技术最先是应用于马铃薯的栽培，我国也已经能够生产和安装调试基于温室大棚的雾培设备。研究营养液的配方与微量元素的含量是雾化栽培的关键技术，如果采用生产型的雾培设备进行研究会造成投入大、浪费大的问题，如生产型的气雾栽培系统的储液池容量往往达数立方米甚至10 m^3以上，栽培面积1亩以上，科研、试验成本过高，不适合科研用。

（一）微型雾培系统原理与组成

微型雾培系统由雾培桶、雾化器、营养液供应与回收系统、控制装置组成。

1. 雾培桶与雾化器

雾培桶用不透光材料制作，雾培桶顶端设置定植板，雾培桶内设有雾化器，雾化器可采用超声波方式或高压喷头方式，一般1 m^3大小的雾培桶可装4个雾化器，保证桶内空间，保证营养液雾气能够均匀分布。

2. 营养液供应与回收系统

采用超声波雾化器的雾培系统在雾培桶中进行营养液的混合与调整，超声波雾化器悬浮在营养液中；采用高压雾化器的雾化系统应设置单独的储液池进行营养液的混合与回收，其装置结构与一般生产型的雾培系统类似。

3. 控制装置

采用单片机，控制雾化间隙时间，自动调整营养液 ph、浓度（EC）、温度等参数。

（二）微型雾培系统的优势

微型雾培系统体积小，可方便更换营养液，适合于小规模栽培实验，尤其是能够方便用于雾化营养液配方的研究；能够放置于实验室内或人工气候室内，作物生长气候条件精确可控。

第四节 灌溉技术

一、设施农业灌溉简介

灌溉是农业发展的基础，节约灌溉用水则是灌溉的核心。设施农业灌溉是指在农业设施内根据作物需水规律和供水条件，采用一定的灌溉设备给作物生长发育提供所必需的供水量，达到高效利用水资源的目的，是实现作物优质高产的一种现代农业技术措施。

（一）发展设施内节水灌溉技术的必要性

节水灌溉的根本目的是提高灌溉水的有效利用率，保障农作物正常生长，获得农业最佳的经济效益、社会效益和生态环境效益。设施内灌溉精准调控技术的应用，是解决我国水资源在农业生产上利用率低的问题的有效途径之一，并能够在节约水肥资源的同时，调节作物生长环境、改善作物品质和提高作物产量。

农业设施一般为封闭或半封闭的系统，在压力的作用下通过管道将水分、肥料、农药等对设施内部的作物进行灌溉，采用先进的灌溉技术能有效地解决水资源利用率低下的问题，能够发挥节水增产的巨大效应。

（二）设施内灌溉的作用

1. 节约水资源

农业设施内灌溉常采用密闭管道进行，输水过程中一般不存在水的损失；灌水的过程一般采用滴灌、喷灌、微喷灌等技术，水的利用率高，能够实现自动化灌溉，能根据作物的实际生长需求提供水肥。

2. 调节设施内空气和土壤的湿度

农业设施（如温室大棚等）是一个相对封闭的系统，灌溉是设施内作物所需水分的唯一来源，设施内通过灌溉技术措施能够调节空气湿度，而不同作物生长需要的空气湿度要求是不一致的。一般而言，设施内的空气湿度较高。当设施内的空气湿度过大时，可采用减少灌水措施和采取通风措施。设施内灌溉也影响土壤的湿度，土壤的湿度状况不仅会影响空气湿度，还会影响土壤的通气状况。

3. 实现自动化灌溉施肥

农业设施内，容易实现将灌溉与施肥有机结合，在灌溉的同时能够将一定配比的肥料输送到作物的根部，精准控制灌水量与施肥量，实现节水和提高肥料的利用率。采用灌溉施肥机能够在设施内实现灌溉和施肥的自动化，结合其他自动化技术的应用，使农业设施成为真正意义上的"农业工厂"。

二、设施农业中采用的灌溉形式

设施农业的种类很多，包括简易塑料大棚、日光温室、玻璃连栋温室、小拱棚等，其中受到广泛关注和应用的是塑料大棚和连栋温室。这类设施大多为半封闭环境，设施内土壤耕层不能利用天然降水，灌溉是作物唯一的水分来源。长期以来，我国的大棚温室采用大田传统的沟畦灌溉方式，水分利用率低下，设施内环境恶化，导致病虫害发生严重，不利于作物的生长。通过对技术的消化吸收，近年来国内温室大棚的节水灌溉技术有了长足的进步。目前在设施农业中应用较广的灌溉技术以喷灌与滴灌两种形式为主。

（一）喷灌技术

1. 喷灌的定义

喷灌是指利用水泵加压，水通过管道在一定压力下由喷头以较小的水流量喷洒到空中形成细小水滴，均匀地喷洒到作物表面或土壤表面，供给作物水分的节水灌溉技术。喷灌系统由水源、管网、水泵、喷头等组成。喷灌技术适合特定作物的表面灌溉，如温室蔬菜、苗圃、花卉或对湿度有一定要求的观赏植物。

2. 喷灌的优点

①喷灌是将灌溉水喷洒到空气中，形成田间小气候，可以有效地调节室内的温度和湿度，在重力的作用下飘落到叶片上和土壤中，还可以清洗作物叶面灰尘。

②可以有选择性地针对作物的某一部位进行喷施，并且其灌溉效果如同自然降雨，可以均匀定量地对作物进行灌溉，提高水资源的利用率，不会对作物造成损伤而影响作物正常生长，也不会造成土壤板结和盐碱化。

③喷灌是利用大压强将灌溉水从管道中喷洒出来的，出水孔径和出水速度都大于滴灌系统的出水孔径和出水速度，虽然也需要适当的过滤，但对水质的要求没有滴灌系统高。

3. 喷灌的缺点

①喷灌系统一次性投资成本较高。

③喷灌较容易造成病虫害的发生。在温室中进行喷灌,特别是在低温高湿季节对农作物进行灌溉,会导致室内湿度过高而增加病害概率,一些农作物在开花坐果期间也不能采用喷灌,有时会导致作物需水时无法进行灌溉的情况发生。因此,喷灌系统须与其他灌溉系统相结合使用。

4. 设施内常见的喷灌形式

（1）温室固定式喷灌系统

在温室内将微喷头倒挂在温室骨架上,安装高度较高使喷灌系统不影响设施内的正常作业,一般为固定装置。该装置可用于温室内的喷药、加湿、降温等作业。

（2）温室自走式喷灌

在温室内将喷灌机悬挂安装在温室骨架的行走轨道上的喷灌系统,喷灌机可以移动,通过喷灌机的微喷头对作物进行喷灌。

自走式喷灌机的供水方式有两种：端部供水和中间供水。端部供水方式的供水管通过轨道上方的悬挂轮垂吊在温室中,供水管和电缆能够随喷灌机移动到大棚的下一跨进行喷灌,但喷灌的范围受到供水管长度的限制。中间供水方式的供水管通过卷盘平铺在轨道两侧,大棚中无垂吊的供水管,喷灌机的作业方式显得美观,但喷灌机不能在跨间自动移动。

（二）微灌技术

微灌技术是将水源加压,低压管道的末级毛细管上的孔口或灌水器把由高压水流变成的细小水滴直接送到作物根区附近,均匀而适量地浸入土壤供作物生长需求的一种精准灌溉的技术。

温室中常用的微灌技术有滴灌和微喷灌两种。

1. 微喷灌装置的组成

（1）微滴管和微喷头

微滴管和微喷头为微灌装置的尾部灌水器。目前国内微滴管和微喷头一般以低密度聚乙烯为材质,材质较差、抗老化性差、模具精度较低、滴管容易堵塞,微喷头寿命一般不足 300 h（而行业标准为 1500 h）。

（2）过滤设施

过滤设施包括筛网、过滤器等。离心式过滤器过滤效果较好,但由于质量不稳定、价格高、操作与维护复杂,在设施内微灌系统中很少使用。微灌系统中常出现因过滤设施使用不当而引起管路堵塞的现象。

（3）配水管、动力设施与控制器

配水管的材质主要为 PVC 管。水泵是微灌系统的动力设备,应耐用、防锈。国内温室的微灌装置大部分为手动控制,近年来也出现了全自动化的控制系统,目前还处于推广应用阶段。

（4）施肥装置

施肥装置是微灌系统的必备组成部分，能够使节水灌溉与施肥一体化，国内一般采用最简单的压力差施肥灌溉，肥料输送不均匀，效果较差。

2. 滴灌技术

（1）滴灌的定义

滴灌是利用滴头将水均匀而又缓慢地滴入作物根部附近的灌溉方式。滴灌主要由动力设施、控制器、管网、滴头组成。滴灌改变了传统灌溉的理念，是给作物浇水而不是给土壤浇水，是精准的灌溉方式，灌溉水的利用率高，是现阶段最适合温室的一种灌溉技术。外嵌式和悬挂式滴头的滴灌管可根据不同作物设置安装高度，内嵌式滴头的滴灌管可平铺于基质上、埋设于基质中或铺设于地膜下实现膜下灌溉。

（2）滴灌的优点

①节水省肥：滴灌是局部性微量精准灌溉，在为作物提供所需水分的同时，能提供肥料，实现水肥一体化。在设施内滴灌技术容易实现自动化控制。

②可调节温度和湿度：滴灌量可以精准调控，能够维持作物根系的湿度而不会使大棚湿度过大。

（3）滴灌的缺点

易老化与堵塞：营养液产生沉淀和管路内微生物与藻类生长等容易造成滴头堵塞，目前国产滴头的材质工艺较差，抗老化能力不足，滴灌系统的维护成本较高。

不适宜使用粪水肥类的农家肥。

3. 微喷灌技术

微喷灌是将水与肥通过高压管路系统运送到作物的表面、根部和土壤表面的技术，该技术结合了传统的滴灌与喷灌的优点，微喷灌时流量小，能够对水肥进行精准喷施；流速较大，喷头不容易堵塞。微喷头位置可灵活设置，可放置在离作物表面很近的位置，也能放置于膜下进行喷灌。

微喷灌技术比一般的喷灌、滴灌技术更加省水、省肥，尤其适用于大棚蔬菜、花卉、幼苗和观赏作物的灌溉。

（三）沟灌技术

沟灌是传统的灌溉技术，采用将水经沟畦引入的方式进行灌溉。沟灌成本低、操作简便，但水的利用率不高，水在输送过程中损失大，而且会改变设施内空气湿度，升高地下水位，容易引起由土壤传播的病虫害。

沟灌时应控制水量，避免造成大水漫灌；冬季时应在中午温度较高的时段灌溉，夏季时应在早晚温度较低的时段灌溉。采用沟灌技术进行灌溉时，可采用膜上灌的技术，即在沟底部铺设有小孔的地膜，水流经过时向土层渗水，同时也能使渗入的水减少蒸发。目前在简易大棚设施中，沟灌仍是比较常见的灌溉方式，但现代设施农业中已越来越少地采用沟灌技术进行灌溉。

（四）浇灌与渗灌技术

浇灌也是温室大棚传统灌溉技术之一。进行大棚育苗时，由于幼苗比较细小，不能承受大的冲击力，往往采用人工浇灌的方式用洒水壶供水，这种浇灌方式可根据幼苗的实际需水量进行浇水，但人工费用消耗较大。

渗灌是在大棚土壤深度 10~50 cm 厚度处埋设带孔的渗水管，作物的根系可直接吸收渗水管流出的水肥，节水效应十分明显。同时，渗灌供水的方式避免了其他浇灌方式造成的大棚湿热，减少了病虫害的发生。渗水管的埋深是渗灌的重要参数，可根据作物的种类确定渗水管的埋深，一般蔬菜类作物渗灌管埋深通常为 30 cm 以内。

渗灌的输水管路维护成本较高。由于渗灌管埋于土壤或基质中，土壤颗粒、微生物聚集等因素均可能造成出水孔的堵塞，影响渗灌系统的使用年限。对于渗灌系统出水孔堵塞的问题，国外公司提出了一些较好的解决方案。

三、工厂化农业与自动化灌溉施肥技术

（一）工厂化农业简介

设施农业相对于传统农业的优势在于作物的生长环境可控，能够人为创造适合作物生长的温、光、水、肥、气等环境条件，实现农产品的工厂化生产。将现代工业技术引入设施农业，在"农业工厂"中实现作物生产全过程的智能化、自动化，是设施农业发展的必经之路。

（二）工厂化农业的相关关键技术

1. 温室环境控制技术

温室环境控制技术包括土壤温度、土壤湿度、空气湿度、光照强度、CO_2 浓度等指标的检测与调控。需要进行实时数据采集，掌握环境因子与作物生长的关系。

2. 作物生理指标监测技术

作物生理指标监测技术是指实时监测温室内作物的各项生理指标，包括水势、蒸腾速率、光合速率、叶面积指数、叶绿素荧光参数等。作物的生理指标反映作物生长的优劣，为优化温室内的控制参数提供依据。

3. 营养液在线检测技术

营养液的检测主要是检测 EC 值和 ph 值。EC 值为电导率，间接反映营养液的浓度状况。根据 EC 值和 ph 值对营养液进行调配，实现设施内水肥一体化灌溉。

温室环境控制和作物生理指标检测技术是解决作物生长与环境的关系问题，需要工程技术人员与农学家密切合作才能完成攻关。近年来，随着营养液在线监测技术的成熟，我国在设施农业中的水肥一体化灌溉施肥领域也取得了长足进步，国产灌溉施肥机正逐渐走向市场。

（三）自动灌溉施肥技术

灌溉施肥是将灌溉与施肥技术相结合的现代农业技术，在灌溉的同时，将肥料精准地送到作物的根部，能够精准地控制灌溉量与施肥量，实现设施内灌溉的全自动化，是温室作物提高水肥资源利用效率的最有效方法。

1. 灌溉施肥机原理

灌溉施肥机是利用用户设定好的施肥比例、施肥时间、施肥量等参数，根据 EC 值与 ph 值检测的结果进行肥料混合，用施肥泵（压力泵或文丘里泵）将水肥输送到作物的根部。一套完整的系统一般应包括混肥装置、注肥装置、控制器、回液系统等部分。

2. 灌溉施肥机的关键技术

（1）溶液浓度与成分的精确控制

目前市面上的喷灌施肥机对营养液的控制大多采用 EC 值与 ph 值进行分析，无法正确反映营养液中各元素的状况，需要开发相应的离子传感器对各种离子进行在线检测。

（2）智能化的专家系统

喷灌施肥机的控制器部分是系统的核心部件，需要有良好的人机交互和扩展功能。农学家与工程技术人员须密切合作，建立能管控作物在不同环境条件下需水需肥的专家系统，使温室施肥控制智能化。该系统应是基于自动气象站的中央计算机控制灌溉系统，属于闭环控制灌溉系统。

（3）配件材料的可靠性

喷灌施肥机的管路系统、喷头、水泵配件等具有耐酸碱、抗老化、防堵塞、保障水路系统通畅、提高系统使用寿命的特点。

第九章　蔬菜保护地栽培设施

第一节　保护地栽培设施种类及建造

一、塑料大棚

该类型塑料大棚的高度在 1.8~2 m，跨度 7~12 m，每个棚面积在 300 m² 以上，人可以入内操作管理。

（一）大棚类型与结构

1. 根据大棚屋顶的形状

可分为拱圆形、屋脊形、单栋及连栋，拱圆形大棚又分弧形、半椭圆形和半圆形。

目前，国内绝大部分大棚是拱圆形的。屋脊形大棚的透光和排水性能良好，但因建造施工复杂，且棱角多，易损坏塑料薄膜，故在生产中很少采用。连栋形大棚在 20 世纪 70 年代曾盛行一时，后因通风困难，不便排除雨水和积雪，于 80 年代初已被渐渐淘汰。但是，进入 21 世纪后随着自动化通风设施的普及，连栋大棚又开始有发展的趋势。拱圆形大棚则以其建造方便、管理容易而普及各地。

2. 根据大棚的骨架结构形式

可分为拱架式、充气式等类型。

（1）拱架式大棚

这种类型的大棚又有落地拱架与支柱拱架 2 种。落地拱架是使每条拱杆的两端直接插入地内。支柱拱架是把拱架固定在大棚两边的边柱上，使棚两面呈垂直于地面的直立形。

拱架式大棚的结构简单、施工容易、成本低，设施内光照条件良好、通风方便，适用于跨度较小的大棚。其中，落地拱架式大棚的强度较大、坚固耐用，但棚两边空间较小，不便于操作。支柱拱架式大棚的优缺点与落地拱架式大棚的优缺点相反。

（2）充气式大棚

充气式大棚分拱形和单斜面两种。一般多用拱形。拱形充气大棚是在简单的拱形空心棚架上覆盖双层充气膜而成。整个棚可分成几个纵向的双层膜带，两层膜间增加纵隔使双层膜成型坚固。利用充气机或充气扇充气，为保证其足够的张力，应不断向设施内充气。在双层膜外用压膜线固定。

充气式大棚由于双层薄膜中间有一层空气，所以保温效果较好，比单层大棚的棚温高5~6℃。由于利用了薄膜充气后的张力，可减少立柱和拱杆的数量，降低了建棚成本。缺点是由于焊接技术的局限，大棚漏气快，需不断充气，而且双层膜的透光率低，对蔬菜生长亦有影响。

根据大棚的骨架结构形式还有蒙古包式大棚、钢丝悬索大棚等类型，在生产中应用不多，故不叙述。

3. 根据大棚的建筑材料

可分为竹木结构、混合结构、水泥结构、钢筋结构及装配式钢管结构等。

（1）竹木结构大棚

竹木结构大棚的建筑材料以竹竿和木杆为主。跨度12~14 m，矢高2.6~2.7 m，以3~6 cm直径的竹竿为拱杆，每一拱杆由6根立柱支撑，拱杆间距为1~1.1 m。立柱用木杆或水泥预制柱。棚长50~60 m，每棚面积为600 m² 左右。拱杆上盖薄膜，两拱杆间用8号铁丝作为压膜线，两端固定在预埋的地锚上。地锚为水泥预制块，长、宽、高为30 cm×30 cm×30 cm，上置铁钩，亦可用石块为地锚。

竹木结构大棚的建筑材料多为农副产品，来源方便，成本低廉，适于我国经济基础薄弱地区的农民应用。故在20世纪70年代我国大棚开始发展时该大棚应用较多，现在仍占有很大面积。由于设施内支柱多，比较牢固，较抗风雪。其缺点是支架过多、遮光、光照条件不好、设施内作业不便。

该类大棚的保温性能有限，在北方地区仅可做春季果菜类早熟栽培或秋季喜温蔬菜的延迟栽培，亦可用于春季蔬菜育苗。

（2）水泥柱拉筋竹拱棚

这种类型的大棚是由竹木结构大棚发展来的。其纵梁有两种：一是6号钢筋，一般称为拉筋吊柱大棚；二是单片花梁，称为水泥柱钢筋梁竹拱大棚。

水泥柱拉筋竹拱棚多为南北向延长，宽12~16 m，矢高2.2 m，棚长40~60 m。立柱全部用钢筋水泥预制柱，断面为8 cm×10 cm，顶端制成凹形，便于承担拱杆。每排柱横向由6根组成，呈对称排列。两对中柱距离2 m，中柱至腰柱2.2 m，腰柱至边柱2.2 m，边柱至棚边0.6 m。中柱总长2.6 m，埋入土中0.4 m，地上部高2.2 m。腰柱总长2.2 m，地上部高1.8 m。边柱总长1.7 m，地上部高1.3 m。南北向每3 m一排立柱。纵梁是6号钢筋。

水泥柱钢筋梁竹拱大棚的纵梁是单片花梁纵向连接立柱，支撑小立柱和拱杆，加固棚体骨架。单片花梁顶部用 8 mm 的钢筋，下部用 6 mm 的钢筋，中间用 6 mm 的钢筋做小拉杆焊成，宽 20 cm。单片花梁上部每隔 1 m 焊接 1 个用直径 8 mm 的钢筋弯成的马鞍形拱杆支架，高 15 cm。

拉筋吊柱大棚是用 6 mm 的钢筋纵向连接立柱，支撑小立柱和拱杆，加固棚体骨架。在拉筋上穿设 20 cm 长的吊柱支撑拱杆。

这两种形式的大棚拱杆均用 3~5 cm 粗的竹竿制成，拱杆间距 1 m。其他与竹木大棚相同。

这种结构的大棚建造简单，支柱较少，设施内作业方便，遮光较少。一般棚上可加盖草苫保温。在我国北方地区多用于喜温蔬菜的春早熟和秋延迟栽培，亦可用于春季育苗。

（3）水泥预制件组装式大棚

这种大棚的骨架由水泥预制件拱杆与水泥柱组装而成。20 世纪 80 年代在山东省应用较多。根据拱杆的结构又分三种。

双层空心弧形拱架预制件组装大棚。棚宽 12~16 m，矢高 2~2.5 m，长 30~40 m，面积 500~600 m^2。其拱杆长 5 m，厚 8 cm，用水泥预制的双层弧形拱片制成。上弦为半径 10 m 的弧形，宽 8 cm；下弦是直拉梁，上下弦间最宽处为 25 cm，中间有三个横向连接柱。中柱为断面 10 cm×10 cm 的水泥立柱，高 2 m，两侧边柱高 1.3 m。立柱顶端预制成凹形的顶座，以固定拱片。边柱两边有斜向顶柱，以防边柱向外倾斜。立柱均埋入地下 0.4 m，下端铸入水泥基座中。中柱与边柱距离 5 m，边柱与斜顶柱脚距离 0.5 m。每隔 1.2 m 设一排立柱。柱顶架设水泥预制拱片、通过预埋孔，用 8 号铁丝固定在柱顶。各排拱杆纵向用直径 10 mm 的圆钢连接固定。南北两头立柱用拉筋拉紧，埋入地下与地锚相连。

玻璃纤维水泥预制件组装大棚。这种大棚与上述组装大棚相同。不同处是拱杆为玻璃纤维作增强材料的水泥预制件。

水泥预制件组装式大棚的棚体坚固耐久，应用年限长，抗风雪能力强，棚面光滑便于覆盖草苫，内部空间大，操作、管理方便。其缺点是棚体太重，不易搬迁，拱架体积太大，遮光量大，影响蔬菜生长发育。同时，造价亦稍高，推广应用有一定的局限性。在山东省仅限于工矿区和建筑材料方便的地方应用，多用于喜温蔬菜的春早熟和秋延迟栽培。

（4）装配式镀锌钢管大棚

这种大棚的全部骨架是由工厂按定型设计生产出标准配件，运至现场安装而成。目前国内生产的跨度有 6 m、8 m、10 m 等几种，长度 30~66 m，矢高 2.5~3 m，均为拱圆形大棚。棚体南北向，设施内无立柱。

装配式大棚骨架由镀锌薄壁钢管制成，还有拱杆、纵筋、卡膜槽、卡膜弹簧、棚头、门、侧部通风装置等，通过各种卡具组装而成。大棚拱杆是由两根弧形直径 25~32 mm 钢管在顶部用套管对接而成，拱杆距 0.5 m。全棚用 6 条纵筋连接。大棚附有铁门和手摇卷膜通风装置。

该种大棚结构合理、棚体坚固、抗风雪能力强、搬迁组装方便；无立柱，设施内操作管理方便，便于通风、透光，应用年限长，有 10 年以上。唯其造价高，一次性投资太大。从长远来看，是我国大棚的发展利用方向。

（二）大棚建造

1. 建棚前的准备

大棚是投资较大、应用年限较长、易受外界环境条件影响的保护设施。建棚要周密计划。首先，要选好建棚场地。我国土地为集体所有，土地的使用权经常更迭，所以建棚场地一定要有较长时间的、稳定的使用年限。其次，科学布局，并根据自然条件、经济力量和原材物料，确定棚型和规模。最后，根据计划筹集物料。

在确定大棚结构时，应充分考虑土地利用率，充分利用光照、温度条件，便于通风、透光、降湿，以利于蔬菜生长发育，减少病虫害发生。同时要求设施内操作、管理方便，产品销售运输方便。我国农民经济基础薄弱，建棚材料力求就地取材、价格低廉、轻便、坚固耐用，尽量降低成本。

2. 场地选择和布局

（1）场地选择

大棚是固定设施，为了便于管理，应集中建设，而且应选有发展前途、可不断扩大的场地。为运输方便，宜安排在道路两侧。在农村应建于村庄之南侧，在城市应避开排放烟气、灰尘的工厂。尽量利用有高坎、土崖及院墙自然避风向阳的场地。

太阳光是大棚的光源和热源，必须选择有充足光照条件的场地建棚。大棚的东、西、南面不应有遮光的树木或高大的建筑物。

大棚春、夏、初秋温度较高，需要及时通风换气及降温。因此，大棚场地应具备较好的通风条件。但要注意防止大风危害，大风虽然能降温，但是可能吹坏塑料薄膜，吹塌大棚，故棚址应避开风口和高台。在多大风地区，大棚周围应有防风屏障。

大棚内蔬菜种植茬次多、产量高，要求土壤有良好的物理性状。最好选用疏松而富含有机质的肥沃壤土。同时要求前茬 3~5 年内未种过瓜类、茄果类蔬菜，以减少病害发生。大棚场地要求地下水位低、排水良好。如果地势低洼，设施内湿度大，土壤升温慢，不仅蔬菜根系发育不良，还易发生病害。

此外，大棚场地要求水源充足、水质良好，以冬季水温较高的深水井为佳。灌水管道以暗渠水管较好，防止冬季水在地表流动时间过长而降低水温。近年来大棚内多采用电热温床育苗、电力人工补充光照等措施，所以大棚内应具备电源。

（2）规模与方位

一般情况下大棚的覆盖面积越大，冬季保温性能越好，温度稳定，受低温影响越小，但亦造成通气不良、管理不便的弊端，一般面积以 300~600 m² 为宜。大棚的长度以 40~60 m 为佳，过长则运输管理不便，且两头温差过大，造成设施内蔬菜生长发育不一致。大棚的宽度以 8~12 m 为宜。太宽通风不良，棚面角度太小，进光量不足；另外，拱杆负荷加大，支撑应力降低，抗风雪能力减弱，且棚顶面平，易积水、雪，棚膜的固定也困难。大棚的高度以 2.2~2.8 m 为宜，最高不要超过 3 m。大棚两侧肩高以 1.2~1.5 m 为好，过低影响高秆和爬秧蔬菜的生长。大棚越高承受风的压力越大，易遭风害，且保温能力下降，建造成本亦大。但大棚过低时，棚面弧度变小，承压能力弱，积雪不易下滑，易积水，容易造成超载塌棚。

大棚的棚面有流线型棚面和带肩的棚面两种。流线型棚面从棚顶到地面均为弧形，其支撑应力均匀而强、稳固性好、易上棚膜、棚膜不易损坏。但设施内靠两侧处低矮，作业不便，不利于高秆蔬菜的生长和发育。带肩的棚面是棚顶为弧形，在两侧近地处为垂直于地面的直线骨架。它的优缺点与流线型棚面相反，特别是两肩部分有棱角，塑料薄膜易损坏。

大棚的棚型应因地而异，我国南北方气候差异很大，故棚型要求也不相同。一般大棚的棚型越大，棚面/地面值越小，设施内热容量越大，散热越慢，所以北方大棚的面积应大于南方。北方冬季严寒，冻土层深，设施内两侧地温受外界冻土影响形成 1 m 左右的低温带。故而大棚的跨度应大一些，在 10 m 以上，以降低此低温带所占设施内土地的比率。南方地区温度较高，此低温带不明显，故跨度可小一些。跨度小，在南方地区还有利于排除雨水。

大棚的长宽比值与其稳定性有密切关系。相同的大棚面积下，长宽比值越大，周长越长，骨架在地面上固定的长度也越长。因此，大棚的稳定性也越强。如 500 m² 的大棚，跨度 8 m，长 62.5 m，周长为 141 m；而当长为 40 m，跨度为 12.5 m 时，周长仅有 105 m。当然长宽比值越大，支撑点越多，大棚越稳固。一般长宽比值大于等于 5 时较好。

大棚顶面弧度的矢高与跨度有一定的关系。矢高越小，跨度越大，则高跨比值越小，此时大棚顶面较平，不仅不利于排除雨雪，而且从空气力学的角度上分析，在有风天气时，内外气压差大，容易损坏塑料薄膜。高跨比大时，大风不易损坏塑料薄膜。但高跨比越大，建造成本越高，单位面积塑料薄膜用量也增加。高跨比一般在风多的北方地区以 0.3~0.4 为宜，南方地区以 0.25~0.3 为宜。

大棚的方位以东西为宽、南北延长，即南北向为佳。这种南北向大棚上午东部受光好，下午西部受光好，设施内受光量东西相差 4.3%，南北相差 2.1%，全天总透光量高于东西向的大棚。这样蔬菜受光均匀，全天温度变化也较缓和。缺点是中午日光的入射角偏大，东西两坡光线折射率高，进光量少，设施内温度及光照强度均低于东西向大棚。以南北为宽，东西方向延长的大棚，以南坡面为主要受光面，午间光的入射量大，设施内骨架的遮阴面较小，光照强度较南北向大棚高10%左右，棚温也较高。缺点是大棚东西方光线较弱，光照分布不均匀，拱杆及支柱遮阴面积大，东西光照相差12.5%，南北光照相差20%~30%，并且全天棚温变化剧烈。为此，在建造大棚时，除要根据地形来决定方位外，在寒冷地区，以早春、晚秋生产为主时，选用东西向延长的大棚有利；反之，宜选用南北向延长的大棚。

（3）大棚群的规划与布局

建造场地确定后，首先应绘出平面布局图。场地以东西长的正、长方形为宜。场地四周应设防风屏障，以使场地内气流相对稳定。排列时尽量使大棚长边平行，道路和渠道与短边平行，以利于灌溉和交通。大棚的东西间距2 m左右，南北间距4 m以上。如果场地为正方形或南北长的长方形，则可将较短的大棚对称排列。

大棚的方位还要考虑外界气候条件。在寒冷地区，冬春季多东北风和西北风，南北向延长的大棚与风向平行，风的阻力小，不但风力小、散热量小，冬天的积雪也少。

3. 建造

（1）竹木结构塑料大棚的建造

现把面积为667 m²、跨度为10~12 m、长50~60 m、矢高2~2.5 m的竹木结构拱圆大棚的建造方法介绍如下：

建棚时间以栽培时间为准，如果用于秋延迟栽培，则应在早霜来临前进行。如果用于春早熟栽培，则应在入冬前土地尚未封冻时进行。入冬前深耕土地晒土。定好大棚的方位后，按规格用白灰画出大棚四边的线，标出立柱位置，然后挖坑。先在大棚南北两端按设计要求挖出6根立柱坑，再从各柱基点南北方向拉上6条直线，从南向北推移，每3 m 1排立柱。立柱坑深40 cm，宽30 cm，下垫砖或基石，后埋立柱，并夯实。要求各排立柱顶部高度一致，南北向立柱在一条直线上。

固定拉杆时，先将竹竿用火烤直，去掉毛刺，从大棚一头南北向排好，竹竿大头朝一个方向，然后固定在立柱顶端向下20~30 cm处。拉杆接头要用铁丝缠牢，拉杆全部要与地面平行。

拱杆直接与塑料薄膜接触、摩擦，因此要求拱杆通直而且光滑。故用前要挑选、烤直、修整毛刺。一般选用6~7 m长的竹竿，每条拱杆用两根，在小头处连接，固定在立柱或小支柱顶部，弯成弧形，大头插入土中。如果拱杆长度不够，可在棚两侧接上细毛竹弯成圆拱形插入地下。拱杆接头处均应用废塑料薄膜包好，防止磨坏塑料薄膜。

扎好骨架后，在大棚四周挖一个20 cm宽的小沟，用于压埋薄膜的四边。为了固定压膜线，在埋薄膜沟的外侧埋设地锚。地锚为30~40 cm长的石块或砖块，埋入地下30~40 cm，上用8号铁丝做个套，露出地面。

扣塑料薄膜应在早春无风天气进行。大棚薄膜一般焊接成 3~4 块，两侧围裙用的薄膜幅宽 2~3 m，中间的塑料薄膜可焊成一整块，亦可焊成两块。焊接成一整块时只能放肩风，焊接成两块时，除了放肩风，还可放顶风。在棚面较高、跨度较小时，放顶风困难，可把中间的薄膜焊成一整块，反之可焊接成两块。扣膜时先扣两侧下部膜，两头拉紧后，中间每隔一段距离用铁丝将薄膜上端固定在拱杆上。薄膜下端埋入土 30 cm。顶膜盖在上部，压在下部以上重叠 25 cm，以便排除雨水。在顶部相接的薄膜也应重叠 25 cm。南北两端包住棚头，埋入地下 30 cm。棚膜要求绷紧。

压杆是防风的主要措施。压杆一般选用 3~4 cm 粗的竹竿，用铁丝绑在地锚上，在两道拱杆中间把薄膜压上后，用铁丝将压杆穿过薄膜紧紧绑在拉杆上。有的地方不用压杆，而是用 8 号铁丝或压膜线代替压杆，铁丝两端拉紧后固定在地锚上。薄膜压好后，棚面呈波浪形。

为了供人们出入和通风换气的需要，应在大棚上做门、天窗和边窗。棚门在南北两头各设 1 个，高 1.5~2 m，宽 80 cm 左右。北侧的门最好搞成 3 道，最里边是坚固的木门，中间吊一个草苫，外面是薄膜门帘，这样有利于严寒时节保温。为了便于通风，可在大棚正中间每隔 6~7 m 开一个 1 m² 的天窗，或在大棚两边开边窗。天窗与边窗均在薄膜上挖洞，另外粘上一片较大的塑料薄膜片，通风时掀开，闭风时固定在支架上。

一般建造 667 m² 的竹木结构大棚需长 6~7 m、直径 4~5 cm 的竹竿 120~130 根，直径 5~6 cm 粗、长 6~7 m 的竹竿或木制拉杆 60 根，2.4 m 长的中柱 38 根，2.1 m 长的腰柱 38 根，1.7 m 长的边柱 38 根，8 号铁丝 50~60 kg，塑料薄膜 120~140 kg。

（2）竹木水泥混合结构大棚的建造

这种大棚的建造方法与竹木结构基本一样。唯其立柱是用水泥预制而成。立柱的规格为断面 7 cm×7 cm、8 cm×8 cm、8 cm×10 cm，长度按要求标准，中间用钢筋加固。每个立柱的顶端成凹形，以便安放拱杆，杆端向下 20~30 cm 处分别扎 2~3 个孔，以固定拉杆和拱杆。

一般建造 667 m² 的竹木水泥混合结构大棚需用水泥中柱、腰柱各 50~60 根。

（3）无柱钢架大棚的建造

钢架大棚的跨度一般为 12~14 m，长 50~60 m，高 2.5~2.8 m，覆盖面积 600~666 m²。

制作拱形架时先在水泥地面上画弧形线，按弧线焊成桁架。拱形架之间的距离，以 3~6 m 较合适，中间用竹竿或钢筋做拱杆，拱杆距离 1 m。拱形架之间的距离增大，则抗风能力减弱，易受风害；如距离减小，会增加钢材的用量。

跨度大的大棚，最好设 7 根柱梁。中间的一根为三角拉梁，起支撑拱杆、连接各拱形架的作用。大棚每边设三个单片花拉梁，起支撑拱杆和加固骨架的作用。

大棚顶面的坡降很重要，如坡降不合适，会造成拱形面凹凸不平，压膜线无法压紧薄膜，棚顶容易积存雨水和雪，造成棚架倒塌和降低抗风能力。如坡降合适，形成一个抛物线拱形，压膜线各部受力均匀，既能防止雨、雪积存，又能增强抗风能力。合适的坡降中间的拉梁高度为 2.75 m，第一道拉梁高度为 2.62 m，坡降为 13 cm；第二道拉梁高度为 2.24 m，坡降为 38 cm；两个边梁高度为 1.6 m，坡降为 64 cm。总的要求是从大棚顶端越向两边，坡降应逐渐加大。

各立柱底部、拱形架两端均应建造混凝土基座。拱形架的混凝土基座应在一个水平面上，或从北向南有一些坡降，形成北高南低的趋势，以利于增加设施内光照。基座的上表面应高出地平面 5~10 cm，以减缓基座钢板锈蚀。

拱形架在焊接时注意其拱形面与地面垂直，若有倾斜，则稳固性降低。

在安装拉梁时，应保持拱架的垂直。为了增加强度，在拉梁的两头应加设拉线和地锚，用拉线向外拉紧。

大棚内的湿度很大，各钢材易生锈腐蚀，应及时涂防锈漆防蚀。使用过程中也应经常检查，及时维修。

（4）装配式镀锌钢管大棚的建造

安装时先按图在地上放线，沿棚边内侧挖 0.5 m 深的沟，沟底夯实，拉设一圈用 12~16 mm 的圆钢做成的圈梁。圈梁的四角焊接在水泥基础桩上，每根拱杆均用铁丝与圈梁扎紧，安装后覆盖土壤夯实。这种大棚的基础很重要，基础不牢，在大风时很易吹倒大棚。

拱杆间距都有一定要求，不得任意加大或缩小。拱杆间距加大虽有降低成本、扩大使用面积的作用，但有降低抗风雪能力和薄膜固定不紧的副作用，在风大地区慎用。

管式大棚的架材均为薄壁钢管，很易变形和伤残，或因破坏其配合关系而失去紧度。因此，装配时切忌用铁器狠砸猛敲。

管式大棚的塑料薄膜是用卡簧和卡膜槽固定的，固定处的薄膜极易老化损坏。最好在固定薄膜时垫上一层牛皮纸或废报纸，既可遮蔽一部分日光降低卡槽温度，减缓薄膜的老化速度，又能减少机械损伤。拱杆在安装时一定注意在同一平面上，不能扭曲，弧度要圆滑，距离要一致，纵向拉杆和卡槽要平直。覆盖塑料薄膜后，一定要用压膜线压紧薄膜。

（三）性能及应用

塑料大棚由于较高大，一般不覆盖不透光保温覆盖物。因此，光照条件比中小塑料设施内优越。在大棚离地面 1 m 高处的光照强度约为棚外的 60%。影响设施内光照强度的因素很多，如薄膜的透光率、骨架的遮阴状况等，均可降低设施内的光照强度。设施内的光照时间与露地相同。

塑料大棚覆盖面积大，设施内空间大，温度比不覆盖保温不透光覆盖物的中小塑料棚优越。在春季大棚的利用季节，设施内 10 cm 地温比露地高 5~6 ℃。管理好的大棚，早春平均地温可比露地高 10 ℃以上。

塑料大棚内的气温随外界变化而剧烈变化。在晴天中午，设施内气温比露地高18℃以上，而最低气温仅比露地高1~5℃。一般露地气温为-3℃时，大棚内最低气温不低于0℃。露地最低气温稳定通过-3℃的日期可近似地作为大棚最低气温稳定通过0℃的日期。

由于大棚的密闭环境，设施内空气相对湿度十分高，特别是夜间温度低的时候，可达100%。白天随着温度的升高，空气湿度有所下降。较高的空气湿度容易引起病害的发生。

塑料大棚的性能决定了它的应用范围。在我国北方地区冬季寒冷，大棚内在12月至翌年1月仍有气温在0℃以下的时间。故黄瓜、番茄等喜温蔬菜不能进行越冬栽培，只能进行秋延迟和春早熟栽培。芹菜、韭菜等耐寒蔬菜在设施内加小拱棚，再覆盖草苫时可进行越冬栽培。在南方地区如冬季不寒冷时，可进行喜温作物的越冬栽培。

塑料大棚内可以生产的蔬菜种类很多，其中叶菜有芹菜、香菜、叶用莴苣、茼蒿、茴香、莴笋、菠菜、油菜等；十字花科蔬菜有甘蓝、花椰菜、大白菜、芥蓝、小白菜等；葱蒜类有韭菜、大蒜、葱等；瓜类有黄瓜、冬瓜、西葫芦、瓠瓜、西瓜、甜瓜等；豆类有菜豆、豇豆、豌豆、蚕豆等；茄果类有番茄、茄子、辣椒等。除进行秋延迟栽培和春早熟栽培外，还可用于露地蔬菜的育苗。在栽培中利用间作套种耐寒蔬菜，基本可实现周年生产。

二、遮光设施

遮光设施的目的是在夏季高温季节减弱光照、降低温度或缩短光照时间，从而满足某些蔬菜对温度和光照条件的要求，创造丰产、优质的条件。

在蔬菜栽培中，我国利用遮光设施已有很久的历史。如夏季培育黄瓜、番茄秧苗时，利用苇箔、竹竿遮阴；在种植生姜时，在姜苗侧插草遮阴等，都已在农村普遍应用。近年来，随着黄瓜、番茄秋延迟栽培的发展，这些蔬菜夏季育苗量越来越大，遮阴育苗设施也慢慢发展起来。在夏季利用大棚栽培时，由于大棚栽培存在通风不良、温度过高等问题也促进了遮光降温设施的发展。加上无纺布、遮阳网等遮光材料的发展，我国的大棚栽培遮光技术就迅速在各大蔬菜产区和城市近郊发展起来。

（一）遮光设施形式、材料和性能

遮光设施的形式很多，目前常用的有如下几种：

1. 荫棚

这种遮光设施各地应用很普遍。它的构造简单、用材方便。它是在大棚内栽培畦上扎棚架，架上用密排的细竹竿或苇帘子遮光。这种荫棚的遮光率在24%~76%，棚下蔬菜的温度可降低2~3℃。

2. 塑料薄膜遮光

夏季，在大棚的骨架上面覆盖已污染的废旧的塑料薄膜做遮光材料，起着遮光、降温的作用。一般冬季或春季利用过的大棚，在夏季拆除基部周围的塑料薄膜，加强通风，保留顶部的薄膜，进行越夏蔬菜生产。由于塑料薄膜破旧和污染，遮光率达 30%~50%，可降温 1~2℃。基本可以保持蔬菜的正常生长。有的地方为了增强塑料薄膜的遮光作用，利用喷雾器在薄膜内面喷布 1% 石灰水乳液，使薄膜呈乳白色，其遮光和降温性能更强。

3. 无纺布遮光

在立柱较少的大棚中，用无纺布在室内做两层保温天幕。这种无纺布在冬季用于夜间保温，在夏季可用于白天遮光。由于其密度较大、遮光性能很好，能有效地降低大棚的温度。

4. 遮阳网遮光

遮阳网又称寒冷纱，是用塑料扁丝编织成的专用遮光覆盖材料，有黑色、白色、灰色、绿色等不同颜色的产品。遮阳网的强度高，耐老化性好，使用期为 3 年以上。遮阳网质量轻、柔软，便于运输和操作应用。除成本稍高外，适于我国普及应用。遮阳网的遮光效果可达 30%~70%，中午可降温 4~6℃，地表温度可降低 10℃。夏季应用还有防护大风、暴雨、冰雹、害虫危害的功效，并能防止土壤板结，提高出苗率。此外，银灰色遮阳网兼有避蚜作用和防轻霜的保温作用。

遮阳网主要用于夏秋季节，利用大棚的骨架，覆盖遮阳网进行越夏蔬菜栽培。

（二）遮光设施的应用

遮光设施具有较强的降低光照和降低温度的作用，故主要用于夏秋高温季节的蔬菜栽培和育苗。大棚中夏季栽培的叶菜类蔬菜，均需在遮光设备下生长发育。新建的遮阳网棚主要用于芹菜、大白菜、甘蓝、番茄、黄瓜等蔬菜育苗或栽培，出苗率可比露地播种提高 30% 左右，并有减轻病毒病等病害发生的作用。芹菜利用遮阳网栽培还有提高产量和改善品质的作用。在应用中，注意防止由于光照不足而出现的徒长现象，应根据日照情况及时、逐渐地撤除遮光设施。

三、纱网设施

纱网设施是利用大棚骨架，在骨架的四周和顶上用塑料窗纱严密地包围起来，其内进行蔬菜栽培的保护设施。

纱网大棚由于有窗纱保护，可有效地防止蝇、蜜蜂等昆虫的进入，在蔬菜的开花期避免昆虫传粉导致自然杂交。所以，纱网设施一般用于保持品种纯度的采种。在进行大白菜、萝卜、甘蓝等蔬菜杂交制种时，自交系种子的生产需在纱网内进行。其他虫媒花蔬菜在保纯制种时，也需要用纱网设施。

纱网设施的作用决定了一般科研单位和种子生产单位应用较多，农民应用较少。

夏季进行大白菜、番茄等育苗时，为了防止蚜虫传播病毒病，也可利用纱网设施。

在进行纱网设施栽培时，应注意采用无毒的聚乙烯纱网，切忌用聚氯乙烯纱网，以免释放的氯气毒害蔬菜。

四、软化栽培设施

软化栽培是依靠冬前植物体内贮存的养分，把植株置于无光的条件下生长，从而获得柔嫩的产品的栽培方式。这种栽培方式已经在我国应用很久了，在国内各地都有零星栽培，其中在北方应用较广的是韭黄、蒜黄栽培。在初冬挖出养分贮藏较充足的韭菜根，或将蒜头移栽到较保温的窑洞、地窖、民房、仓库内，供给适宜的温度、肥料、水、气等条件，在避光的条件下生长出黄色柔嫩的产品。软化栽培设施很不固定，近年来将地道、防空洞作为蔬菜软化栽培场所也很经济。在软化栽培中，适宜的温度是关键。由于多在冬春季节进行，所以栽培场所的温度条件要稍高于外界温度。

随着大棚栽培的发展，塑料大棚越来越多，在北方冬季的塑料棚，一般因气温较低要空闲一段时间。在这段时间内，可在设施内挖深 40~50 cm 深的坑，培育韭黄或蒜黄。这种栽培方式目前发展利用很快。

五、遮雨栽培设施

遮雨保护地是进行遮雨栽培的设施。遮雨栽培有减少暴雨的冲刷、减轻病害、控制土壤含水量、防治涝害等功效，在生产中很有推广价值。遮雨栽培设施一般是大棚，只是在夏季多雨季节，保留顶部的塑料薄膜，起到遮雨的作用，可拆除大棚周边的薄膜，用于通风降温。这一栽培方式在我国南方地区发展较快。

第二节 保护地栽培覆盖材料

一、塑料薄膜

（一）保护地栽培使用的塑料薄膜

保护地栽培对塑料薄膜的要求是：透光率高，保温性强，抗张力，抗农药性强，无滴、防尘、透明度高。当然，价格低廉也是非常必要的。

国产的塑料薄膜厚度不一，在利用中应根据实际情况而定。大型保护地进行周年生产栽培，应选用较厚的薄膜，可使用 2~3 年再更换；简易保护地栽培的蔬菜在短期内即可采收完毕的，不必使用厚薄膜，可采用每年更换一次的较薄薄膜；在栽培需光照强度较大的蔬菜如茄子时，宜用较薄、更换较勤的新薄膜。

1. 塑料薄膜的种类

目前，国产的保护地用塑料薄膜主要有如下几种：

（1）聚乙烯普通薄膜

聚乙烯普通薄膜又称 PE 普通薄膜。该类薄膜透光性好，无增塑剂污染，灰尘附着少，透光率下降慢；耐低温性强，低温脆化温度为 –70℃；比重小，相当于聚氯乙烯薄膜的 76%，同等质量的薄膜，覆盖面积比聚氯乙烯薄膜增加 24%；透光率较强，红外线透过率高达 87% 以上；其导热率较高，故夜间保温性差；透湿性差，易附着水滴，雾滴重；不耐日晒，高温软化温度为 55℃；延伸率大，达 400%；弹性差，不耐老化，连续使用时间为 4~6 个月，保护地只能使用一个栽培周期，越夏有困难。

（2）聚氯乙烯普通薄膜

聚氯乙烯普通薄膜又称 PVC 普通薄膜。这种薄膜的新膜透光性好，但随着时间的推移，增塑剂渗出，吸尘严重，且不易清洗，透光率锐减；红外线透过率比聚乙烯薄膜低 10%；夜间保温性好；高温软化温度为 100℃，耐高温日晒；弹性好，延伸率小（180%）；耐老化，一般可连续使用 1 年左右；易粘被；透湿性比聚乙烯薄膜好，雾滴较轻；耐低温性差，低温脆化温度为 –50℃，硬化温度为 –30℃；比重大，同等重量的薄膜覆盖面积比聚乙烯薄膜少 24%。这种薄膜适用于夜间保温性要求较高的地区，适用于较长期连续覆盖栽培。

（3）聚乙烯长寿薄膜

聚乙烯长寿薄膜又称 PE 长寿薄膜，或 PE 防老化薄膜。在生产聚乙烯普通薄膜时，在原料中按一定比例加入紫外线吸收剂、抗氧化剂等防老化剂，以克服普通薄膜不耐日晒高温、不耐老化的缺点，延长其使用寿命，这种薄膜即聚乙烯长寿薄膜。该种薄膜可连续使用 2 年以上。其他特点与聚乙烯普通薄膜相同，可用于北方高寒地区长期覆盖栽培。由于使用限期长，成本显著降低。应用中应注意清扫膜面积尘，保持清洁，以保持较好的透光性。

（4）聚氯乙烯无滴薄膜

聚氯乙烯无滴薄膜又称 PVC 无滴薄膜。它是在聚氯乙烯普通薄膜原料配方的基础上，按一定比例加入表面活性剂（防雾剂），使薄膜的表面张力与水相同。应用时薄膜表面的凝聚水能在膜面形成一层水膜，沿膜面流入低洼处，而不滞留在膜的表面形成露珠。由于薄膜的下表面不结露，保护地内的空气湿度有所降低，能减轻由水滴侵染的蔬菜病害。水滴和雾气的减少，还避免了阳光的漫射和吸热蒸发的耗能。所以，设施内光照增强，晴天升温快，对蔬菜的生长发育十分有利。该种薄膜的其他特点与聚氯乙烯普通薄膜相似，较适用于蔬菜保护地越冬栽培。在春早熟和秋延迟栽培中，应注意放风，防止高温危害。

（5）聚乙烯长寿无滴薄膜

聚乙烯长寿无滴薄膜又称 PE 长寿无滴薄膜。是在聚乙烯长寿薄膜的原料配方加入防雾剂制成。它不仅使用期长、成本低，而且具有无滴膜的优点，适用于冬春连续覆盖栽培。应用中应注意减少表面灰尘，保持良好的透光性，注意放风降温。

（6）聚乙烯复合多功能薄膜

聚乙烯复合多功能薄膜又称 PE 复合多功能薄膜。是在聚乙烯普通薄膜的原料中，加入多种特异功能的助剂，使薄膜具有多种功能。目前生产的薄型耐老化多功能薄膜，就是把长寿、保温、全光、防病等多种功能融为一体，其厚度为 0.05~0.1 mm，可以连续使用 1 年左右。夜间保温性能比聚乙烯普通薄膜高 1~2℃。全光性能达到使 50% 的直射阳光变为散射光，可有效地防止因设施骨架遮阴造成的作物生长不一致的现象。每公顷设施用量比普通聚乙烯薄膜减少 37.5%~50%。该种薄膜较薄、透光率高、保温性能好、升温快。在管理上要提前放风、增大放风量。该种薄膜适用于冬季高效节能栽培和特早熟栽培。

（7）漫反射薄膜

漫反射薄膜是在聚乙烯普通薄膜的原料中，掺入对太阳光的透射率高、反射率低、化学性质稳定的漫反射晶核，使薄膜具有抑制垂直入射光的透光作用，降低中午前后日光射入设施内的强度，防止高温危害，同时又能随太阳高度的减少，使阳光的透射率相对增加，早、晚太阳光可以尽量进入保护地内，从而使设施内的光照强度更符合作物生长的要求。该种薄膜的夜间保温性能较好，积温性能比聚乙烯和聚氯乙烯薄膜都强，使用中放风强度不宜过大。

（8）聚酯镀铝膜

聚酯镀铝膜又称镜面膜。是把 0.03~0.04 mm 厚的聚酯膜进行真空镀铝，光亮如镜面。在冬季或早春保护地的北侧或苗床北侧张挂该种薄膜，由于反光作用，可在一定距离内增加光照强度 40% 以上，有明显提高秧苗素质和增加果菜类早期产量的效果。聚酯镀铝膜极耐老化，可连续使用 3~4 年。

（9）有色膜

有色膜能够有选择地透过某一段波的光，对某些蔬菜有较好的增产效果。如紫色膜能延长茄子的生长期，增加产量；蓝色膜可使韭菜早熟增产；红色膜可提高草莓产量。

目前开始利用的还有透气薄膜，即可渗透进入二氧化碳，以解决密闭环境中保护地内二氧化碳亏缺的问题。还有增光薄膜，即把太阳光中的紫外线转化为作物光合作用可利用的可见光，从而促进光合作用，抑制某些病害的发生。还有保温膜，它具有良好的保温性能，但透光性较差，适用于无其他保温膜覆盖物的保护地。

2. 塑料薄膜的黏合

目前国内保护地跨度，一般大大超过国产塑料薄膜的宽度。为了覆盖薄膜方便，节省薄膜重叠时的浪费，一般先把窄幅的薄膜黏接成宽幅的。塑料薄膜的黏接法主要有两种：

（1）热合法

一般利用火烙铁、电烙铁或电熨斗黏接。

（2）药补和水补法

利用塑料黏合剂可以把两幅薄膜黏合在一起，并可用于破损处的修补。有的保护地为了通风方便，两幅塑料薄膜连接处不用黏合法，而是把边缘卷起，热合成直径为 2~3 cm 的长孔，内穿细绳，用拉紧细绳的方法，使两幅薄膜固定位置。

（二）地膜

地膜是用塑料作为原料，制成较薄的薄膜，用于覆盖地面的材料，保护地栽培应用较多。目前我国生产应用的地膜有如下几种：

1. 无色透明膜

无色透明膜也称本色膜。这种薄膜呈原料本来的颜色，对土壤增温效果好，一般可使土壤耕层温度提高 2~4℃。在生产中应用较普遍。每 667 m² 覆盖用膜 7.5~10 kg。

2. 黑色膜

在聚乙烯原料中加入 2%~3% 的炭黑制成。这种地膜太阳光透过率较小，热量不易传给土壤，薄膜本身易因吸收阳光热而软化。所以，黑色膜对土壤的增温效果不强，一般可提高地温 1~3℃。它主要能防止土壤水分的蒸发、抑制杂草的生长。

3. 绿色膜

这种地膜是在聚乙烯原料中加入了绿色颜料，使地膜呈绿色。在绿色地膜覆盖的土地上，畦面的杂草生长被抑制，有减轻杂草危害的作用。

4. 黑白双重膜

这是为了克服黑色膜的一些缺点而研制的复合薄膜。表面为乳白色，背面为黑色。表面通过光反射，使地温下降，背面黑色，有利于抑制杂草生长。

5. 银灰色膜

这种膜有驱避蚜虫的作用，可以减少植株上的蚜虫数量，减轻蚜虫的危害。

6. 银黑双重膜

这种薄膜能反射更多的紫外线，可驱避蚜虫，有降温效果，但不如黑白双重膜明显，适于蚜虫和病毒病容易发生的田间使用。

7. 银色反光膜

又称 PP 膜。即将薄膜的铝粉黏接在聚乙烯薄膜的两面，成为夹层状薄膜，或者在薄膜上覆盖一层铝箔而成，具有隔热和较强的反射阳光的作用。在高温季节覆盖地面，可降低地温，并能增强植株底层的光照强度，有利于果实的生长和着色。

8. 有孔膜

在各种地膜上根据蔬菜的株行距需要，在加工生产时打孔。打孔的形式有用于撒播的断续条块状切孔膜，有用于点播的播种孔膜。孔径的大小有小于 43 mm 的小孔和大于 80 mm 的大孔，中间的为中孔。

9. 杀草膜

这是一种利用含除草剂的原料，吹塑加工而成的特殊薄膜。

10. 崩坏膜

也称为降解膜。这种薄膜覆盖一些时间后能自动分解，可减少使用后土壤残膜的处理工作，防止废旧塑料对土壤的污染。

二、保温材料

保护地的保温材料一般指的是不透光覆盖物，覆盖在保护地的顶部或四周，起到保持温度的作用。目前，国内常用的不透光覆盖物有如下几种：

（一）草苫

即用稻草、蒲草或谷草编织而成。稻草苫应用最普遍，一般宽1.5~2 m，厚5 cm，长5~8 m，每块重25~30 kg。草苫的两头要加上小竹竿，以便卷放和增加牢固性。蒲草苫的厚度和强度均高于稻草苫，但造价亦高。草苫的保温性能一般，应用中卷放较为方便，由于价格低廉，材料为农副产品，来源方便，故目前应用较多。缺点是寿命短，易污染塑料薄膜，在雨雪天气易吸水变潮，降低保温性能，且增大重量，增加卷放难度。

为了增加草苫的保温性能，以及防止雨雪浸湿，近年来山东地区开始在草苫的两面包裹上废旧的塑料薄膜。使这种草苫的保温性能大大提高了。

（二）纸被

也叫纸帘。它是用4层牛皮纸或展开的旧水泥袋缝合而成的。也有的用两层牛皮纸，中间夹几层旧报纸做成。还可以把纸被用清漆刷过，以增加其强度和防水性能。纸被之间有多层不流动的空气，可起到很好的隔热作用，一般夜间可以增加室温4.4~6.5℃。纸被一般宽2 m、长5.5~6 m。纸被的保温性能稍逊于草苫，但是它使用方便，寿命较长，耐潮、防雨雪性能好，造价亦不高，故应用较多。在高寒地区多是草苫和纸被两者并用，以增加保温效果。

（三）棉被

产棉区有用棉籽中的短绒或废旧棉花做填充物，用包装布做外表，制成棉被作保温覆盖物的。这种覆盖物的保温性能良好，其保温能力在高寒地区约为10℃，高于草苫、纸被的保温能力。棉被造价很高，一次性投资大，但可使用多年。只是怕雨雪浸渍，需用塑料薄膜包被防水浸。

（四）其他

经济条件好的温暖地区，有利用气垫膜覆盖保护地的。气垫膜是用双层塑料薄膜制成的，上附很多气泡，利用此气泡内静止的空气做保温材料。它的保温性能比其他材料差，但是它不怕雨雪，应用方便轻巧，可和其他材料共用。

近年来，不织布做保温材料的应用越来越多。不织布又叫无纺布，或叫"丰收布"。不织布是用聚酯原料制造出来的非纺织产品，所用聚酯纤维有长有短，断面有圆形的，也有椭圆形的。椭圆形断面、长纤维制成的无纺布结构紧密，保温性能较好。但是，每平方米20 g重的无纺布的保温能力只有1.5℃左右，不如0.1 mm聚氯乙烯薄膜的保温能力。不织布的另一优点是具有一定的吸湿性，所以它较适于做保护地内的保温幕，可望替代传统的纸被。

第三节 增温及降温设备

一、增温设备

温度是保护地生产中的关键条件，目前国内绝大部分保护地利用日光作为热量的唯一来源，一般是白天依靠作物、空气、土壤等蓄热，夜间放出，来维持室内温度。这种方式在高寒地区仍满足不了喜温蔬菜越冬栽培的需求；在低纬度地区遇到寒潮侵袭、连续阴雪天，作物也会因热源太少而受冻害和冷害。因此，从发展的角度看，保护地内的增温设备是必不可少的。国内保护地的增温设备主要用于大型的现代化保护地中，从利用的能源不同可分为以下几种：

（一）太阳能

利用太阳能提高保护地夜间温度的方法很多，如水蓄热设施是把工业生产的太阳能热水器安装在保护地顶部，亦可安装在设施内。白天吸收阳光，加热水温，把热水蓄积起来，夜间用管道把水中蓄积的热释放到保护地中。也有把白天吸光增热的水，通过埋入地下 30 cm 的塑料管道，把热量传给土壤，由土壤蓄热，夜间再用水循环，把土壤蓄热再传至设施内空气的设施。这种蓄热设施的蓄热效果较好，水的热容量大，可有效地储存大量的热量。但是设备较大、较笨重、占空间多、基建成本高、应用有些不便利。

此外，还有空气传热设施。它是把白天日光加热的空气，用鼓风机吹入埋在地下 30 cm 的塑料管道中，把热量蓄在土壤中。夜间再用鼓风机，利用空气流动把土壤中的热量带入设施内，维持设施内温度。这种设施的体积比上述的要小、要轻，应用较方便，但基建成本较高。

（二）锅炉热

保护地供暖的锅炉有煤炉和油炉两种。国外多用石油做燃料的锅炉，其优点是起停快、热效率高、燃料成本较低。国内多用煤炉。在保护地建锅炉时，一定要注意消烟除尘。大面积保护地采暖时，最好按耗热量选用 3~4 台锅炉满足需要，其中应有后备锅炉一台。这样可按不同季节起炉增温，运行中若发生故障，则不致全部停炉，影响生产。

保护地锅炉采暖有热水循环和蒸汽循环两种。蒸汽加温时，由于蒸汽升温或下降很快，遇特殊情况，室内温度变化大，对蔬菜生长不利。而热水循环时，室温变化较小，故一般应用较多。

（三）热风炉加温

热风炉加温的原理是利用热能材料将空气加热到要求指标，然后用鼓风机送入保护地增温。国内热风炉均用煤炭燃烧，对煤炭的种类要求不严格。热风炉直接加热空气，其预热时间短、升温快、容易操纵，保护地内的设备也较简单、造价低廉。国外近年来此种保护地加温设施发展利用很快，国内也已开始运用。

（四）地热和工业余热加温

有地热资源的地区，有时可得到 70~80℃的高温地下水；部分工厂如电厂、石油加工厂等也能排出热废气或 30℃以上的温水。这些热源均可用于保护地的加温。国内一般用地下热交换加温系统。它是一种加热作物根系的方法。土壤加温的加热管是用聚乙烯或一种柔韧的材料做成的，可耐 80℃的高温。把加热管埋于地下 30~40 cm 处，间距不小于 30 cm，管径 6.5 cm。用热水泵把热水引入加温管，使土壤增温，进而保持保护地温度。

这种加温方法不耗费能源，清洁卫生无污染，由于地温高，增产效果明显，很有利用价值。缺点是设施投资稍高，再者必须注意协调和工厂的关系，以免出现寒冬停止热源供应的情况。

（五）潜热蓄热装置

这种设施是在潜热物质氯化钙与硫酸钠中加入某种物质，使其能在 13~27℃溶解或凝固，白天吸收保护地内的余热而溶解，夜间放出热量而凝固以达到加温保护地的目的。溶解或凝固时吸收与放出的热量，每千克相当于 125.6~251.2 kJ，容积比的蓄热量为水的 5 倍以上。利用这种装置加热保护地有两种方法：一是把潜热物质装在软质或硬质塑料容器内，放在保护地内有直射阳光的地方，加热和放热，这是被动型的方法。二是利用风泵在潜热物质表面强制通风进行热交换，这是主动型方式。

这种潜热蓄热装置的设备较小、蓄热量大、不耗费能源、无污染，很有发展利用价值。缺点是阴雨天不能使用。

（六）临时增温设施

一般保护地中没有人工加温设施，遇到强寒流侵袭，保护地内温度很低，很易造成作物冻害或冷害。遇到这种情况，必须采取临时增温措施。临时增温的方法很多，如利用炉火加温，必须设置烟囱，不向设施内漏烟；用炭火盆或豆秸等升温，应在棚外升火，待木炭完全烧红无烟后再搬入设施内。

蔬菜保护地遭受冻害多在两侧，原因是两侧空间小，热容量少，如果又未设置防寒沟，地温横向传导向棚外散热，温度下降快，作物容易受冻害。为防止冻害，可在靠近两侧底脚处，按 1 m 距离或蔬菜的行间点燃一支蜡烛，亦可在此处用盘、碗等容器盛酒精点燃。据测定，100 根蜡烛点燃 1 h，可提高棚温 2~3℃。

在有喷灯的时候，可用煤油燃烧在设施内加热。这种方法使用方便、成本很低、热效率很高。

二、通风及降温设备

（一）通风设备

保护地内的通风有两个主要目的：一是排除有害废气，渗入新鲜的、富含二氧化碳的空气；二是降低保护地或保护地内的温度。春、秋季节还有降低空气湿度的作用。保护地内的通风有自然通风和强制通风两种。自然通风是通过通风口和薄膜间隙进行自然的空气交流。强制通风是利用动力扇排除室内的空气或向设施内吹进空气，使设施内外的空气进行强制交换。强制通风是在出入口增设动力扇，吸气口对面装排气扇，排气口对面装送风扇，使设施内外产生压力差，形成气流进行通风。应用中不仅要安置电风扇，还需耗费电能，故民间应用较少，仅在大型的保护地或科研保护地中应用。

自然通风的通风量取决于保护地内外的温差、风速、通风窗的结构和面积等。在气温较低时，以排除保护地内湿气和渗入二氧化碳为目的通风，一般只开天窗，并尽量在背风面通风，通风面积占覆盖面积的2%~5%即可。这时进风速度与出风速度几乎相同，不致因进入过多的冷空气而降低棚温。在春末夏初以降低保护地内的温度为目的通风，应扩大通风面积，通风面积应占覆盖面积的25%~30%。自然通风根据通风窗的位置可分三种形式：

1. 天窗通风型

在保护地的顶部设立天窗，或扒开塑料薄膜的连接缝进行通风，通常称为放顶风。保护地或保护地内的热空气升集在顶部，开天窗后，热空气自然逸出室外，棚外的冷空气从天窗中部进入设施内。这种通风方式空气对流缓慢、降温较少，对作物影响较小。一般用于排除设施内湿气，渗入二氧化碳，或小范围降温。

2. 底窗通风型

又称通地风、扫地风，是从保护地的侧风口通风，进入设施内的气流沿着地面流动，大量的冷空气进入室内，形成不稳定的气层，把设施内四周的热空气推向上部，因此上部就形成一个高温区。在通风口附近，凉风直吹蔬菜作物的茎基部，造成植株的大幅度摇动。这种通风方式降温效果十分明显，如加上天窗通风，可迅速地降低保护地内的温度。在炎热的天气应用尚可，在春初、秋末应慎用，以防扫地风损伤作物。

3. 天窗、侧窗通风型

侧窗是指保护地一侧，高于地面1 m以上的通风窗。通风时，侧窗进风，由天窗排出热风。这种通风方式降温、排湿效果较明显，风力不大，而且是吹在植株上部，对蔬菜无大损害，适于春、秋降温和排湿之用。

（二）降温设备

夏季保护地内的温度很高，一般不适宜蔬菜作物的生长发育。为提高土地利用率，需采取降温措施。国内采用的降温措施除加大通风面积外，多利用遮阴法。即在设施内或棚外加挂遮阳网、无纺布、草苫、竹帘等，以减少日光射入量，达到降温的目的。亦可向塑料薄膜上喷石灰水，起遮阴的作用。这种降温措施很有效，而且设备简单、来源方便、成本低廉，但却有降低光照强度的代价。较先进的保护地降温设施是喷水降温，即在保护地顶部安装喷头，用喷水的方法降低设施内温度。这种方法很有效，可使设施内温度降低5℃，但由于浪费水源和水锈污染薄膜问题不可能大量推广应用。

国外保护地的降温设施较先进。常用的有如下几种：

1. 通风降温

国外通风降温多采用排风扇强制通风方式。在保护地内设置电子感温仪器，当温度达到规定上限时，即自动通电、通风窗开启、排风扇排风。温度降低到规定下限时，又自动关闭。这种通风降温方式在国内较先进的保护地亦有采用。

2. 蒸发帘降温

在保护地通风口排风扇的内或外侧，利用白杨木丝，或用纸、猪鬃、铝箔做成厚 5~13.3 cm 的帘片，帘片面积大于通风口数倍，挂在保护地通风的一侧。往帘片上不停地浸水，利用水分的蒸发，降低周围空气的温度。再把此低温空气抽入保护地内，即可达到降低温度的目的。

蒸发帘降温用水很少，而且可以循环使用，其设备投资比其他降温设施要少，但是它常会造成保护地内的湿度增加，这是其缺陷。

3. 喷降温

在保护地内利用高压喷雾装置，使水在雾化时吸收周围大量的热量，达到给保护地降温的目的。这种方式降温效果非常明显，但是只适用于耐高空气湿度的蔬菜或花卉作物。

4. 遮阴冷却

采用百叶窗、活动遮阳布或其他非固定装置，通过遮阳、减少光照的方式，保护地内温度可降低 3~4℃。这种方法虽经济有效，但会因光照削弱，影响蔬菜的生长发育。

第十章　保护地设施性能与环境调控

第一节　保护地设施内光照条件与调控

一、光照的作用

保护地内的光照条件是非常关键的环境条件。它是热量的源泉，是温度条件的基础，也是生物能量的源泉。因此，合理利用自然光能，是保护地建设上的重要问题。

光照对保护地蔬菜栽培的影响有三个方面，即光照强度、光照时间和光质。

（一）光照强度

光照强度反映在单位时间、单位面积上光照能量的大小，对保护地栽培的影响很大。首先，关系到保护地设施内的温度条件，光照强度越大，保护地内接收的辐射能量越高，温度越高；反之，温度则越低。这在冬季保护地蔬菜栽培中非常重要。其次，各种蔬菜均有其适应的光照强度范围，光照强度超过其光饱和点时，会引起叶绿素分解，对蔬菜有害；光照强度低于其光补偿点时，有机物的消耗多于积累，植株干重下降，甚至枯死。即使在弱光的条件下，植株生长也表现为衰弱、徒长，影响开花结果。

不同蔬菜作物由于原产地不同，系统发育的条件不同，对光照强度的要求也不一样。一般可分为三类：一是对光照强度要求较高的蔬菜，如茄果类蔬菜、瓜类蔬菜等。这类蔬菜的光饱和点在4万勒以上，如光照不足就会降低产量和品质。二是对光照强度要求中等的蔬菜，如豌豆、菜豆、芹菜、萝卜、葱等。这类蔬菜的光饱和点为3万~4万勒，在1万~4万勒的中等光照下才能生长发育良好。三是对光照强度要求较弱的蔬菜，如莴苣、菠菜、茼蒿、姜等，这类蔬菜生长发育要求的光照强度较低，为1万~2万勒，光饱和点约2万勒。

（二）光照时间

光照时间对蔬菜作物的影响分三个方面：一是影响光合作用的时间；二是影响保护地

内热量的积累；三是光周期效应。

一般条件下，光照时间越长，蔬菜的光合作用时间也越长，有机物的积累也越多。但这并不是说光照时间可以无限地连续延长，而应在一定的范围内。在生产中经常出现的问题是光照时间不足，特别是在保护地栽培中更应注意这个问题。

光照时间影响保护地内热量的积累，进而制约温度条件。光照时间越长，保护地内接收的辐射能越多，热量的积累也越大；反之，则会因热量减少而温度下降。

光照时间对植物光周期的影响，实质上是昼夜光照与黑暗的交替及其时间长短对植物发育，特别是对开花有显著影响的现象，也称为光周期现象。光周期对地下贮藏器官的形成、叶片形态、落叶和休眠等也有很大影响。蔬菜按光周期反应可分为三类：

1. 长日照蔬菜

作物只有在光照时间大于某个时数后才能开花，若缩短光照时数则不开花或延迟开花。但是，在光照期的光中如果不含有蓝色光，即使在长光照条件下也不开花。而在短光照条件下，如果在暗期的中间用微弱的红光照射几分钟也可以开花（称为暗期打断效应）。属于此类的蔬菜作物有白菜、甘蓝、油菜、萝卜、胡萝卜、芹菜、菠菜、莴苣、大葱、蒜等。

2. 短日照蔬菜

作物只有在光照时间小于某一时数才能开花，若延长光照时数则不开花或延迟开花。但是，即使在短日照条件下，若在暗期内用微弱的红光打断则不开花。属于此类的蔬菜作物有大豆、豇豆、茼蒿、苋菜、蕹菜等。

3. 中光性蔬菜

作物由于长期人工栽培，对光照长短的反应已不敏感，在较长或较短的日照条件下都能开花结果。属于此类的蔬菜作物有茄果类蔬菜、黄瓜、菜豆等，只要温度适宜，可以在春、秋季开花结实，甚至在冬季保护地里也可开花结实。

把植物分成短日照和长日照光照时数的界限，一般定为 12~14 h。

植物对光周期影响的反应有天数的区别。一般都要十几次以上的光周期处理才能引起开花，只有 2~3 次光周期处理是不会引起现蕾开花的。天数一般随着植物的种类、品种、年龄、光照长度、光照强度及温度条件而变化。

（三）光质

太阳光是各种波长放射能的混合体，能够到达地面光波的波长是 300~3000 nm。植物所吸收的光仅是其中一部分。太阳光在不同的季节、不同的地理位置、不同的天气状况和保护设施不同的透光覆盖物下，其波长的混合量都有很大的改变，这就是日光的光质在变化。根据日光的波长可分为紫外线、可见光和红外线三部分。

波长是 10~390 nm 的为紫外光谱区。紫外光可以杀死病菌孢子，抑制作物徒长，促进种子发芽，促进果实成熟，提高蛋白质和维生素的合成。茄子等喜光性蔬菜，紫外光有提高果实着色的作用。常受紫外线照射的蔬菜，叶面积小、根系发达、叶绿素增加。

波长是390~760 nm 的为可见光谱区。可见光是植物光合作用吸收利用的主要能源。可见光照射蔬菜叶片时，一部分被反射，一部分透入叶片组织中，在细胞壁和细胞质间反复反射和折射后透出叶外。最初被吸收的是红光和蓝光，逐渐连绿光也被吸收。植物绿叶对红光和蓝光有两个光合作用高峰，而以红光的光合能量效率最高，绿光的光合效率较低。绿叶对蓝光的吸收较多，但在光合作用利用中要经过传递，传递中有能量损失，其光合能量效率还是低于红光。

日光中波长大于 760 nm 的为红外光谱区。植物的绿叶对大部分红外线都不吸收利用。红外线对植物的作用不大，但它是灼热的光线，能使土壤和空气温度升高，是冬季保护地内热量的主要来源，其作用亦不可忽视。

太阳光直接射到保护地内或地面上的光线称为直射光，这些光线间是互相平行的。直射光的能量大，是保护设施的基本能源。太阳光射到其他物体，如云、建筑物、树木等后，从不同的方向反射过来的光称为散射光。在太阳的散射光中红光和黄光占 50%~60%。红光是蔬菜进行光合作用不可缺少的，从延长光照时间、增加有机物的合成来看，散射光在保护地内的作用不容忽视。

太阳高度越低，散射光越多，早晨、傍晚散射光几乎是100%。太阳离地面越高，散射光量越小，而直射光量越多。因此，充分利用早晨、傍晚的散射光，对蔬菜保护地生产是十分重要的。

在早晨、傍晚或阴天、多云的时候，其日照强度也多在 3000 勒以上，基本在一般蔬菜的光补偿点之上。充分利用这些散射光不仅可以增加光合作用时间，提高产量，而且也有利于保护地内温度的升高。反之，如果不积极利用这些散射光，甚至错误地认为早、晚、阴、雨等天气主要是保温，而不及时揭开覆盖物，让散射光及时透入，这不仅难以保住温度，减少光合作用时间，而且会使植株长势衰弱，影响产量和质量。如果久盖不见光，在晴天突然揭开草苫，植株极易萎蔫，甚至枯萎死亡。

二、光照条件的特点

绝大多数保护地栽培是在秋、冬、春低温季节进行，此期日射角度小，光照强度弱，日照时间亦大大短于夏季。在保护地内，日光要透过塑料薄膜或硬质塑料等透光覆盖物，才能被叶片吸收利用。这些透明覆盖物对日光的反射、吸收，加上支架遮光、人工管理等，使本来就较弱的光照强度更低。保护地栽培中光照强度低、光照时间短的特点，对蔬菜生长发育是非常不利的。保护地中光照特点主要表现在以下三个方面：

（一）光照强度

保护地内的光照强度一般与露地的光照强度成正相关，而且取决于保护地透光覆盖材料的透光率及设施的结构、骨架、方位等。总体来看，保护地内的光照强度大大低于露地。

1. 覆盖物与光照强度

保护地的透光覆盖物在使用过程中会不断老化，其透光率也会降低。一般耐老化的塑料薄膜的透光率只可保持1~2年。

在冬季保护地里，透光材料上的水滴、雾滴和尘埃污染等也是难免的，这些东西均能明显地降低射入设施内的光照强度。据测定，水滴较少的无滴膜的透光率比一般薄膜高7%~10%，灰尘的污染可使透光率降低10%~15%，严重时可达25%。

2. 采光面角度与光照强度

蔬菜保护地的透光面与地平面所成角度的大小，决定着太阳光进入保护地内的入射角，而日光的入射角与日光透入保护地的入射率是正相关关系。当保护地的透光屋面与太阳光成直角时，日光的入射率最大。

由此可见，保护地内的光照强度与采光面的角度成正相关关系。

3. 建筑方位与光照强度

南北方向保护地的光照强度明显高于东西方向的保护地。

4. 结构与日照强度

保护地中的因骨架遮光而降低光照强度也是难免的。在骨架少、立柱少、结构材料截面积小的保护地中，结构遮光面积小，光线的入射率则大大提高，设施内的光照强度也会大大增加。反之，在竹木结构的保护地中，由于骨架强度差、立柱多、遮阴面积大，光照强度则大大减少。这也表明，结构越现代化的保护地光照强度条件越好。

在保护地外围设置风障后，由于风障可以反射光线进入保护地内，这也可增加保护地的进光量，增加设施内的光照强度。

大部分蔬菜保护地里的光照强度大大低于露地，一般为露地光照强度的60%~80%。蔬菜保护地内的光照强度亦随季节、地理纬度和天气而变化。光照强度一般夏季高于冬季，低纬度高于高纬度，晴天高于阴天。在一天中，以中午为最高。

在同一时间，保护地内的光照强度也有水平分布和垂直分布两个方面的差异。在南北向的保护地里，上午东侧光照强度高于西侧，下午则相反。

保护地内光照强度的垂直差异很大，光照强度和薄膜呈大体平行的趋势，从上向下递减。在薄膜内膜面附近，光照强度相当于自然界的80%，0.5~1 m处为60%，20 cm处为55%。棚内光照强度在垂直方向上的减弱远比棚外明显。

保护地内光照强度的分布差异因天气条件而有不同，晴天差异大，阴天则小。

保护地内蔬菜所受的光照强度还受其所处位置和时间的影响。在冬季，东西行种植的黄瓜保护地里，南侧第二排黄瓜的日照度只有第一排的50.2%，第三排只有第一排的30%。这是由于太阳高度较小、黄瓜互相遮阴造成的差异。在南北行种植的黄瓜保护地里，沿叶片的自然状态测定叶片上的光照强度，午前，东侧叶片上的光照强度高于西侧，晴天的上午9~10时，东侧上部叶片上的光照强度为22000勒，西侧为15000勒，是东侧的68%。午后情况相反，西侧高于东侧。正午东西两侧的光照强度基本一样。在南北方向上，黄瓜叶片上的光照强度自北向南逐渐增加，距南缘约1 m远的植株上光照强度最大。就单株黄瓜而言，其叶片上的光照强度从上向下递减。在3月初测定，黄瓜平均有10片真叶时，其下部1~3片叶上的光照强度已低于4000勒，在光补偿点以下。

（二）光照时间

除不加不透光覆盖物的保护地外，其他有不透光覆盖物保温的保护地光照时间均短于露地。保护地内的日照时间长短是随纬度、季节而变化的，这是不言而喻的。除受自然光照时间的制约外，在很大程度上受人工管理措施的影响。在冬季和早春，外界气温低时，为了保温和防止低温伤害，有时在日出后尚不能揭草苫，而在日落前就盖草苫，人为地造成设施内黑夜的延长。12月至翌年1月，设施内的光照时间一般为6~8 h，进入3月，外界气温升高，草苫可早揭晚盖，光照时间也不过8~10 h。若遇连阴天，气温降低时，光照时间就更短，有时只有2~3 h。总体来看，保护地内光照时间严重不足，而且外界温度越低，光照时间就越短。这就造成了蔬菜进行光合作用的时间很少，有机物的积累也很少，而进行呼吸作用的时间延长，有机物的消耗大大增加。

目前，我国大多数是不加温保护地，设施内温度完全受外界环境的制约，而越冬栽培的成败几乎完全取决于设施内温度，遇有冻害就会绝产失收。温度条件成为保护地越冬栽培的关键条件，而光照时间的长短与之相比就不那么重要了，因为光照时间短一些，不会立刻造成死亡损失。在这种情况下，人们往往偏重于保温，甚至牺牲光照而一直保温，由此产生的是越冬蔬菜普遍缺乏光照，叶片黄萎、脱落，植株停止生长，甚至萎蔫死亡。保护地内的温度条件是蔬菜栽培的关键，光照时间是蔬菜高产优质的前提和保证，合理的做法是二者兼顾。

（三）光质

日光通过蔬菜保护地的透光覆盖物进入设施后，不仅光照强度削弱，其光质也发生变化。这是塑料薄膜对不同波长光线的透过力不同造成的。在透过紫外线方面，聚乙烯比聚氯乙烯高，二者均高于玻璃。保护地内紫外线缺乏，这是保护地内越冬蔬菜易徒长、果实着色差的原因之一。塑料薄膜的红外线长波区的透过率较高，因而夜间保护地内的热量易散失出去，这是塑料薄膜保护地保温性不强的原因。利用有色塑料薄膜时，设施内光质的变化更大。有色膜能有选择地允许一定波长的光透过，而对另一些波长的光有着阻挡作用。如紫色膜对蓝紫光透过率高，但对黄绿光透过率低；红色膜对红色光透过率高，但对黄绿光透过率低。

三、光照的利用和调节

在保护地内冬春季的光照条件是非常不理想的,光照强度低、时间短、光质差。因此,充分利用和合理调控光照条件十分重要。

(一)作物的合理布局

保护地冬季光照弱,在栽培中应选用耐弱光、对光照条件要求不严的品种,以使作物适应环境,从而达到高产、优质的目的。

在保护地安排蔬菜作物时应因地制宜。鉴于保护地中光照分布不均匀,应把喜光蔬菜安排在保护地前部或强光区,耐阴蔬菜种植在保护地弱光区。如在越冬黄瓜栽培中,保护地的北侧可种植韭菜、芹菜、蒜苗等。保护地内的畦向以南北向为宜,尽量使植株的受光均匀。为合理利用光照条件,还可以采用高矮秧套作或主副行搭配等种植方式。

(二)设施的方位、结构和材料

保护地建在背风向阳、周围无高大建筑遮阳物的地方,同时避开工厂烟囱和公路,防止尘土的污染,显然是有利于改善光照条件的。

保护地以春早熟和秋延迟生产为主时,以南北延长为宜。这种方向可使蔬菜受光均匀,改善光照条件。

在建造保护地时应在允许的范围内,尽量增加采光面的倾斜角。保护地塑料薄膜与地面的夹角越大,冬季光线的射入量越大,设施内的光照条件越好。

在保护地内设法减少拱架、支柱、拉杆的数量,并缩小它们的规格,在增加强度的前提下,减小上述材料的横截面积,从而减少设施内的遮阴面积,有利于改善光照条件。

冬季在保护地内设双层薄膜的透光保温幕,或采用薄膜多层小拱棚覆盖等保温措施,在不发生冻害和冷害的前提下,提早揭开草苫和晚盖草苫,从而延长光照时间。

蔬菜保护地透光覆盖物的质地直接影响设施的内光照强度和光质。目前应用的塑料薄膜中聚乙烯薄膜的透光性较好,静电吸附性差,不易污染,透光率衰减速度较慢。如果仅从改善保护地的光照条件方面考虑,聚乙烯薄膜优于聚氯乙烯薄膜。

保护地在使用中,应经常及时地清洗、冲刷透光面,可用洗涤剂冲洗,保持透光面的清洁,有利于设施内光照条件的改善。

保护地利用普通塑料薄膜,极易凝集大量的水滴,严重时可使室内光照条件下降10%~20%。较好的解决问题的方法是选用无滴膜,无滴膜可使设施内的透光率增加7%~10%。在没有无滴膜的情况下,可采用人工敲打的方式去除水滴,或在使用1个月后把薄膜翻过来用,或用肥皂水擦拭等办法减少水滴,提高透光率。

近年来新生产的多功能农膜、漫反射节能农膜、防尘薄膜等产品,均有改善设施内光照条件的功能。

（三）操作管理

为了延长光照时间，适时揭盖草苫、纸被是非常重要的，揭盖草苫的时间因不同保护地性能的限制而不能强求一致。原则上，揭开草苫后设施内温度短时间下降1℃左右，随后温度开始回升，这个时间揭苫就比较适时。盖苫的时间是否合适，应看翌日揭苫时，室内的最低温度是否在要求的温度范围内。在不使最低温度降到界限温度以下的前提下，应尽量晚盖草苫。冬天阴天时，也应在正午前后揭开草苫以利用散射光。在连续阴雨天，棚外温度较低时，也不能多日不揭草苫。否则，作物的叶片易被捂黄，或者落叶，甚至突然见光而萎蔫致死。在此种情况下，可将草苫边掀边盖，或采用隔一苫揭一苫的办法，使其见散射光。当然，这是在设施内温度虽略有下降，但不致出现冻害的前提下进行的。

在春、秋季节，保护地内的温度过高时，切记不可利用遮阴的办法降温。因为此时设施内的光照强度仍然达不到最适光强。据测定，2—3月晴天时，黄瓜保护地的光照强度为20000勒，为最适光强的1/2，因而不可人为降低光强。

保护地中的支架材料也有遮光的副作用。因此，应选用细小遮光少的支架材料，如尼龙绳，尽量不用遮阴较多的竹木架材。

在保护地内进行地膜覆盖，可以增加近地空间的散射光，一般可使10 cm高处光照增加70%~75%，30 cm处增加30%~100%，因此是改善设施内光照条件的良好措施。

此外，摘除失去功能的病、弱、老叶，及时打去过多的枝杈，也是改善光照条件的有益之举。

（四）光质的调节

对进入保护设施内日光光质的调节基本上是采用有色玻璃或塑料薄膜来进行的。美国利用能透过蓝色光、加强红光和减弱绿光的"生命光薄膜"覆盖莴苣、菠菜、菜豆、番茄等作物，比用普通无色透明薄膜覆盖提高了产量。我国的试验表明，黄色塑料薄膜能使黄瓜增产，而且霜霉病明显减轻，其维生素含量和还原糖含量也有所增加。

利用有色膜调节光质有降低光照强度的弊端，因此，只有在设施内的光照强度大于光饱和点时应用为宜，而在光照弱的季节应用则弊大于利。

（五）补光和遮光

1. 补光

补光的目的有两种：一是用补充光照的办法，抑制或促进花芽的分化，调节花期。如长日照作物在短日照栽培条件下，为促进其开花结果，可在暗期用弱红光照射；短日照作物在短日照栽培条件下，为抑制其开花结果，可在暗期用弱红光照射。这种补光的强度为10勒左右，只需几分钟时间。除科学研究外，生产中应用这种补光措施的较少。二是作为光合作用的能源，补充太阳光的不足。这种补光方式在生产中应用越来越多。

我国冬季，在北方云量虽少，但纬度高、日照时间短，保护地内光线严重不足；在南方纬度低，日照时间长，但云量很多，保护地内光线更感不足。因此，在保护地内补充光照是一项增产效果非常显著的措施，在个别年份甚至是挽回绝产损失的救命措施。试验证明，在日落后对保护地内的黄瓜、番茄、莴苣等补充光照4~6 h，均有促进其生长发育的作用，可增产10%~30%。

冬季保护地内的光照不足表现在两个方面：一是光照强度不足，二是光照时间不足。光照强度不足在阴雨天表现更突出，为此在冬季阴天时白天应开灯补充光照。特别是连续阴天时，应进行一整天的光照补充，使光照强度在植物的补偿点之上。一般情况下，各种灯具在生产上应用时，光照强度不会超过植物的光饱和点，也就是说，所补之光不会过剩而造成损失浪费。例如，在一个跨度为3.2 m、长21 m、顶高为2.4 m的保护地内，等距离安装一排6盏400 W卤钨灯进行人工补光。灯具距蔬菜顶部1.2 m时，两灯之间的光照强度仅为2640勒。略超过光补偿点，距光饱和点差之甚远。所以，在安装灯具时，在不灼伤蔬菜的前提下，尽量靠近地面，以增强蔬菜的受光强度。

本身冬季的日照时间就短，加上保护地顶部保温不透光覆盖物的遮光，保护地内的日照时间就更短，由此，进行人工补光只有益而无损失。人工补光有在早上进行，亦有在下午进行的，一般每天2~4 h为宜。

生产上利用人工补光措施时，应尽量减少安装费，采用输出功率较低、光效率高的灯具，灯具发出的光线要尽量符合蔬菜的需求，当然还应考虑所耗电费与增加收益两项相抵后的经济效益。

目前电光源品种繁多，国内常用的有白炽灯、卤钨灯、荧光灯、高压水银灯、氙灯及高压钠灯等。

2. 遮光

遮光的目的是在夏季高温季节减弱光照，降低温度或缩短光照时间，从而满足某些蔬菜对温度和光照条件的要求，创造丰产、优质的条件。

第二节　保护地设施内温度条件与调控

温度是蔬菜生产的主要限制因素，大多数保护地是在早春、晚秋、冬季进行蔬菜生产的，而此期最不适宜蔬菜生长发育，最需要改变的是温度环境。保护地的主要作用是改变环境条件中的低温环境，创造一个适于蔬菜生长发育的温度环境。通常，保护地内的光照、气体、空气湿度等条件均不如露地，唯独温度条件大大优于外界环境，由此可知温度在保护地栽培中的重要性。一般衡量保护地设施性能的标准也是把温度条件作为主要因素。

一、温度的作用

温度对蔬菜生长发育的影响是多方面的。在植物的光合作用、呼吸作用、物质运输、离子和水分的吸收、蒸腾作用、色素形成、开花结果、结球等生长和发育过程中,温度都以不同的方式和不同的程度产生着影响。

(一)温度和光合作用

温度对蔬菜光合作用的影响很大。各种蔬菜的光合作用均有一定的温度要求范围。如黄瓜、番茄、甜椒等喜温蔬菜,在10℃以下的低气温条件下,光合作用几乎不进行。随着温度的逐步升高,光合作用强度逐渐增强,温度达最高值(黄瓜是25~30℃、番茄是20~25℃、甜椒是25~30℃)时光合作用强度达到最大值。超过这个温度界限,光合作用强度又开始逐渐下降。上述温度值又随二氧化碳、光照强度等条件的变化而变化。

(二)温度和光合产物的转运

白天在叶片中制造的光合产物,应尽快、尽量多地转运到果实等器官中。一般果菜类,光合产物以淀粉形式存在于叶片中,然后转变成糖的形式,通过筛管,转运到根、茎、果实中。光合产物的转运有很大一部分在夜间进行。夜间气温的适宜与否,对光合产物的转运有很大影响。番茄在夜温18℃时,光合产物的转运最快,而在8℃时到翌日清晨,仍有部分光合产物转运不完,影响翌日的光合作用进行。

(三)温度和呼吸作用

一般情况下,在黑暗中,在0~40℃,植物的呼吸强度随温度上升而提高。呼吸作用过强,会使干物质积累减少。所以,保护设施内前半夜应保持较高的温度,促进光合产物的转运,后半夜应保持较低的温度,尽量减少呼吸损耗。但是呼吸作用还有维持植物生命活动所需能量的功能,所以夜间温度如果低于生育适温,反而会抑制和延迟生长发育。

(四)不同种类蔬菜对温度的要求

蔬菜各个生育周期的所有生命活动都要求一定的温度条件。根据对温度的要求,适合保护地生产的蔬菜大体上可分为三类:高温作物,如西瓜、甜瓜、南瓜、黄瓜、茄子、甜椒等。这些作物白天生长适宜的温度为24~30℃,夜间为18~20℃。中温作物,如番茄、菜豆、胡萝卜、甘蓝、大白菜、芹菜等,白天要求气温18~26℃,夜间要求13~18℃。低温作物,如蒜苗、韭菜、豌豆、菜花等,白天生长适温为15~22℃,夜间为8~15℃。此外,各类作物还要求适宜的地温。

高温作物在低温条件下生长,往往表现为生长发育迟缓、产量降低、产品品质下降;低温作物在高温条件下栽培则易表现为徒长、生长细弱,产品品质降低,病害严重。所以,必须根据作物本身对温度的要求,调节保护设施的环境温度。

（五）不同生育期对温度的要求

同一蔬菜种类，不同的发育时期，对温度亦有不同的要求。一般在种子发芽时要求较高的温度，幼苗期生长发育的适温则稍低些，营养生长期的适温比幼苗期要高些。如果是2年生蔬菜，在营养生长后期，即贮藏器官开始形成的时期要求的生长适温又要低些。到了生殖生长时期，即抽薹开花或果菜类蔬菜的结果时期要求充足的阳光及较高的温度。到种子成熟时期要求温度更高。

（六）昼夜温差与蔬菜生长发育

自然界一般的温度变化规律是白天温度高，夜间温度低，夜间下半夜的温度比上半夜更低。这一变化规律非常适合蔬菜的生长发育。在保护地设施中，温度条件部分或全部被人工控制，人为创造的温度条件也应符合这一规律。如黄瓜白天生长适温是25~30℃，前半夜是17℃，促使光合物质的转运，后半夜15℃，黎明前13℃，使呼吸作用处于极微弱的情况下，以减少物质消耗，增加物质积累。这四个阶段的温度必须有一定的差异，这就是人们常说的昼夜温差。昼夜温差过小，有可能是白天气温太低，或夜温过高，这两者都是不利的。昼夜温差过大，则有可能是白天气温过高，或夜间太低，这两者对蔬菜也是不利的。由此，昼夜温差也应适宜，如番茄为5℃，黄瓜为5~8℃。

（七）地温与蔬菜生长发育

在蔬菜保护地内，土壤温度和空气温度为温度条件的两个方面。过去保护地栽培只重视气温，而忽视地温。实质上，地温的重要性在很多地方超过气温。地温随着气温的变化而变化，两者成正相关的变动。但是，由于土壤的热容量大大超过空气，所以地温的变化幅度较小，往往气温很适宜，而地温却还不足。一般情况下，地温适宜了，气温也大致适宜。故而地温的调节不能用气温的调节来代替，在保护地栽培中，应专门注意地温的调节和控制。

土壤温度不仅直接影响蔬菜根系的伸长、根毛的形成，而且影响根系吸收水分、养分的能力，土壤温度还影响微生物繁殖的速度、土壤理化性质的变化。这些因素都直接或间接影响蔬菜的生长发育、产量的高低和质量的优劣。

（八）高温障碍

在保护地栽培中，经常出现温度条件比作物适宜的温度高，长时间的高温会引起蔬菜一连串的不良反应，这称为高温障碍。

在高温条件下，蔬菜的生理生化性状发生很大的变化。首先是呼吸作用加强，当呼吸作用大于光合作用，植物的消耗大于积累时，植物逐渐萎缩至死。高温还会改变细胞原生质的理化特性，使生物胶体的分散性下降，电解质与非电解质大量外渗。有时还出现细胞器的结构破坏，细胞中的有丝分裂停止，细胞核膨大、松散、崩裂，局部溶解或完全溶解。

高温能使一些可逆的代谢转变为不可逆，并产生危害作用，如原生质蛋白质在高温下分解大于合成，发生不可逆的变化，也会招致蛋白质的自溶。高温还会使植物体内氮化物的合成受阻碍，积累氨或其他含氮的中间代谢产物而发生毒害。如果光照不足，气温又高，受到的破坏作用就更严重，温度越高，水分扩散越快。气温又影响叶温，叶片温度高于大气温度5℃时，就相当于大气的湿度相对降低30%，所以叶片与周围大气之间温度差是很重要的。长时间叶温高于周围的气温，则叶片光合作用受抑制，叶片上出现死斑，叶绿素受破坏，叶色变褐、变黄、未老先衰。

在保护地内，蔬菜受高温危害的主要外在表现如下：

1. 影响花芽分化

高温条件下黄瓜、番茄、甜椒等蔬菜的花芽分化延迟，第一花的节位提高。黄瓜的雄花增多，雌花出现偏晚。番茄、甜椒的花芽分化不良，花小，开花时易落花。

2. 日灼

在气温高、光照强度大的情况下，保护地内的番茄、瓜类等作物极易发生日灼的危害。首先是叶子的叶绿素褪色，接着叶子的一部分变成漂白状，最后变成黄色而枯死。在气温高而又通风不良的情况下，黄瓜、番茄的叶子在短时间内，就会严重灼伤，轻者叶缘灼伤，重者半个叶片或整个叶片灼伤，成为永久性的萎蔫，逐渐枯干而死亡。

番茄和辣椒的果实上也经常发生日灼现象。日灼部位表皮变白，产品质量下降。

3. 落花、落果与畸形果的出现

番茄在白天气温35℃以上、夜间25℃以上时，易产生大量的落花、落果。在同样的条件下，辣椒植株严重徒长，几乎完全不结实。茄果类蔬菜在高温条件下落花的原因是花粉粒不孕，花粉管不能伸长、不能受精。未受精的果实缺乏生长素，都会脱落。有些单性结实的黄瓜品种虽然没有授粉、受精也能结果，但在高温条件下果实往往产生畸形，失去商品价值。

4. 影响正常色素的形成

番茄、辣椒等果实在成熟前均为绿色，成熟后，果实逐渐变成红色或黄色。这一变化是通过果实内茄红素的积累实现的。茄红素的发育要求一定的温度，在20~30℃，温度提高，则果实转红加快。但是超过30℃时，茄红素的形成与发育缓慢，长期处于35℃的高温条件下，茄红素则难以正常发育，使果实出现黄、红、白几种颜色相间的杂色，大大降低商品价值。

（九）低温障碍

在保护地内，冬季蔬菜栽培中，因寒流侵袭、春秋季突然降雪、连续阴天引起的温度过低现象是经常发生的。低温造成蔬菜生理生化和外部形态上一连串的变化，这一现象称为低温障碍。

按照作物受低温危害的程度，可以分为两种：低温达到使植物体内的水分结冰，这种低温危害称为冻害；温度下降虽不剧烈，未达到结冰程度，但蔬菜作物已不能适应，发生不正常症状，这种在冰点以上的低温危害称为冷害，也称寒害。

1. 冻害

冻害的危害程度，主要决定于降温幅度、维持时间及低温来临与解冻是否突然。一般降温幅度越大，低温持续时间越长，低温的解冻越突然，危害的情况越严重。

冻害致死的原因通常是细胞间隙水的结冰，挤压原生质造成机械损伤所致，稍严重的冻害是细胞原生质在低温下变性而致死。使细胞致死的多数原因是解冻时气温升高太快，细胞间隙的冰迅速融化，流到体外，原生质来不及吸收而干枯致死。

在保护地栽培中，喜温蔬菜如黄瓜、番茄等的越冬栽培中，冻害是经常发生的。一旦发生冻害，往往是全部绝产，所以冻害是目前我国保护地栽培中最严重的自然灾害。

2. 冷害

多数喜温蔬菜在保护地内，在0~10℃就会受害。受害的程度取决于低温的程度和持续的时间。气温低到3~5℃时，喜温作物体内各种生理功能会发生障碍，逐渐演变成伤害，低温持续的时间越长，伤害越严重。

低温来临时蔬菜作物的生理发生变化，一是吸收功能衰退，根系的伸长在低温下变缓慢，活细胞原生质的黏度增大；二是呼吸强度、原生质流动等生理功能衰退，这就会阻碍水分的吸收，也限制了养分的吸收。喜温作物中的番茄和黄瓜的根毛原生质在10~12℃时就会停止流动，养分的吸收也会受到影响。随着温度的降低，一些元素的缺乏症状也随之发生。

冷害使作物形成的叶绿素变少，光合作用降低，幼叶发生缺绿或白化，或叶片中贮藏的淀粉水解成可溶性糖，转化为花青素苷，由绿色变为紫红色。

长时间的冷害使作物形成层细胞受害死亡，韧皮部与木质部变黑，使物质运输受阻。冷害还破坏了酶促作用的平衡与原生质膜的凝固，温度下降至10~12℃时，细胞原生质膜就由易变形的液晶体相变为固凝胶体，原生质膜的脂肪凝固。这样就导致原生质膜的透性发生很大改变，从而引起一系列不正常的生理变化，并积累一些有毒物质，如丙酮、乙醛及乙醇，这些有毒物质均可毒害活细胞。

短时间的冷害后移回温暖的气温中，植物组织的呼吸作用会急剧加强，此种反常变化时间很短暂，过了不久代谢又会恢复正常。但是长时间的冷害，会使植物的组织受到破坏，那么呼吸状态就再也不能恢复正常。因此，可以采用间歇回温防止冷害。

保护地内蔬菜受低温危害的形态表现如下：

（1）叶缘受冻

这是轻度受冻害的一种表现。幼苗期短期的低温，使叶子边缘受冻，并逐渐枯干，不会影响其他部位的正常生长，当气温转暖后能够继续生长发育，无异常现象发生。

（2）生长点受冻

这是属于较严重的冻害，往往是顶芽受冻，或者一株秧苗大部分叶子均受冻，天气转暖后植株不能恢复正常生长，必须拔除，另行补苗。

（3）根系生长受阻

秧苗定植后遇低温或连续阴天，气温较低，地温低于根系正常生长发育的温度，植物不能增生新根，而且部分老根发黄，逐渐死亡。植株地上部的表现为不长新叶。当气温回升转暖后，植株虽能缓慢恢复生长，但生长速度缓慢，一般称为僵化苗。在这种情况下，以更换新苗为宜。

（4）低温落花

茄果类蔬菜在开花期遇到低温不能授粉，或者虽已授粉，但花粉管不能伸长，因而不能受精，造成落花、落果。番茄开花时夜温低于15℃，茄子开花时夜温低于18℃都会引起落花。

（5）畸形花、畸形果

在低温条件下，花芽分化不良，开花后易形成畸形花，坐果也易形成畸形果。开花期授粉不良和结果期低温也可导致畸形果的发生。

二、温度条件的特点

保护地的主要作用是改善蔬菜生育的温度条件，且以在秋、冬、春三季提高温度为主。故而在低温季节，保护地内的温度条件显著高于外界自然环境。这一特点保证了蔬菜在不宜生育的季节里能正常生长发育，对生产是极为有利的。在密闭的条件下，设施内空气热容量小，白天升温快而高，夜间降温亦迅速，其昼夜温差显著高于露地。昼夜温差适当增大，有利于增强光合作用，减少夜间呼吸作用的消耗，对物质积累是有利的。但温差过大，超过蔬菜作物对高低温所能忍受的界限，也不利于蔬菜的生长发育。保护地内的温度条件还有如下特点。

（一）热量交换

保护地内热量的来源有下列几个方面：人工加温热源、太阳光、土壤中的有机物分解放出的生物热等。我国目前大部分保护地中热量的来源主要是太阳光。太阳光透过薄膜时，有一部分被塑料薄膜反射和吸收了。透射到保护地里的太阳光射向植株、土壤和设施构件。有一部分光线又被照射到的物体表面所反射，或透过薄膜逃离保护地，或被薄膜反射回来又射向保护地内的物体。其余射到各物体表面的太阳辐射，极少部分被叶片利用进行光合作用，绝大部分转变为热能。这些热能就成了保护地内维持温度环境的主要支柱。

白天保护地内的热量一部分用于提高植株温度，一部分用于提高设施内的构件、墙体等物件的温度，很大一部分热量储存在土壤中，提高了土壤的温度。土壤吸收的热量一部分向上传给了空气，提高了气温，一部分向下传给了下层的土壤。也有部分热量通过设施的缝隙散失出去或通过塑料薄膜传导出去。

夜间，保护地内失去了热量的来源，室外气温、地温都明显低于室内，所以保护地基本处在一个热量散失的过程。设施内的土壤向外散失热量，土壤、植物体、设施构件等把白天蓄的热量传给空气。尽管如此，由于热量只散失不增加，夜温会持续下降。

（二）地温

地温不仅是蔬菜生长中一个重要的环境条件，同时又是保护地内气温升高的直接热量来源。夜间90%的热量来源于土壤中的蓄存热。

1. 土壤的热岛效应

在自然条件下，我国北方的冬季，土壤温度降得很低，表层都有不同厚度的冻土层。黄河以北的冻土层深度在20~100 cm，而在保护地中的土壤则终年不冻。当室外0~20 cm平均地温下降到−1.4℃时，保温性能好的设施内为13.4℃，比外界高14.8℃。在保护地中，从地表0 cm到地下50 cm，都有很大的增温效应，但以浅层地温增加最大。我们把这种现象叫作保护地的热岛效应。

2. 保护地中土壤温度的水平分布

在保护地中的土壤，由于位置不同，在水平方向上存在明显的温度差异。

塑料大棚内的地温水平分布为：地温中部最高，向东向西、向南向北均呈递降趋势，南侧高于北侧，上午东侧高于西侧，下午西侧高于东侧。白天的地温水平梯度较大，夜间地温的分布与白天相同，但梯度减小。

3. 保护地中土壤温度的垂直分布

在蔬菜保护地内，土壤温度的垂直分布与露地截然不同。晴天时地表温度最高，随着深度的增加，地温越来越下降，这说明晴天时热量由上向下传递。阴天时下层的温度比上层高，这表明阴天上层土壤温度是依靠下层传递上来的热量来保持的。晴天14时的地温以0 cm处最高，随深度增加而递减。黑夜20时至次日8时的平均地温以10 cm处地温最高，由此处向上向下均降低。在20 cm处昼夜温差很小。阴天时，20 cm处的地温最高。可见保护地内土壤温度主要是在0~20 cm进行调节的。

4. 地温的时间变化

保护地中的地温也有日变化和季变化。晴天时，地表温度的最高值出现在13时左右，5 cm处出现在14时左右，10 cm处出现在15时左右。地温的日较差以地面为最大，随深度的增加日较差减小，在20 cm处日较差就很小了。阴天时日较差显著减小。

5. 地温与贴地层气温

离地面50 cm以下的空气层叫贴地层。晴天白天的各时刻，地面温度都高于贴地层气温，两者的差值到13时最大。在0~20 cm的空气层内，气温随高度增加而下降，梯度较大。20~50 cm处，气温又随高度的增加而上升，但梯度不大。

6. 保护地冬季的地温

塑料大棚在华北地区多作为春早熟和秋延迟栽培应用。深冬设施内的温度多在0℃以下，不宜栽培蔬菜。春季保护地覆盖塑料薄膜后，地温上升比较稳定，10 cm处的地温比露地高5~6℃。管理好的保护地早春地温可比露地高10℃以上。

一般塑料大棚春早熟栽培黄瓜等喜温蔬菜时不宜过早。山东地区多在地温稳定在12℃以上的3月中下旬以后。在山东、辽宁等地的日光温室，大多数冬季可以保持10℃以上的地温，最低地温一般不低于5℃，可以进行越冬喜温蔬菜的栽培。部分采光性能不强、跨度大、保温性差的温室，冬季室内地温也在0℃以上，可以栽培耐寒性蔬菜，或进行喜温蔬菜的春早熟、秋延迟栽培。

（三）气温

在冬季，绝大部分蔬菜保护地里的气温高于露地，一般称之为热岛效应。保护地升温主要靠：塑料薄膜等透光覆盖物具有大量透过短波辐射而很少透过长波辐射的特性，白天日光大量射入室内，被室内物体吸收。由这些物体辐射出的多是长波辐射，难以透过塑料薄膜散出室外，因而大部分太阳辐射能被截留在温室内，而使设施内温度上升。这种作用即保护地效应，占升温作用中的1/3。其余2/3是靠薄膜的不透气性，阻断了保护地内外气流的交换，显著减少了空气对流热损失。

1. 太阳光与保护地内的气温

保护地内的热量来源主要是太阳光，所以太阳辐射的强弱及日变化，对设施内的气温有极大的影响作用。一般是太阳光强，设施内温度高，即使阴天的散射光仍可使设施内的气温得到一定的提高。夜间或盖草苫后，设施内接收不到太阳辐射，除在盖草苫时有短暂的气温回升（1℃）外，此后温度呈平稳的下降状态。

2. 保护地内的气温

以山东地区为例，11月下旬至翌年1月下旬大棚内的气温很低，平均气温为-5~0℃，一般不能进行蔬菜栽培。2月上旬至3月中旬，棚内平均气温可达10℃，3月中旬后气温在15℃以上。3月上中旬，大棚内的平均气温一般比露地高7~11℃，最低气温比露地高1~15℃。当露地最低气温为-3℃时，大棚内的最低气温一般不会低于0℃。因此常把露地最低气温稳定通过-3℃的日期，近似地作为大棚最低气温稳定通过0℃的日期。由上述温度看，山东省没有草苫覆盖的大棚喜温蔬菜的定植期以3月中旬以后为宜。3月下旬后，在晴天设施内温度可能超过40℃，应注意通风降温。利用草苫覆盖的保护地定植期可以适当提前15~20 d。

在山东、辽宁等地的日光温室，大多数冬季可以保持10~25℃的室温。温室内的最低气温一般不低于5℃，可以进行越冬喜温蔬菜的栽培。部分采光性能不强、跨度大、保温性差的温室，冬季室内气温也在0℃以上，可以栽培耐寒性蔬菜，或进行喜温蔬菜的春早熟、秋延迟栽培。

3. 保护地内温度的日变化

保护地内的温度变化与外界的规律相同。晴天变化明显，阴天不很明显。保护地内的气温在日出前的凌晨最低，日出后随太阳高度增加而设施内气温上升，气温8~10时上升最快，在不通风的条件下平均每小时升高5~8℃。塑料大棚内3月的气温不仅高于露地，在中午前后也高于日光温室。但到夜间由于没有草苫等覆盖物保温，其最低气温也大大低于日光温室。所以大棚气温的日较差较大，多在10℃以上。特别是3—4月，日较差可达20℃。这一点与其他保护设施的气温有所不同。

在早春、晚秋或初冬季节，在早晨或18时以后往往会出现大棚内气温低于外界温度的现象，我们称之为"温度逆转"现象。这是大棚内气温的一大特点。温度逆转出现的原因是设施内热量不断向外散失，棚温逐渐降低。此时，若有微风携带着地面的潜热吹来，此热风不能透过塑料薄膜补充到大棚内，于是就出现了大棚内温度低于棚外温度的情况。这种"温度逆转"现象对蔬菜的秧苗非常有害，应积极采取保温措施来防止。但是，由于这一现象仅限气温，大棚内地温仍比棚外高，而且逆转现象时间又很短，危害程度一般较轻。

4. 气温的垂直分布

保护地内气温的垂直分布也是在一定范围内气温随高度的增加而上升。保护地内的高温区在大棚的中部，上午偏东，下午偏西，大棚两侧温度偏低。大棚内气温的垂直分布梯度较大，日光温室内的气温垂直分布与大棚差不多。

5. 气温的水平分布

大棚内的气温在水平方向上是中部高，东、西两侧低。上午东侧高于西侧，下午西侧高于东侧，温度差为1~3℃。南北向保护地中，中午南部气温高于北部2~4℃。夜间四周气温比中部低，若有冻害发生，边缘较重。日光温室内气温上午西部高于东部，下午相反，其他与大棚相似。

6. 保护地中的最高气温

大多数保护地是提高栽培环境中的气温的，因而设施内的气温一般高于露地，当最高温度超过一定范围时，则会对蔬菜产生危害。在露地条件下，这种现象不十分严重，但在保护设施中，这种可能性则大大增加。所以，研究保护地中最高气温的发生规律，采取防止措施，就十分必要。当然，在管理中利用高温来防治病害和进行保护地的土壤消毒也是非常有益的。

保护地中最高气温具有以下特点：

第一，增温效应显著。一般情况下，保护地的最高气温明显高于室外。越是寒冷的季节最高气温增温效应越大,以后随外界气温升高和放风管理,设施内外最高气温的差值逐渐缩小。

第二,每天最高气温出现的时间。晴天是在13时,阴天最高气温出现在云层较散、散射光较强的时候。

第三,天气情况对最高气温的出现也有很大影响。晴天增温效应最大,多云天气次之,雨雪天气较差。实践表明,在3—4月,由于外界气温较高,即使在阴天日照不足的情况下,仍会造成室内的高温。由于人们的忽视,这种高温的危害性很大。

第四,通风对最高气温的影响。通风可以降低保护地内的最高气温。但降低的程度与通风面积、通风口的位置、上下通风口的高差、外界气温及风速都有关系。一般在上下通风口同时开放、通风面积加大、外面风速较大时,降温效果较明显。显然,在外界气温较低的早春通风降温效果大大超过外界气温较高的4—5月。

第五,最高气温在保护地内的分布。保护地内的最高气温在水平方向亦有差异,中部比两侧要高。设施内上部比下部高5℃以上。

第六,最高气温的季节变化。保护地内的最高气温随着太阳高度的增加而升高,最高气温的季节变化也是很显著的。

7. 保护地中的最低气温

保护地中的最低气温反映了保护地的保温性能,也制约着保护地的应用范围,直接关系到作物的生长和发育。

保护地中最低气温具有如下特点:

第一,保护地中的最低气温显著高于室外。在寒冷的季节增温效果最大,随着外界温度升高和放风的增加,内外最低温度的差值越来越小。保护地内的最低气温亦受外界气温的影响。两者升则同升,降则同降,有同步的趋势。

第二,最低气温与天气变化。寒潮侵袭、阴雪天,均有降低保护地中最低气温的作用。这与外界气温低、保护地的散热增加和太阳辐射较少有关。近年来的实践表明,外界的绝对气温低并不是保护地中冻害的主要原因。只要有充足的日照,即使外界温度再低,保护地内亦不易发生冻害。保护地内的最低温度往往是出现在连续阴天之后的外界低温侵袭时,连续阴天造成保护地内热量大量散失而得不到补充,再遇外界低温,很易出现冻害。

第三,最低气温的日变化。保护地中的最低气温一般出现在凌晨日出前,或揭草苫时。较严重的冻害是从下半夜开始的。

第四,最低气温的分布。大棚的最低气温在棚两侧,一般冻害首先发生在东西两侧。南北向大棚,北侧的最低气温最低。日光温室内的最低气温在靠近出入口处。

8. 保护地中的积温、日较差

有效积温的满足是蔬菜生长发育所必需的条件。大棚的保温性能虽逊于日光温室,但在春季和秋季的早熟和延迟栽培中的有效积温是完全可以满足喜温蔬菜的生长发育的。日光温室则可以进行喜温蔬菜的越冬栽培。

三、温度的调控

温度的调控是保护地栽培的中心环节，温度管理得好坏直接关系到保护地生产的成败和经济效益的高低。

（一）温度调控的原则

蔬菜保护地内温度条件要多方面考虑，应遵循共同的基本原则如下：

1. 不同作物、不同生育期的温度调控

喜温蔬菜如黄瓜、甜椒等需要较高的温度条件，而韭菜等耐寒蔬菜生育期需要的温度条件较低，二者的要求相差6~8℃。因此，在温度管理上，一定要根据作物的需求来给予适宜的温度条件。例如，用适于耐寒蔬菜生育的条件培育喜温蔬菜，就会招致冷害。

同一作物不同生育期所需的温度条件也不相同。如茄子发芽出苗期需要较高的温度，为25~30℃，此期间保护地内温度必须调节得高一些，否则会出现出苗迟缓、苗小细弱的现象，甚至会因低温而烂种、死苗。茄子苗期温度应适当降低一些，过高的温度会引起幼苗徒长。而在开花结果期，设施内的温度应控制得高一点，白天以25~30℃为宜，这样才有利于开花、授粉和坐果。只有按作物生育期的需要调节温度，才会收到预期的经济效益。

2. 变温管理

很早以前保护地内的气温是采用恒温管理的方法，即昼夜保持恒定不变的目标温度。这种温度调节方法违背了自然界温度变化的规律。20世纪70年代，人们发现夜间的变温管理相比夜间恒温管理可提高果菜类蔬菜的产量和品质，并可节省燃料。经过多方面的研究试验，目前认为在保护地设施中应采用上午、下午、前半夜和后半夜四个阶段不同的温度调节管理的方法。

在四段温度管理中，白天是蔬菜光合作用的时间，要求较高的温度，晚上主要是物质的转运和休息，为降低呼吸作用，应使温度低一些。所以，温度的管理首先要保证白天黑夜有一定的温度差距，即日较差，一般为10℃左右。在白天，上午光合作用较强，生产的同化物约占全天的70%，因此要求的适宜温度较高。如黄瓜在午前和中午要求27~30℃。下午光合作用减弱，为降低呼吸作用，要求的适宜温度应稍低些，黄瓜为23~25℃。随着叶片中光合产物的增多，同化产物开始向生长点、根、果实转运。黄瓜和茄子等蔬菜同化物的转运1/4在白天进行，3/4在前半夜进行。番茄、甜椒的同化物1/4~1/2在夜间转运。同化物的转运与温度有很大关系，一般在稍高的温度条件下转运速度明显加快。如黄瓜在夜间气温为20℃时经2 h，16℃时经4 h，13℃时经6~8 h光合产物才能转运完毕，而在10℃时经过12 h才转运了1/2的光合产物。在转运时，气温过高，转运速度虽快，但转运物质的大部分乃至全部将被呼吸作用所消耗，亦得不偿失。养分转运结束，呼吸作用便成为后半夜的中心过程。呼吸作用随着气温的升高而增强，显然适当的低温环境，有利于减少物质的消耗，增加物质的积累。

设计四段变温管理的目标时，一般以白天适温的上限作为上午的目标温度，下限作为下午的目标温度，上半夜4~5 h要求的温度比夜间适温的上限提高1~2℃，其后以夜温的下限温度作为下半夜的温度目标。在实际管理时，设施内的气温尽量不要超过高温和低温的界限温度。在高于界限温度2~3℃时，一定要及时通风。当然，四段变温的目标温度也应因地制宜，在阴天光照不足时，白天的气温应稍低一些，而当设施内二氧化碳充足、光照较好时，温度应稍高一些。

3. 气温、地温、光照条件相适应

目前国内大部分保护地中没有土壤加温设施，保护地中的地温是依靠太阳辐射的能量加热地表后再向下传导的。这一传导过程甚慢，而向上传给空气，提高气温的速度甚快，所以气温可以迅速提高，而地温依然偏低。冬、早春季保护地内地温低的问题严重影响蔬菜作物根系的发育和吸收能力，是制约早熟和高产的重要因素。同时，保护地内的地温也反过来影响气温。

在保护地内一定要合理调节气温和地温的关系，逐渐改变过去重视气温、忽视地温，造成"头热脚寒"的不良倾向。合适的调节为：气温高时，地温也应相应提高，但地温应低于气温；气温低时，要求地温相应高些。如黄瓜保护地夜间的气温为10℃时，地温以15~18℃为宜，白天气温为28~30℃时，地温以20℃为宜。

气温的管理还要兼顾光照条件。在光照弱时，光合作用较低，保护地内的温度也应低一些，以减少呼吸损耗。反之，则应提高气温。一般情况下，保护地的温度条件是受太阳的辐射热制约的，光照强，温度就随之升高，光照弱，气温就下降，保护地内的气温和光照条件的配合是天然协调的。但是这一协调也有特殊的时候，如春季气温较高，在阴天光照不足时，保护地内的气温仍有可能超过适宜的高度界限，此时及时放风降温还是必要的。

地温和光照条件在保护地内不十分协调，特别是严冬晴天的早晨，光照条件很快充足了，气温也迅速升起来，而地温却提高得很缓慢，根系的吸收功能势必跟不上地上部分的需要。为解决这一问题，在保护地内，冬季要尽量保持较高的夜间温度，其目的是保地温，以适应翌日作物进行光合作用时对气温和地温尽可能协调的要求。

4. 调节温度与防病

保护地内蔬菜的病害比露地严重。发病的主要环境因素是湿度，其次是温度。在调节设施内的温度环境时，尽量避开发病的适宜环境，亦有减轻病害发生的作用。如黄瓜霜霉病发病的适温是15~24℃，超过28℃，低于15℃，均不利于发病。为减轻病害的发生，夜间温度应控制在12~14℃，白天控制在28~30℃，尽量避开发病适温环境。但是这种措施必须是在作物的生育适温范围内进行，绝不能单纯因防治病害而使调节的温度不利于作物的生长发育。

（二）气温调控

保护地内气温调节包括增温与降温两个方面。增温又分增加设施内的热量、提高温度和保持设施内的热量、保持温度两个方面。常采用的措施如下：

1. 设施结构合理

保护地合理的结构，一是日光的透入率高，能充分利用太阳能增温。为此，就要求这些设施的透光面与地面要有较大的倾斜角，以减少对太阳光的反射作用。二是结构的骨架要少、规格要小，尽量减少遮光量，还应根据当地条件科学地确定设施的方位，以最大限度地利用日光能。

保护地容积越大，其比面积（保护地容积除以保护地表面积）越小，相对散热面则越小，其保温性能越好。增大保护地的容积一是增加高度，二是增加长度。一般长度在 40 m 以上方能形成良好的保温能力。

保护地的保温能力与建造质量有很大关系，减少缝隙，防止热空气外流是非常必要的。

2. 塑料薄膜的选用

国内大部分保护地用塑料薄膜作为透光材料。为增加保护地内的温度，应选用透光性能好、保温能力强、导热率低的塑料薄膜，一般聚氯乙烯薄膜的保温能力稍强。此外，利用一些多功能薄膜更有利于保护地内的保温和增温。

3. 多层覆盖

保护地夜间散热较多的地方是透光屋面。透光面不可能像墙体那样保温，一般单层塑料薄膜可提高温度 3℃ 左右，纸被可提高 3~5℃，草苫可提高 5~8℃。由上述数字看，单一利用一种覆盖物，保护地内的温度不可能提高很多。为了提高保护地的保温性能，应尽量坚持利用多层覆盖。大棚可在四周用草苫围起来，利用纸被时可用塑料薄膜包被。温室则用草苫覆盖，草苫的外层用塑料薄膜包裹。保护地内亦可用保温天幕覆盖，保温天幕可提高最低气温 2~4℃。有条件时，在保护地内的栽培畦上加小拱，或覆盖草苫。利用多层覆盖，可有效保持设施内的温度。

4. 适时揭盖保温覆盖物

保护地的保温覆盖物如纸被、草苫等的揭盖时间，要兼顾光照和温度两个方面的要求。冬季揭得过早，虽可增加光照，但会导致气温下降；盖苫过早，有利于保温，但会缩短光照时间。适当的揭草苫时间是揭开后，保护地内短时间下降 1~2℃，然后气温回升。如果揭开后气温没有下降而是立即升高，表明揭晚了；如果气温下降较多，回升很慢，表明揭早了。傍晚盖草苫适当的时间是盖上后设施内短时间气温上升 2~3℃，然后缓慢下降。如果气温上升太多，表明盖早了。如果盖上后，气温一直下降，表明盖晚了。生产实践中，也可根据日照情况决定草苫的揭盖时间，寒冬当早晨阳光洒满整个棚面，即应揭苫；傍晚阳光照不到棚面，即应盖苫。保护地内的气温状况也是揭盖草苫时间的依据。当棚温明显高于临界温度时，可早揭或晚盖。果菜类蔬菜盖苫时，设施内气温一般不应低于 18℃。

在阴天时，只要有散射光也能使设施内气温上升，就应揭草苫。

5. 人工加温

温度是保护地生产中的关键条件，目前国内绝大部分保护地利用日光作为热量的唯一来源，一般是白天依靠作物、空气、土壤等蓄热，夜间放出，来维持室内温度。这种方式在高寒地区仍满足不了喜温蔬菜越冬栽培的需求；在低纬度地区遇到寒潮侵袭、连续阴雪天，也会因热源太少而受冻害和冷害。因此，保护地内的增温设备，从发展的角度看是必不可少的。

6. 降温

保护地内的降温方法主要有通风和利用降温设备两种。

（三）地温的调控

冬季、早春利用的蔬菜保护地中，地温偏低是普遍存在的问题，因此提高地温是保护地栽培中的重要措施。

1. 高垄栽培、地膜覆盖

在保护地内利用高垄栽培，可增加土壤的表面积，有利于多吸收热量，提高地温。覆盖地膜可提高地温1~3℃，又可增加近地光照。

2. 挖防寒沟

保护地内土壤中的热量，在温度差的作用下，不断向外围较低温度的土壤传导，这种传导大大降低了保护地内四周土壤的温度。为减少设施内外土壤热量的交换，应在保护地边缘挖防寒沟。防寒沟的深度为当地冻土层的深度，宽相当于冻土层厚度的一半，内填杂草、马粪等绝热材料，上覆塑料薄膜和土。

3. 增施有机肥

保护地内增施有机肥，这些有机肥的分解可放出生物热提高地温。同时，土壤有机物的增加，也可提高土壤的吸热保温能力。

4. 保持土壤湿度

土壤水分多，呈暗色，可以提高土壤吸热能力（水的热容量大），也可增加土壤的保温能力。

5. 提早扣棚

保护地要提早扣棚盖膜，增加土壤的热量贮存。

6. 地下加温

利用电热加温线、酿热温床、地下热水管道等设备进行土壤加热，来提高地温的措施是最有效的，只是成本较高。

7. 铺放玉米秸秆

近年来很多地方在蔬菜行间铺放玉米秸秆，一方面保持地温，另一方面增加土壤有机质，释放二氧化碳，效果较好。

8. 降温

春季地温过高时，除用降低气温的办法来降低地温外，还可采用傍晚浇水的方法。

第三节　保护地设施内水分条件与调控

一、水分的作用

一般蔬菜的含水量都很高，均在90%以上。水分对蔬菜的生长发育影响极大。水分不仅是蔬菜细胞中必不可少的组成物质，而且所有的生理生化活动均离不开水的参与。根系吸收的主要物质是水分，吸收的矿质元素，也必须是溶解于水后才能进入根系组织内。营养物质在植物体内的运输也是以水作为流体携带物。植物的光合作用，水是原料之一，蒸腾作用的主要物质还是水，水是生命之源，当然也是蔬菜之源。由于蔬菜的含水量高，栽培中需水量大，水对蔬菜的作用和重要性远远超过其他作物。

水不仅直接影响蔬菜的生长发育，而且也关系到病虫害的发生程度。在空气和土壤湿度过大时，往往会造成某些病害的大面积发生。所以，水分也从间接方面制约着蔬菜生产。

不同种类的蔬菜对水分的需求不同，大致可分5类：

第一，消耗水分多、吸收能力弱的蔬菜。这类蔬菜的叶面积大、组织柔嫩、需水量多。但根系不发达，入土不深，所以要求较高的土壤湿度和空气湿度。属于这类的蔬菜有白菜、芥菜、甘蓝、绿叶菜、黄瓜、四季萝卜等。

第二，消耗水分不多、根系吸收能力强的蔬菜。这类蔬菜的叶片虽大，但缺刻较大，叶面有茸毛或蜡质，能减少水分蒸腾，其根系强大、入土深、抗旱力强。属于这类的蔬菜有西瓜、甜瓜、苦瓜等。

第三，消耗水分少、根系吸收能力很弱的蔬菜。这类蔬菜叶片面积小，表皮有蜡质，蒸腾作用也很小，地上部分很耐旱，但它们的根系分布范围小、入土浅，几乎没有根毛，所以吸收能力很弱，对土壤水分的要求很严格。属于这类的蔬菜有葱、蒜、石刁柏等。

第四，消耗水分和吸收能力均中等的蔬菜。这类蔬菜的叶面积中等大，叶面常有茸毛，组织较硬，抗旱力中等，根系的发达程度也中等。属于这类的蔬菜有茄果类、豆类等蔬菜。

第五，消耗水分多、吸收能力弱的蔬菜。这类蔬菜的茎叶柔嫩，在高温下蒸腾作用旺盛，但根系不发达、根毛退化，植株要全部或大部浸在水中才能生长。属于这类的蔬菜有藕、茭白、菱等水生蔬菜。

作物对水分的需要不限于土壤，空气中含的水分对作物的生长发育也有很大影响。按蔬菜对空气湿度的要求可分为4类：空气相对湿度适于85%~90%的蔬菜有白菜类、绿叶菜类、水生蔬菜；空气相对湿度适于 70%~80% 的蔬菜有马铃薯、黄瓜、根菜类（胡萝卜除外）、豌豆等；空气相对湿度适于 55%~65% 的蔬菜有茄果类、豆类蔬菜；空气相对湿度适于 45%~55% 的蔬菜有西瓜、甜瓜、南瓜及葱蒜类蔬菜。

保护地栽培中，土壤湿度和空气湿度必须适宜才能取得蔬菜的优质、高产和高效益。在一定程度上可以这样认为：保护地中温度条件决定生产的成败，水肥条件决定产品的质量。

二、水分条件的特点

（一）土壤水分的特点

保护地内土壤水分的来源有两个：一是在夏季休闲期撤去薄膜后自然降水在土壤中的贮存；二是在扣薄膜后人工灌溉。影响生产较大的是人工灌溉。土壤水分的消耗主要有两条途径：一是地面蒸发；二是作物吸收利用和蒸腾。保护地内的土壤水分有下列特点：

1. 不均匀性

保护地内土壤蒸发和作物蒸腾到空气中的水分，一部分被设施内的设施吸收，一部分从缝隙或通风窗逸出设施，还有一部分凝结在较冷的塑料薄膜上，形成水雾或水滴，有些滴落在地上。由于受棚膜斜度的影响，滴落的部位一般较固定，这就造成局部地区特别潮湿泥泞，而其他地方或下层土壤较干旱，导致土壤含水量的不均匀。这种情况在冬季浇水较少的情况下尤为突出，水多的地方往往造成沤根、发病或徒长，而其他地方可能有旱象。

2. 湿度大

因为保护地的密闭性环境，空气湿度大，蒸发作用远比露地小，所以保护地内的水分消耗量较小。虽然每次灌水量小，浇水次数却不一定少，加上土壤毛细管的作用，即使在土壤下部水分不足时，土壤表面也经常保持湿润状态。总的来看，保护地内土壤表层的湿度较大，而且湿度的保持时间较长，不像露地土壤干湿交替变化迅速。

3. 湿度的变化

冬季温度低，作物生长缓慢，加上放风量小，水分消耗很少，保护地内浇水后土壤湿度大，而且持续时间长。春、秋季气温高，光照好，作物生长旺盛，地面蒸发和作物蒸腾量大，加上放风量大而且时间长，水分消耗量多，土壤需水量增加。在一天中保护地白天消耗的水分大于夜间，晴天消耗的水分大于阴天。

（二）空气湿度的特点

由于保护地的空间小、气流稳定、温度较高、蒸发量较大、环境密闭、不易和外界空气对流等原因，在保护地内经常会出现露地栽培中很少出现的高湿条件。在冬季通风较少的条件下，相对湿度超过 90% 的时间经常保持在 8~9 h 甚至更长。夜间、阴天和温度低的时候，空气湿度经常达到饱和状态。空气湿度随着温度的变化而剧烈地变化，在中午前后，设施内气温过高，空气湿度很低。这些特点对蔬菜作物的生长发育是有害的，同时为病害的蔓延创造了条件。

保护地空气湿度一方面取决于水分的蒸发，另一方面取决于温度的高低。地面蒸发量大，作物蒸腾大时空气相对湿度就高。空气中所含的水汽量固定时，温度越高，空气相对湿度就越低。初始温度每升高1℃，相对湿度下降5%~6%，以后则下降3%~4%。如1 m^3 的空气中含水量为8.3 g时，气温8℃，相对湿度是100%，12℃时相对湿度是77.6%，16℃时相对湿度是61%。实际上随着气温的升高，地面蒸发和蒸腾也在加强，空气中的水分在不断得到补充，只是空气中水汽的增加远不及由于温度升高而引起的饱和水汽压增加来得快，因此相对湿度降低。

保护地中空气湿度大也有一定的积极作用。夜间空气中的水汽有提高空气热容量的作用，可减缓气温下降的速度。水汽在薄膜上的凝结是个放热的过程，薄膜上附有一定水滴还有阻止长波辐射透过薄膜外逸的作用。

保护地空气湿度的变化程度，往往是低温季节大于高温季节，夜间大于白天，阴天大于晴天。浇水后湿度最大，以后逐渐下降。在冬春季保护地内白天相对湿度一般在60%~80%，夜间在90%以上。揭苫时相对湿度最大，以后随温度升高而下降，到13~14时相对湿度下降到最低值，以后又随温度的下降开始升高。盖苫时相对湿度很快上升到90%以上，直到翌日揭苫。

三、水分的调控

（一）土壤水分的调控

保护地土壤水分调控主要是灌水和排水两个方面，现仅就灌水技术介绍如下：

1. 灌水期的确定

确定作物灌水适期最科学的方法是通过仪器直接或间接测定土壤含水量，再与该作物这一生育阶段要求的适宜土壤含水量来比较，就可以做出是否浇水的决定。测定土壤含水量的仪器目前主要为张力计，此外还可用重量含水量法、相对含水量法测定土壤含水量。

实践中常用感官来确定土壤的含水量，为避免被保护地中表土潮湿而心土干旱的假象蒙蔽，一般取地下10 cm处的土壤用手握之，如成团落地不散，为土壤湿；成团落地而散为土壤潮；手握不成团为干；如握之有水溢出，为土壤积水，土壤积水，则过涝；土壤干，则缺水。土壤含水量以潮或湿为宜。在此结论的基础上，结合作物对水分需要的状况，来确定浇水时间。

此外，还可根据作物的生长形态表现，判断其缺水与否，从而决定灌水时间。

2. 水温

寒冷季节浇水后地温下降，这是保护地管理中的一大忌。保护地中地温较低本身就是一大缺陷，在浇水时绝不能再加重这一危害。为此，在定植时应浇温度较高的水，最好水温在20~25℃。平时浇水，水温宜和设施内地温基本一致，最好不低于地温2~3℃。为做到这一点，水源宜选用深水井水，输水渠道应尽量缩短，以防止水温下降。每天的浇水时间宜选在晴天的早晨地温最低的时间，以缩小水温和地温的差距，并能在灌水后使地温及时得到恢复，浇水后要立即闭棚升温，然后开窗排湿气。

3. 水量

保护地内的浇水量不宜过大。水量过大，地面积水对一般蔬菜有危害作用，有时会因涝致死。浇水量过大还会加重土壤板结现象，影响根系的呼吸作用。浇水量过大最大的危害是降低地温，在冬季土壤含水量过大，地温又低，短时间内很难恢复，易出现沤根现象。所以，保护地的浇水量比露地要小一些，不宜采用大水漫灌或畦灌，最好采用沟灌或分株灌水方法。

4. 浇水时间

保护地浇水时间要考虑地温和空气湿度。寒冷季节浇水要选在晴天，而且预测到浇水后能获得几个连续的晴天，以利于提高地温。一天中浇水应在早上，有利于地温的恢复和排湿。阴雨天和傍晚，或浇后遇阴雨天，不仅地温不易恢复，空气湿度不易降下来，还有病害大量发生的危险。在春、秋温度较高时，为降低地温可在傍晚浇水。但无论在什么时候，都不宜在晴天温度最高的时候浇水。因为此时植物的生命活动正旺盛，浇水后地温骤降，根系可能受到影响而降低吸收能力，导致植株地上部分的生命活动出现障碍。

5. 灌水后的管理

灌水后应立即闭棚提高地温，当地温上升后，应及时通风，降低保护地内的空气湿度。保护地内应多中耕保墒，以减少浇水次数。同时，中耕有改善土壤的透气性的作用，利于根系发育。

（二）空气湿度的调控

1. 地膜覆盖

在保护地内进行作物的行间或株间地膜覆盖，可以减少土壤水分蒸发，防止土壤水分逸入空气，对降低空气湿度有良好的作用。覆盖地膜时，栽培垄上施肥不要过于集中或过量，以防浇水不透引起缺水造成危害。覆盖地膜时应适当露出植株周围的土壤，不要将栽培畦全部覆盖。那样会由于棚膜落下的水滴全部积于地膜上，反而使空气湿度加大。全面覆膜还会给土壤气体交换，特别是二氧化碳的释放带来困难。

2. 地面铺草

在垄间地面上均匀地铺上稻草、麦糠、麦秸等，可阻止地面水分的蒸发，降低空气湿度。同时这些覆盖物在腐烂过程中还可放出二氧化碳来，供给光合作用利用。

3. 采用滴灌和地下灌溉技术

尽量不用地面灌溉，利用沟灌、穴灌、滴灌等地下灌溉技术，亦可降低空气湿度。

4. 升温

保护地内的空气湿度与温度成负相关关系，在低温高湿时，应控制通风量，促使气温上升，可使空气湿度下降。

5. 及时中耕

浇水后及时中耕，可以提高地温，保持墒度，减少浇水次数，亦可降低设施内的空气湿度。

6. 通风排湿

通风排湿的作用明显。但是通风排湿又会带来设施内气温降低的副作用，在严寒季节通风排湿弊大于利，应慎用。在高温、高湿季节可用通风排湿的方法，降低设施内的空气湿度。

7. 覆土

在浇水后，遇到低温阴天，不能放风排湿时，可在地面撒细干土或麦糠，暂时阻止地面水分蒸发，可降低空气湿度。

第四节 保护地内设施空气条件与调控

一、空气的作用

所有蔬菜都离不开空气，空气也是蔬菜生长发育所必需的条件之一。空气中含有的二氧化碳和氧气是蔬菜的构成成分，也是生理生化作用所离不开的物质。植物的光合作用合成了大量的有机物，而光合作用中二氧化碳是主要的原料。植物体中的干物质大部分是通过光合作用，由二氧化碳转化来的，从根部吸收的养料转化来的仅占5%~10%。由此可见，二氧化碳对蔬菜生产的重要性绝不在其他环境条件之下。蔬菜在呼吸中还需要氧气，氧气是蔬菜生命活动中能量转化的重要成分。

过去在保护地栽培中不太重视空气条件，以为空气是无所不在、无处不有，基本上不进行人为调控，而且空气成分适合与否，不像其他条件那样能立竿见影地对作物的生育产生影响，所以空气的调控，仅限于通风。但是实践表明，空气成分的调控，对保护地栽培的丰产与质量有极大的影响，在生产管理中是不可忽视的。

二、空气条件的特点

（一）气流

在露地条件下，空气是不停地流动着的。这种流动对蔬菜作物有良好的作用。气流可以自动调节二氧化碳和氧气的含量，及时地补充叶片周围被吸收利用了的二氧化碳，防止叶片周围二氧化碳亏缺。气流还有降低叶表面温度、使温度均衡的作用。

在保护地内，由于塑料薄膜的密闭性，外界气流不易影响设施内部，设施内的气流比露地显著减小。这对均衡二氧化碳浓度和温度是不利的。

保护地中的气流不仅受通风的制约，还受时间、天气的影响。一般气流活动白天大于夜间，晴天大于阴天。

（二）二氧化碳条件的特点

空气中二氧化碳的含量是 300 μL/L，一般蔬菜的二氧化碳饱和点是 1000~1600 μL/L。在自然条件下，对植物来讲，二氧化碳是亏缺的。

保护地中的二氧化碳来源有下列途径：外界空气中的二氧化碳；作物呼吸放出的二氧化碳；土壤中有机物分解放出的二氧化碳等。这些来源中，以空气中的二氧化碳为主，它的来源方便，补充迅速。作物呼吸放出的二氧化碳量较少，土壤有机质的分解释放二氧化碳速度太慢。所以一般栽培管理中，以通风补充二氧化碳为主。对植物来讲，自然界中的二氧化碳是亏缺的，那么依靠自然界补充的保护地的二氧化碳含量就更为亏缺。

在保护地中，二氧化碳的含量因季节、天气而变化。冬季天气寒冷，作物的光合作用较低，设施内的二氧化碳含量就高于温暖的季节。同样的道理，阴天高于晴天。在一天中，夜间光合作用停止，二氧化碳的吸收利用也停止，是二氧化碳的积累过程。至黎明揭苫前，二氧化碳浓度达到最高峰，通常在 700~1000 μL/L，比露地高出 1~2 倍。揭苫后，光合作用逐渐加强，二氧化碳浓度逐渐下降。一般到上午 9 时达 300 μL/L，在密闭不通风的情况下，在 11 时降到 200 μL/L 以下，在 14~16 时开始回升。由上述二氧化碳的变化规律看，在保护地内，作物从 11 时左右，二氧化碳在本来就亏缺的基础上，更感亏缺，有时会导致光合作用"午休"的现象，从而限制作物对光能的利用，减缓光合作用的进程。在温度条件较好的保护地中，在 11 时左右应通风引入外界的空气，以补充二氧化碳的不足。即使这样，空气中二氧化碳的浓度也距一般作物的饱和浓度甚远，在这种条件下，二氧化碳浓度就成了作物丰产与否的关键因素。

（三）其他气体

保护地是一个人为创造的较密闭的环境，它部分地阻断了内部空气与外界大气的交流，因此，在空气成分上也因其特殊的条件而与大气不同。

保护地中氧气的含量和二氧化碳含量的变化正相反。由于氧气含量较大，作物的需要量较小，一般不会出现氧气含量的变化而影响作物生长发育的现象。

保护地中的一些设施如塑料薄膜、加温设施和特殊的管理，如大量地施有机肥、化肥等，均能产生一些有害气体。这些有害气体，不易散发出去，过度积累，往往会引起对作物的伤害。保护地中的有害气体有如下几种：

1. 氨气

施入土壤的肥料或有机物在分解过程中，都会产生氨气。保护地中氨气的大量积累，通常是施肥不当造成的。例如，直接在地表撒施碳酸铵、尿素、饼肥、鸡禽粪、鱼肥等，或在施用过石灰的土中撒施硫酸铵，或在土壤中施用未腐熟的畜禽粪及饼肥等，都会直接或间接地放出大量氨气。

当空气中氨气浓度达到 5 µL/L 时，蔬菜开始受害。浓度达到 40 µL/L 时，经过 24 h，几乎各种作物均严重受害，甚至枯死。氨气从叶片的气孔侵入，这是生命活动比较旺盛的中部叶片首先受害的一个重要原因。受害叶初期在叶缘或叶脉间出现水浸状斑纹，2~3 d 后逐步变白色或淡褐色，叶缘呈灼伤状，严重时褪绿变白而全株死亡。有时黄瓜在生长中期受害，心叶尚绿，去掉受害叶片，通风排出氨气后，还可慢慢恢复。

2. 亚硝酸气

土壤中的亚硝酸气是在土壤中有大量氨的积累，并在土壤强酸的环境中产生和积累的。施入土壤中的氨态肥，在土壤中要变成亚硝态氮，再变成硝态氮方能被吸收利用。在酸性环境中，阻滞了由亚硝态氮向硝态氮转化的进程，因而易造成亚硝酸气的积累。在连作多年、沙性较强的保护地土壤中易积累亚硝酸气。

保护地中亚硝酸气的浓度为 5~10 µL/L 时，蔬菜作物开始受害，以莴苣、番茄、茄子和芹菜的反应最敏感。

亚硝酸气是从叶片气孔侵入叶肉组织，开始时气孔周围组织受害，最后使叶绿体遭破坏而出现褪绿、呈现白斑。浓度过高时，叶脉也变成白色而枯死。亚硝酸气的危害症状和氨气很相似，区别在于亚硝酸气的危害部位变白色，氨气的危害部位变褐色。为了准确地判断危害的原因，可用 ph 试纸，蘸取棚膜的水滴，若呈碱性，则为氨气危害，若呈酸性，则为亚硝酸气危害。

3. 二氧化硫

在保护地中利用燃料加温时，烟气的泄漏，或是在设施内明火加温，或在设施内用燃烧法增施二氧化碳时，燃料中含硫量高的情况下，极易造成室内作物二氧化硫中毒。

二氧化硫的危害浓度为 0.1 µL/L。二氧化硫可引起作物叶绿体解体、叶片漂白甚至坏死。

4. 邻苯二甲酸二异丁酯

邻苯二甲酸二异丁酯是塑料薄膜的增塑剂，掺有这种增塑剂的薄膜，在使用中随温度的升高，二异丁酯便不断游离出来。在密闭的条件下，随着它在空气中浓度不断增加，便可对蔬菜造成危害。对其敏感的蔬菜有甘蓝、花椰菜、水萝卜、西葫芦、黄瓜等。

使用含有邻苯二甲酸二异丁酯的农膜，在白天最高 30℃、夜间 10℃ 的常温管理下，经 6~7 d 就可见到受害症状。受害植株心叶和叶尖的幼嫩组织开始颜色变淡，逐渐变黄变白，2 周左右几乎全株枯死。高温时作物 5 d 可出现症状，9 d 全株枯死。有些蔬菜受害后叶片褪绿不变形，有些则发生皱缩变形。有的蔬菜如甘蓝、黄瓜等一旦受害就难以抢救；多数蔬菜受害后，及时抢救，一般影响不大。

此外，在一些工业用的塑料薄膜中，其他增塑剂如正丁酯、己二酸二辛酯等均有毒害作用。

5. 乙烯

聚氯乙烯薄膜在使用中会放出乙烯，保护地蔬菜栽培在密闭时易引起乙烯的过量积累。在空气中乙烯浓度达到 0.1 μL/L 时，敏感的蔬菜便开始受害。乙烯是植物体内固有的成分，参与植株体内的一系列生理活动。空气中过量的乙烯通过气孔进入植物体，扩散到全株，很易引起生理失调，导致植株畸形。开始时受害植株叶片下垂、弯曲，进而褪绿变黄或变白，严重时死亡。

6. 氯气

在空气中，氯气浓度达到 0.1 μL/L 时，蔬菜便开始受害。氯气侵入叶片组织后，叶绿体首先遭破坏，进而褪绿，变成黄色和白色，严重时植株枯死。对氯气敏感的蔬菜有甘蓝、花椰菜、水萝卜等。

7. 一氧化碳

在保护地栽培中利用明火加温，或用燃烧法增施二氧化碳时，燃烧不完全很易形成一氧化碳。一氧化碳积累对管理人员有严重危害。

三、空气的调控

（一）二氧化碳的调控

保护地栽培二氧化碳亏缺尤甚。在发达国家，施用二氧化碳气体肥料已成为保护地栽培的常规技术。合理地施用二氧化碳肥料可使茄果类和瓜类蔬菜增产 10%~30%，而且能改善品质。目前，常用的增加保护地二氧化碳含量的方法有如下几种。

1. 通风

国内大部分保护地调节二氧化碳浓度的措施是通风，使外界空气中的二氧化碳进入设施内，以提高其浓度。这种方法简单、无成本。但是由于大气中二氧化碳的含量不高，所以并不能彻底解决保护地中二氧化碳不足的问题。在寒冷季节，通风有降低设施内的温度之弊，故应用中应谨慎。

通风分自然通风与强制通风两种。强制通风是用电风扇做动力通风的，效果较好，但需要设备。

2. 增施有机肥

有机肥在土壤里分解时会放出大量二氧化碳，1t 有机物最终能释放出 1.5t 二氧化碳。据试验，秸秆堆肥施入土壤 5~6 d 就能释放出大量二氧化碳，开始时释放量为每平方米每小时 3 g，6~7 d 后开始下降，20 d 后释放量还能保持每平方米每小时 1 g 的水平，30 d 后大约每平方米每小时释放二氧化碳 0.4 g。如果每 667 m² 施用秸秆堆肥 3000 kg，则可在 1 个月内使保护地内二氧化碳浓度达到 600~800 μL/L。在酿热温床中，由于有机物的大量发酵，二氧化碳的含量最高可为大气中的 100 倍以上。

利用增施有机肥法提高保护地内的二氧化碳含量，有一举数得之效，而且有机肥来源广，价格较低，是我国目前应用较多的措施。缺点是这种方法二氧化碳的释放量和速度一直平稳，不能在作物急需二氧化碳的上午 9~11 时大量放出，因而其增产作用受到限制。

3. 保护地内种植食用菌

食用菌生长过程中一般是吸收氧气，放出二氧化碳。在适宜的温度环境，平菇每平方米每小时可放出二氧化碳 8~10 g。所以在保护地光照条件较差的后坡栽培食用菌，有一举两得的效果。

4. 液化二氧化碳

液化二氧化碳是酒精工厂的副产品，如果降低其钢瓶的租赁费，在保护地内施用，既方便、卫生，又易控制施用量，是较好的二氧化碳施肥方法。

5. 二氧化碳发生器

利用白煤油、天然气、石蜡等碳氢化合物燃烧放出的二氧化碳施入保护地中。这些碳氢化合物总的要求是燃烧后不会造成环境污染，不会使植物和工作人员遭受毒害；要求其含硫量不得高于 0.05%。

燃烧时均在二氧化碳发生器里进行。发生器的要求是：故障少、耐用、简便、易修，不产生有害气体，而且有强力的通风装置，以使二氧化碳在保护地内扩散，并防止发生器周围气温过高，影响作物生长。

这种二氧化碳施肥方法发达国家利用较多，1L 煤油（0.82 kg）约可产生 2.5 kg 二氧化碳。使用方便，供给及时，二氧化碳产生量易控制，增产效果明显，但是设备与燃料的成本较高。

在保护地中施用二氧化碳气体肥料时，精确地了解环境中二氧化碳的浓度，对于施用的时间和施用量是非常必要的。精量、准时地施用，可节约原料、降低成本。

测定保护地中二氧化碳浓度的方法介绍如下：

（1）检测剂测定法

通过检测剂观察空气着色层的长度变化，查表对比订正即可求得二氧化碳的浓度。

（2）碳酸氢钠溶液吸收比色法

二氧化碳是一种酸性气体，可和碳酸氢钠中和而改变 ph 值。测定碳酸氢钠溶液 ph 值的变化可计算出二氧化碳的浓度。

（3）电导率法

苛性钠和二氧化碳发生化学反应时，其电导率发生变化。利用电极测量其电导率的变化可计算出二氧化碳的浓度。

（4）光折射法

因气体种类、浓度不同，光的折射率也不同，通过移动光干涉条纹，读取空气与被测气体的折射率之差，即可知道二氧化碳的浓度。

(5) 红外线二氧化碳分析仪

所有气体在波长为 1.5~2.5 μm 的红外线光谱范围内，都有固定的吸收光谱，并且红外线部分的吸收量与该吸收气体的浓度成正比。应用此原理制成红外线二氧化碳分析仪，可测定二氧化碳浓度。

在上述测定二氧化碳浓度的方法中，以红外线二氧化碳分析仪最为准确、方便、可靠，但缺点在于设备价格较高。而其他方法成本低廉，但较费事，而且准确性低。

在保护地内施用二氧化碳时，一定要掌握适宜的浓度。浓度太小，增产效果不明显，浓度太高，不仅造成浪费，而且二氧化碳浓度超过了作物的饱和点，反而有副作用。

施用二氧化碳的时间以在日出后 1 h 为宜，在通风换气的前 30 min 停止使用。春、秋季气温高，通风换气早，施用二氧化碳时间较短，每天 2~3 h 即可。冬季气温低，通风较晚，施用时间可稍长。一般在光合作用旺盛的上午施用，下午可不必施用。

对于作物而言，一生中以生育初期施用二氧化碳的效果最好。苗期施用二氧化碳设施简单、成本低，对提高秧苗素质有良好的效果。定植后初期，在根系开始活动时施用，有促进根系发育的作用。对于黄瓜、番茄等果菜类蔬菜于雌花着生期、开花期、结果初期施用有显著的增产作用。

施用二氧化碳时还应考虑天气状况。晴天多施，阴天不施。保护地内有微风可提高二氧化碳的利用效率，有条件时，可在施用二氧化碳的同时，利用风扇在设施内吹风。

总的来看，除利用无土栽培，或无土育苗外，我国的保护地均大量使用有机肥，设施内二氧化碳不会亏缺，不必要补充二氧化碳。

(二) 有害气体的防止

保护地内有害气体的防止主要是避免和减少有害气体的来源。在施用有机肥时，一定要发酵、腐熟透，勿施生肥；施用化肥应适量，宜分次少施，勿一次过量。保护地使用的塑料薄膜应慎重选用农业无毒塑料，勿用工业塑料薄膜。土壤消毒后应把有毒气体排放干净。利用燃烧法增温或二氧化碳施肥，应注意选用含硫量低的材料，并尽量燃烧完全，勿使产生一氧化碳。

一旦发现保护地里有有害气体存在，应立即通风排除。

第五节 保护地设施内土壤环境与调控

一、土壤肥力与保护地生产

土壤是蔬菜生长发育的基地。土壤固定和支撑着蔬菜，而且给蔬菜供应水、肥、营养，是蔬菜优质高产的基础。保护地内蔬菜生长发育快、根系吸收能力强、对土壤的要求比较高。保护地内的土壤肥力标准可归纳为以下几点。

（一）土壤高度熟化

耕作层中应富含有机物、腐殖质，腐殖质含量一般为2%~3%，含量高的甚至达到4%；土质疏松均匀、通透良好，土壤总孔隙度在60%左右；地下水位在2 m以下。土质中以壤土最为理想，沙土、黏土需经过改良方可利用。

（二）稳温性好

土壤的热容量大，热传导率小，含水量高，则升温慢，降温也慢，这种土壤的稳温性较好。如果把水的比热作为1来看，一般富含腐殖质的壤土比热是0.4左右，普通壤土是0.25，沙土是0.2。土壤热传导率受土壤孔隙度和含水量的影响，故而富含有机质、孔隙度大的土壤的稳温性好。稳温性良好的土壤有利于土壤微生物的活动，有利于蔬菜根系稳定的生长和发育。

（三）含有较高的营养成分

合格的土壤应富含各种营养成分，充分供给蔬菜所需的各种营养。一般要求含全氮0.1%以上，碱解氮75 mg/kg以上，速效钾150 mg/kg以上，速效磷30 mg/kg以上，氧化镁150~240 mg/kg，氧化钙0.1%~0.14%，同时含有一定量有效态的硼、锰、铜、铁、钼等微量元素。含盐量不高于0.4%，以微酸性土壤为佳。

（四）质地疏松、耕性良好，具有较强的蓄水保水和供氧能力

土壤容重大、紧实，说明土壤板结、有机质含量少、耕性不良。土壤的容重适宜、有机质含量高，则土壤具有较强的蓄水保水和供氧能力。一般蔬菜要求适宜的土壤相对含水量是60%~80%。在田间含水量达到最大持水量时，土壤需保持有15%以上的通气量。如果土壤含氧量低于10%，则蔬菜根系呼吸作用受阻，生长不良。

（五）土壤中不含或很少含有有害物质

除要求土壤中不含工业废水等污染外，还应要求其较少存在连作产生的障害因素。

在建造保护地时，由于某些客观条件的限制，土壤未必能符合上述要求。甚至不得不把保护地建在较差的地块上。在这种情况下，应有针对性地进行土壤改良。改良保护地内土壤最有效、直接的办法是大量增施有机肥料。有机肥料中营养齐全，许多养分可以被蔬菜直接吸收利用；有机肥可增加土壤腐殖质含量，改善土壤的理化性能，提高土壤的保水、保肥能力；有机肥的施用还可对微量元素的有效性起促进作用；有机肥中的营养元素是缓慢地释放出来的，不易发生浓度障害；有机肥的施用还有增加二氧化碳浓度和防病的作用。

二、土壤环境的特点

（一）土壤盐类积累及危害

在露地条件下一般土壤溶液浓度在3000 mg/kg左右，而在保护地尤其是多年连茬的保

护地中土壤溶液浓度为 7000~8000 mg/kg，严重时为 10000~20000 mg/kg。这样高的土壤溶液浓度对蔬菜作物是有害的。保护地土壤溶液浓度偏高是由下述原因引起的：一是缺乏大雨冲淋。自然界降雨有 1/3 的水量通过土壤下渗汇入地下水，土壤中一些可溶性成分也随之被淋溶带走。在保护地环境中，一般缺乏雨水淋溶，而且由于温度高、蒸发强烈，土壤水分带着盐分通过毛细管上升到地表，水分蒸发后，盐分便被遗留在土壤表层，造成了盐分的大量积累。二是保护地内施肥过量。在我国农村，保护地建造是投资较大的项目，农民们把增加经济收入的期望主要寄托在这上面，因而片面地把多施肥争高产措施过度地应用在保护地上。一般施肥量要高出理论施肥量的 3~5 倍，过量的化学肥料便以盐分的形式积存在土壤中，提高了土壤溶液浓度。如硫酸铵、氯化铵等化学肥料中的酸根不能被作物吸收，又缺乏大雨淋洗条件，便积存在土壤中，增加了土壤溶液浓度。三是保护地中灌水不当。低温季节为了避免地温降低，适量少灌水是可以理解的，但在温度较高的季节，为了节约水或节省灌水用工而浇小水，会使土壤盐分失去淋溶的机会而上升在土壤表层积累。当然，耕作不当、土壤结构破坏、土壤板结也会促进土壤溶液浓度的增大。

土壤中盐类积累过多的危害主要表现在以下方面：

1. 吸水困难

作物根系从土壤中吸收水分主要是靠根内溶液的渗透压大于土壤溶液的渗透压，从而实现土壤中的水分渗入根内。根系正常的渗透压是 5~7 个大气压。土壤中含的盐分增加，土壤溶液浓度增大，渗透压也提高。当土壤溶液浓度为 3000~5000 mg/kg 时，根的渗透压和土壤渗透压差距越来越小，根的吸水能力越来越弱。此时，作物的养分和水分吸收开始失去平衡。当土壤溶液浓度超过 10000 mg/kg 时，土壤溶液的渗透压大于根的渗透压，植物体内的水就会倒流入土壤，根系因细胞失水而枯死，即所谓的烧根现象。

2. 发生铵危害

正常条件下，植物只能吸收利用土壤中的硝态氮和铵态氮。施入土壤中的铵态、有机态、酰胺态氮都需在土壤微生物的作用下转化成铵态氮、硝态氮才能被吸收利用。随着土壤溶液浓度的升高，土壤微生物活动受抑制，铵态氮向硝态氮的转化速度下降，甚至终止。但有机态氮向铵态氮的转化几乎不受影响，这就使铵在土壤中积累起来。植物被迫吸收利用铵态氮，则表现为叶色加深或卷叶，生育不良，而且铵多了还会阻碍植物对钙的吸收，产生一系列生理障碍。在土壤溶液浓度为 3000~5000 mg/kg 时，土壤溶液中可以测出少量铵，在土壤溶液浓度为 5000~10000 mg/kg 时，由于铵的积累，作物对钙的吸收受阻，导致作物变黑或萎缩。

3. 引起缺素症或某些元素过量的障碍

缺素症一般是土壤中缺少某种元素引起的，但土壤溶液过大时，会造成元素之间的互相干扰，如铵和钾的拮抗作用会使对钙的吸收受阻，使土壤中不缺的元素，在植物体上表现缺乏。盐分过多又会造成镁过多的障碍。

当蔬菜作物受土壤溶液浓度过高的危害时，外部形态表现为：叶色浓绿，常有蜡质、闪光感，严重时叶色变褐，下部叶反卷或下垂；根系短而量少，根头齐钝，变褐色；植株矮小，新叶小，生长慢，严重时中午似缺水状萎蔫，早晨和下午恢复，几经反复后枯死。不同作物的抗盐能力不同，形态反应也不相同。

保护地土壤盐类积累过高在国内普遍存在，一般使用年限越长，积累量越大，危害越严重。

（二）不利于土壤有益微生物的活动

保护地生产大多数时间是在低温条件下进行的，作物的生育环境比正常栽培时的环境恶劣，相应的环境也不适宜土壤微生物的生育。在冬季低温条件下，土壤微生物的活动能力较弱，从而影响土壤养分的分解，致使作物难以从土壤中获得充足而适宜的养分。如地温低时铵态氮向硝态氮转化过程受影响，在地温为5℃时，施入土壤中的铵态氮经3个月才转化了20%左右。致使土壤中铵态氮积累过多，而发生生育不良现象。

保护地多年连作，使土壤根际微生物群落发生变化，大量滋生丝状菌，使其他细菌出现减少的趋势。目前认为，丝状菌是造成土壤出现连作障碍的重要原因。

（三）连作障害

目前我国的保护地多是一户一棚，是农户增加经济收入的唯一期望，故而连年种植经济效益高的黄瓜、番茄等作物。在茬口安排上，主要考虑经济效益，无暇顾及轮作倒茬问题，所以保护地中多年连作一种作物的现象十分严重。

保护地中多年连作往往使土壤中某些微生物大量繁殖，导致土壤微生物自然平衡被破坏。如土壤肥料的分解过程发生障害，引起铵中毒。有些传染病菌大量繁殖，导致土传病害的严重发生。

在长期的连作中，还会使土壤养分失去平衡。一些养分急剧减少，而另一些养分在土壤中积累，从而影响作物的吸收利用。某些作物根系的分泌物由于连作积累，也会影响同种作物的生长发育。

（四）土壤酸化

保护地中超量地增施硫酸钾、硫酸铵等化肥，使硫酸根离子残留，导致土壤酸化。时间长了会使土壤呈强酸性而严重影响作物的生长发育，目前，这一现象已经普遍发生。

（五）作物的吸收能力弱

保护地中，寒冷季节气温较高而地温低是普遍存在的问题。地温低直接影响根系对水分和养分的吸收。首先，影响最明显的是对磷、钾的吸收，其次是对硝态氮的吸收，最后是对铵态氮的吸收几乎不受影响，对钙、镁的吸收影响较小。如果把地温从10℃提高到15℃、25℃，则作物对硝酸态氮、磷、钾和水的吸收增加2~3倍。地温升高，作物活力提高，可以在一定程度上避免肥料浓度的危害。

(六) 其他

保护地中的土壤环境有时还会出现一些特殊现象，如有肥似缺肥。秋冬茬栽培时，后期植株生长缓慢；冬春茬栽培时，前期植株尚小而出现花蕾时，一些果菜的植株会出现茎尖变细的现象。通常把上述现象归结于土壤缺肥。实际上此时土壤多不缺肥，只是由于地温低、光照弱，根系吸收能力弱和光合产物减少造成的。

保护地中栽培作物还会出现类似缺钙症状实际上不缺钙的现象。土壤溶液浓度过高，阻碍了作物根系对钙的吸收，就会出现一些缺钙症状，如番茄脐腐病，黄瓜叶缘发黄似镶金边、整片叶四周下垂、呈降落伞状等。此时，补施钙肥并不能消除症状。

三、土壤环境的调控

(一) 土壤中气体环境的调控

土壤中含有二氧化碳和氧气。二氧化碳是根系呼吸作用的产物，也是土壤有机物分解的产物。二氧化碳需要释放到空气中，供光合作用之需。根系呼吸作用需要氧气，需要空气中的氧气补充到土壤中。土壤中二氧化碳和氧气的含量因地温和含水量的变化而变化。浇水后，土壤含水量多时，土壤中空气含量较少。夏季气温高、地温亦高时，土壤含水量少，根系呼吸作用旺盛，根系吸水能力较弱。

土壤中空气和大气中气体交换的主要动力是：地温和气温的差异、大气压力的变化、风的作用、降雨的作用、扩散作用等。当然上述动力还受土壤本身条件的制约，土壤的透气度、孔隙度、土壤耕作深度都影响气体的交换。显然，土壤的耕作层深度大、透气性良好、孔隙度大，则有利于气体的交换，增加土壤中的空气含量。

土壤中氧气的含量影响根系的生长发育，为此必须进行土壤空气的调节。

土壤空气调节的措施有：①土壤耕作，通过机械作用对土壤的耕翻，使土壤疏松，孔隙度增大，改善通透性是调节土壤空气的主要措施。当然耕翻一定要注意适期，勿在过湿过干时进行，以免破坏土壤结构。②覆盖地膜亦有保墒、提高土壤空气含量的作用。但是，覆盖地膜后土壤中氧气含量一般有所降低。这是由于根系呼吸作用的增强和土壤微生物活动的增强，消耗了大量的氧气，而空气中的氧气又受阻于地膜，不能及时补充所致。因此，覆盖地膜面积在60%~80%，保证有一定的露地面积为宜。③合理适肥，增施有机肥料，改善土壤结构，增加孔隙度和合理灌溉，尽量避免大水漫灌，采用滴灌、喷灌等措施，均有助于改善土壤空气含量。

(二) 深耕

目前，机械翻耕土壤深度一般在20 cm左右。一般耕作层土壤的肥力、通透等性能均良好，但耕作层以下的土壤表现很差。这影响了蔬菜根系向深层的发展。实践证明，结合施肥，逐步加深耕层，耕层在30 cm以上，能起到加速作物根系向深层发展的作用，深耕技术作为一项重要的改良土壤的措施在日本也受到重视。在深耕中应注意分层施有机肥，并避免打乱土层。

（三）盐害的防治

保护地中土壤积盐是不可避免的，所以降低土壤中的含盐量，防止土壤溶液浓度过高是一项长期而艰巨的工作。常用的防治盐害措施如下：

1. 合理施肥

进行定期的土壤化验分析，定量、合理地施肥，防止施肥过量造成盐分积累，这是最根本的防止保护地盐害的措施。这个措施既避免了肥料的浪费，又能防患于未然，是比较科学和先进的。目前，测土施肥技术在国内已经开始普及。

2. 增施有机肥和优质化肥

有机肥释放营养元素缓慢，不易造成土壤盐害，且有改良土壤的作用，故宜多施。施用化肥时应尽量利用易被土壤吸附、土壤溶液浓度不易升高、不含植物不能吸收利用的残存酸根的优质化肥，如尿素、过磷酸钙、磷酸铵、磷酸钾等。氯化钾、硫酸钾、硫酸镁等化肥施入土壤后，因其酸根不能被作物吸收而积存在土壤中，易导致土壤溶液浓度的提高。故此类化肥不宜大量施用。

3. 以水排盐

目前，国内流行的做法是用水排走保护地内土壤中过多的盐分。在夏季休闲时，揭掉覆盖物使土地接受自然降水的淋洗或人工大水漫灌，任其向下渗透，汇入地下水移到远离保护地的地方，或在附近开挖排水沟，让水带着盐类注入沟中，再流到远处。永久性保护地可在地下设置固定排水管道。在作物生长期间，发现有土壤溶液浓度障碍时，可增加灌溉次数和灌水量。利用以水排盐法除水流直接带走盐分外，还可以在高温淹没环境中形成还原条件，使土壤中积聚的硫酸根、硝酸根等还原成可挥发的气体，从土壤中逸失，从而降低土壤溶液浓度。

以水除盐法的效果有时不佳。如在土壤透水性较差，或灌水量不大时，盐分只被带到不太深的地层，以后又随土壤毛细管上升到地表面，所以效果只是短暂的。最好的方法是开挖排水沟，让盐水流到较远的地方。

4. 以作物除盐

利用玉米、高粱等禾本科作物的耐盐性较强，能大量吸收土壤中的无机态氮和钾的特性，在保护地的夏季休闲期种植这些禾本科作物，把无机态的氮和钾转化为有机态的氮和钾，从而降低土壤中盐分的浓度。在禾本科作物未成熟前将其压入土中做绿肥，这些绿肥中含有较多的有机碳，可促使土壤微生物活动。微生物在活动过程中还要从土壤中消耗可溶性的氮，也有利于降低土壤的含盐量。这种方法在日本大量应用，除盐效果较好。

5. 深翻除盐

保护地中的土壤盐分大多数积聚在近地表层，在休闲期深翻，能使含盐多的表层土与含盐少的深层土混合，起到稀释耕作层盐分的作用。深翻结合分层施入有机肥还有改良土壤物理、化学性状的作用。

6. 换土除盐

对大型固定保护地可定期换入棚外大田含盐少的土壤，以代替室内含盐多的土壤。一些保护地构造简陋、搬迁方便，一旦发现土壤含盐量过高，换土比搬迁还成本更高可将保护地设施搬迁，改换良地。

（四）土壤消毒

在保护地内终年土壤温湿度较高，土壤中病原菌繁殖速度很快，加上不合理的连作，较多的蔬菜残株落叶，以及一些病虫害在保护地内越冬，导致保护地内的病虫害比露地严重得多。为此，及时进行土壤消毒，控制病虫害，是保证高产、优质的重要措施。目前常用的保护地土壤消毒法如下。

1. 硫黄熏烟消毒

空闲期，在保护地内按每 1000 m^2 用混合好的硫黄和锯末各 0.25 kg，分区放好，然后点燃熏烟消毒并密闭 1 昼夜，后通风换气。此法可消灭保护地内和土壤表面的多种病虫害。其设备简便，效果良好。

2. 福尔马林土壤消毒

在蔬菜保护地定植前 15~20 d 进行土壤消毒。用 0.3% 福尔马林喷浇土壤，1000 m^2 地块用配好的福尔马林液 150 kg。喷浇后，畦面用薄膜覆盖，待 5~7 d 再翻倒土 1~2 次即可。

3. 多菌灵土壤消毒

在保护地内，每平方米用 50% 多菌灵可湿性粉剂 30~40 g，与土拌匀即可防止黄瓜枯萎病、白粉病等病害。

4. 高温闷棚

在炎夏保护地空闲时，可先把土壤耕翻，施入大量秸秆有机肥，每 667 m^2 施入 30~50 kg 石灰氮，后做畦，灌水。土面用透明薄膜覆盖，最后把保护地密闭。再曝晒 15~20 d，待土温达到 50~70℃时，维持 5~7 d，即可掀膜通风。此法既可消毒土壤，还可减少土壤盐分积聚，且节省能源，效果较好。

5. 蒸汽消毒

利用蒸汽锅炉的高温蒸汽直接用管道通入保护地内，室内地面用特制的橡胶布盖往，四周用重物压紧，然后通入蒸汽。让蒸汽温度上升至 110~120℃，土壤 30 cm 深的地温达 90℃时，保持半小时，停止通气。待地温降至一般温度时，方可栽培作物。该法可防治多种土壤病害，效果良好，无残害，较安全，但耗费能源较多。

（五）施肥

1. 肥料的作用和施用原则

保护地是个高度集约化的栽培场所，肥沃的土壤至关重要，是蔬菜丰产、高效的基础。由于蔬菜的产量高、吸收力强，一年中连续栽培，所以需要的土壤肥力大大超过一般农作物。为此，保护地栽培中施肥是非常重要的技术措施。

肥料是提供一种或一种以上植物必需的矿质元素，改善土壤性质、提高土壤肥力水平的一类物质，是蔬菜丰产、提高品质的物质基础之一。在保护地栽培中，保持土壤肥沃，必须把蔬菜摄取并移出农田的无机养分以肥料的形式还给土壤。

蔬菜所必需的营养元素包括碳、氢、氧、氮、磷、钾、钙、镁、硫、铁、硼、锰、铜、锌、钼、氯和镍17种元素。这17种必需营养元素因其在蔬菜体内含量不同，又可分为大量、中量和微量营养元素。大量营养元素在蔬菜体内占干物重的千分之几至百分之几十，如碳、氢、氧、氮、磷、钾等；中量和微量营养元素在蔬菜体内占干物重的千分之几至十万分之几，如钙、镁、硫、铁、硼、锰、铜、锌、钼、氯及镍等。这些元素组成了蔬菜的整体并参与蔬菜生长发育活动的全过程。任何一种元素的缺少都会影响蔬菜的正常生长发育，导致减产、品质下降或病害的发生。如大量元素氮是植物体内氨基酸、叶绿素的组成部分，对植株的生长起着重要的作用，其中叶菜类的蔬菜全生育期需求最多。磷肥是植物生长过程中必需的三大元素之一，是组成细胞核、原生质的重要元素，是核酸及核苷酸的组成部分。作物体内磷脂、酶类和植物生长素中均含有磷，磷参与构成生物膜及碳水化合物、含氮物质和脂肪的合成、分解和运转等代谢过程，是作物生长发育必不可少的养分。钾是蔬菜的必需营养元素。钾是60多种生物酶的活化剂，能保障作物正常生长发育；钾促进光合作用，能增加作物对二氧化碳的吸收和转化；钾促进糖和脂肪的合成，能提高产品质量；钾促进纤维素的合成，能增强抗倒能力，提高蔬菜的产量和品质；钾调节细胞液浓度和细胞壁渗透性，能提高蔬菜抗病虫害、抗干旱的能力。

蔬菜施肥总的要求是保证产量和品质，必须使足够数量的有机物质返回土壤，以保持或增加土壤微生物活性。所有有机或无机（矿质）肥料，尤其是富含氮的肥料，应以对环境和作物（营养、味道、品质和植物抗性）不产生不良后果为原则。此外，还应遵循以下原则：

第一，根据栽培目的施肥。栽培的蔬菜产品要求达到什么标准，就应该采用什么施肥标准。如果要生产有机蔬菜，就应该按照AA级绿色食品的生产标准在"生态环境质量符合规定的产地，生产过程中不使用任何化学合成物质，按特定的生产操作规程生产、加工、产品质量及包装经检测、检查符合特定标准，并经专门机构认定，许可使用AA级绿色食品标志的产品"的原则下施肥；如果要生产无公害蔬菜，就按照无公害栽培技术施肥，无公害栽培技术是我国制定的最低标准，如果再违背，即有害消费者的产品。

第二，化肥应与有机肥配合使用。有机氮与无机氮施用比例以 1∶1 为宜，厩肥大约 1000 kg 加纯氮 9 kg。最后一次追肥必须在收获前 30 d 进行。化肥也可以和有机肥、微生物肥配合使用。

第三，城市垃圾要经过无害化处理，质量达到国家标准后才能使用，每年每 667 m² 农田限制用量，黏性土壤不超过 300 kg，砂性土壤不超过 2000 kg。秸秆还田可因地制宜地进行。绿肥最好在盛花期翻压，翻埋深度为 15 cm 左右。盖土要严，翻后耙匀。压青后 15~20 d 才能进行播种或移苗。饼肥对水果蔬菜等作物施用效果较好。叶面肥料，喷施于作物叶片，可施一次或多次，最后一次必须在收获前 20 d 喷施。微生物肥料可用于拌种，也可作为基肥和追肥施用，使用时应严格按照使用说明书的要求操作。

第四，禁止使用有害的城市垃圾和污泥，严禁在蔬菜上浇施不腐熟的人粪尿。

2. 肥料的种类

肥料的种类很多，总体上可以分为下列几类：

（1）有机肥

有机肥是天然有机质经微生物分解或发酵而成的一类肥料，又称农家肥。其特点是：原料来源广、数量大；养分全、含量低；肥效迟而长，须经微生物分解转化后才能为植物所吸收；改土培肥效果好。常用的自然肥料品种有绿肥、人粪尿、厩肥、堆肥、沤肥、沼气肥和废弃物肥料等。

有机肥料施用后不但能改良土壤、培肥地力，还能增加作物产量和提高农产品品质。在保护地栽培中必须施用大量的有机肥。

（2）化学肥料

指用化学方法制造或者开采矿石，经过加工制成的肥料，也称无机肥料。包括氮肥、磷肥、钾肥、微肥、复合肥料等，它们共同的特点是：成分单纯；养分含量高；肥效快；某些肥料有酸碱反应；一般不含有机质。

化学肥料按照成分又分为下列几种：

①大量元素化学肥料：大量元素化学肥料主要包括氮肥、磷肥、钾肥及同时含有这几种大量元素的复合化肥。这种肥料是化学肥料中的主体，应用量巨大，增产效果明显。

第一，氮肥。氮素化肥在化肥中应用量最大、施用最普遍，也是蔬菜栽培中必不可缺的肥料。氮肥是指只具有氮（N）标明量，并提供植物氮素营养的单元肥料。根据氮肥中氮的存在形态分为三类：

一是铵态氮。包括氨水、硫酸铵、碳酸氢铵（气肥）、氯化铵等。这类氮肥易溶于水，易被作物吸收，起效快。缺点是易挥发。铵态氮易氧化变成硝酸盐，这一过程在土壤微生物的作用下称为硝化作用。土壤 ph 是影响土壤硝化作用的重要因素，中性或碱性土壤最适宜硝化作用的进行，最适 ph 为 7~9。土壤含水量为田间持水量的 60% 左右时，硝化细菌活动最为旺盛、硝化作用进行最快。土壤硝化作用最适宜温度一般在 25~35℃。高温和低温都能抑制硝化作用的进行。在碱性环境中氨易挥发损失。高浓度铵态氮对作物容易产生毒害。作物若吸收过量铵态氮则对钙、镁、钾的吸收有一定的抑制作用，易与土壤中镁钙离子发生拮抗，造成蔬菜缺钾、钙、镁等缺素症状。铵态氮肥效期短，一般为 10~15 d，应深埋使用。

二是硝态氮。如硝酸铵、硝酸钠、硝酸钙等。硝态氮的共同特性是：易溶于水，在土壤中移动较快；为主动吸收，作物容易吸收利用；对作物吸收钙、镁、钾等养分无抑制作用，施用后不会造成蔬菜的缺素反应。其缺点是：不能被土壤胶体所吸附，易流失；容易通过反硝化作用还原成气体状态（NO、N_2O、N_2），从土壤中逸失。

三是酰胺态氮。如尿素。尿素含氮（N）46%，是固体氮肥中含氮量最高的。尿素不能大量被蔬菜直接吸收利用，在土壤中微生物分泌酶的作用下水解成铵态氮方能被蔬菜吸收利用。尿素在土壤中转化受土壤 ph、温度和水分的影响，在土壤呈中性，水分适当时，土壤温度越高，转化越快；土壤温度为 10℃时尿素完全转化成铵态氮需 7~10 d，为 20℃时需 4~5 d，为 30℃时需 2~3 d 即可。在温室、大棚冬、春季，地温较低，土壤酸化严重的情况下尿素很难水解，因此施用后，蔬菜长时间不能吸收利用，造成严重的缺肥现象。温度高的季节，尿素水解后生成铵态氮，表施会引起氨的挥发，尤其是碱性土壤上更为严重，因此在施用尿素时应深施覆土。尿素要在作物需肥期前 4~8 d 施用。尿素适用于做基肥和追肥，有时也用作种肥。但是相对来说肥效较长，正确施用肥效有 30~40 d。

第二，磷肥。磷是植物生长过程中必需的三大元素之一，是作物生长发育必不可少的养分。目前磷肥的种类有：磷酸一铵、磷酸二铵、钙镁磷肥、重过磷酸钙、过磷酸钙、富过磷酸钙、白磷肥、磷酸轻钙等。在农业上应用较多的是磷酸一铵、磷酸二铵、过磷酸钙等。这类磷肥多是用硝酸、硫酸或盐酸加工磷矿石生产出来的。其中用硝酸加工的磷肥称为硝酸磷肥，它不但含有氮、磷元素，而且由于硝酸酸性强，能把磷矿石中很多不溶于水、不能被植物吸收利用的无效中微量元素变得溶于水，成为中微量元素肥料，加上没有增加土壤中的硫酸根、盐酸根，不会加重土壤的酸化现象，所以更受生产者的青睐。

第三，钾肥。钾肥是农作物需要的大量元素肥料。主要钾肥品种有氯化钾、硫酸钾、磷酸二氢钾、钾石盐、钾镁盐、光卤石、硝酸钾、窑灰钾肥等。氯化钾的生产成本较低，但是一些农作物对氯元素较敏感，不宜大量应用。硝酸钾不但供应植物钾肥，其硝酸根也被当氮肥吸收利用，故土壤中没有残存硫酸根或盐酸根，不会加重土壤的酸化现象，所以在钾肥中更受欢迎。

第四，复合肥。复合肥是大量元素肥料中的一类。氮、磷、钾三种养分中，至少有两种养分仅由化学方法制成的肥料叫复合肥，如硝酸钾、磷酸二氢钾、磷酸磷、磷酸铵等。由两种或三种养分的单元肥料混合在一起的肥料称为复混肥。复合肥具有养分含量高、副成分少且物理性状好等优点,对于平衡施肥、提高肥料利用率、促进作物的高产稳产有着十分重要的作用。

第五,大量元素水溶性肥料。是一种可以完全溶于水的多元复合肥料,目前开始大量推广应用。它能迅速地溶解于水中,更容易被作物吸收,而且其吸收利用率相对较高,可以应用于喷滴灌等农业设施,实现水肥一体化,达到省水、省肥、省工的效能。水溶性肥料可以含有作物生长所需要的全部营养元素,如 N、P、K、Ca、mg、s 以及微量元素等。完全可以根据作物生长所需要的营养需求特点来设计配方,科学的配方不会造成肥料的浪费,使得肥料利用率提高到常规化学肥料的 2~3 倍。水溶性肥料是速效肥料,随时可以根据作物不同长势对肥料配方做出调整。

②中量元素肥料:中量元素肥料含有作物营养元素钙、镁和硫中 1 种或 1 种以上的化合物。钙肥主要有石灰、石膏、过磷酸钙、钙镁磷肥;镁肥主要有钙镁磷肥、硫酸镁、氯化镁等;硫肥主要有普通过磷酸钙、硫酸铵、硫酸镁、硫酸钾等。这 3 种元素也是植物体中的重要组成部分,并参与植物生长发育的全过程,是植物必不可缺的肥料元素,但在植物体内的含量均不超过 1%,相对大量元素来讲属于中量元素。这类肥料除给作物提供养分外,还可以调整土壤的物理性质,促进农业增产。如施用钙、镁调理剂(如天脊土壤调理剂)使土壤 ph 保持在 6~7,可以阻缓磷肥被固定提高磷肥的有效性;有利于土壤中铵态氮转化为硝态氮的反应,因为多数硝化细菌需要钙素;促进生物固氮的过程;调整作物对微量元素的吸收量;改良土壤的物理性质,主要是改善土壤的粒度分布。含硫肥料主要用于调整土壤的碱性和盐性。目前,土壤中一般不会缺乏硫,缺钙和镁的情况较多,特别是在温室、大棚冬季栽培中更为严重,应注意补充。

③微量元素肥料:在地壳中含量范围为百万分之几至十万分之几,一般不超过千分之几的元素,称为微量元素。铁元素在地壳中含量虽然较多,但在植物体中含量甚少,并且具有特殊功能,故也列为微量元素。微量元素常是酶或辅酶的组成成分,它们在生物体中的特殊机制有很强的专一性,是生物体正常的生长发育所不可缺少的。主要包含硼、锰、钼、锌、铜、铁等微量元素。近年来,随着复种指数的提高,产量逐年增加,氮、磷、钾肥的施用也随之增加,从而加剧了土壤中有效微量元素的消耗,使得养分供应失调,微量元素的缺乏日趋严重,许多作物都出现了微量元素的缺乏症。施用微量元素肥料,已经获得了明显的增产效果和经济效益。微量元素肥料大致可分为以下三类:

单质微肥:这类肥料一般只含 1 种为作物所需要的微量元素,如硫酸锌、硫酸亚铁、硼砂、钼酸铵等即属此类。这类肥料多数易溶于水。故施用方便,可做基肥、种肥、叶面追肥。

复合微肥:这一类肥料多在制造时加入一种或多种微量元素,它包括大量元素与微量元素以及微量元素与微量元素之间的复合。例如,磷酸铵锌、磷酸铵锰等。这类肥料,一次施用同时补给几种养分,比较省工,但难以做到因地制宜。

混合微肥：这类肥料是在制造或施用时，将各种单质肥料按其需要混合而成。

我国的土壤中不缺铜，因为喷施代森锰锌等农药，也很少缺锰。但是，缺硼、锌、铁、钼的现象较多，应注意补充施用。

（3）微生物肥料

微生物（细菌）肥料，简称菌肥，又称微生物接种剂。它是由具有特殊效能的微生物经过发酵（人工培制）而成的，含有大量有益微生物，施入土壤后，或能固定空气中的氮素，或能活化土壤中的养分，改善植物的营养环境，或在微生物的生命活动过程中产生活性物质，促进植物生长。

①微生物肥料的作用：

第一，生物激素刺激作物生长。多孢菌菌肥中微生物的生命活动过程中，均会产生大量的赤霉素和细胞激素类等物质，这些物质在与植物根系接触后，可调节作物的新陈代谢，刺激作物的生长，从而使作物产生增产效果。

第二，减轻病害。菌肥中在植物根系大量生长、繁殖，从而形成优势菌群，这样就抑制和减少了病原的入侵和繁殖机会，起到减轻作物病害的功效。

第三，刺激有机质释放营养。丰富的有机质通过微生物活动后，土壤可不断释放出植物生长所需要的营养元素，达到肥效持久的目的。如解磷菌、解钾菌等。固氮菌还可以固定空气中的氮素。

第四，松土保肥、改善环境。丰富的有机质还可以改善土壤物理性状，增加土壤团粒结构，从而使土壤疏松，减少土壤板结，有利于保水、保肥、通气和促进根系发育，为农作物提供适合的微生态生长环境。

②微生物肥料的种类：

目前使用较多的菌肥有：含固氮菌的菌肥可以固定空气中的氮素，直接给植物提供养分；光合细菌肥料可以提高植物光合作用；复合微生物肥料是多种有益菌与有机、无机复合肥混合而成；"酵素菌"和"Em"，是有机肥的微生物发酵剂；乳酸菌有机肥，和有机物堆积发酵 7~28 d，含氮有机质会被酵化，成为植物需要的营养物质。

③微生物肥料使用方法：

育苗：采用盘式或床式育秧时，可将生物菌肥拌入育秧土中堆置 3 d，再装入育苗盘和育苗钵。因育苗多在温室或塑料棚中进行，温湿度条件比较好，易于微生物生长繁殖，所以棚室育苗微生物肥料使用量可比田间用作基肥的量小一些。

基肥：用作基肥时应将微生物菌肥与有机肥按 1~1.5 : 500 的比例混匀，用水喷湿后遮盖，堆腐 3~5 d，中间翻倒一次后施用。施用时要均匀施于垄沟内，然后起垄；如不施用有机肥，以 1 kg 生物肥拌 30~50 kg 稍湿润的细土，均匀施于垄沟内，然后起垄覆土，注意与化肥隔开使用。在水田或旱田也可以均匀撒施于地表，然后立即耙入土中，注意不能长时间暴露在阳光下暴晒。

种肥：在施用有机肥或化肥用作基肥的基础上，将生物菌肥用作种肥时，可将拌有细土的生物菌肥施于播种沟中，再点种。

拌种：先将种子表面用水或豆浆、红糖水喷湿润，然后将种子放入菌肥中搅拌，使种子表面均匀沾满菌肥后，在阴凉通风处稍阴干即可播种。

喷施：是一种用于追肥的施用方法。将生物菌肥先用少量水浸泡 4~6 h，然后加水进行搅拌，搅拌后用较细目布或尼龙纱网布过滤，将滤清液喷施在作物叶背面和果实上。喷施应在傍晚或无雨的阴天进行。

④施用注意事项：

一是使用生物肥料要求一定的环境条件和栽培措施，以保证微生物的生长繁殖，使肥料充分发挥作用。二是生物肥料一般不能单独施用，要和化肥、有机肥配合施用，只有这样才能充分发挥生物肥料的增产效能。三是在生产、运输、贮存和使用过程中注意避免杀菌环境。

（4）微生物有机肥

目前，很多厂家在商品有机肥中又加了很多有益的微生物，这种肥料既有有机肥的优点，又有菌肥的特点，如天脊公司生产的沃丰康有机肥，既能改良土壤，增加营养元素；又有有益的微生物，起到抑制病原菌抗重茬的作用。

3. 施肥量

为了防止施肥量过多或过少，造成土壤盐害，了解土壤中养分的含量和各种肥料的养分含量非常必要。为此，必须采用测土施肥技术，了解土壤中和各种肥料的营养元素含量。

除考虑上述因素外，还应考虑施肥后土壤的固定、养分的挥发、水分的冲流损失等。一般施肥量要比作物对养分的吸收量大，施氮素量应为吸收量的 1~2 倍，磷素为吸收量的 2~6 倍，钾素为吸收量的 1.5 倍。

4. 基肥与追肥的施用比例

很多地方为了节省人工，把应用在保护地上的肥料一次全部用作基肥施入。这种做法亦有高产、高效益的回报。但是考虑蔬菜保护地是一次种植多次收获，作物的吸收期较长，而且各生育期需肥不同的吸收规律，以及一次施肥后，土壤溶液在一段时期内过高，而且随水流失和挥发损失较大的诸多因素，一般主张采用分次施肥。为了施用方便，有机肥一般用作基肥一次全部施入，生长期较长的越冬黄瓜也可在生育中期用作追肥施用 1 次。速效氮肥 20% 用作基肥，80% 用作追肥，速效磷肥 60% 以上用作基肥，40% 作追肥，钾肥一半用作基肥，一半用作追肥。在用作追肥的速效肥料中，应采用少量多次的施用方法，分次施入。氮肥分 4~6 次平均施用；磷肥分 2~3 次施用，集中在前期；钾肥分 2~3 次集中在后期施用。

5. 基肥的施用

基肥是蔬菜丰产的基础，它不仅供给作物营养，还有改良土壤的作用，在保护地栽培中具有重要的作用。基肥以有机肥为主，亦可配合磷酸铵、过磷酸钙或适量的氮素化肥。基肥的施用量因肥料种类而异，一般优质厩肥为每 667 m² 施 5000~7000 kg，土杂肥每 667 m² 施 7000~10000 kg，人粪尿、畜禽粪每 667 m² 施 3000 kg 左右。施用工厂生产的有机肥如沃丰康等每平方米 200~300 kg，每 667 m² 掺入磷素化肥 30~40 kg。基肥应在耕翻土地时施入，可普施，亦可条施、穴施。当施肥量大时应普施，当施肥量小时，为提高肥料利用率可穴施。

6. 追肥方法

追肥是在作物生育期补充肥料或满足作物生长发育对肥料急需的一项措施。追肥分根际追肥和根外追肥两种。在前期追肥，作物株体尚小，应尽量开沟或挖穴把肥料施入土内。在作物生长后期，株体较大，沟施或穴施困难较大，为省工和减少植株损伤，一般用地面撒施的方法。地面撒施应小心谨慎，防止肥料挥发产生氨气毒害。地面撒施有增加地表土壤溶液浓度之弊，而且为使肥料分散均匀并渗入地下供根系吸收，还要大量浇水，易引起土壤板结。所以，地面撒施追肥应慎用。

（1）追肥时期

追肥时期应根据作物的需肥规律和外部形态特征来确定。当作物出现叶片色淡而小，株体细弱矮小，落花落果，果实发育不良等缺肥症状时，可及时追肥。在保护地中，冬季由于低温弱光等环境条件造成的植株不良形态表现与缺肥症状很相似，此时应进行分析，做出正确判断。

一般作物追肥的时期应选在临近加速生长和接近收获盛期的时候，即在大量需要肥料的前期。瓜果类蔬菜第一次追肥的时期非常重要，追肥过晚，影响第一穗花、果的生长发育。黄瓜在根瓜膨大期、甜椒在第一花开放后、番茄在第一穗果坐住后进行第一次追肥较适宜。追肥的间隔时间和作物的采收次数及耐肥能力有关。黄瓜是连续采收，根部耐肥力较弱，盛果期应多次少量追肥，可 4~6 d 追施 1 次。番茄可采收 1 次追施 1 次。

（2）追肥种类

在保护地里追肥，除选用不直接产生氨气的肥料外，还必须选用那些使土壤溶液浓度上升最小的肥料。不同的肥料施入土壤后，土壤溶液浓度的增加情况是不一样的。从氮肥来看，随着施用量增加，土壤溶液浓度（电导度）也随之上升。上升速度由大到小依次是氯化铵、硝酸钾、硫酸铵、硝酸铵、磷酸二氢铵、石灰氮。磷钾肥施用后土壤电导度上升的速度由高到低的顺序是氯化钾、硝酸钾、硫酸钾、磷酸氢铵、磷酸二氢铵、过磷酸钙。在保护地中追肥，宜选用硝酸铵、磷酸二氢铵、硫酸钾等不易使土壤溶液浓度急速上升的化学肥料。

果菜类蔬菜在生育前期应以追施氮肥为主，以促进营养生长，中后期结合施用磷、钾肥料，以促进生殖生长。

7. 肥料品牌选择

我国肥料品牌极多，大部分厂家生产的品牌是质量有保证的。但是，也有很多小厂家的产品不是肥料元素含量不达标，就是标志与成分不一致。这些品质低劣的产品靠着价格低廉，以及夸大其词的宣传仍能占领市场的一席之地。为了能使用货真价实的肥料，购买时应注意以下几点：

（1）正确选择厂家

在采购肥料时尽量选择生产规模大、历史长、有信誉的厂家的产品。这些厂家生产技术稳定，质量有保障。同时选用富含稀土元素的矿粉作为配矿，在肥料生产过程中活化为硝酸稀土，硝酸稀土能促进蔬菜根系发育，提高蔬菜的抗性，促进其生长发育等。因此，其硝酸磷型系列肥料为全营养的功能性肥料。

（2）不轻信小广告

选购肥料时应根据以往的经验和正规渠道，不要听信小广告的迷惑，或贪图小便宜而受骗上当。

（3）不要轻易相信物美价廉

很多假冒伪劣肥料都是打着物美价廉的旗号，购买时千万不要轻信这种宣传。物美就意味着要原料好，工艺精制，严格检验，这就不可能价廉；如果一味追求价廉，那有效原料不足或劣质，有效成分减少就可能买到伪劣产品。选购大厂家的产品，虽然价格较高，但是质量有保证。

8. 保护地施肥应注意的问题

目前各地的保护地中，施肥普遍存在的问题是：依赖化学肥料，忽视有机肥料；重视氮肥，忽视磷、钾肥料的配合；重视大量元素肥料，轻视微量元素的施用和大量劣质肥料的施用。由此而造成的后果是土壤结构不良，肥料比例失调，缺乏微量元素，作物难以达到预期的丰产效果。

目前，存在较严重的问题是氮素化肥施量过大，不仅造成肥料的浪费，而且土壤溶液浓度过高，发生蔬菜生长发育障害问题十分普遍。土壤溶液浓度过高发生的危害，俗称为肥料"烧根"。它对黄瓜危害的形态表现如下：一是叶色由深绿变暗绿，叶面似有蜡而油光发亮。二是叶肉凸起，叶脉相对下凹。三是叶缘下卷，叶子中部隆起，叶缘出现镶金边。四是生长点萎缩，心叶下弯，迟迟不展，一旦展开则明显比其他叶子小，所以受害株顶部叶片有急剧缩小的现象。五是根部发锈，根尖部钝齐呈截头，严重时出现烧根。六是果实畸形。除从作物形态上判断土壤溶液浓度过高外，还可借助电导仪来测定土壤溶液浓度。电导仪是根据土壤中可溶性盐分越多，电导度越大的原理来测定的。保护地内使用硫酸盐和盐酸盐的化肥过多,造成土壤酸化严重,今后应注意施用硝酸盐化肥和碱性化肥。

总的来看,保护地施肥应做到三看,即看天、看地、看作物。

(1) 看天施肥

看天气施肥主要是根据季节的温度不同进行合理地施肥。夏季等气温较高的季节,可以施用硝态氮、铵态氮或尿素。后两种氮肥施入土壤中均可迅速分解成蔬菜可以吸收利用的氮元素,起到速效作用。晚秋、冬季、初春等低温季节,特别是温室大棚栽培的蔬菜,施肥时就应选择蔬菜可以直接吸收利用的硝态氮的氮肥。如果施用了尿素,则因尿素不能被吸收利用,而低温情况下水解成可以被吸收利用的铵态氮需要较长的时间(10℃时需7~10 d),这样就失去了氮肥的速效性优势,造成短时间的缺氮。即使尿素水解成了铵态氮,或者使用的是铵态氮肥,铵态氮要分解成硝态氮,需要更高的温度,其适温为25~30℃,低温情况下很难分解,造成铵态氮的大量积累。铵态氮的积累抑制了蔬菜对钾、钙、镁、铁等肥料元素的吸收,反而造成蔬菜的缺素症状。

由此,在低温季节,特别是温室、大棚栽培的蔬菜施用肥料应该选用硝基氮肥。如施用天脊集团硝酸磷型系列肥料不但速效,还能促进蔬菜对其他肥料元素的吸收,增加微量元素和稀土,促进蔬菜的生长发育。

(2) 看地施肥

在盐碱地或 ph 在 7 以上的土壤中可以施用各种氮素肥。但在目前酸化严重的温室、大棚和果园中的土壤上,应尽量使用硝基氮肥,不要使用尿素或铵态氮肥。因为铵态氮肥在酸性环境中不易分解成硝态氮,容易造成铵态氮的积累,抑制蔬菜对钾、钙、镁、铁等肥料元素的吸收,反而造成蔬菜出现缺素症状。施肥时应先进行测土,根据土壤肥料含量正确施肥。

(3) 看作物施肥

蔬菜对氮、磷、钾肥的需要量均较大。蔬菜喜硝态氮,在生育初期和后期对氮肥的需要量均很大,初期需要磷较多,后期需要钾较多。所以,苗期施肥应以氮肥为主,中后期以高氮高钾低磷的肥料为主,同时应补充各种中微量元素。

目前生产中施肥过量的现象极为严重,今后应注意科学合理地施肥。基肥中复合肥的施用量适当下调,增加追肥次数,避免一次性施用过多的肥料。

施用化肥时要注意提高氮肥的利用率。为此应做到:铵态氮或尿素态氮深施后土埋,深度以 7~10 cm 为宜,施后严密覆土;种肥深施、追肥深施;少施多次,适量施用。因为氮肥的肥效期较短,需每次根据不同作物的生长时节不同,分次施用不同量的氮肥,切忌一次施用;因地施用,根据土地性质,不同农田选择不同的氮肥,不同土质的农田,选择不同的使用量和次数。

第十一章 设施栽培土壤生态优化

第一节 设施栽培土壤生态优化原理

一、植物对营养元素的需要

（一）植物的营养成分

一般新鲜植物含有 75%~95% 水分和 5%~25% 干物质。干物质的主要元素为碳（C）、氢（h）、氧（O）、氮（N），约占 95% 以上；还有钙（Ca）、钾（K）、磷（P）、硫（S）、铁（Fe）、锰（Mn）、锌（Zn）、铜（Cu）、硼（B）、钼（Mo）、氯（Cl）、硅（Si）、铝（Al）、钠（Na）、钡（Ba）、锶（Sr）、钴（Co）、镍（Ni）、矾（V）等几十种元素，只占 1%~5%。

有些元素是植物生长发育所必需的，尽管含量很低，缺乏这些元素植物就会表现出病态，即生理性病害。相反，有些元素可能是偶然被植物吸收的，甚至在体内有大量积累，但这些元素不一定是植物生长发育所必需的，缺乏这部分元素，植物的生长发育不表现病态。

确定是不是植物生长发育必需元素，常用营养液培养法。在培养液中减去某一种元素，如果植物生长发育正常，则说明这种元素不是植物生长发育所必需的；相反，如果植物的生长发育表现异常，则说明这种元素就是植物生长发育所必需。必需元素必须具备 3 个条件：完成生活周期不可缺少；缺少时呈现专一的缺素症，唯有补充后才能得到恢复；在营养上具有直接作用效果。

在高等植物所必需的 16 种营养元素中，又分为大量元素、中量元素和微量元素。大量元素的含量常占干物质的 1.0% 以上，即在 10000 mg/kg 以上；中量元素的含量常占干物质的 0.1% 以上，即在 1000 mg/kg 以上；微量元素的含量常占干物质的 0.1% 以下，即在 1000 mg/kg 以下。

（二）作物必需营养元素的主要生理功能

1.必需元素的主要生理功能

如表11-1和表11-2所示。

表11-1 作物必需营养元素的主要生理功能

营养元素	主要生理作用
碳、氢、氧（C、H、O）	作物在光合作用时利用碳、氢、氧制造糖类。糖进一步形成复杂的淀粉、纤维，转化为蛋白质、脂肪等重要化合物。氧和氢在生物氧化还原过程中，也起着重要作用
氮（N）	氮是构成蛋白质的主要元素，而蛋白质又是细胞原生质组成中的基本物质。氮也是叶绿素、酶（生物催化剂）、核酸、维生素、生物碱等的主要成分
磷（P）	磷是核苷酸的组成元素，是组成原生质和细胞核的主要成分。核苷酸及其衍生物是作物体内有机质转变与能量转变的参与者。作物体内很多磷酯类化合物（磷的一种贮藏形态）和许多酶分子中都含有磷，磷对作物的代谢过程有重要影响
钾（K）	钾能调节原生质的胶体状态和提高光合作用的强度，与作物体内糖类的形成和运输有密切关系，能促进作物的氮代谢。钾还能增强作物的抗逆性，减轻病害，防止倒伏
钙（Ca）	钙对于作物体内碳水化合物和含氮物质代谢有一定的影响，能消除一些离子（如铵、氢、铝、钠）对作物的毒害作用。钙主要以果胶酸钙的形态存在于细胞壁，能增强作物的抗病能力
镁（Mg）	镁是叶绿素和植酸盐（磷酸的贮藏形态）的成分，能促进磷酸酶和葡萄糖转化酶的活化，有利于单糖的转化，因而有利于碳水化合物代谢
硫（S）	硫是构成蛋白质和酶的主要成分，维生素B_1分子中的硫可促进植物根系生长。硫还参与植物体内的氧化还原反应
铁（Fe）	铁参与叶绿素的合成。作物体内许多呼吸酶都含有铁，铁能促进作物呼吸，加速生理的氧化
硼（B）	硼对根茎生长、开花结实均有作用；硼能加速作物体内碳水化合物的运输，促进作物体内氮素的代谢；硼能增强作物的光合作用，改善作物体内有机物的供应和分配；硼能增强豆科作物根瘤菌的活动，提高其固氮能力，还能增强作物的抗病能力
锰（Mn）	锰是酶的活化剂，与作物的光合、呼吸、硝酸还原作用都有密切的关系。锰参与叶绿素的合成
铜（Cu）	铜是作物体内各种氧化酶活化基的核心元素，在催化作物体内氧化还原反应方面起着重要作用。铜能促进叶绿素的形成。含铜酶与蛋白质的合成有关

续表

营养元素	主要生理作用
锌（Zn）	锌是作物体内碳酸酐酶的成分，能促进碳酸分解过程，与作物光合、呼吸作用、碳水化合物的合成、运转等过程有关；锌能保持作物体内正常的氧化还原势，对某些酶具有活化作用；参与作物体内生长素的合成
钼（Mo）	钼是作物体内硝酸还原酶的成分，参与硝态氮的还原过程。钼还能提高根瘤菌和固氮菌的固氮能力
氯（Cl）	氯在光合反应中起到辅助酶的作用。在细胞遭破坏或正常的叶绿体光合作用受到影响时，氯能使叶绿体的光合反应活化

表 11-2 作物营养元素缺乏和过剩症状

元　素	缺乏症状	过剩症状
氮（N）	1. 植株褪绿成淡黄色 2. 植物生长变缓，分蘖减少 3. 根的发育细长、瘦弱 4. 籽实减少，品质变坏	1. 叶深绿色，多汁而柔软，对病虫害和冷害的抵抗能力减弱 2. 茎伸长，分蘖增加，抗倒伏性降低 3. 根的伸长虽然旺盛，但细胞少 4. 籽实成熟推迟，果实着色不良
磷（P）	1. 缺乏症一般发生在下位叶，而后扩展到上位叶 2. 叶变窄，呈暗绿、赤绿、青绿或紫色，边缘红色 3. 着色减少，开花结实延迟 4. 根毛粗大而发育不良，分蘖明显减少或不分蘖	1. 一般不出现过剩症 2. 营养生长停止，过分早熟，导致低产 3. 大量施用磷肥，将诱发钙、锌、铁、镁的缺乏症
钾（K）	1. 因钾易于移动，所以钾缺乏症首先发生于老叶 2. 新叶和老叶的中心部呈暗绿色，叶的尖端和边缘黄化、坏死，病健部界限明显，类似胡麻斑病 3. 叶片褶皱弯曲 4. 只在主根附近形成根，侧向生长受到限制	1. 虽然与氮一样可以过量吸收，但难以出现过剩症 2. 土壤中的钾过剩时，抑制了镁、钙的吸收，发生镁、钙缺乏症
钙（Ca）	1. 因钙在体内难以移动，所以钙缺乏症出现在生长点 2. 因为生长组织发育不健全，芽的先端枯死，细根少而短粗 3. 籽实不饱满，妨碍成熟 4. 缺钙时花生出现空壳，番茄出现脐腐病，芹菜、白菜出现心腐病，核果类果树出现流胶，苹果出现黑痘，葡萄出现裂果等	1. 不出现过剩症 2. 大量施用石灰，则抑制镁、钾和磷的吸收 3. 酸性高时，锰、硼、铁等的溶解性降低，发生缺乏症
镁（Mg）	1. 妨碍叶绿素的形成，叶脉间黄化，禾本科植物呈条状，阔叶植物呈网状 2. 黄化部分不发生坏死 3. 单独施钾，会增加镁的缺乏	土壤中 Mg/Ca 比高时，作物生长受到阻碍

续表

元　素	缺乏症状	过剩症状
硫（S）	1. 在我国北方施用硫酸根肥料，很难出现缺硫症，南方某些土壤可见缺乏症状 2. 幼叶落黄、窄小，植株矮小，茎韧性低，结实率低	1. 不出现过剩症 2. 老朽化水田易发生 H_2S 过剩 3. 近年来出现了亚硫酸气体的毒害
氯（Cl）	1. 叶尖枯萎，叶片失绿，进而发展成青铜色的坏死 2. 大田极少看到氯缺乏症状	盐害不是由于吸收了过量的氯，而是盐分浓度障碍
铁（Fe）	1. 阻碍叶绿素的形成，叶片发生黄化或白化，但不发生褐色坏死 2. 上部叶片发生缺乏症 3. 喷施硫酸亚铁则迅速恢复 4. 磷、锰、铜过量吸收导致铁的缺乏	1. 据说水稻的还原障碍是由于吸收了 Fe^{2+} 引起 2. 大量施入含铁物质，则增大了磷酸的固定，降低了磷的肥效
锰（Mn）	1. 禾本科植物呈条状黄化，进而坏死，阔叶植物则发生斑状黄化和坏死 2. 土壤碱化严重（pH值高）的土壤易缺锰 3. 过量施用有机肥料，土壤有机质过多的土壤易缺锰	1. 根变褐色，叶片出现褐斑，或叶缘部发生白色化，变紫色等 2. 果树异常落叶，是由于锰过剩 3. 锰过剩导致缺铁
锌（Zn）	1. 叶片小（小叶病）、变形，叶脉间发生黄色斑点（斑叶病） 2. 细根的发育不全	1. 新叶发生黄化，叶柄产生赤褐色斑点 2. 阔叶类作物出现根系坏死
硼（B）	1. 植物矮小，茎叶肥厚弯曲，叶呈紫色 2. 茎的生长点发育停止，变褐色 3. 发生大量侧枝，严重缺乏时，常出现花而不实（不孕症） 4. 根的伸长受阻碍，细根的发生量减少	1. 叶缘黄化，变褐色 2. 施用容许范围窄的微量元素，易发生过剩症
铜（Cu）	1. 麦类叶片黄白化，变褐色，穗部因萎缩不能从剑叶里完全抽出，结实不好 2. 缺铜使果树枝条枯萎，嫩枝上发生水肿状的斑点，叶片上出现黄斑	1. 主根的伸长受阻，分枝根短小 2. 铜过剩引起缺铁 3. 生长不良，叶片失绿 4. 果品容易产生果锈
钼（Mo）	1. 叶脉间黄化，叶片上产生大的黄斑 2. 叶卷曲成杯状 3. 因植物体矮化而呈各种形状	1. 一般植物不发生钼过剩症 2. 叶片出现失绿 3. 马铃薯的幼株呈赤黄色，番茄呈金黄色

(三) 植物对养分的吸收

1. 根部营养

(1) 根的构造及主要吸收部位

植物地下部分所有根的总体称为根系。根系有直根系和须根系之分,直根系分布较深,有明显的直根和各级侧根,双子叶植物常具有直根系。须根系分布较浅,没有明显的主、侧根之分,主要由不定根组成,单子叶植物常具须根系。

主根、侧根、不定根的尖端称为根尖,依次可分为根冠、分生区、伸长区和根毛区四部分。根的主要吸收部分在根毛区及伸长区,根尖部位更容易吸收矿物质元素,因此,要施肥于作物根系分布较集中的部位。

(2) 生物膜的构造

植物细胞的原生质体被一层选择性的半透性膜包被着,使细胞内外得以隔开,这层膜可调节化合物及离子的进入和流出。生物膜的主要成分是磷脂和蛋白质,生物膜的状态是可以改变的,从而改变其渗透性。

(3) 根部对无机养分的吸收

无机养分是以离子状态进入根部细胞的,这一过程可分为两个阶段:第一阶段离子借浓度梯度或静电引力进入根内的外层空间,或者与细胞膜上吸附的离子进行代换,在很短时间内达到平衡,这个过程又称为离子的被动吸收。第二阶段是离子进入内层空间。这个阶段的离子必须逆浓度梯度缓慢地进入根细胞内,这个过程需要消耗能量,又称为离子的主动吸收或选择吸收。

2. 根外营养

作物除通过根部吸收养分外,叶部也能吸收养分,并具有直接供给植物养分的作用,防止养分在土壤中被固定和转化,吸收速度快,能及时满足作物需要等优点,因而通过叶部吸收营养是经济有效的。叶部吸收养料一般是从叶片角质层和气孔进入,最后通过质膜进入细胞,叶部吸收养分的形态和机制与根部相似。

除叶部吸收养分外,茎部也可吸收养分,如果树的茎干注射法和打洞埋藏法施肥,就是利用了茎部对养分的吸收特性。

3. 影响作物对养分吸收的外界因素

影响作物对养分吸收的外界因素主要有温度、通气条件,土壤溶液反应,养料浓度和离子间相互作用等。

(1) 温度

温度增加,呼吸作用加强,植物吸收养分的能力也增加。低温时,代谢作用较缓慢。在高温时易引起体内酶的变性,从而影响植物对养分的吸收。作物吸收养分的最适温度为20℃左右。

（2）通气状况

通气有利于有氧呼吸作用，因而也有利于养分的吸收。当氧气的供应强度达到一定值后，吸收养分的能力接近最高值。

（3）土壤溶液反应

土壤溶液反应能影响根细胞表面的电荷，常影响作物对养料的吸收。在酸性反应中作物易吸收阴离子，在碱性反应中作物易吸收阳离子。

（4）养分浓度

只有当养分的浓度适当时，才有利于作物的吸收。养分浓度低，根的负电化学位较小，吸收速度慢；养分浓度太高，则会对根系造成伤害，影响养分吸收。在适当范围内提高养分浓度，有利于作物吸收。

（5）离子间的相互作用

离子间有拮抗作用和协助作用。所谓拮抗作用是指某一种离子的存在，能抑制另一种离子的吸收。协助作用是指某一种离子的存在，能促进另一种离子的吸收。

二、科学施肥的基本原理与依据

（一）养分补偿学说

养分补偿学说是养分归还学说的发展，是施肥的基本原理之一。人们在土地上种植作物并把产物拿走，作物从土壤中吸收矿物质元素，就必然会使地力逐渐下降，从而土壤中所含养分将会越来越少。如果不把植物带走的营养元素归还给土壤，土壤最终会由于土壤肥力衰减而成为不毛之地。因此，要恢复和保持地力，就必须将从土壤中拿走的营养物质还给土壤，必须处理好用地与养地的矛盾。

作物必需的营养元素可分为大量元素、中量元素和微量元素，它们在植物体内的含量差异显著，然而对于植物的生长发育而言，它们的重要性是相同的。每一种元素各自具有着特殊的营养功能，其他元素是不能替代的，缺乏任何一种元素，植物的生长发育就不正常，严重者甚至会死亡。只有补充该元素的供给，才能恢复作物正常的生理代谢。因此，在实际施肥过程中，必须根据作物要求和土壤特性，考虑不同种类肥料的配合，达到营养元素的协调供应。

有些元素在作物新陈代谢过程中起着相似的作用，某一元素缺少时，部分可被另一种元素代替。例如，钾、锰和铵可活化为醛脱氢酶；锌、锰和镁可活化为羧化酶；硼能部分地消除亚麻缺铁症；钠可部分地满足糖用甜菜对钾的要求。元素间的这种作用，一方面反映某些作物营养要求的多样性，另一方面反映化学性质相似的一些元素在作物营养中有极其复杂的关系。值得指出的是，绝大多数作物的必需营养元素是不能代替的。

（二）最小养分律

最小养分律是人们在认识土壤养分与作物产量关系的基础上，归纳出来的作物营养学的一条基本定律。即作物的生长发育需要多种养分，但决定作物产量的却是土壤中有效含量最小的养分限制因子。无视这种养分的短缺，即使其他养分非常充足，也难以提高作物产量。

最小养分随作物种类、产量和施肥水平而变。一种最小养分得到满足后，另一种养分就可能成为新的最小养分。一般最小养分是指大量元素，但对某些土壤或某些作物来说，也可能是微量元素。例如，我国南方的一些地区，由于土壤缺硼，出现油菜花而不实或棉花的蕾铃脱落；北方出现的水稻坐蔸和玉米白化苗病，只有在施用硼肥或锌肥后，病症才会消退。

土壤好比一个盛水的木桶，构成木桶的每一块木板代表土壤中的一种营养元素。如果土壤缺氮，氮素就是最小养分，代表氮素的木板就比其他木板低一些。木桶的盛水量代表作物的产量，水位超过代表氮素的木板就会自然流出，要想提高木桶的盛水量，必须提高氮素木板的高度。

根据最小养分律，首先施用含最小养分的那种肥料，当发生最小养分转变，新的最小养分出现时，施肥目标随之转变。在实践中要各种肥料配合施用，使各种养分因子在较高水平上满足作物需要。

（三）报酬递减律

报酬递减律是反映肥料投入与产出客观存在的规律，即在生产条件相对稳定的前提下，随着施肥量的增加，作物产量也增加，但增产率为递减趋势。从单位肥料量所形成的产量分析，经济学上叫"边际分析说"，即每一单位肥料量所获得的报酬，随着施肥量的递增而递减。

如果品种改良、水利条件改善等，则施肥量要相应提高，体现肥料报酬递减律。

（四）因子综合作用律

农作物高产是综合因子共同作用的结果，只有把单一的施肥技术与综合的农业技术措施相结合，才能发挥肥料的增产效果。所谓综合因子，就是指环境条件与生态因子，如土壤酸碱度、温度、水与光照、养分等，其中必有一个起主导作用的限制因子。合理施肥是限制因子之一，决定着栽培模式。

（五）科学施肥依据

1. 作物与施肥

（1）作物对养分的需求量：作物生长发育需要有16种必需营养元素，但不同作物需要量是有差异的，在不同的生长发育阶段，对养分的需求量也是不相同的。除此之外，有些作物还需要16种必需营养元素之外的元素，如水稻需要较多的硅，豆科植物固氮时需要微量的钴等。

同一种作物，矮秆、株型紧凑、抗病力强的品种需要养分量较大。各种作物不仅对养分的需求量不同，而且对养分的吸收能力也不同，如油菜和花生等豆科植物能很好地吸收磷肥。各种作物对养分的需求差异也表现在肥料形态方面，如水稻的氮素营养以铵态氮为好，烟草则以硝态氮为好。

（2）作物对养分的需求特性

作物的营养特性随生长发育时期而改变。在作物由种子→植株→种子的生长过程中，可分为营养阶段和生殖阶段。生长初期吸收养分的数量和强度较低，随后增强，生长后期又逐渐降低。对于多年生果树，不仅存在一个完整的生长发育过程，而且有一个年生长周期，每年萌芽时期主要靠树体内贮藏的养分维持生长。随着叶片和根系的生长，作物进行光合作用，并为生殖生长打下基础。在秋末和冬季，生长发育减缓或停止，对养分的吸收减弱或停止。

（3）作物营养的临界期和最大效率期

作物对养分的吸收具有一定的规律，常有一个时期对某种养分的需求量并不太多，但却很敏感，若缺乏该种养分供应，生长发育会受到严重抑制，以后也很难弥补，称为该种养分的临界期。如磷营养临界期，小麦在开始分蘖时期，玉米在五叶期以前，棉花在二、三叶期；氮营养临界期，冬小麦在分蘖和幼穗分化期，玉米在幼穗分化期，棉花在现蕾期；钾营养临界期，水稻在分蘖初期和幼穗形成期。

作物有一个时期的施肥效果最好，称为最大效率期。如玉米的氮肥最大效率期在大喇叭口至抽雄初期，棉花氮、磷的最大效率期均在花铃期，甘薯的氮最大效率期在生长初期，而磷钾的最大效率期在块根膨大期。

需要指出的是，作物对养分的吸收虽然具有明显的阶段性，但也要看到其连续性，在生产上灵活运用。

2. 土壤条件与施肥

（1）土壤的物理性质与作物施肥

适宜于设施栽培的土壤应符合以下物理指标：

①土壤有机质。设施栽培的土壤有机质含量在2%~4%为最好。土壤有机质含量高不仅可以改善土壤的物理性质，还具有增加土壤微生物量、改善微生物区系、提高土壤的缓冲性等多种功能。同时可以增加设施栽培棚内的二氧化碳浓度，最终促进设施栽培作物的生长发育，提高产量和品质。研究结果表明：增施不同的肥料和使用不同的施肥方法，土壤二氧化碳的释放量不同。但并不是土壤有机质含量越高越好，如果施用有机肥料过多，土壤中的二氧化碳浓度过高，会影响设施栽培作物根系的呼吸作用；碳过多，微生物形成过量，与作物争氮，会导致设施作物缺氮。

②土壤固（颗粒）、液（水分）、气（空气）三相分别为40%、32%和28%。

③小于 1 μm 的黏粒低于 30% 的土壤。

④土壤容重为 1.1~1.3 g/cm³，土壤容重大于 1.5 g/cm³ 就会导致作物根系生长受阻。

⑤土壤具有直径 0.25~10 mm 的团粒结构。

⑥土壤总空隙度为 60% 以上，含氧量 15%~21%，保水能力强，透气性和透水性好。

⑦土壤耕层在 30 cm 以上，地下水位低，不含有害有毒物质。

（2）土壤酸碱度

土壤酸碱性（ph）对农作物生长非常重要，适宜大多数农作物生长的土壤 ph 为 7 或略小于 7。土壤可分为中性土壤、微酸性土壤、酸性土壤、强酸性土壤、弱碱性土壤、碱性土壤和强碱性土壤 7 个级别（表 11-3）。

表 11-3　土壤酸碱度分级

土壤类型	中性土壤	微酸性土壤	酸性土壤	强酸性土壤	弱碱性土壤	碱性土壤	强碱性土壤
土壤酸碱度（ph）	6.5~7.5	5.5~6.5	4.5~5.5	< 4.5	7.5~8.5	8.5~9.5	> 9.5

①土壤酸碱度主要影响养分状态，即当土壤 ph 低于 6.0（酸性）时，土壤中的氮、磷、钾、硫、钙、镁、钼等营养元素的可吸收性开始降低；土壤 ph 低于 5.0 时，土壤中的氮、磷、钾、硫、钙、镁、钼等营养元素的可吸收性极显著降低，几乎达到不可吸收的程度。

土壤酸碱度影响作物正常的生理代谢，过酸或过碱的土壤都不利于作物生长。如菠菜、大蒜、菜豆和莴苣等都对土壤酸碱度的反应比较敏感，需要中性土壤；甜菜、豌豆和胡萝卜等在土壤 ph 为 6.0 的弱酸性土壤中生长良好；甘蓝和菜花等在土壤 ph 为 5.0 的土壤中仍能生长得很好；番茄以 ph 为 6~7 为宜；黄瓜在 ph 为 5.5~7.5 的土壤中均能正常生长发育。

②土壤酸化对土壤微生物的影响。据研究，土壤中大部分微生物在中性条件下生长，如土壤细菌、放线菌。土壤严重酸化后，土壤微生物量较低，微生物群落较少，碳的利用效率较低，呼吸熵则较高。当酸性土壤施加氰氨化钙或草木灰后，则酸碱度（ph）上升，总的微生物活性上升，细菌生长率提高，细菌群落组成发生变化，实验室中可培养的细菌数大大增加。

（3）土壤盐分

①土壤盐分指标。土壤含盐量是由阳离子与氯酸根、硫酸根所组成的中性盐含量来确定的，用 g/kg 表示。

②土壤盐化对农作物生长的影响。

第一，土壤盐分浓度过高，严重降低水分有效性，影响着溶液的渗透势，即水势相应降低，使植物根系吸水困难。即使土壤含水量并未减少，也可能因盐分过高而造成植物缺水，出现生理性干旱现象。

第二，植物体内水分有效性降低，会影响蛋白质三级结构的稳定，降低酶的活性，从而抑制蛋白质的合成。

第三，产生单盐毒害作用。在离子浓度相同的情况下，不同盐分浓度对植物生长的危害程度不同。这与各种离子的特性有关，属于离子单盐毒害作用。在盐渍土中，若某一种盐分浓度过高，危害程度比多种盐分同时存在时要大。

（4）土壤生物与作物施肥

土壤生物主要包括土壤微生物和土壤动物两大类。土壤微生物包括细菌、放线菌、真菌和藻类等类群；土壤动物主要包括环节动物、节肢动物、软体动物、线性动物等无脊椎动物和原生动物。这些土壤生物包括有害生物和有益生物两类，有益生物主要通过影响土壤理化性质来促进作物生长发育，而有害生物主要是通过侵害作物影响作物生长发育。

①土壤有益生物对作物营养供应具有重要的作用。

如分解有机质，直接参与 C、N、S、P 等元素的生物循环，使作物需要的营养元素从有机质中释放出来，以供利用；参与腐殖酸的合成和分解；某些微生物具有固氮作用，通过溶解土壤中难溶性钾的能力，从而改善土壤中氮、磷、钾的营养状况；土壤有益微生物产生的生长刺激素、维生素等，能促进作物的生长发育；参与土壤中的氧化还原过程。

②土壤动物具有对土壤有机质的分解作用。

土壤动物不仅能水解碳水化合物、脂肪和蛋白质，还能水解纤维素、角质和几丁质；释放出许多活性的钙、镁、钾和磷酸盐类，对土壤的理化性质产生显著影响。

③土壤有害生物对作物的影响。

有害生物分泌物能抑制作物根系生长和吸收营养元素；直接侵染作物地上部分或根系，导致作物发病；有害生物通过影响有益生物，间接影响作物的生长发育。

（5）土壤氧化还原性

氧化态产物是植物养料的主要形态，而还原态易于挥发或有毒性，只有 NH_4、Fe^{2+}、Mn^{2+} 等少数养料是有效形态。

土壤的氧化还原性是土壤通气状态的标志，直接影响作物根系和微生物的呼吸作用。一般土壤通气良好，氧化还原电位高，会加速土壤中养分的活化过程，使有效养分增多。

一般土壤养分含量低，供肥和保肥性能差，应适当多施些肥料；反之，则少施。对于保肥性能差的沙性土壤，施肥宜少量多次；保肥性能好的黏性土壤，一次施肥量可适当加大，施肥次数相应减少。

三、矿物源土壤改良型肥料对设施栽培土壤的生态优化作用

（一）矿物源土壤改良型缓释肥——氰氨化钙

氰氨化钙（$CaCN_2$）为深灰色或黑灰色微型颗粒，质地较轻，微溶于水，不溶于酒精，

易吸潮而起水解作用。氰氨化钙含氮（N）19.8%~21.0%、含钙（Ca）35.0%，ph 为 12.5。

1. 氰氨化钙在土壤中的反应原理

氰氨化钙施入土壤后，在一定温度条件下遇水反应而生成氢氧化钙[Ca（OH）$_2$]和酸性氰氨化钙[Ca（HCN$_2$）$_2$]；酸性氰氨化钙再与土壤胶体上的氢离子（H）发生阳离子代换，生成单氰胺（H$_2$CN$_2$）、土壤胶体钙和双氰胺（H$_4$C$_2$N$_4$）；单氰胺、双氰胺和水继续反应生成尿素[CO（NH$_2$）$_2$]；尿素逐渐水解成铵态氮（NH$_4$），铵态氮再转化成硝态氮（NO$_3$），被作物吸收利用。同时，双氰胺是一种硝化抑制剂，抑制铵态氮向硝态氮的转化。

2. 氰氨化钙在土壤中的反应特点

氰氨化钙在土壤中的反应速度，与土壤含水量、土壤温度和施用量有关。在土壤相对持水量不低于 70%，并且 5 cm 土层日平均地温不低于 15℃时才开始分解；当土壤相对持水量低于 70% 或者 5 cm 土层平均地温低于 15℃时，就停止分解或分解很缓慢；在土壤中的分解速度随着地温的升高而加快，随着施用量的增加而减慢。试验表明，5 cm 土层 15℃、土壤田间相对持水量保持 70%，氰氨化钙在土壤中的反应速度为 3 d / 10 kg。

3. 氰氨化钙对土壤生态环境的优化作用

（1）对土壤酸碱度（ph）的影响

①防治土壤酸化。

氰氨化钙和土壤中的水反应生成氢氧化钙[Ca（OH）$_2$]和酸性氰氨化钙[Ca（hCN$_2$）$_2$]。氢氧化钙[Ca（OH）$_2$]能中和土壤溶液的酸（H），防治土壤酸化。

②长期合理施用氰氨化钙不会造成土壤碱化。

氰氨化钙 ph 为 12.5，是一种强碱性肥料。据资料表明，连续 17 年施用 80 kg/hm^2（5.33 千克氮 / 亩，折合氰氨化钙 27 千克 / 亩）不同形态的氮肥，氰氨化钙不会对土壤造成碱化；相反，单独施用其他氮肥（如硝酸铵、尿素等）对土壤的酸度影响很大。

（2）对土壤结构的影响

氰氨化钙施入土壤后遇水反应生成酸性氰氨化钙[Ca（hCN$_2$）$_2$]，与土壤胶体上的氢离子（h）发生阳离子代换生成的土壤胶体钙，能促成土壤团粒结构，提高土壤透气性、吸收性和保水保肥性能。

（3）对土壤有机质含量的影响

据研究，9月结合桃树秋季管理，在连续3年施用有机肥的情况下增施硝酸钙500克/棵，对土壤有机质增长影响不大，而在施用有机肥的同时连续3年增施氰氨化钙150克/棵、250克/棵和350克/棵，能够显著提高土壤有机质含量，分别达到18.81克/kg、19.27克/kg和19.73克/kg，较单独施用有机肥（对照）土壤有机质含量分别较对照提高31.2%、

34.4% 和 37.6%。这说明在施用有机肥的同时,增施氰氨化钙具有提高土壤有机质的作用。

(4)降低土壤盐渍化作用

土壤盐渍化是指易溶性盐分在土壤表层积累的现象,主要原因如下:

①气候条件:自然降雨少,土壤蒸发量大,土壤底层或地下水的盐分随毛管水上升到地表,形成土壤盐渍化。

②灌溉水:灌水量大及含盐量高都能加快土壤盐渍化进程。

③施肥条件:不同化学肥料的盐化指数不同。盐化指数是指肥料施入土壤中,增加土壤溶液渗透压的程度。施用盐化指数高的化学肥料,会提高土壤的盐渍化程度;相反,施用盐化指数低的化学肥料,土壤的盐渍化程度低。另外,超量施用化学肥料,土壤溶液的盐浓度高,土壤盐渍化程度就高;相反,施肥量小,土壤溶液的盐浓度低,土壤盐渍化程度也低。

(5)注意事项

在施用氰氨化钙前、中、后 24 h 内,严禁饮酒或带酒精的饮料;施用方法与施用量严格按照说明书。

4. 氰氨化钙 + 秸秆 + 太阳能高温闷棚

① 7—8 月选择连续晴天闷棚。

②清理大棚内的作物残枝落叶等。

③撒施碎秸秆(小麦、水稻、玉米等,长度 < 10 cm)800~1000 kg,或羊粪、兔子粪 5~10 kg/m³。

④撒施氰氨化钙 30~40 kg。

⑤旋耕土层深度 20~30 cm。

⑥做宽 50~100 cm、高 30~40 cm 的畦。

⑦覆盖地膜或旧大棚膜。

⑧在膜下浇自然水或羟基氧化液(臭氧水,见羟基氧化液部分),浇水量 30~50 m³。

⑨闷棚 20~30 d。

注意事项:氰氨化钙施用量越大,闷棚时间就越长;大棚内温度越高,闷棚时间越短。大棚土壤田间持水量不低于 70% 才具有闷棚的作用,因此,闷棚前几天要检查大棚土壤含水量,及时补充水分。在不能进行高温闷棚时,移栽前可结合整地撒施 5~10 kg 氰氨化钙。

(二)矿物源土壤调理剂

土壤调理剂能改善土壤的物理、化学、生物性状,改善土壤结构,降低土壤盐碱危害,调节土壤酸碱度,改善土壤水分状况或修复污染土壤等。

1. 土壤调理剂的分类

(1)矿物源土壤调理剂

一般由富含钙、镁、硅、磷、钾等矿物质,经标准化工艺或无害化处理加工而成,用于增加矿物养分，以改善土壤物理、化学和生物性质。

（2）有机源土壤调理剂

有机物经标准化工艺无害化加工而成。

（3）化学源土壤调理剂

由化学制剂经标准化工艺加工而成。

2.用硫脲废渣生产的新型矿物源土壤调理剂

硫脲废渣主要成分是氢氧化钙[$Ca(OH)_2$]，另外还含有少量的镁、硫和铁等中微量元素，ph达到10.0~12.0。

（1）配方

用硫脲废渣为主要原料，添加辅料材料如七水硫酸锌（$ZnSO_4·7H_2O$）、七水硫酸亚铁（$FeSO_4·7H_2O$）、硫酸锰（$MnSO_4$）、五水硫酸铜[$Cu(H_2O)·5H_2O$]和硼砂（$Na_2B_4O_7·10H_2O$）等。

（2）主要技术指标

ph为10~12，含钙（CaO）>40%。

（3）生产工艺

原料混合—造粒—烘干—包装。

（4）在农业生产中的作用

①调节土壤酸性。

②对土壤矿物养分状况的影响。

③增产作用。

3.多功能土壤调理剂施用方法

在不能进行高温闷棚时，可以结合基肥撒施100~200 kg土壤调理剂。

（三）矿物源生物激活素——红外线光肥

红光外侧的光线，称为红外线，是一种具有强热作用的电磁波。人们将红外线分为近红外、中红外和远红外区域，相对应波长的电磁波称为近红外线、中红外线及远红外线。

1.红外线对植物的作用原理

（1）红外线波段标准

红外线的波长大于可见光线，波长为0.75~1000 μm。红外线可分为三部分，即近红外线，波长为0.75~2.5 μm；中红外线，波长为2.5~25 μm；远红外线，波长为25.0~500 μm。

（2）对农作物的作用机理

①光子生物分子激活剂作用：蒙山红陶具有较强的红外线（波段2~6 μm），特别是该红外线有较强的渗透力和辐射力，具有显著的温控效应和共振效应，易被植物体吸收并

转化为内能，激活核酸蛋白质的活性，使生物体细胞处于最高振动能级。蒙山红陶能够促进生物体内循环和新陈代谢，增加组织的再生能力，达到防治病害的目的。

②改变水分子结构：红外线可使植物体内水分子产生共振，使水分子活化，促进植物快速生长发育。水中溶解氧浓度增加，分解农药残留能力加大，无机盐的溶解度下降。

2．"蒙山红陶"红外线光肥

（1）组成成分与加工工艺

以山东蒙山等地特有的麦饭石、火山石、二钾石、砭石和木鱼石等作为原料，经破碎—搅拌混合—低温烧制—破碎—高温烧制—破碎—添加多种微量元素—粉筛—包装而成。

（2）在农业生产中应用

①提高作物的抗酸性：在 ph 为 4.1 的沙壤土上栽植水稻，每亩施用蒙山红陶粉剂，可明显提高水稻的抗酸性，促进生长。其中，株高较对照增加 10.0 cm，提高 18.2%；单株有效分蘖增加 1 个，较对照增加 10.0%；显著增加穗粒数，较对照增加 15.1 粒，提高 20.1%；明显提高千粒重，较对照增加 2.2 g，较对照提高 9.2%。

在土壤 ph 为 4.1 的沙壤土上栽植小麦，每亩施用蒙山红陶粉剂，能明显提高小麦的抗酸性，促进小麦的生长。其中，株高较对照增加 6.9 cm，提高 16.2%；单株有效分蘖增加 1.3 个，较对照增加 13.6%；显著增加穗粒数，较对照增加 11.2 粒，提高 18.1%；明显提高千粒重，较对照增加 1.9 g，较对照提高 8.8%。

②提高作物的抗碱性：在 ph 为 8.9 的沙壤土上种植小白菜，每亩施用蒙山红陶粉剂，能明显提高小白菜的抗碱性，促进小白菜的生长。其中，单株重量较对照提高 40.8%。

③提高作物的抗寒性：每亩施用 10 kg 蒙山红陶粉剂，能明显提高大蒜的抗冻性。

④提高产量和品质：在黑鸡枞菇生产床上每亩施用 30 kg 蒙山红陶粉剂，发菇率较对照提高 28.8%，产量较对照提高 51.4%。

⑤增加果品的保质期：在 26℃ 的恒温条件下施用蒙山红陶（保鲜盒）处理保鲜大樱桃 48 h，大樱桃腐烂率较对照降低 54.5%。

3．施用方法

①一年生设施蔬菜或花卉：移栽前结合基肥撒施 5~15 千克／亩。

②多年生设施栽培花卉或果树：生育期间结合追肥施用 10~15 千克／亩。

四、植物源生物刺激素对设施栽培土壤的生态优化作用

（一）腐植酸

腐植酸又名黑腐酸、腐质酸、腐殖酸，不是单一的化合物，而是一组羟基芳香族和羧酸的混合物。

腐植酸的提取方法是先用酸处理煤，脱去部分矿物质，再用稀碱溶液萃取，萃取液加酸酸化，即可得到腐植酸沉淀。根据腐植酸在溶剂中的溶解度，可分为溶于丙酮或乙醇的

部分,称为棕腐酸;不溶于丙酮部分,称为黑腐酸;溶于水或稀酸的部分,称为黄腐酸(又称富里酸)。

1. 腐植酸的作用

(1) 改良土壤

①增加土壤团粒结构:在所有土壤结构中,以粒径 0.5~10 mm 的团粒结构最理想。这种土壤结构能协调水分和空气的矛盾。团粒间大孔隙增加,大大地改善了土壤透气能力,容易接纳降雨和灌溉水。这种土壤团粒间大孔隙供氧充足,好气性微生物活动旺盛,因此,团粒表面有机质分解快而养分供应充足,可供植物利用。这种土壤团粒内部保存水分较多,温度变化就较小,土温稳定有利于植物生长。有团粒结构的土壤黏性小,疏松易耕,宜耕期长,而且根系穿插阻力小,有利于发根。

②提高土壤的缓冲性能:腐植酸是弱酸,它与钾、钠、铵等一价阳离子作用,生成能溶于水的弱酸盐类。腐植酸与盐类组成缓冲溶液,保证作物在比较稳定的酸碱平衡环境中生长。

(2) 营养作用

小分子腐植酸可直接被根吸收,为作物提供碳(C)营养。有些腐植酸与土壤中难溶金属离子形成络合物,如钙(Ca)、镁(Mg)、铜(Cu)、铁(Fe)、锰(Mn)、锌(Zn)等,有利于作物吸收。

(3) 刺激作物生长

①调控酶促反应,特别是加强末端氧化酶的活性,有刺激和抑制双向调节作用,从而提高植物代谢水平。

②腐植酸具有类似植物内源激素的作用。腐植酸影响植物的很多生理反应。第一,腐植酸促使根的生长,有类似生长素效果。第二,腐植酸促进作物种子萌发、出苗整齐和幼苗生长,类似赤霉素的效果。第三,腐植酸使作物叶片增大、增重、保绿,青叶期延长,下部叶片衰老推迟,促进伤口愈合等,类似细胞分裂素的作用。第四,腐植酸促使作物气孔缩小、蒸腾有降低类似脱落酸(ABA)的作用。脱落酸是植物体最重要的生长抑制剂,可提高植物适应逆境的能力。第五,腐植酸使果实提前着色、成熟,类似乙烯催熟的作用。第六,腐植酸促进细胞分裂和细胞伸长、分化。

③增强呼吸作用。腐植酸分子含有酚—醌结构,形成一个氧化还原体系。酚羟基和醌基互相转化,促进作物的呼吸作用。据中国农业大学测定,水稻用腐植酸浸种,根的呼吸强度增加了 87%,叶片呼吸强度增加了 39%。

(4) 肥料缓释作用

①腐植酸具有较强的络合、螯合和表面吸附能力。在适当配比和特殊工艺条件下,化

学肥料可以与腐植酸作用,形成有机、无机络合体,减少氮的挥发、流失,促进磷、钾的吸收。

②腐植酸能降低植物体内硝酸盐含量,不仅提高了化肥利用率,还提高了氮素代谢水平,降低了硝酸盐含量,使食品安全。

(5) 增加肥效

腐植酸能加快土壤微生物的生长速度,提高土壤速效氮的含量,提高磷肥、钾肥的利用吸收率,促进矿物质元素的吸收和运输。

(6) 解毒(污)作用

腐植酸与重金属如汞(Hg)、砷(As)、镉(Cd)、铬(Cr)、铅(Pb)等可以形成复杂络合物,阻断了重金属对植物的危害。腐植酸是有机胶质的弱酸,可以加速分解除草剂。

(7) 抗逆作用

腐植酸能减少植物叶片气孔张开强度,减少叶面蒸腾,降低耗水量,保证作物在干旱条件下正常生长发育,增强抗旱性。

2.腐植酸水溶性肥料施用方法

①设施栽培蔬菜或当年生花卉,移栽后冲施5~10升/亩。

②设施果树或越年生花卉,在上棚升温后冲施5~10升/亩。

(二) 氨基酸

氨基酸是生物功能大分子蛋白质的基本组成单位,是构成动物营养所需蛋白质的基本物质,是含有一个碱性氨基和一个酸性羧基的有机化合物。

1.氨基酸的作用

(1) 改良土壤

氨基酸可降低土壤盐分含量和碱化率,使土粒高度分散,改善土壤理化性状,促进土壤团粒结构的形成;能降低土壤容重,增加土壤总孔隙度和持水量,提高土壤保水、保肥能力,促进植物根系生长发育。

氨基酸能促进土壤微生物的活动,使好气性细菌、放线菌、纤维分解菌的数量增加,有利有机物的矿化和营养元素的释放。

(2) 刺激作用

氨基酸含有多种官能团,被活化后的氨基酸成为高效生物活性物质,能促进作物生长发育。色氨酸和蛋氨酸在土壤中主要被微生物合成生长素和乙烯,二者可起到类激素作用,促进幼苗根系发育。氨基酸对植物起到刺激作用,主要表现在增强作物呼吸强度、光合作用和各种酶的活动。

(3) 抗逆作用

施用氨基酸,由于土壤结构得到改良,作物根系发达,吸收养分和水分的能力提高,光合作用加强。作物的抗性，包括抗旱、抗涝、抗倒、抗病等能力也会增强。

（4）增产提质作用

大面积示范结果表明，氨基酸对不同作物增产提质的作用不同。对粮食作物起到穗子增大、粒数增多、千粒重增重等增产作用，如玉米施用氨基酸肥料，可促进玉米早熟，增强抗倒性，增加穗粒数和千粒重，比施用其他肥料平均增产7.0%~9.0%，每亩增收玉米25~40 kg。经济作物施用氨基酸后，如西瓜含糖量增加13.0%~31.3%，维生素C含量增加3.0%~42.6%。

2.氨基酸水溶性肥施用方法

①设施栽培蔬菜或当年生花卉，在移栽后冲施5~10升/亩。

②设施果树或越年生花卉，在上棚升温后冲施5~10升/亩。

（三）甲壳素

甲壳素又称甲壳质，经脱乙酰化后称为壳聚糖，类白色、无定形、无臭、无味。甲壳质广泛存在于低等植物菌类细胞壁和甲壳动物（如虾、蟹和昆虫等）外壳中。它是一种线形高分子多糖，即天然中性黏多糖，若经浓碱处理去掉乙酰基，即得脱乙酰壳多糖。甲壳素化学性质不活泼，与体液不发生反应，对组织不起异物反应。

1.甲壳素的作用

（1）培养基作用

甲壳素能促进土壤有益微生物的增生，高效率分解，转化利用有机、无机养分。同时土壤有益微生物可把甲壳素降解转化成优质的有机肥料，供作物吸收利用。

（2）净化和改良土壤

甲壳素进入土壤后是土壤有益微生物的营养源，可以大大促进有益细菌如固氮菌、纤维分解菌、乳酸菌、放线菌的增生，抑制有害细菌如霉菌、丝状菌的生长。用甲壳素灌根1次，15 d后测定：有益菌如纤维分解细菌、自生固氮细菌、乳酸细菌增加10倍；放线菌增加30倍。有害菌：常见霉菌是对照的1/10，其他丝状真菌是对照的1/15。微生物的大量繁殖可促进土壤团粒结构的形成，改善土壤的理化性质，增强透气性和保水、保肥能力，减少化学肥料用量。同时，放线菌分泌出抗生素类物质可抑制有害菌（腐霉菌、丝核菌、尖镰孢菌、疫霉菌等）的生长，而乳酸细菌本身可直接杀灭有害菌，从而可以净化土壤、消除土壤连作障碍。

（3）肥料增效与提高肥效（螯合作用）

甲壳素分子结构中含有氨基（$-NH_2$），与土壤中钾、钙、镁和微量元素铁、铜、锌、锰、钼等阳离子能产生螯合作用，供作物吸收利用。甲壳素分子结构中含有氨基（$-NH_2$）对酸根（H）、醛基（$-COH$）、羟基（$-OH$）对碱根（OH）都有很强的吸附能力，因此可有效地缓解土壤酸碱度。

（4）提高产量，改善品质

甲壳素衍生物可以激活、增强植株的生理生化机制，促使根系发达和茎叶粗壮。用甲壳素处理粮食作物种子可增产5%~15%，用于果蔬类作物喷灌等可增产20%~40%。除增产外，甲壳素还可以改善作物的品质，如增加粮食蛋白质、面筋的含量和果蔬中糖的含量。

2. 甲壳素水溶性肥料施用方法

（1）设施栽培蔬菜或当年生花卉，在移栽后冲施5~10升/亩。

（2）设施果树或越年生花卉，在上棚升温后冲施5~10升/亩。

（四）海藻酸

海藻是生长在海洋中的低等光合营养植物，不开花结果，在植物分类学上称作隐花植物。海藻是海洋有机物的原始生产者，具有强大的吸附能力，营养极其丰富，海藻在工业、医药、食品及农业生产上经济价值巨大，用途广泛。

1. 成分

海藻干物中主要含碳水化合物、粗蛋白、粗脂肪、灰分等有机物质。海藻中的主要有机成分为多糖类物质，占干重的40%~60%；脂质为0.1%~0.8%（褐藻脂质含量稍高）；一般蛋白质含量在20%以下；灰分在藻种间含量变化较大，一般为20%~40%。

2. 加工工艺

海藻酸是将海藻通过强碱、强酸或微生物发酵等工艺提取的，由单糖醛酸线性聚合而成的多糖，单体为β-1, 4-d-甘露糖醛酸（m）和α-1, 4-L-古洛糖醛酸（g）。m和g单元以m-m、g-g或m-g的组合方式，通过1, 4糖苷键相连成为嵌段共聚物。海藻酸的实验式为$(C_7H_2O_6)_n$，分子量为1万~60万。

海藻酸为淡黄色粉末，无臭，几乎无味，在水、甲醇、乙醇、丙酮、氯仿中不溶，在氢氧化钠碱溶液中溶解，可用为微囊囊材或包衣及成膜的材料。

3. 海藻酸的作用

（1）改良土壤作用

海藻酸是一种天然生物制剂，含有的天然化合物，如藻朊酸钠是天然土壤调理剂，能促进土壤团粒结构的形成，增加土壤内部孔隙，协调土壤中固、液、气三者比例，增加土壤生物活力，促进速效养分的释放。

（2）刺激生长作用

海藻中所特有的海藻多糖、高度不饱和脂肪酸等物质，具有很高的生物活性，可刺激植物体内产生植物生长调节剂，如生长素、细胞分裂素类物质和赤霉素等，具有调节内源激素平衡的作用。

（3）营养作用

海藻酸含有陆生植物无法比拟的钾、磷、钙、镁、锌、碘约40种矿物质和丰富的维生素，可以直接被作物吸收利用，改善作物的营养状况，增加叶绿素含量。

（4）缓释肥效作用

海藻多糖与矿物营养形成螯合物，可以使营养元素缓慢释放，延长肥效。

4. 海藻酸施用方法

①设施栽培蔬菜或当年生花卉，在移栽后冲施5~10升/亩。

②设施果树或越年生花卉，在上棚升温后冲施5~10升/亩。

（五）木醋液

木醋液也叫植物酸，是以木头、木屑、稻壳和秸秆等为原料，在无氧条件下干馏或者热解后的气体产物，经冷凝得到的液体组分，再进一步加工后组分的总称，是一种成分非常复杂的混合物。如桦木醋液、柞木醋液、硬杂木锯（木）屑醋液、苹果木醋液、竹醋液、花生壳醋液和稻壳醋液等。我国北方以木材醋液为主，南方以竹醋液或稻壳醋液为主。

1. 木醋液的成分

木醋液的主要成分是水，然后是有机酸、酚类、醇类、酮类及其衍生物等多种有机化合物。酸类物质是木醋液中最具特征的成分，在木醋液中的含量也较高，往往占有机物的50%以上。

2. 木醋液的作用

（1）调节土壤碱性作用

木醋液是一种强酸，酸碱度为3.0左右，是一种植物酸，因此，可以用于调节土壤碱性。

①东北地区水稻育苗基床调酸。根据土壤实际酸碱度，每360 m^{2}使用500 mL杂木醋液，兑水300倍，均匀喷于基床上。

②东北地区水稻育苗苗质土调酸。根据土壤实际酸碱度，将500 mL杂木醋液稀释300倍，均匀喷于360 m^{2}铺底土的苗床上。

③东北地区秧苗生育期调酸。水稻二叶期是秧苗生育转型期，此时进行调酸，能有效预防水稻立枯、青枯病的发生。将500 mL杂木醋液稀释300倍，均匀喷于360 m^{2}铺完底土的苗床上。

（2）土壤消毒作用

将木醋液喷洒于土壤，可以预防立枯病，杀死根结线虫等害虫。

（3）刺激生长作用（植物生长调节剂）

①作为生根剂：木醋液能够提高农作物的根系活力指数，促进农作物的发根力。不同来源和不同浓度的木醋液（200倍以下）对水稻发根能力均比空白对照有所增加，500~700

倍稻壳醋液促进水稻发根的效果最好。据杨华研究，用含有木醋液的基质进行大白菜、小白菜、萝卜、水萝卜和黄瓜育苗栽培，能促进幼苗根系生长。在番茄、黄瓜、西葫芦、草莓和油菜等移栽后，茼蒿、菠菜的苗期，冲施杂木醋液 5 升/亩，促进根系生长的效果显著；在小麦播种后，冲施杂木醋液 5 升/亩，可显著增强小麦的发根力。

②膨大作用：在桃树开花前喷施 80 倍杂木醋液，谢花后 20 天桃的单果重提高 28.3%；套袋前结合病虫害防治喷施 150 倍杂木醋液，桃采收期单果重增加了 35.8%。

③延缓衰老作用：在桃树谢花后，结合病虫害防治喷施 100~150 倍杂木醋液，连续喷施 2 次，较不喷施的桃树落叶晚 7~10 d；进行小麦沙培盆栽试验，小麦播种后每亩冲施 5L 硬杂木醋液，小麦死亡时间较对照晚 12 d。

④能够提高作物的叶绿素含量：在桃树和苹果树膨果期喷施 100~150 倍杂木醋液，喷施后 15 d 调查，桃树和苹果树的叶绿素含量均有显著提高。

（4）杀虫剂的增效作用

桃树喷施 150 倍杂木醋液，防治桃小绿蝉的效果提高 46.2%。茶树喷施 150 倍杂木醋液，防治茶小绿蝉的效果提高 38.7%。桃树谢花后喷施 150 倍杂木醋液，防治桃蚜的效果提高 31.1%。

3. 木醋液在农业上的应用

木醋液在日本、美国、韩国农业生产中均获得推广应用。在美国，木醋液应用于花卉园艺和林果业；日本对木醋液的应用最为普遍，每年大约生产 5 万吨木醋液，有一半用于促进作物生长，控制线虫、病原菌和病毒等。

（1）落叶果树清园剂

用木醋液 80 倍液、30% 苯甲·丙环唑乳油 2000~3000 倍液、2.5% 高效氯氟氰菊酯 500 倍液、40% 毒死蜱乳油 500 倍液，在桃树（大樱桃、杏树、梨树等）开花前 5~7 d、苹果树（葡萄、冬枣等）萌芽前 5~7 d 喷施于树干，能够代替石硫合剂，且较石硫合剂能够早开花或早发芽 3~5 d。

（2）叶面肥

设施栽培果蔬喷施 150~200 倍液，禾本科作物（小麦、水稻等）喷施 150~200 倍液，设施栽培蔬菜结果期喷施 300~500 倍液。

（3）水溶性肥料

设施栽培蔬菜或当年生花卉，在移栽后冲施 5~10 升/亩。设施果树或越年生花卉，在大棚升温后冲施 5~10 升/亩。块茎类作物（山药、地瓜、马铃薯）、辛辣类蔬菜（大蒜、大姜、大葱）移栽后，结合浇水冲施 5~10 升/亩。萝卜、甜菜等膨大前，结合浇水冲施 5~10 升/亩。

第二节　设施栽培蔬菜土壤生态优化技术

一、黄瓜

（一）黄瓜生育特性

1. 根系发育特性

黄瓜的根系弱，对肥料的反应特别敏感，根系浅，木栓化较早，脆性大，再生力差，对土壤养分的吸收能力弱，不能忍受较高浓度的土壤溶液环境，否则，容易烧根烧苗。

2. 对土壤条件的要求

黄瓜对土壤的适应范围比较广，对土壤条件的要求不严，但黄瓜的根系浅，要求有充足的氧气，因此，宜选富含有机质、肥沃、保水保肥力强和透气性好的壤土栽培为宜。黄瓜适宜于微酸性至中性土壤，土壤 ph 为 5.5~7.2 均能正常生长。

3. 对氮、磷、钾、钙、镁的需求量

据测算，每生产1t黄瓜，需吸收氮（N）2.8 kg、磷（P_2O_5）0.9 kg、钾（K_2O）3.9 kg、钙（CaO）3.1 kg、镁（MgO）0.7 kg。氮：磷：钾为 1：0.3：1.4。

4. 对氮、磷、钾营养元素的吸收与分配动态

黄瓜不同时期对氮、磷、钾的吸收量不同，如果按不同生长期来区分，养分的吸收量在开花前占总吸收量的10%，结果期则占70%~80%，尤以吸钾量最高，因此，结果期及时追肥极为重要。

5. 需水特性

黄瓜喜湿、怕旱，不耐涝。适宜的土壤湿度为田间最大持水量的60%~90%，苗期为60%~70%，结果期为80%~90%。空气相对湿度以80%~90%为宜。

（二）栽培模式

①日光温室塑料大棚越冬茬黄瓜栽培模式：9月上旬定植，10月上旬开始采收，10月下旬至翌年2月下旬为商品瓜盛瓜期，翌年6—7月结束采瓜。

②日光温室塑料大棚早春茬黄瓜栽培模式：1月上旬定植，2月下旬开始采收，3月下旬至7月上旬为商品瓜盛瓜期，6—7月结束采瓜。

③大拱棚秋延迟黄瓜栽培模式：8月定植，12月结束采瓜。

（三）日光温室塑料大棚越冬茬、早春茬和塑料大棚秋延迟栽培土壤生态优化技术

方法一："氰氨化钙+羟基自由基·臭氧水+农用微生物菌剂+植物源生物刺激素"土壤生态优化技术。

①"氰氨化钙+秸秆+太阳能"土壤处理技术：见氰氨化钙部分，每亩大棚施用

40~50 kg氰氨化钙。

②羟基自由基（-O h）·臭氧（O_3）水土壤处理技术：见羟基自由基（-O h）·臭氧（O_3）水部分。

③施用农用微生物菌剂：移栽前，结合整地做畦，每亩大棚施用农用微生物菌剂（有机质＞45%，微生物＞2亿/克）320~400 kg。

④施用植物源生物刺激素：移栽后，结合浇水每亩冲施植物源生物刺激素水溶肥（如腐植酸水溶肥，或氨基酸水溶肥，或甲壳素水溶肥，或木醋液水溶肥）5~10L。

⑤根结线虫防治技术：移栽前，结合整地每亩大棚撒施10%噻唑膦颗粒剂2~3 kg。

方法二："矿物源土壤调理剂＋矿物源生物激活素＋农用微生物菌剂＋植物源生物刺激素"土壤生态优化技术。

①施用矿物源土壤调理剂：移栽前，结合整地每亩大棚施用矿物源土壤调理剂（ph＞10.0，Ca＞25%，Fe+Zn+B+Cu+mn＞1.75%）100~120 kg。

②施用矿物源土壤改良缓释型肥：移栽前，结合整地每亩大棚施用氰氨化钙5~10 kg。

③施用矿物源生物激活素：移栽时，每亩大棚施用超强远红外光肥（蒙山红陶粉剂）10~15 kg，撒施到移栽沟内。

④施用农用微生物菌剂：移栽前，结合整地、做畦每亩大棚施用微生物菌剂（有机质＞45%，微生物＞2亿/克）400~500 kg。

⑤施用植物源生物刺激素：同方法一。

⑥根结线虫防治技术：同方法一。

方法三："土壤消毒剂＋矿物源土壤调理剂＋农用微生物菌剂＋植物源生物刺激素"土壤生态优化技术。

①土壤消毒：用氯化苦、威百亩、棉隆、"1，3-二氯丙烯"、硫酰氟、二甲基二硫、碘甲烷等进行土壤消毒（见土壤消毒剂部分）。

②矿物源土壤调理剂：土壤消毒后移栽前，结合整地每亩大棚施用矿物源土壤调理剂（ph＞10.0，Ca＞25%，Fe+Zn+B+Cu+mn＞1.75%）50~100 kg。

③施用农用微生物菌剂：同方法一。

④施用植物源生物刺激素：同方法一。

二、苦瓜

（一）苦瓜生育特性

1.根系生长发育特性

苦瓜的根系比较发达，侧根多，主根可伸至2~3 m深，主要分布在30~50 cm深土层内，横向伸展宽3~5 m。在幼苗期和伸蔓期，根系发育比地上部分占优势。当苦瓜进入开花结瓜期时，植株已经形成庞大的根系。

2. 对土壤条件的要求

苦瓜对土壤的要求不太严格，适应性广。一般在肥沃疏松、通透性良好、土层深厚、保水保肥力强的壤土上生长良好，产量高，品质优；在沙壤土上栽培苦瓜，由于通透性好，幼苗生长迅速，前期生长旺盛，但比较容易早衰，产量较低；在黏性土壤上栽培苦瓜，幼苗生长迟缓，土壤容易板结，透气性差，不利于培育壮苗。苦瓜对土壤肥力的要求较高，如果土壤中有机质充足，植株生长健壮，茎叶繁茂，开花结果多，产量高，品质优。如果土壤肥力不足，在生长后期植株容易发生早衰，叶色变浅，开花结果少，果实小，苦味增浓，品质下降。苦瓜宜栽培土壤 ph 为 6~6.8。

3. 对氮、磷、钾的需肥量

苦瓜对土壤的要求不太严格，但在土层深厚、土壤肥沃、疏松通气性好的土壤上生长繁茂。由于植株生长量大，结瓜时间长，需肥量也大。据测定，每生产 1t 苦瓜，需纯氮（N）5.28 kg、磷（P_2O_5）1.76 kg、钾（K_2O）6.89 kg。氮、磷、钾的吸收比例为 3∶1∶4。

4. 对氮、磷、钾的吸引运转特性

苦瓜在生长前期对氮肥的需求量较多，但是在生长前期不能施用过多氮肥，易造成植株抗逆性降低。生长中后期对磷、钾的需求量较多，缺乏磷肥和钾肥，易造成苦味瓜。适当增加磷、钾肥用量，能够增强植株长势，延长结果期。

5. 苦瓜对水分的需求特性

苦瓜的根系比较发达，但再生能力弱，主要以侧根发生的须根为主。苦瓜喜湿而不耐涝，生长期间需要 85% 的空气相对湿度和 80% 土壤相对持水量。一般苗期需水较少，水分过多往往引起徒长，植株瘦弱，抗性降低；进入开花结果期，随着植株茎蔓的快速抽伸，果实迅速膨大，需要补充水分。

（二）栽培模式

①日光温室塑料大棚秋冬茬栽培模式：8月下旬至9月初播种，9月中旬移栽，10月中旬至翌年1—2月采收。

②日光温室塑料大棚越冬茬栽培模式：10月中旬移栽，11月下旬采收上市，翌年5—6月结束。

③日光温室塑料大棚冬春茬栽培模式：12月下旬播种，2月上旬移栽，3月上旬采收，5—6月结束。

（三）日光温室秋冬茬、越冬茬苦瓜土壤生态优化技术

方法一："氰氨化钙＋羟基自由基·臭氧水＋农用微生物菌剂＋植物源生物刺激素"土壤生态优化技术。

①"氰氨化钙＋秸秆＋太阳能"土壤处理技术：见氰氨化钙部分，每亩大棚施用 40~50 kg 氰氨化钙。

②羟基自由基（-O h）·臭氧（O_3）水土壤处理技术：见羟基自由基（-O h）·臭氧（O_3）水部分。

③施用农用微生物菌剂：移栽前，结合整地做畦，每亩大棚施用农用微生物菌剂（有机质＞45%，微生物＞2亿/克）320~400 kg。

④施用植物源生物刺激素：移栽后，结合浇水每亩冲施植物源生物刺激素水溶肥（如腐植酸水溶肥，或氨基酸水溶肥，或甲壳素水溶肥，或木醋液水溶肥）5~10 L。

⑤根结线虫防治技术：移栽前，结合整地每亩大棚撒施10%噻唑膦颗粒剂2~3 kg。

方法二："矿物源土壤调理剂+矿物源生物激活素+农用微生物菌剂+植物源生物刺激素"土壤生态优化技术。

①施用矿物源土壤调理剂：移栽前，结合整地每亩大棚施用矿物源土壤调理剂（ph＞10.0，Ca＞25%，Fe+Zn+B+Cu+mn＞1.75%）100~200 kg。

②施用矿物源土壤改良缓释肥：移栽前，结合整地每亩大棚施用氰氨化钙5.0~7.5 kg。

③施用农用微生物菌剂：移栽前，结合整地做畦，每亩大棚施用农用微生物菌剂（有机质＞45%，微生物＞2亿/克）300~400 kg。

④施用矿物源生物激活素：移栽时，每亩施用具有超强红外光肥（蒙山红陶粉剂）10~15 kg，撒施到移栽沟内。

⑤施用植物源生物刺激素：同方法一。

⑥根结线虫防治技术：同方法一。

三、丝瓜

（一）丝瓜生育特性

①根系生长发育特性。丝瓜的根系为直根系，主根可入土100 cm以上，遇到土壤干旱、地下水位低的情况，主根扎的深。侧根和细根多分布在30 cm深的耕层土壤中。丝瓜的根系发达，吸收水分和肥料的能力强。

②对土壤条件的要求。丝瓜的适应性较强，对土壤要求不严格。最好选择土层厚、有机质含量高、透气性良好、保水保肥能力强的壤土或沙壤土。适宜的土壤ph为6.0~6.5。

③对氮磷钾的需求量。丝瓜生长快、结果多、喜肥。据测定，每生产1t丝瓜，需从土壤中吸取氮（N）1.9~2.7 kg、磷（P_2O_5）0.8~0.9 kg、钾（K_2O）3.5~4.0 kg。吸收氮：磷：钾为2.7：1：4.4。

④对氮、磷、钾的吸收运转特性。丝瓜结瓜前植株各器官增重缓慢，营养物质的流向是以根、叶为主，并给抽蔓和花芽分化发育提供养分。丝瓜定植后30 d内吸氮量呈直线上升趋势，到生长中期吸氮最多。进入生殖生长期，对磷的需要量剧增，而对氮的需要量略减。进入结瓜期植株的生长量显著增加，到结瓜盛期丝瓜吸收的氮、磷、钾量分别占吸收总氮量的50%、47%和48%。到结瓜后期生长速度减慢，养分吸收量减少，其中以氮、钾减少较为明显。

⑤需水特性：丝瓜根系发达，有较强的抗旱能力。丝瓜幼苗期需水较少，抽蔓和开花结果期需要较多的水分，土壤以经常保持潮湿为宜。丝瓜耐潮湿，即使水淹一段时间也能正常开花结果。普通丝瓜较有棱丝瓜的耐湿性更强。但连续大雨、水涝条件，会造成土壤氧气不足，影响根系的正常生长，甚至死秧。75%~85%的空气湿度和65%~85%的土壤相对含水量，对丝瓜的生长发育最有利。在干旱的情况下，果实易老，纤维增加，品质下降。

（二）日光温室塑料大棚丝瓜越冬栽培土壤生态优化技术

方法一："氰氨化钙+羟基自由基·臭氧水+农用微生物菌剂+植物源生物刺激素"土壤生态优化技术。

①"氰氨化钙+秸秆+太阳能"土壤处理技术：见氰氨化钙部分，每亩施用氰氨化钙50~60 kg。

②羟基自由基（–Oh）·臭氧（O_3）水土壤处理技术：见羟基自由基（–Oh）·臭氧（O_3）水部分。

③施用农用微生物菌剂：移栽前，结合整地做畦，每亩大棚施用农用微生物菌剂（有机质＞45%，微生物＞2亿/克）240~300 kg。

④施用植物源生物刺激素：移栽后，结合浇水，每亩大棚冲施植物源生物刺激素水溶肥（如腐殖酸水溶肥，或氨基酸水溶肥，或海藻酸水溶肥，或木醋液水溶肥等）5~10 L。

⑤根结线虫防治技术：移栽时，每亩撒施10%噻唑膦颗粒剂3~4 kg到移栽沟内。

方法二："矿物源土壤调理剂+矿物源生物激活素+农用微生物菌剂+植物源生物激素"土壤生态优化技术。

①施用矿物源土壤调理剂：移栽前，结合整地，每亩施用矿物源土壤调理剂（ph＞10.0，Ca＞25%，Fe+Zn+B+Cu+mn＞1.75%）100~160 kg。

②施用矿物源生物激活素：移栽时，每亩施用超强远红外光肥（蒙山红陶，粉剂）10~15 kg，撒施到移栽沟内。

③施用农用微生物菌剂：同方法一。

④施用植物源生物刺激素：同方法一。

⑤根结线虫防治技术：同方法一。

四、西葫芦

（一）西葫芦的主要生育特性

①根系生长发育特性：西葫芦是直根系，在瓜类中是最强大的。主根入土深2 m，侧根较多，多分布于直径1~3 m，大部分根群分布在耕作层10~30 cm深。在根系发育最旺盛时可占10 m^2的土壤面积。播种后25~30 d侧根分布的半径为80~135 cm。播种后42 d，直根入土深度为70~80 cm，45 cm土层下有许多侧根，长度为40~75 cm。

②对土壤条件的要求：西葫芦适应性较强，不论在沙土、沙壤土、壤土或黏壤土上都

能生长。但作为高产栽培，仍以肥沃疏松、保水、保肥能力强的壤土为宜。种植在瘠薄土壤上的西葫芦结瓜能力差，结果数少，植株极易衰老死亡。西葫芦喜微酸性土壤，ph 以 5.5~6.8 为宜。轻度盐碱地通过增施有机肥，仍可种植西葫芦并能获得较高产量，但重度盐碱地不适宜栽培。

③对氮、磷、钾的需要量：西葫芦耐肥，钾吸收最多，氮次之，钙、镁、磷最少。每生产 1t 西葫芦，需吸收氮（N）3.92~5.47 kg、磷（P_2O_5）2.13~2.22 kg、钾（K_2O）4.09~7.29 kg，氮：磷：钾为 2：1：2.5，比黄瓜需肥多。

④对氮、磷、钾的吸收动态：西葫芦生长前期吸收量少，逐渐增大，吸收高峰在结瓜盛期。

⑤需水特性：西葫芦根系强大，具有较强的吸收水分和抗旱能力，但因叶面积大，蒸腾作用旺盛，容易缺水，导致茎叶萎蔫、落花落果。在细沙壤土含水量 15.7% 时，它的永久凋萎点为 8.6%。但水分过多时，会影响根的呼吸作用和对养分的吸收，从而引起地上部的生理失调，导致植株不能正常生长。土壤最大持水量 85% 时，最适宜西葫芦的生长发育。

（二）栽培模式

①大拱棚秋延迟西葫芦栽培模式：9 月上旬定植，12 月结束采收。

②日光温室塑料大棚越冬茬西葫芦栽培模式：11 月上旬定植，12 月上旬采收上市，翌年 6 月结束采收。

（三）大拱棚秋延迟、日光温室塑料大棚西葫芦土壤生态优化技术

方法一：氰氨化钙 + 羟基氧化液 + 农用微生物菌剂 + 植物源生物刺激素土壤生态优化技术。

①"氰氨化钙 + 秸秆 + 太阳能"高温闷棚技术：见氰氨化钙部分，每亩施用氰氨化钙 30~40 kg。

②羟基自由基（–Oh）·臭氧（O_3）水土壤处理技术：见羟基自由基（–Oh）·臭氧（O_3）水部分。

③施用农用微生物菌剂：移栽前，结合整地做畦，每亩施用农用微生物菌剂（有机质＞45%，微生物＞2 亿/克）240~300 kg。

④施用植物源生物刺激素：移栽后，结合浇水，每亩冲施植物源生物刺激素水溶肥（如腐殖酸水溶肥，或氨基酸水溶肥，或海藻酸水溶肥，或木醋液水溶肥）5~10 L。

方法二："矿物源土壤调理剂 + 矿物源生物激活素 + 农用微生物菌剂 + 植物源生物刺激素"土壤生态优化技术。

①施用矿物源土壤调理剂：移栽前，结合整地每亩施用矿物源土壤调理剂（ph＞10.0，Ca＞25%，Fe+Zn+B+Cu+mn＞1.75%）120~240 kg。

②施用矿物源生物激活素：移栽时，每亩施用超强红外光肥（蒙山红陶粉剂）10~15 kg，撒施到移栽沟内。

③施用农用微生物菌剂：同方法一。

④施用植物源生物刺激素：同方法一。

第三节　设施栽培果茶树土壤生态优化技术

一、大樱桃

（一）主要生育特性

1. 根系生长发育特性

大樱桃的根系较浅，须根较多，主根不发达。一般用作甜樱桃砧木的马哈利樱桃、考特和山樱桃根系比较发达。中国樱桃根系较短，主要分布在5~30 cm深的土层中。播种繁殖的砧木，垂直根比较发达，根系分布较深。用压条等方法繁殖的无性系砧木，一般垂直根不发达，水平根发育强健，须根多，固地性强，在土壤中分布比较浅。

2. 对土壤条件的要求

大樱桃适于土层深厚的沙壤土和山地砾质壤土栽培，适宜的土壤 ph 为 6.0~7.5，接近中性土壤。我国种植大樱桃的中北部地区土壤 ph 为 7.0~7.8，为微碱性土壤。如果土壤的 ph 超过 7.8，则需要改良。大樱桃对盐碱反应敏感，土壤含盐量超过 0.1% 时，生长结果不良，不宜栽培。

3. 对营养元素的需求量

据研究测定，每生产 100 kg 樱桃，需吸收氮（N）1.04 kg、磷（P_2O_5）0.14 kg、钾（K_2O）1.37 kg。

4. 对营养元素的吸收运转特性

大樱桃对肥量变化比较敏感，一旦某种营养元素不足或过量，就会很快在叶片上表现出来，影响树体正常生长发育。

冬前树体贮藏的养分多少及分配，对大樱桃早春开花坐果、枝叶生长和果实膨大有很大影响；大樱桃生长发育迅速，对养分需求集中于生长季的前半期。因此，大樱桃从展叶到果实成熟前需肥量大，采果后花芽分化盛期需肥量次之，其余时间需肥量较少。

5. 需水特性

大樱桃根部需要较高的氧气浓度，对缺氧很敏感，对土壤的含水量也是十分敏感。土壤湿度过高时，易引起枝叶徒长，不利于结果，严重时烂根，引起地上部流胶，最后树体衰弱死亡；土壤湿度低时，尤其是夏季干旱，浇水不足时新梢生长受抑制，引起树体早衰，形成"小老树"。翌年"小老树"产量低、果实品质差，还会引起大量落果。

（二）栽培模式

日光温室塑料大棚栽培模式：12月上中旬上棚，翌年4月上中旬上市。

（三）设施栽培土壤生态优化技术

方法一：

①施用矿物源土壤改良缓释型肥：8—9月盛果期结合施肥，每亩施用氰氨化钙10~20 kg。

②施用矿物源土壤调理剂：每亩施用土壤调理剂（ph＞10，Ca＞25%，Zn+Cu+B+Mn+Fe＞1.5%）40~50 kg。

③施用农用微生物菌剂：每亩施用农用微生物菌剂（有机质＞45%，微生物＞2亿/克）200~300 kg。

④施用矿物源生物激活素：每亩施用超强远红外线光肥（蒙山红陶粉剂）5~10 kg，撒施表面，浅耙2~5 cm。

⑤施用植物源生物刺激素：大棚升温后，结合浇水，每亩冲施生物刺激素水溶肥5~10 L。

方法二：

①施用矿物源土壤改良缓释型肥、矿物源土壤调理剂、农用微生物菌剂、矿物源生物激活素，同方法一。

②施用植物源生物刺激素：大棚升温后，结合浇水，每亩冲施生物刺激素水溶肥5~10L，兑1000 g EdTA铁；谢花后，结合病虫害防治，喷施150倍木醋液、1000倍液EdTA铁，连续2~3次。

二、冬枣

（一）主要生育特性

1. 根系生长发育特性

冬枣树根系由主根、侧根和须根构成。根系水平延伸大于垂直生长，一般分布在15~30 cm深的土层。

2. 土壤条件

冬枣适应性强，耐瘠薄、抗盐碱能力较强，在ph为5.5~8.2、含盐量（滨海地区）不高于0.3%的土壤上均能生长，平原荒地、丘陵荒地均可种植。

3. 对营养元素的需求量

每生产1t鲜枣，需氮（N）16 kg、磷（P_2O_5）9 kg、钾（K_2O）16 kg，比例为1.9∶1∶1.9。

4. 对氮、磷、钾的运转规律

冬枣对氮的需要量前、中期较大，开花、授粉、坐果以及果实膨大期对磷、钾的需要量很大。

5. 需水特性

冬枣的抗旱能力较低，花期缺水坐果率明显降低。据研究，设施栽培冬枣生育期间每亩需要浇水 200 m³ 以上。

（二）栽培模式

日光温室塑料大棚栽培模式：陕西大荔一般在小雪（11月下旬）前后开始扣棚，12月上旬开始升温，翌年6月初开始上市。

（三）设施栽培土壤生态优化技术

①施用矿物源土壤改良缓释型肥料：8—9月结合盛果期，每亩施用氰氨化钙 5~10 kg。

②施用矿物源土壤调理剂：每亩施用土壤调理剂（ph＞10.0，Ca＞25%，Zn+Cu+B+Mn+Fe＞1.75%）80~100 kg。

③施用农用微生物菌剂：每亩施用农用微生物菌剂（有机质＞45%，微生物＞2亿/克）100~150 kg。

④施用矿物源生物激活素：每亩施用超强红外光肥（蒙山红陶粉剂）10~15 kg，撒施地表面，浅耙 2~5 cm。

⑤施用植物源生物刺激素：大棚升温后，结合浇水，每亩冲施生物刺激素水溶肥 5~10 L。

三、草莓

（一）主要生育特性

1. 根系生长发育特性

草莓的根系属于须根系。草莓大多为无性繁殖，为茎源根，由不定根组成。草莓70%的根系分布在 30 cm 深的土层中，由于根系分布浅，对干旱、高温和耐寒冷性较差。

2. 对土壤条件的要求

草莓对土壤的适应性较强，但在疏松、肥沃、透气、地下水位在 80 cm 以下、有机质含量在 1.5%~2.0% 的壤土或沙壤土上生长良好；如果有机质含量低于1%，则植株生长不良，产量低。草莓对土壤酸碱度适应性较强，ph 以 5.8~6.0 为宜。

3. 对营养元素的需求量

设施栽培每公顷生产草莓 6.8 t 时，需要吸收氮（N）14 kg、磷（P_2O_3）8.3 kg、钾（K_2O）18.2 kg，比例为 1.7∶1∶2.2。露地栽培，每公顷生产 1.2 t 草莓时，需要吸收氮（N）10 kg、磷（P_2O_5）3.4 kg、钾（K_2O）13.4 kg，比例为 2.9∶1∶3.9；生产 750 kg 草莓，需要吸收氮（N）、磷（P_2O_5）、钾（K_2O）分别为 10 kg、5 kg、10 kg，比例为 2∶1∶2。

4. 对氮、磷、钾元素的吸收运转规律

在果实膨大期、采收始期和采收旺期吸肥能力特别强，特别是对钾和氮。在采收旺期，对钾的吸收量要超过对氮的吸收量。在提高草莓品质方面，追施钾肥和氮肥比追施磷肥效果好。草莓整个生长过程对磷的吸收较弱，磷的作用是促进根系发育，磷过量会降低草莓的光泽度。

5. 需水特性

花芽分化期适当减少水分，保持田间持水量的 60%~65%，以促进花芽的形成。开花期满足水分供应，以不低于土壤田间持水量的 70% 为宜，此时缺水，会影响花朵的开放和授粉受精；严重干旱时，花朵枯萎。果实膨大期需水量也比较大，应保持田间持水量的 80%，此时缺水果个变小、品质变差；浆果成熟期应适当控水，保持田间持水量的 70% 为宜，促进果实着色，水分太多易造成烂果。

（二）栽培模式

①日光温室塑料大棚越冬茬栽培模式：9月上旬定植，元旦前后采收上市，翌年5月结束采收。

②大拱棚冬春茬栽培模式：9月上旬定植，春节前后采收上市，翌年5月结束采收。

（三）日光温室塑料大棚、大拱棚栽培草莓土壤生态优化技术

方法一："氰氨化钙 + 羟基自由基·臭氧水 + 农用微生物菌剂 + 植物源生物刺激素"土壤生态优化技术。

①复种玉米：草莓结束后清理草莓苗秧，然后撒播玉米（商品粮即可）10 kg。

②"氰氨化钙 + 秸秆 + 太阳能"高温闷棚技术：每亩施用氰氨化钙 30~40 kg。

③羟基自由基（-Oh）·臭氧（O_3）水土壤处理技术：见羟基自由基（-Oh）·臭氧（O_3）水部分。

④施用农用微生物菌剂：移栽前，结合整地，每亩施用农用微生物菌剂（有机质 > 45%，微生物 > 2亿/g）120~200 kg。

⑤施用植物源生物刺激素：移栽后，结合浇缓苗水，每亩冲施生物刺激素水溶肥 5~10 L。

方法二："矿物源土壤调理剂 + 矿物源生物激活素 + 农用微生物菌剂 + 植物源生物刺激素"土壤生态优化技术。

①复种玉米：同方法一。

②施用矿物源土壤调理剂：移栽前，结合整地，每亩施用土壤调理剂（ph > 10，Ca > 25%，Fe+Zn+B+Cu+mn > 1.75%）120~160 kg。

③施用农用微生物菌剂：同方法一。

④施用矿物源生物激活素：移栽时，每亩施用超强远红外线光肥（蒙山红陶粉剂）5~10 kg，撒施到移栽沟内。

⑤施用植物源生物刺激素：同方法一。

四、火龙果

（一）火龙果的主要生育特性

1. 根系生长发育特性

火龙果属仙人掌科植物，根系为浅根、肉质根，主要分布在表土层，气生根很多，可以转化为吸收根。根系好氧，不耐水浸、耐旱、喜湿润，若深埋或积水都会造成肉皮腐烂。

2. 对土壤条件的要求

土壤 ph 为 6.0~7.5 时火龙果生长良好，要求土壤透气性好，黏性过重的土壤可导致根系生长不良。

3. 对营养元素的需求

幼龄火龙果植株第一年累积 N：P：K=1.00：0.17：1.95，折合成化肥形态氮、磷、钾比例为 N：P_2O_s：K_2O=1.00：0.38：2.35，即未结果的幼龄火龙果需要中磷高钾配方。火龙果花氮、磷、钾含量比茎高，而果氮、磷含量与茎相差不大，钾比茎低，可见进入开花结果期火龙果仍需要较多磷、钾，中磷高钾复合肥配方仍然适合成龄火龙果。

4. 需水特性

火龙果栽培怕湿、耐旱，但仍需要充足的水分供应，特别是在开花结实期间，一般要求土壤田间相对持水量保持在 60%~80%，如果土壤过干，会诱发植株休眠。相反，空气湿度过大也会诱发红蜘蛛和一些生理病害发生。另外，火龙果要求氯、钾含量的上限为 3%。

（二）栽培模式

日光温室塑料大棚栽培：可以周年上市。

（三）日光温室塑料大棚栽培火龙果土壤生态优化技术

方法一："氰氨化钙+羟基自由基·臭氧水+农用微生物菌剂+植物源生物刺激素"土壤生态优化技术。

①"氰氨化钙+秸秆+太阳能"高温闷棚技术：每亩施用氰氨化钙 20~30 kg。

②羟基自由基（-Oh）·臭氧（O_3）水土壤处理技术：见羟基自由基（-Oh）·臭氧（O_3）水部分。

③施用农用微生物菌剂：移栽前，结合整地做畦，每亩大棚施用农用微生物菌剂（有机质＞45%，微生物＞2 亿/克）100~300 kg。

④施用植物源生物刺激素：移栽后，结合浇水，冲施植物源生物刺激素水溶肥（如腐

殖酸水溶肥,或氨基酸水溶肥,或甲壳素水溶肥,或木醋液水溶肥)5~10 L。

方法二:"矿物源土壤改良型肥料＋矿物源生物激活素＋农用微生物菌剂＋植物源生物刺激素"土壤生态优化技术。

①施用矿物源土壤调理剂:7—8月采花期,结合追肥,每亩施用土壤调理剂(ph＞10.0,Ca＞25%,Zn+Cu+B+mn+Fe＞1.75%)40~50 kg。

②施用矿物源土壤改良缓释型肥:7—8月采花期,结合追肥,每亩施用氰氨化钙10~20 kg。

③施用矿物源生物激活素:7—8月采花期,结合追肥,每亩施用超强红外光肥(蒙山红陶粉剂)10~15 kg。

④施用农用微生物菌剂:7—8月采花期,结合追肥,每亩施用农用微生物菌剂(有机质＞45%,微生物菌剂≥2.0亿/克)80~100 kg。

⑤施用植物源生物刺激素:7—8月采花期,结合浇水,每亩冲施植物源生物刺激素水溶肥(如腐殖酸水溶肥,或氨基酸水溶肥,或甲壳素水溶肥,或木醋液水溶肥)5 L,一年冲施2~3次。

五、茶树

(一)主要生育特性

1. 根系生长发育特性

茶树的根系较发达,吸收根主要分布在10~30 cm深的土层中,横向分布范围相当于树冠的1.5~2倍。根系在一年中有3~4次生长高峰期,第一次在春季萌芽前,第二次在春茶停采后,第三次在夏茶停采后,第四次在秋茶停采后。

2. 对土壤条件的要求

茶树适宜在土质疏松、土层深厚、排水、透气良好的微酸性土壤上生长,以ph为4.5~5.5为宜。茶树要求土层深厚,最好1 m以上,根系才能发育良好。黏土层、硬盘层或地下水位高,都不适宜种植茶树。土壤石砾含量不超过10%,且含有丰富的有机质。

3. 对氮、磷、钾的需求量

茶树是多年生,一年可多次采叶,喜铵、聚铝、对氯敏感;对养分吸收有明显的阶段性、持续性和季节性。据测定,幼龄茶树吸收氮、磷、钾比例为3:1:2。壮龄茶树,一般采收100 kg茶叶,需要吸收氮(N)1.2~14.0 kg、磷(P_2O_5)0.20~0.28 kg、钾(K_2O)0.43~0.75 kg。茶树的吸肥能力较强,一年生茶苗每株年吸收氮(N)0.316 g、磷(P_2O_5)0.118 g、钾(K_2O)0.188 g;三年生幼树吸收氮、磷、钾量增加了11倍;青年期茶树的吸肥能力最强,除能大量吸收氮、磷和钾外,还能吸收多种其他元素。

4. 对氮、磷、钾的吸收与运转规律

在周年生长中,茶树对氮素的吸收主要集中在4—6月、7—9月和10—11月,前两个时期氮素吸收量占总吸氮量的53%以上。磷的吸收主要集中在4—7月和9月,约占全年吸磷量的80%。钾的吸收以7—9月为最多,占全年总量的56%。

5. 需水特性

茶树是一种叶用植物,降雨量和空气湿度是重要的影响因素。缺乏水分时茶芽生长缓慢,甚至枯死;水分过多,土壤氧气不足,也不利于茶树生长。我国北方大部分茶区年降雨量比较低,不能满足茶树生长需要。近年来茶园实行喷灌,对提高土壤和大气湿度,改善茶树的生长环境,提高茶树的产量和品质均有显著作用。

(二)北方茶树设施栽培模式

塑料大(小、中)棚栽培模式:一般3月下旬采芽上市。

(三)塑料大(小、中)棚茶树"矿物源土壤改良缓释肥+农用微生物菌剂+植物源生物刺激素"土壤生态优化技术

1. 施用矿物源土壤改良缓释肥料

9—10月结合秋季施肥,每亩施用氰氨化钙10~20 kg。

2. 施用农用微生物菌剂

9—10月结合秋季施肥,每亩施用农用微生物菌剂(有机质＞45%,微生物＞2亿/克)150~200 kg。

3. 施用植物源生物刺激素

早春(2月下旬)结合浇水,每亩冲施植物源生物刺激素(如木醋酸液水溶肥)5~10 L。

参考文献

[1] 曾祥奎，江水泉. 现代果蔬汁及其饮料生产技术 [m]. 南京：东南大学出版社，2022.

[2] 高晓旭，郑俏然，汪建华. 农林产品检测技术 [m]. 北京：中国纺织出版社，2022.

[3] 罗俊杰，欧巧明，王红梅. 现代农业生物技术育种 [m]. 兰州：兰州大学出版社，2020.

[4] 李白玉. 现代农业生态化发展模式研究 [m]. 咸阳：西北农林科技大学出版社，2022.

[5] 孟宪军，乔旭光. 果蔬加工工艺学 [m].2 版. 北京：中国轻工业出版社，2020.

[6] 彭茂辉，陈吉裕. 果蔬种植实用手册 [m]. 重庆：重庆大学出版社，2020.

[7] 陈林，肖国生，吴应梅，等. 果蔬贮藏与加工 [m]. 成都：四川大学出版社，2019.

[8] 王丽琼，徐凌. 果蔬保鲜与加工 [m].2 版. 北京：中国农业大学出版社，2018.

[9] 石太渊，史书强. 绿色果蔬贮藏保鲜与加工技术 [m]. 沈阳：辽宁科学技术出版社，2015.

[10] 常青馨. 果蔬病虫害防治技术 [m]. 重庆：重庆大学出版社，2018.

[11] 曾劲松，丁小刚，赵杰. 现代农业种植技术 [m]. 长春：吉林科学技术出版社，2023.

[12] 高丽红. 设施园艺学 [m].3 版. 北京：中国农业大学出版社，2021.

[13] 张奂，吴建军，范鹏飞. 农业栽培技术与病虫害防治 [m]. 汕头：汕头大学出版社，2022.

[14] 张喜才. 现代冷链物流产业链管理 [m]. 北京：中国商业出版社，2022.

[15] 赵会芳，王琨. 设施蔬菜生产技术 [m]. 北京：北京理工大学出版社，2020.

[16] 范永强. 设施栽培土壤生态优化技术 [m]. 济南：山东科学技术出版社，2020.

[17] 张天柱. 农业嘉年华运营管理 [m]. 北京：中国轻工业出版社，2020.

[18] 周承波，侯传本，左振朋. 物联网智慧农业 [m]. 济南：济南出版社，2020.

[19] 陈文在，吕继运. 现代设施农业生产技术 [m]. 西安：陕西科学技术出版社，2019.

[20] 赵建兴，王阳峰. 设施瓜菜应用秸秆生物反应堆综合配套栽培技术 [m]. 西安：陕西科学技术出版社，2018.

[21] 郭竞，申爱民，黄文. 茄果类蔬菜设施栽培技术 [m]. 郑州：中原农民出版社，2019.

[22] 胡一鸿. 设施农业技术 [m]. 成都：西南交通大学出版社，2017.

[23] 李强. 设施育苗技术 [m]. 北京：中国农业大学出版社，2017.

[24] 张洪昌，段继贤，李星林. 设施蔬菜高效栽培与安全施肥 [m]. 北京：中国科学技术出版社，2017.

[25] 廖飞，黄志强. 现代农业生产经营 [m]. 石家庄：河北科学技术出版社，2019.

[26] 兰晓红. 现代农业发展与农业经营体制机制创新 [m]. 沈阳：辽宁大学出版社，2017.

[27] 陈艳秋，吴曼丽. 东北地区设施农业天气预报技术 [m]. 沈阳：辽宁科学技术出版社，2018.

[28] 孙立德，孙虹雨. 设施农业小气候及精细化农用天气预报技术 [m]. 沈阳：辽宁科学技术出版社，2018.

[29] 马健，须晖. 设施蔬菜生产技术问答 [m]. 沈阳：沈阳出版社，2018.

[30] 隋好林，王淑芬. 设施蔬菜水肥一体化栽培技术 [m]. 北京：中国科学技术出版社，2018.

附 录

大同市市日光温室科技及装备水平

太阳能取之不尽用之不竭，无污染，是最为理想的再生能源。大同市地处北纬39°03'—40°44'，太阳辐射年总量5630—6135兆焦耳/米，是全国光能资源较为丰富地区之一，加之多晴朗天气，在太阳能资源的利用上有得天独厚的优势，开发和利用好太阳能是大同市转型发展绿色崛起战略的重要课题。

一、日光温室应得到充分研究和展现

农业生产的过程就是利用太阳能，经光合作用制造有机物的过程。在农业生产和新农村建设中，太阳能利用技术是可再生能源利用的重要领域，如太阳能灯、太阳能热水器、太阳能采暖、日光温室、太阳能沼气等，可以有效缓解农村能源短缺，提高农产品产量和品质，增加农民收入，提高生活质量，优化农村环境，促进农村经济社会可持续发展。

太阳能的利用分主动式与被动式，日光温室本质上是被动式获得太阳能。大量研究结果表明，日光温室平均每年每667平方米（亩）节省标准煤25吨，相当于减少65.5吨二氧化碳、0.22吨二氧化硫、0.19吨氮氧化物的排放量，若与现代化温室相比，其节能减排量还要提高3—5倍。日光温室节能栽培对太阳能的利用具有中国特色，为我国独创，符合我国国情，是我国农业生产对世界节能减排的重要贡献。在现代农业耕作方式的弊端纷纷显现的时刻，日光温室这一节能技术理应得到更多的研究和发展。

近年来，大同市以日光温室为代表的设施农业在各级政府的引导和推动下取得了长足发展，面积已达13万多亩。成为大同市现代农业的亮点之一。

二、提高日光温室科技水平的建议：

发挥大同市光能资源优势，促进大同市日光温室又快又好发展，是描造京津"菜篮子"以及当前农业农村经济发展新阶段的客观要求。2010年中央一号文件明确提出了"提高现代农业装备水平，促进农业发展方式转变"的战略号召，《全国设施农业发展"十四五"

规划》提出要以提升设施农业装备水平为抓手,促进设施农业发展方式转变。大同市在种植业领域发展设施农业就是要大力发展现代日光温室。

现代日光温室是综合应用工程装备技术、生物技术和环境技术,按照植物生长发育所要求的最佳环境,进行农业生产的现代农业生产方式,是现代农业的显著标志。目前,我们日光温室的生产水平还很低,无论在抗御自然灾害能力,还是单位面积、产量和品质以及劳动生产率等方面,都较世界设施农业的先进水平有相当差距,大规模、低水平、高速度的发展结构性矛盾亟待解决,其中温室结构不尽合理及环境控制水平低成为生产水平低的关键。所以,要在现有日光温室基础上,进一步推动科技创新,研究现代日光温室的结构和配置,提高生产过程的机械化,自动化和生态化水平,提高日光温室的土地利用率、标准化水平和年生产能力。

1. 优化棚室结构

在日光温室设计和建造时,注意通过对温室朝向和周围环境的合理配置、内部空间与外部形体的巧妙处理及建筑材料结构的恰当选择,使温室科学地利用太阳能。本着"坚持高标准,增强实用性"的原则和结构坚固、性能优越、造价合理的要求,老棚室重点放在改造设施结构上,使棚室采光、蓄热、通风等性能更加科学合理;新建棚室设施要向规模化、集约化生产经营方向发展。采光和保温是日光温室的两个基本要素。各地应因地制宜,结合使用要求以尽可能提高光能、空间、土地利用率为目标,确定日光温室的各项技术参数,采光面覆盖防老化无滴农膜,覆盖保温被并配备卷帘机。重点推广高标准钢材骨架的优型棚室,提高抗灾、防灾和提质增效的生产能力。

选址要求地势平坦干燥,阳光充足(无高大建筑物遮阴),背风向阳。日光温室坐北朝向,东西延长,采光面朝向正南,以指南针为准,偏西10—15度(利于温室下午多采光)。拱圆形采光面,采光面底角60—70度,采光面中段30—35度,上段15—20度。采光面覆盖防老化无滴农膜,由三块组成,靠扒缝通风排湿,上覆盖保温被并配备卷帘机。跨度8米,脊高3.8—4米。后屋顶仰角保持35—40度,宽度为1.5米左右,要做到暖轻严。温室长60米.栋距7—8米。后墙、出墙双24厘米或内37厘米、外24厘米砖混结构,中间夹10—20厘米厚的聚苯板。前小墙37厘米,紧靠采光面底角下紧贴50—60厘米宽、10厘米厚的聚苯板代替防寒沟。半地下式栽培床下挖40—50厘米,不宜过深。在山墙一端设工作间,面积15平方米,并在山墙上掏空作进出口,其宽度可根据作业机械宽度灵活调节。暗水道进水并砌预热水池。

在田间建设的日光温室群,要统一规划,确定方位和每栋温室的距离,保证温室跨度、长度相同,形式一致,统一设置和修筑道路和通电线路,以及安装供水管道,以便集中管理和维修以及产品销售。

2. 提高科技及装备水平

要加快科技创新和科技成果普及推广,提高设施农业机械化、自动化、智能化和标准

化程度，推进生物技术、工程技术和信息技术在设施农业中的集成应用。

现代日光温室应用的技术和设备主要有：

用于通风排湿，夏季降温的温室"湿帘－风机"强制通风降温系统；预防特殊低温和茄果类蔬菜低温时安全育苗、生产的温室温控系统；减少水肥用量，控制温室湿度，减少病害发生的滴灌和水肥一体化设备；满足作物光合作用需要的二氧化碳发生器，据报道可提高产量40%—60%，使作物品质明显提高；进行工厂化育苗和嫁接育苗的育苗盘、育苗钵；提高日光反射率，增强光合作用，提高地温，降低温室湿度的反光幕、膜；无公害物理综合防治技术，如太阳能频振杀虫灯、防虫网、诱虫板、电动喷雾器、电生功能水发生器、空间电场病害防治系统等，作用是进行蔬菜无公害生产，把农药使用量降到最低；旋耕机等小型机械，作用是翻耕土壤，培肥地力；土壤改良技术，农耕必须保持土壤的肥沃，以秸秆生物反应堆等土壤活化技术为重点，辅以土壤连作障碍处理系统，作用是提高地力降低农作物病害及连作障碍的发生；以政府为主导建立设施农业气象预报系统；种、养、沼、温室"四位一体"技术；等等。

以上技术及装备，可根据经济能力和生产实际尽可能配备使用，政府补贴特别要支持鼓励新技术和装备的应用。日光温室综合了农机农艺特点，而且可以发展养殖业，要加强协调配合农业、农机、畜牧等多部门配合、通力合作，发挥各自优势和作用，共同促进日光温室持续健康发展。

总之，日光温室应具有相应的抗风雪荷载能力和满足透光保温性能要求，其特点是：外形美观，保温增温性能好，透光率高且稳定，通风面积大，配备了先进实用的设施设备，可为农作物创造良好的生育环境，适于进行无公害生产。新建日光温室应充分发挥科技示范优势，从规模化、精细化中产生效益，成为大同市具有高寒地区特色的农业现代科技示范窗口。

中国五千年传统农业文明的特点是精耕细作，现在又解决了十几亿人的吃饭问题，中国的国情决定了在今后的农业生产中应继续坚持。日光温室的发展使农产品的生产环境得到优化，是传统精耕细作农业与现代科技的最佳结合。在今后的发展中使日光温室插上科技和产业的翅膀，以市场为导向，打造优质无公害特色现代农业的产品和品牌，走出"卖难"困境，实现优质优价，促进我国农业实现全面可持续发展。

日光温室的防寒保温增温

日光温室在冬季进行蔬菜生产，由于正处寒冷季节，温度尤为重要，特别是生产瓜类、茄果类蔬菜，要求温室内白天24—28℃，夜间保持18℃左右，地温也应保持16—18℃，气温低于8℃就不能生长；耐寒性蔬菜，虽然要求冷凉气候，但生长发育也需要室内保持

18℃以上温度，低于2℃就要停止生长或冻坏。

大同市气候寒冷，进入11月份后，温度就逐渐下降。日光温室由于采光充分，防寒保温严密，室内综合气候条件能达到喜温性蔬菜的生长要求，但地温不如气温条件优越。12℃以下的连续低地温，根系就会停止生长，不会发生新根，不能吸收营养和水分。在这样的气候条件下，除日光温室结构、造型按要求建造外，还必须提前做好御防冻害的准备工作，和采取保温、增温、防冻措施，尤其是提高地温，以确保蔬菜的正常生长。

主要措施：

①根据气候变化和室内温度控制情况，科学安排种植蔬菜的茬口、种植期，使室内蔬菜既安全可靠，又利于充分利用室内小气候资源，以获得较大的效益。

②喜温蔬菜的定植期，要选在冷空气过后天气转暖时进行，待下一次冷空气到来时，定植的蔬菜已经缓苗，并且经过了一定的低温锻炼。

③冷空气来临前，充分利用室内白天的辐射增温作用大量贮备热量，尽量提高室内基础温度，增强夜间防冻效果，以根据天气变化控制好室温。

④浇水要安排在冷空气来临前天暖时进行，以增加土壤吸热量，提高保温效果，禁忌大水漫灌，要用喷壶等容器盛水沟浇或株浇，推广滴灌、渗灌。

⑤除采光面覆盖棉帘外，还可加盖纸被，棚膜下再增设一层保温膜，与棚膜之间形成一个距离不超过10厘米的空间，也可在室内采光面1米以下围一层农膜（裙膜），亦可夜间室外围草苫子。

⑥定植的蔬菜扣小棚、幼苗戴纸帽。

⑦严密温室结构，避免缝隙散热，并注意从管理上尽量减少冷风侵入。

⑧冷空气来临前，灌溉蓄热增温，以畦面不积水为宜。

⑨室内生火增温，必要时也可在室内过道、渠道上燃烧秸秆、但要注意做好排烟。

⑩采取高畦种植，以增加土壤接受日晒的面积，提高地温。

⑪地膜覆盖高畦畦面，但不宜全畦都覆盖。

⑫地面铺设地热线。

⑬室内修建蓄水池，蓄水24小时水温提高后再浇灌。

⑭大量增施优质有机肥。用猪牛粪或土杂肥热性农家肥，围培在菜棵根茎处，以提高根部土温。也可在霜前泼浇人粪尿液、使土壤不易结冰。

⑮膜下灌溉，即在高畦和浇水沟上覆盖地膜，高畦上栽菜，膜下的沟内浇水。

⑯冬茬黄瓜和多年种植黄瓜的日光温室，要嫁接育苗栽培。

⑰酿热物加温，方法是在栽培畦内，挖深40厘米宽50厘米的沟，内填30厘米厚玉米秸秆、黍秆等，加少许马粪，用水拌湿踏实后覆土20厘米，做成宽40厘米，高20厘米的小高畦以待定植，由于升温高，必须在定植前10天左右完成。可提高地温3—4℃，

成为冬季黄瓜生产中一项重要的技术措施。

⑱苗期进行多次中耕。冻前结合中耕，用细土围根，可使土壤疏松，提高土温，并保护根系。

⑲经常清洗棚膜，保持清洁，以保持塑料薄膜有较好的透光性能。沾满灰尘的薄膜光照度比清洁膜要降低40%—50%。

⑳霜冻来临前下午，用秸根覆盖在菜畦和蔬菜上，要稀松散放。也可在蔬菜上或行间撒一薄层草木灰。

为了防寒保温增温，在日光温室建造上管理，还要做好以下3点：

①蔬菜定植前15—20天扣膜，提前蓄热使土壤中热量增加，促使地温提高。

②挖防寒沟，在室外紧靠采光面底脚下挖防寒沟，可使室内5厘米地温提高3—4℃。

③室内后墙挂反光幕，可使幕前2-3米的光照度平均增加9.1%—44.5%，5厘米地温平均增高1.2—2.9℃，10厘米地温平均增高1—1.8℃，气温也相应提高。

日光温室冬季如何排湿降湿

冬季日光温室内湿度过高，非常不利于蔬菜的正常生长发育。遇到高温高湿，植株易徒长，也能导致蔓枯病炭疽病、早疫病，白粉病等病害发生；遇到低温高湿，易诱发霜霉病、角斑病、灰霉病、菌核病、晚疫病等病害发生，并发生沤根现象。因此，湿度的控制是冬季日光温室蔬菜生产中的一个重要关键。

日光温室的湿度是病害增减的一个关键，室内空气湿度低于85%以下，病害就会很少发生，当室内外温差加大，室内温度降低到15℃以下时，空气湿度就会迅速上升到85%以上，湿度达到100%时，室内滴滴答答，叶片结露，蔬菜极易发生病害。

为了合理调控日光温室内空气湿度，创造一个有利于蔬菜生长发育的环境条件，排湿降湿措施有以下10点：

①通风排湿，可采用复盖三膜两扒缝的办法，通过扒缝大小，调节放风量，降低室内湿度，尤其是在中午，室内外温差大时，湿气比较容易排出，还要特别注意浇水和喷旋叶面肥(农药以及阴雨雪天，加强通风排湿。在东西山墙顶部设风扇，在室温高时强制通风排湿，效果很好。

②选用无滴膜和对普通腊喷涂除滴剂或豆粉，都可减少薄膜表面聚水量，降低室内湿度。

③覆盖地膜，防止土壤水分向室内蒸发，以降低空气湿度。

④高畦栽培，高畦表面积大，吸收的热量也多，升温快，土壤水分蒸发快，空气湿度

不易高。

⑤改进施药方法，尽量采用烟雾剂或粉尘剂防治病害。以降低叶面和室内湿度。

⑥中耕松土，地面浇水后，要及时中耕畦沟和拢背，以阻止土壤下层水分向表层移动。

⑦可在行间撒一些细干土或铺10厘米厚的秸秆，以控制土壤水分蒸发，也可在室内空间地堆放生石灰等吸湿性材料人工吸湿。

⑧合理浇水，做到晴天浇、午前浇、浇小水，冬季浇予热后的水，大力推广膜下暗浇，有条件的可进行滴灌，严禁大水漫灌。

⑨室内设置加热设备，加温降低湿度。

⑩室内骨架下拉一层保温膜，双层覆盖，以增温降湿。

日光温室的阴雨雪天管理

日光温室生产期间遇到阴雨雪天时，室内光照就不能满足蔬菜正常生长的需要，特别是在冬季遇到连续阴天时，蔬菜就会停止生长，受到伤害，叶片黄化、脱落。因此，要加强灾害性天气预报，及时采取御防措施，做好阴雨雪天管理，这是保障生产的关键。

①连续阴天时，要在不影响室内蔬菜对温度要求的前提下（一般室内温度不低于20℃）白天尽量多起棉帘，使作物有一定的见光时间。如果温度过低，可于午间进行短时间起帘，使作物见光。久阴乍晴的天气，不要一下子将棉帘卷到顶，而要起一半高度或三分之高度。否则，会因猛起后棚室内蒸腾量加大，而造成作物急性萎蔫，甚至发生死亡。切不可几日不起棉帘，要设法适当通风，排除畦内湿气。

②阴雨雪天时，温室内温度要控制的比晴天略低 2—3℃，切不可加温过高，以免造成秧苗徒长或过多消耗营养。

③遇到阴雪天气，白天降小雪时不盖保温被，勤扫除棚膜上的积雪。降大雪时盖保温被，最后再盖一层薄膜。阴雨雪天后，早晨要比正常情况早起棉帘，使作物在较低的温度下逐渐见光，尽量多见一些阳光，使作物有时间对强光进行适应性调整，避免起帘后蔬菜强光曝晒，随后，在植株上抓紧时间喷水，结合喷水进行一次叶面喷药、叶面追肥。起帘后，当气温上升，发现蔬菜萎蔫，绝不能通过放风来降温，以防室内水气散失而加重萎蔫，此时，要放下一部分棉帘遮光，同时，再次向植株上喷水，待植株恢复后，再将棉帘卷起，这样反复起放，直到植株不再打萎时，可转入正常管理。同时，发现蔬菜萎蔫一般不可浇水，只能在天气开始好转，土壤干旱必须浇水时，用水壶点温水，千万不能用冷水漫灌。

④阴雨雪天要停止浇水，以免降低地温和增加室内湿度。同时也不进行秧苗的定植。

⑤阴雨雪天后，发现蔬菜发黄和瘦弱时，可在叶面喷施千分之一到二的磷酸二氢钾，

或用 0.5 公斤尿素加水 50 公斤叶面喷施。

⑥阴雨雪天后，可用百万分之五的奈乙酸液灌根，促生新根，亦称"救根"。还要摘除小瓜、小果，以减轻植株负担，尽快恢复叶片、根系。

⑦增施二氧化碳气肥。最简单的办法是，将石灰石砸成 2—3 厘米碎块，盐酸与水按 1:1 稀释后，倒入装石灰的容器，发生化学反应后即可产生二氧化碳。也可使用二氧化碳气肥。

蔬菜生产化肥减量提效的思路和技术措施

国务院《关于加快转变农业发展方式的意见》提出，实施化肥、农药零增长行动，坚持化肥减量提效，农药减量控病，建立健全激励机制，力争 2020 年，化肥农药使用量实现零增长，利用率提高到 40%。

农业离不开化肥，化肥是作物的"粮食"，尤其是在蔬菜生产中起着相当重要甚至不可缺少的作用。同时，合理施用化肥不会破坏土壤也不会对蔬菜等作物造成污染。

单纯依赖化肥实现增产，化肥施用量过多和盲目施用或偏施氮肥、忽视磷钾肥配合施用，会导致氮磷钾养分不平衡，这样不仅造成生产成本的增加，产品品质降低，也会对农业生态环境带来一定的影响。

化肥减量效，就是要把不合理的过量部分减下来，关键是树立绿色增产的观念，走出一条节本增效，可持续发展之路。

在化肥施用上，提高肥料也能保持产量不变，实现科学施肥的重点和关键是，增产施肥、经济施肥、环保施肥，即把增产作为施肥的首要目的，把效益作为施肥的评价手段，把生态作为施肥的重要考量。

实现化肥减量提效的技术路径是"精、调、改、替"，即推进精准施肥，调整化肥施用 改进施用方法，有机肥替代化肥。主要技术措施是：

①通过培训和深入田间地头指导以及发放资料等多种形式，宣传到村、普及到户，让农民充分认识化肥减量提效的重要意义和内涵。

②坚持种地与养地相结合，结合耕翻增施有机肥，以培肥地力。

要重视有机肥的施用，用好有机肥，一是可以让有机肥当中的养分代替部分化肥的养分，减少化肥用量；二是增加土壤有机质含量，提高土壤微生物活性和保水保肥性能，提高耕地质量；三是解决畜禽粪便丢弃、秸秆焚烧造成的环境污染问题。

施用有机肥一定要堆沤腐熟，一定要与化肥合理配合适量施用。

③根据土壤普查提供的土壤养分含量情况，做好测土配方施肥，对症施肥，做到化肥不盲目不过量施用。

④推进精准施肥，做到氮磷钾的配合施用，提倡减施氮肥增施磷钾肥，改化肥表施、撒施为深施、推广水肥一体化、叶面施肥，以提高化肥的利用率。

⑤推广应用新型肥料，如缓控释肥料、生物菌肥、复合肥、微肥等。

⑥大同地区设施番茄、黄瓜施肥量，建议如下，供参考。

附表1　大同地区设施番茄施肥量参照

产量水平 （公斤/亩）	优质有机肥 （立方米/亩）	氮肥 （公斤/亩）	磷肥 （公斤/亩）	钾肥 （公斤/亩）
8000以上	4	20—25	8—9	45—50
6000以上	4	20—25	6—8	35—45
4000以上	4	15—20	5—7	25—35

附表2　大同地区设施黄瓜施肥量参照

产量水平 （公斤/亩）	优质有机肥 （立方米/亩）	氮肥 （公斤/亩）	磷肥 （公斤/亩）	钾肥 （公斤/亩）
14000以上	4	40—50	13—18	50—55
11000以上	4	35—40	11—13	40—50
7000以上	4	28—35	8—11	30—40

蔬菜生产农药减量控害的思路和技术措施

蔬菜作物无论露地种植还是设施栽培，无论是正常生长季节还是反季节生长，都会发生病虫害，这是不可避免的。近年来，由于气候的变化和栽培制度的改变，病虫害发生呈上升趋势，如果不防治，就会造成大幅度减产。

农药减量控病，就是要实现"三减一提"，即减少施药次数，减少施药剂量，减少农药流失，提高防治效果。减少农药用量，重点要抓好"三改进三推进"，即改进防控理念，推进绿色防控；改进施药技术，推进科学用药；改进组织形式，推进统防统治。

为了实现农药减量控病，必须从源头抓起，采取综合防治技术和措施防控病虫害。

通过培训和深入田间地头指导以及发放资料等各种形式，宣传到村，普及到户，让农民充分认识农药减量控病的重要意义和内涵。引导农民贯彻"预防为主，综合防治"的植保方针，采取农业措施，把好蔬菜病虫害防控关。

农业措施包括合理轮作倒茬，清洁田园，科学施肥，选用专用品种，抓好育苗管理，适当稀植。

①重视温棚消毒和严格控制温度湿度环境。

每茬作物种植前对温棚、种子、土壤、秧苗等进行消毒，培育壮苗，高畦栽培，覆盖

地膜，膜下灌溉，优化群体结构，合理浇水追肥，创造一个有利于蔬菜生长环境，合理轮作栽培，提高蔬菜抗性，控制病虫害的发生。

②制定并推广蔬菜标准化栽培技术，让农民在蔬菜种植的每个环节都有标准可依，有规矩可行，指导农民生产实践。

③推广种植抗病耐病、抗逆性强的蔬菜优良品种，以利蔬菜植株生长健壮，减轻病害为害。

④对症选用推广高效、低毒、低残留农药，控制与防治农药污染。

⑤引导农民科学安全用药、做到对症用药、适时用药、合理配药，轮换交替用药，掌握安全间隔期，实现不用废水稀释农药，做到精准喷药。

⑥建立设备精良、技术先进、管理规范、防治效果好的专业化防治组织。

⑦引进推广防虫网、黏虫杀板、频振式杀虫灯、遮阳网等物理防控技术防治病虫害，减少用药。

⑨引进推广电功能水。